新材料/超材料技术与应用丛书

多孔介质中的声传播

——吸声材料的建模
（第2版）

Propagation of Sound in Porous Media:
Modelling Sound Absorbing Materials, Second Edition

［法］Jean F. Allard
［加］Noureddine Atalla 著

比翱工程实验室 译

电子工业出版社
Publishing House of Electronics Industry
北京·BEIJING

内 容 简 介

本书由浅入深、循序渐进地介绍多孔材料中波的传播及声学建模的理论和方法。首先讨论平面波在介质中传播的本质，基于线弹性理论通过应力-应变关系建立控制声传播的基本方程；用流体等效的办法介绍声阻抗的计算方法，并引入到多孔材料中的声传播；然后介绍多孔材料中几种简化的声学模型，进而重点介绍多孔弹性介质中声传播的 Biot 理论，阐述多孔弹性材料中存在的三种波，以及建立的动力学方程和波动方程；最后重点介绍传递矩阵法对多层多孔材料系统的建模，并以此进行声学指标的计算，同时介绍传递矩阵在预测声学包吸收和传输损失方面的应用。

本书可供声学材料设计和开发、声学包设计等应用领域的工程师、科研人员以及高等院校声学材料领域的师生参考。

Propagation of Sound in Porous Media: Modelling Sound Absorbing Materials, Second Edition
ISBN: 9780470746615
Jean F. Allard   Noureddine Atalla
Copyright © 2009 John Wiley & Sons, Ltd.
All rights reserved. This translation published under license.
Authorized translation from the English language edition published by John Wiley & Sons, Ltd.
Copies of this book sold without a Wiley sticker on the back cover are unauthorized and illegal.
本书简体中文字版专有翻译出版权由 John Wiley & Sons, Ltd.授予电子工业出版社。未经许可，不得以任何方式复制或抄袭本书的任何部分。
本书封底贴有 John Wiley & Sons, Ltd.防伪标签，无标签者不得销售。
版权贸易合同登记号 图字：01-2023-0247

图书在版编目（CIP）数据

多孔介质中的声传播：吸声材料的建模：第 2 版 /（法）让·F.阿拉德（Jean F. Allard），（加）诺瑞丁·阿塔拉（Noureddine Atalla）著；比翱工程实验室译. —北京：电子工业出版社，2023.10
书名原文：Propagation of Sound in Porous Media: Modelling Sound Absorbing Materials, Second Edition
ISBN 978-7-121-46518-5

Ⅰ.①多… Ⅱ.①让… ②诺… ③比… Ⅲ.①多孔性材料－吸声特性 Ⅳ.①TB383

中国国家版本馆 CIP 数据核字（2023）第 195396 号

责任编辑：窦 昊
印   刷：三河市君旺印务有限公司
装   订：三河市君旺印务有限公司
出版发行：电子工业出版社
　　　　　北京市海淀区万寿路 173 信箱　　邮编：100036
开   本：787×1092 1/16 印张：18 字数：460.8 千字
版   次：2023 年 10 月第 1 版（原著第 2 版）
印   次：2023 年 10 月第 1 次印刷
定   价：199.00 元

凡所购买电子工业出版社图书有缺损问题，请向购买书店调换。若书店售缺，请与本社发行部联系，联系及邮购电话：(010) 88254888，88258888。

质量投诉请发邮件至 zlts@phei.com.cn，盗版侵权举报请发邮件至 dbqq@phei.com.cn。

本书咨询联系方式：(010) 88254466，douhao@phei.com.cn。

译 者 序

出版这本著作的中文译本，一直以来是我、我的同事们以及国内外材料声学研究领域数百位我的良师益友的夙愿。经典就该流传，我只是代表这个研究领域和群体，为大家做一件本该做的事情，让这本经典的著作，在我们身边，绽放出新的光芒。

自 1956 年 Maurice Anthony Biot 先生提出弹性波在流体饱和多孔固体中的传播理论以来，Biot 多孔介质理论（Biot 理论）的发展经过了几代人的传承与完善。本书是 Biot 理论发展历史长河中的一部重要著作，Jean F. Allard 和 Noureddine Atalla 师徒二人呕心沥血，数载方成，该书提炼了多孔介质中波传播的最新精髓与内核，提出了新的理论模型与实用的数值预测方法，奠定了材料声学研究与表征领域的理论基石。

心中有信仰，脚下有力量。从理论前沿到工程实践的科技转化，既需要一群志同道合的先行者，更需要一群笃志前行的逐梦人。我与本书的原作者 Noureddine Atalla 教授相识近十年，我们双方团队的合作有超过八年的时间了。我们从功能材料的建模与表征技术的前沿研究和商业化合作开始，打造了从基础材料特性研究到系统级工程设计与验证的声振工程正向研制体系和流程，为现代声学与功能材料的创新和发展，为满足科技与工程方面的需求，为科研成果转化为工业生产力探索了一条行之有效的途径。而此书，是我们的研发工作和当前成绩的基础。

感谢我们团队，庞金祥、熊鑫忠、张国强、戴雯雯等，为此书的翻译和审定付出的努力；感谢我的良师益友，Allard 教授和 Atalla 教授、成利教授、卢天健教授，为此著作序，你们的鼓励和认可，是我们团队最大的动力；感谢所有关注和支持本书翻译、出版的朋友们，是的，《多孔介质中的声传播》，它来了！

终成夙愿，与材料声学领域的所有同仁共享。等闲若得东风顾，不负春光不负卿。

张和伟 Heavy Zhang

2023 年 4 月于上海

中文版序言

I am delighted to introduce the Chinese translation of the second edition of the book on the *Propagation of Sound in Porous Media* by Prof. J. F. Allard and myself.

Modelling sound absorbing materials is a complex and fascinating subject, with important applications in fields such as industrial and environmental noise control. The book provides a solid foundation to understand this topic and apply the knowledge to solve real life noise control problems. It provides, in the simplest yet most rigorous way possible, a comprehensive overview of the physical principles and mathematical models that govern the acoustic behavior of porous materials. It also describes practical methods to characterize their properties and explores computational methods to efficiently solve for real life noise control indicators such as sound absorption and transmission loss of layered media.

In the decade since its publication, the core principles and concepts presented in the book have remained largely unchanged. While there have been several advancements and new developments in the field, the majority of the models and methods discussed in the book continue to be widely used and relied upon by experts in the field. The book remains very much a must-read for researchers, engineers, and students in this field.

This translation has been carefully prepared to ensure that the author's ideas and concepts are accurately conveyed to Chinese readers. I would like to express my sincere gratitude to the translators for their diligent work in bringing this book to a wider audience. It is my hope that this book will serve as a valuable resource for anyone interested in understanding the fundamental principles of sound propagation in porous media, and in applying this knowledge to reduce noise impact on our environment.

Noureddine Atalla, professor of Mechanical engineering

Université de Sherbrooke

Sherbrooke, April, 2023

很高兴向大家介绍由 J. F. Allard 教授和我本人所著的《多孔介质中的声传播》一书第 2 版的中文译本。

吸声材料建模是一个复杂而迷人的课题，在工业和环境噪音控制等领域有着重要的应用。这本书为理解这一主题并应用这些知识解决现实生活中的噪音控制问题提供了坚实的基础。它以最简单但最严格的方式全面概述了控制多孔材料声学行为的物理原理和数学模型，还描述了表征其特性的实用方法，并探索了有效解决实际噪音控制指标（如分层介质的吸声和传输损失）的计算方法。

在本书出版以来的十年中，书中提出的核心原理和概念基本上保持不变。虽然该领域已经取得了一些进展和新的发展，但本书中讨论的大多数模型和方法仍然被该领域的专家广泛使用和依赖。这本书仍然是该领域研究人员、工程师和学生的必读书籍。

译本经过了精心的准备，这确保了作者的想法和概念准确传达给中国读者。我要向译者们表示衷心的感谢，感谢他们为将这本书带给更多的读者所做的辛勤工作。希望这本书成为任何有兴趣了解多孔介质中声传播的基本原理，并将这些知识应用于降低噪音对环境影响的人的宝贵资源。

Noureddine Atalla，机械工程系教授

加拿大舍布鲁克大学

舍布鲁克，2023 年 4 月

推荐序 1

——香港理工大学机械工程讲座教授 加拿大工程院院士　成利

　　喜闻声学名著 *Propagation of Sound in Porous Media* 第 2 版的中译本《多孔介质中的声传播》即将出版，深感欣慰。受比翱工程实验室（ProBiot LAB.）译者团队张和伟（Heavy Zhang）先生之邀，欣然提笔为此书作此小序，略表庆贺之意。

　　深入了解及掌握声波在多孔介质中的传播原理和现象，是设计和开发有效吸音材料的基础，对噪音控制手段的建立更有着不可取代的作用。本书原版的科学意义已被学界和工业界广泛认可，在此无须赘述。值得一提的是，本人在 20 世纪 90 年代初就和两位著者相识和共事，记得 1990 年，和 Allard 教授初次相识并一起参加美国声学学会在美国举办的大会，期间亲身体验了他深厚的理论功底、和蔼诙谐的性格，一起度过的时光至今难忘。我早期在加拿大舍布鲁克大学研究工作期间，从美国博士毕业后加入团队做博士后，从那以后一直关注 Allard 教授的工作，目睹了他在学术上的进步和取得的成就并渐渐成为广受同行赞誉的大家。本人来中国香港以后，也一直关注译者团队在张和伟领导下对内地声学发展及工程应用的推广所做的不懈努力。这些个人经历也使我对此书注入了更多的私人情感。

　　中译本忠于原作、内容翔实、文笔流畅，其出版发行算得上是中国声学领域的一大盛事，也给对声学和噪音控制领域感兴趣的学生、学者及工程技术人员提供了极大的方便，是一本宝贵且值得收藏的声学参考文献。

2023 年 4 月

推荐序 2

——南京航空航天大学航空学院教授 卢天健

多孔材料普遍存在于自然界和工业生产中，如木材、骨骼、珊瑚和海绵等，以及各种人工合成的发泡或纤维类材料，如三聚氰胺泡沫、吸声棉、金属泡沫等。人们可以巧妙地设计多孔材料的孔隙结构，使其拥有许多独特的性能，包括高的吸附性、渗透性、能量吸收、声波耗散等功能。其中，多孔材料因良好的吸声性能广泛应用于我们日常生活和工业领域的方方面面，多孔介质声传播理论的奠定和发展在这些应用中发挥了关键作用。

作为长期从事多孔材料力—热—声多功能特性的研究者，本人一直对如何定量描述和预测多孔介质的波动及声学特性问题颇感兴趣，可惜的是，在这一领域国内的相关著作较少，因此本人经常会翻阅英文版 *Propagation of Sound in Porous Media*，受益良多，也经常在论文中引用这本书。这本书系统阐述了声波在多孔介质中传播的物理本质，描述了各种简化的物理模型，包括已被学术界普遍接受的 Biot 多孔弹性介质理论，并给出了与各种模型相对应的多个算例。本书的写作深入浅出，为广大声学材料研究工作者提供了一本不可多得的基础指导参考书。

《多孔介质中的声传播》中译本的出版，不仅对多孔材料声学特性的研究者来说是一个福音，而且有利于在社会层面提高我国噪音被动控制技术的水平。作为一名多孔材料领域的研究者，本人十分荣幸能为中译本写序，同时感谢本书翻译工作者的辛勤努力。

2023 年 4 月于南京

第2版前言[①]

在本书第 1 版中，最初开发用于描述重流体浸润的多孔介质中波传播的模型，可用于预测空气浸润的吸声多孔介质的声学性能。在本版的扩充和修订中，我们保留了第 1 版的大部分基本内容，只是略作修改，通过重温几个原始主题进行扩充，并添加新的主题以反映多孔介质中波传播领域的最新发展，以及被研究人员和工程师广泛使用的实用数值预测方法。

第 1 章至第 3 章介绍固体和流体中的声传播，第 9 章涉及穿孔饰面的建模，略有修改。第 4 章至第 6 章做了较大修订，更详细地描述圆柱形孔中的声传播（第 4 章），对刚性骨架多孔介质中声传播的新参数和新模型作更一般化的表示（第 5 章）；同样，在第 5 章增加了均质化的简短表述，以及关于双重孔隙率介质的一些结果。第 6 章给出用于多孔弹性介质的 Biot 理论的不同公式，其中简化版本用于具有柔性骨架介质的情况。在第 11 章重新修订了分层介质建模的原始表示（第 1 版的第 7 章），并将其扩展到使用传递矩阵法（Transfer Matrix Method，TMM）覆盖分层介质的系统建模。特别地，逐步给出该方法的数值实现的几个应用实例。

本书内容的主要补充包括 5 个新的章节。第 7 章讨论由刚性骨架多孔层上方的点源产生的声场，以及关于反射系数极点和掠入射反射场的最新进展。第 8 章介绍由空气中的点源或层的自由面上的局部应力源激励的多孔弹性层，其中描述了瑞利波和共振。轴对称多孔弹性介质在第 10 章中进行了研究。第 12 章给出传递矩阵法的补充，主要涉及声学包的有限横向延伸和点载荷激励的影响；给出几个例子说明这些扩展的实际重要性（例如，尺寸效应对多孔介质的随机入射吸声和传输损失的影响；声学包的空气声与结构声的插入损失对比）。第 13 章介绍多孔弹性介质的有限元建模。重点使用 Biot 理论的混合位移-压力公式，包括波导在内的各种域之间耦合条件的详细描述，与多孔介质和辐射中功率耗散机制的破坏条件的内容一起介绍。作者选择几个应用来说明一些方法所呈现的实际用途，包括双重孔隙率材料和智能泡沫的建模。

与第 1 版一样，本书的目标仍然是，以具体的方式介绍物理基础知识，以及开发、分析计算和数值方法，叙述尽可能简单，这将有助于研究空气饱和多孔介质的吸声、透射和振动阻尼等不同领域的问题。

---

① 考虑到原版书中不规范、不一致等情况，为不致引起更多混淆，中译本在字母、参数等的正斜体等体例方面与原版书基本保持一致，与惯用标准可能存在不同之处，请阅读时注意。

目　　录

第1章　各向同性流体和固体中的平面波

1.1　引言

本章旨在介绍应力-应变关系，即控制声传播的基本方程，这将有助于理解比翱理论（以下也称 Biot 理论）。本书的基础理论是线性弹性理论。关于时间的总导数 d/dt 被偏导数 $\partial/\partial t$ 代替，本书不进行过多阐述，详细的推导可在文献（Ewing 等　1957；Cagniard　1962；Miklowitz 1966；Brekhovskikh　1960；Morse 和 Ingard　1968；Achenbach　1973）中找到。

1.2　符号：矢量运算符

下面将使用直角坐标系 (x_1, x_2, x_3)，单位矢量为 $\boldsymbol{i}_1$、$\boldsymbol{i}_2$ 和 $\boldsymbol{i}_3$。用 ∇ 表示的矢量运算符 del（或 nabla）可以定义为

$$\nabla = \boldsymbol{i}_1 \frac{\partial}{\partial x_1} + \boldsymbol{i}_2 \frac{\partial}{\partial x_2} + \boldsymbol{i}_3 \frac{\partial}{\partial x_3} \tag{1.1}$$

当在标量场 $\varphi(x_1, x_2, x_3)$ 上操作时，矢量运算符 ∇ 产生 φ 的梯度为

$$\operatorname{grad} \varphi = \nabla \varphi = \boldsymbol{i}_1 \frac{\partial \varphi}{\partial x_1} + \boldsymbol{i}_2 \frac{\partial \varphi}{\partial x_2} + \boldsymbol{i}_3 \frac{\partial \varphi}{\partial x_3} \tag{1.2}$$

当一个包含分量 (v_1, v_2, v_3) 对矢量 $\boldsymbol{v}$ 进行操作时，矢量运算符 ∇ 产生 $\boldsymbol{v}$ 的散度：

$$\operatorname{div} \boldsymbol{v} = \nabla \cdot \boldsymbol{v} = \frac{\partial v_1}{\partial x_1} + \frac{\partial v_2}{\partial x_2} + \frac{\partial v_3}{\partial x_3} \tag{1.3}$$

φ 的拉普拉斯算子是

$$\nabla \cdot \nabla \varphi = \nabla^2 \varphi = \operatorname{div} \operatorname{grad} \varphi = \frac{\partial^2 \varphi}{\partial x_1^2} + \frac{\partial^2 \varphi}{\partial x_2^2} + \frac{\partial^2 \varphi}{\partial x_3^2} \tag{1.4}$$

当对矢量 $\boldsymbol{v}$ 进行操作时，拉普拉斯算子运算符产生一个矢量场，它的分量分别是 v_1、v_2 和 v_3 的拉普拉斯算子：

$$(\nabla^2 \boldsymbol{v})_i = \frac{\partial^2 v_i}{\partial \varphi_1^2} + \frac{\partial^2 v_i}{\partial \varphi_2^2} + \frac{\partial^2 v_i}{\partial \varphi_3^2} \tag{1.5}$$

矢量 $\boldsymbol{v}$ 的散度梯度是分量的一个矢量：

$$(\nabla \nabla \cdot \boldsymbol{v})_i = \frac{\partial}{\partial x_i} \left(\frac{\partial v_1}{\partial x_1} + \frac{\partial v_2}{\partial x_2} + \frac{\partial v_3}{\partial x_3} \right) \tag{1.6}$$

矢量旋度表示为

$$\operatorname{curl} \boldsymbol{v} = \nabla \wedge \boldsymbol{v} \tag{1.7}$$

等同于

$$\operatorname{curl} \boldsymbol{v} = \boldsymbol{i}_1 \left(\frac{\partial v_3}{\partial x_2} - \frac{\partial v_2}{\partial x_3} \right) + \boldsymbol{i}_2 \left(\frac{\partial v_1}{\partial x_3} - \frac{\partial v_3}{\partial x_1} \right) + \boldsymbol{i}_3 \left(\frac{\partial v_2}{\partial x_1} - \frac{\partial v_3}{\partial x_2} \right) \tag{1.8}$$

1.3   在可变形介质中的应变

我们考虑可变形介质中两个点 P 和 Q 的坐标变形前后的情形。两点 P 和 Q 如图 1.1 所示。
P 的坐标是 (x_1, x_2, x_3)，发生形变后变为 $(x_1 + u_1, x_2 + u_2, x_3 + u_3)$。增量 (u_1, u_2, u_3) 是 P 点位移矢量的分量，记作 $\boldsymbol{u}$，相邻点为 Q，其初始坐标为 $(x_1 + \Delta x_1, x_2 + \Delta x_2, x_3 + \Delta x_3)$，可得到它的位移矢量的一阶近似：

$$
\begin{aligned}
u_1' &= u_1 + \frac{\partial u_1}{\partial x_1} \Delta x_1 + \frac{\partial u_1}{\partial x_2} \Delta x_2 + \frac{\partial u_1}{\partial x_3} \Delta x_3 \\
u_2' &= u_2 + \frac{\partial u_2}{\partial x_1} \Delta x_1 + \frac{\partial u_2}{\partial x_2} \Delta x_2 + \frac{\partial u_3}{\partial x_3} \Delta x_3 \\
u_3' &= u_3 + \frac{\partial u_3}{\partial x_1} \Delta x_1 + \frac{\partial u_3}{\partial x_2} \Delta x_2 + \frac{\partial u_3}{\partial x_3} \Delta x_3
\end{aligned}
\tag{1.9}
$$

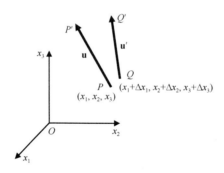

图 1.1   在可变形介质中 P 和 Q 到 P' 和 Q' 的位移

一个旋转矢量 $\boldsymbol{\Omega}$（$\Omega_1, \Omega_2, \Omega_3$）和一个 3×3 应变张量 e 在点 P 可以定义如下：

$$
\Omega_1 = \frac{1}{2} \left(\frac{\partial u_3}{\partial x_2} - \frac{\partial u_2}{\partial x_3} \right), \qquad \Omega_2 = \frac{1}{2} \left(\frac{\partial u_1}{\partial x_3} - \frac{\partial u_3}{\partial x_1} \right)
$$

$$
\Omega_3 = \frac{1}{2} \left(\frac{\partial u_2}{\partial x_1} - \frac{\partial u_1}{\partial x_2} \right)
\tag{1.10}
$$

$$
e_{ij} = \frac{1}{2} \left(\frac{\partial u_i}{\partial x_j} + \frac{\partial u_j}{\partial x_i} \right)
\tag{1.11}
$$

Q 的位移分量可以改写为

$$u_1' = u_1 + (\Omega_2 \Delta x_3 - \Omega_3 \Delta x_2) + (e_{11}\Delta x_1 + e_{12}\Delta x_2 + e_{13}\Delta x_3)$$
$$u_2' = u_2 + (\Omega_3 \Delta x_1 - \Omega_1 \Delta x_3) + (e_{21}\Delta x_1 + e_{22}\Delta x_2 + e_{23}\Delta x_3) \qquad (1.12)$$
$$u_3' = u_3 + (\Omega_1 \Delta x_2 - \Omega_2 \Delta x_1) + (e_{31}\Delta x_1 + e_{32}\Delta x_2 + e_{33}\Delta x_3)$$

每个等式的第一个括号中的项与 P 周围的旋转相关联,而第二个括号中的项与变形有关。这三个分量分别为 e_{11}、e_{22} 和 e_{33}:

$$e_{11} = \frac{\partial u_1}{\partial x_1}, \quad e_{22} = \frac{\partial u_2}{\partial x_2}, \quad e_{33} = \frac{\partial u_3}{\partial x_3} \qquad (1.13)$$

是与轴平行的延伸的估计。

体积膨胀度 θ 是当初始体积的尺寸接近 0 时体积变化量与初始体积之比的极限。因此,

$$\theta = \lim \frac{(\Delta x_1 + e_{11}\Delta x_1)(\Delta x_2 + e_{22}\Delta x_2)(\Delta x_3 + e_{33}\Delta x_3) - \Delta x_1 \Delta x_2 \Delta x_3}{\Delta x_1 \Delta x_2 \Delta x_3} \qquad (1.14)$$

并且等于 u 的散度:

$$\theta = \nabla \cdot u = \frac{\partial u_1}{\partial x_1} + \frac{\partial u_2}{\partial x_2} + \frac{\partial u_3}{\partial x_3} = e_{11} + e_{22} + e_{33} \qquad (1.15)$$

如果 Δx 表示具有分量 Δx_1、Δx_2 和 Δx_3 的矢量,在以旋转矢量 Ω 为特征的旋转后,最初的矢量变为 $\Delta x'$ 和 Δx 的关系:

$$\Delta x' - \Delta x = \Omega \wedge \Delta x \qquad (1.16)$$

旋转矢量 Ω 可以表示为

$$\Omega = \frac{1}{2}\, \text{curl}\, u \qquad (1.17)$$

1.4 在可变形介质中的应力

有两种力可作用于物体——体力和面力。面力作用在物体表面,包括其边界。考虑可变形介质的体积 V 如图 1.2 所示。

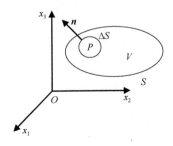

图 1.2 可变形介质的体积 V,具有属于表面 S 有限体 V 的元素 ΔS

设 S 是有限体 V 的表面,而 ΔS 是 S 面上点 P 附近的一个单元。位于 V 外的一侧 S 称为 (+),而另一侧称为 (−)。施加在 V 上穿过 ΔS 的力用 ΔF 表示。P 点处的应力矢量定义为

$$T(P) = \lim_{\Delta S \to 0} \frac{\Delta F}{\Delta S} \qquad (1.18)$$

应力矢量 $\boldsymbol{T}(P)$ 取决于 P，以及点 P 处表面 S 的正的外方向单位法向矢量 $\boldsymbol{n}$。应力矢量可以从 $\boldsymbol{T}^1(\sigma_{11},\sigma_{12},\sigma_{13})$、$\boldsymbol{T}^2(\sigma_{21},\sigma_{22},\sigma_{23})$ 和 $\boldsymbol{T}^3(\sigma_{31},\sigma_{32},\sigma_{33})$ 获得，它们对应于法向 $\boldsymbol{n}$ 分别平行于 x_1、x_2 和 x_3 轴的表面。

在一般情况下，$\boldsymbol{T}$ 的分量 T_1、T_2、T_3 可以表示为

$$
\begin{aligned}
T_1 &= \sigma_{11}n_1 + \sigma_{21}n_2 + \sigma_{31}n_3 \\
T_2 &= \sigma_{12}n_1 + \sigma_{22}n_2 + \sigma_{32}n_3 \\
T_3 &= \sigma_{13}n_1 + \sigma_{23}n_2 + \sigma_{33}n_3
\end{aligned}
\tag{1.19}
$$

在这几个等式中，n_1、n_2 和 n_3 是 S 面点 P 处正法向 $\boldsymbol{n}$ 的方向余弦。σ_{ij} 是在点 P 处应力张量的 9 个分量，这些分量是对称的，即 $\sigma_{ij} = \sigma_{ji}$，与分量 e_{ij} 一样。图 1.3 给出了一个例子，即具有单位面积的面且平行于坐标平面的立方体。

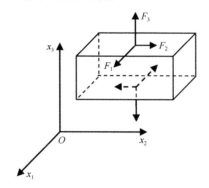

图 1.3　一个有单位面积的面且各面分别平行于坐标平面的立方体。表示作用在上、下表面上力的三个分量

假设分量 σ_{ij} 的变化在立方体的表面忽略不计。上表面正的单位法向矢量分量为（0,0,1），式（1.19）简化为

$$
T_1 = \sigma_{31}, \quad T_2 = \sigma_{32}, \quad T_3 = \sigma_{33}
\tag{1.20}
$$

作用在上表面的力 $\boldsymbol{F}(F_1,F_2,F_3)$ 等于 $\boldsymbol{T}^3$。下表面的单位法向矢量分量是（0, 0, -1）。作用在下表面和上表面力的大小相等且方向相反。其他两组相对的面保持同样的特性。其中，那些 $i=j$ 的元素 σ_{ij} 对应于法向力，而那些 $i \neq j$ 的元素对应于切向力。

1.5　各向同性弹性介质的应力-应变关系

各向同性弹性介质的应力-应变关系如下：

$$
\sigma_{ij} = \lambda\theta\delta_{ij} + 2\mu e_{ij}
\tag{1.21}
$$

式中，量 λ 和 μ 是拉梅（Lamé）系数，δ_{ij} 是克罗内克函数：

$$
\begin{aligned}
\delta_{ij} &= 1, \quad \text{如果} \quad i = j \\
\delta_{ij} &= 0, \quad \text{如果} \quad i \neq j
\end{aligned}
\tag{1.22}
$$

用矩阵形式，则式（1.21）可重写为

$$\begin{pmatrix} \sigma_{11} \\ \sigma_{22} \\ \sigma_{33} \\ \sigma_{13} \\ \sigma_{23} \\ \sigma_{12} \end{pmatrix} = \begin{pmatrix} C_{11} & C_{12} & C_{12} & 0 & 0 & 0 \\ C_{12} & C_{11} & C_{12} & 0 & 0 & 0 \\ C_{12} & C_{12} & C_{11} & 0 & 0 & 0 \\ 0 & 0 & 0 & C_{44} & 0 & 0 \\ 0 & 0 & 0 & 0 & C_{44} & 0 \\ 0 & 0 & 0 & 0 & 0 & C_{44} \end{pmatrix} \begin{pmatrix} e_{11} \\ e_{22} \\ e_{33} \\ e_{13} \\ e_{23} \\ e_{12} \end{pmatrix} \tag{1.23}$$

$$\begin{aligned} C_{11} &= \lambda + 2\mu \\ C_{12} &= \lambda \\ C_{44} &= 2\mu = C_{11} - C_{12} \end{aligned} \tag{1.24}$$

应变元素与应力元素的关系为

$$e_{ij} = -\frac{\lambda \delta_{ij}}{2\mu(3\lambda + 2\mu)}(\sigma_{11} + \sigma_{22} + \sigma_{33}) + \frac{1}{2\mu}\sigma_{ij} \tag{1.25}$$

$$\begin{pmatrix} e_{11} \\ e_{22} \\ e_{33} \\ e_{13} \\ e_{23} \\ e_{12} \end{pmatrix} = \begin{pmatrix} 1/E & -v/E & -v/E & 0 & 0 & 0 \\ -v/E & 1/E & -v/E & 0 & 0 & 0 \\ -v/E & -v/E & 1/E & 0 & 0 & 0 \\ 0 & 0 & 0 & 1/2\mu & 0 & 0 \\ 0 & 0 & 0 & 0 & 1/2\mu & 0 \\ 0 & 0 & 0 & 0 & 0 & 1/2\mu \end{pmatrix} \begin{pmatrix} \sigma_{11} \\ \sigma_{22} \\ \sigma_{33} \\ \sigma_{13} \\ \sigma_{23} \\ \sigma_{12} \end{pmatrix} \tag{1.26}$$

式中，E 是杨氏模量，v 是泊松比，它们都与拉梅系数相关：

$$E = \frac{\mu(3\lambda + 2\mu)}{\lambda + \mu}$$

$$v = \frac{\lambda}{2(\lambda + \mu)} \tag{1.27}$$

剪切模量 G 与杨氏模量 E 和泊松比 v 的关系如下：

$$G = \mu = \frac{E}{2(1+v)} \tag{1.28}$$

例子

反平面剪切

位移场如图 1.4 所示。对于这种情况，这两个不为 0 的分量 σ_{ij} 是

$$e_{32} = e_{23} = \frac{1}{2}\frac{\partial u_2}{\partial x_3} \tag{1.29}$$

角度 α 为

$$\alpha = \frac{\partial u_2}{\partial x_3} \tag{1.30}$$

由式（1.21），得到两个不为 0 的分量 σ_{ij}：

$$\sigma_{32} = \sigma_{23} = \mu\alpha \tag{1.31}$$

系数 μ 是介质的剪切模量，其与变形角度和单位面积的切向力有关。

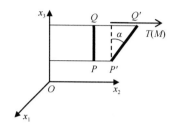

图 1.4　弹性介质中的反平面剪切。矢量 $\boldsymbol{PQ}$ 最初与 x_3 平行、与初始方向成角度 α 倾斜

矢量 $\boldsymbol{\Omega}$ 是

$$\Omega_1 = -\frac{1}{2}\frac{\partial u_2}{\partial x_3}, \quad \Omega_2 = \Omega_3 = 0 \tag{1.32}$$

变形是等体积的，膨胀度 θ 等于 0，并且有一个绕 x_1 的旋转。

纵向应变

对于这种情况，仅应变张量的分量 e_{33} 不为 0。矢量 $\boldsymbol{PQ}$ 和 $\boldsymbol{P'Q'}$ 如图 1.5 所示。

不会消除的应力张量分量有

$$\begin{aligned} \sigma_{33} &= (\lambda + 2\mu)e_{33} \\ \sigma_{11} &= \sigma_{22} = \lambda e_{33} \end{aligned} \tag{1.33}$$

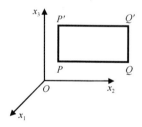

图 1.5　x_3 方向的纵向应变

单向应力

根据式（1.26），应力分量 σ_{33} 将一个平行于轴 x_3 的矢量 $\boldsymbol{PQ}$ 变换成另一个与 x_3 平行的矢量 $\boldsymbol{P'Q'}$。$\boldsymbol{P'Q'}/\boldsymbol{PQ}$ 的比由下式给出：

$$\boldsymbol{P'Q'}/\boldsymbol{PQ} = \sigma_{33}/E \tag{1.34}$$

垂直于 x_3 的矢量 $\boldsymbol{PQ}$ 在矢量 $\boldsymbol{P'Q'}$ 中被变换为与 PQ 平行，现在给出的比率 $\boldsymbol{P'Q'}/\boldsymbol{PQ}$：

$$\boldsymbol{P'Q'}/\boldsymbol{PQ} = -v\sigma_{33}/E \tag{1.35}$$

静水压力下的压缩

对于这种情况，如图 1.6 所示，应力张量不消除的分量有

$$\sigma_{11} = \sigma_{22} = \sigma_{33} = -p \tag{1.36}$$

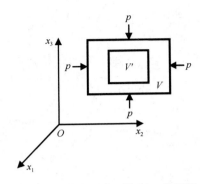

图 1.6 在静水压力下体积 V 的压缩

由式（1.21）可以得出膨胀度 θ 和 p 的关系：

$$\theta = -p \Big/ \left(\lambda + \frac{2\mu}{3} \right) \tag{1.37}$$

比率 $-p/\theta$ 是材料的体积模量 K：

$$K = \lambda + \frac{2\mu}{3} \tag{1.38}$$

与简单剪切的情况相反，Ω 等于 0 且 θ 不等于 0。变形是无旋的，与纵向应变的情况一样。注意，因为静水压力导致体积变化为负，体积模量 K 对所有材料都是正的，因此，对于所有材料，泊松比小于或等于 0.5。

1.6 运动方程

作用在图 1.2 中所示的体 V 上的总表面力 $\boldsymbol{F}_v$ 是

$$\boldsymbol{F}_v = \iint \boldsymbol{T}\mathrm{d}S \tag{1.39}$$

力 $\boldsymbol{F}_v$ 对 x_i 轴的投影为

$$F_{vi} = \iint_S (\sigma_{1i} n_1 + \sigma_{2i} n_2 + \sigma_{3i} n_3)\,\mathrm{d}S \tag{1.40}$$

通过使用散度定理，式（1.40）变为

$$F_{vi} = \iiint_V \left(\frac{\partial \sigma_{1i}}{\partial x_1} + \frac{\partial \sigma_{2i}}{\partial x_2} + \frac{\partial \sigma_{3i}}{\partial x_3} \right)\mathrm{d}V \tag{1.41}$$

添加每单位体积体力的分量 x_i，V 的线性化牛顿方程可以写成

$$\iiint_V \left(\frac{\partial \sigma_{1i}}{\partial x_1} + \frac{\partial \sigma_{2i}}{\partial x_2} + \frac{\partial \sigma_{3i}}{\partial x_3} + x_i - \rho \frac{\partial^2 u_i}{\partial t^2} \right)\mathrm{d}V = 0 \tag{1.42}$$

式中，ρ 是材料的质量密度。该等式导出的应力运动方程如下：

$$\frac{\partial \sigma_{1i}}{\partial x_1} + \frac{\partial \sigma_{2i}}{\partial x_2} + \frac{\partial \sigma_{3i}}{\partial x_3} + x_i - \rho \frac{\partial^2 u_i}{\partial t^2} = 0 \qquad i = 1,2,3 \tag{1.43}$$

借助式（1.21），运动方程变为

$$\rho \frac{\partial^2 u_i}{\partial t^2} = \lambda \frac{\partial \theta}{\partial x_i} + 2\mu \frac{\partial e_{ii}}{\partial x_i} + \sum_{j \neq i} 2\mu \frac{\partial e_{ji}}{\partial x_j} + x_i \qquad i = 1, 2, 3 \tag{1.44}$$

用 $1/2(\partial u_j / \partial x_i + \partial u_i / \partial x_j)$ 代替 e_{ji}，式（1.44）可以用位移来表示：

$$\rho \frac{\partial^2 u_i}{\partial t^2} = (\lambda + \mu) \frac{\partial \nabla \cdot \boldsymbol{u}}{\partial x_i} + \mu \nabla^2 u_i + x_i \qquad i = 1, 2, 3 \tag{1.45}$$

式中，∇^2 是拉普拉斯算子 $\dfrac{\partial^2}{\partial x_1^2} + \dfrac{\partial^2}{\partial x_2^2} + \dfrac{\partial^2}{\partial x_3^2}$。

使用矢量符号，式（1.45）可以写成

$$\rho \frac{\partial^2 \boldsymbol{u}}{\partial t^2} = (\lambda + \mu) \nabla \nabla \cdot \boldsymbol{u} + \mu \nabla^2 \boldsymbol{u} + \boldsymbol{X} \qquad i = 1, 2, 3 \tag{1.46}$$

式中，$\nabla \nabla \cdot \boldsymbol{u}$ 是矢量场 $\boldsymbol{u}$ 散度 $\nabla \cdot \boldsymbol{u}$ 的梯度，它的分量是

$$\frac{\partial}{\partial x_i} \left[\frac{\partial u_1}{\partial x_1} + \frac{\partial u_2}{\partial x_2} + \frac{\partial u_3}{\partial x_3} \right] \qquad i = 1, 2, 3 \tag{1.47}$$

这里，$\nabla^2 \boldsymbol{u}$ 是矢量场 $\boldsymbol{u}$ 的拉普拉斯算子，具有分量

$$\sum_{j=1,2,3} \frac{\partial^2 u_i}{\partial x_j^2} \qquad i = 1, 2, 3 \tag{1.48}$$

如 1.2 节所述。

1.7　流体中的波动方程

在无黏性流体的情况下，μ 消失。应力系数缩减到：

$$\begin{aligned} \sigma_{11} &= \sigma_{22} = \sigma_{33} = \lambda \theta \\ \sigma_{12} &= \sigma_{13} = \sigma_{23} = 0 \end{aligned} \tag{1.49}$$

三个非零应力元素等于 $-p$，其中 p 是压力。由式（1.38）给出的体积模量 K 变为简单的 λ：

$$K = \lambda \tag{1.50}$$

应力场［式（1.49）］仅产生无旋变形，如 $\Omega = 0$。

可以使用以下形式的位移矢量 $\boldsymbol{u}$ 来表示：

$$u_1 = \partial \varphi / \partial x_1, \quad u_2 = \partial \varphi / \partial x_2, \quad u_3 = \partial \varphi / \partial x_3 \tag{1.51}$$

式中，φ 是位移势。

用矢量形式，式（1.51）可以写成

$$\boldsymbol{u} = \nabla \varphi \tag{1.52}$$

用这个表达式，旋转矢量 Ω 可以重写成

$$\Omega = \frac{1}{2} \operatorname{curl} \nabla \varphi = 0 \tag{1.53}$$

并且位移场是无旋的。

将该位移代入式（1.46），由 $\mu = 0$ 和 $\boldsymbol{X} = 0$ 得到

$$\lambda \nabla \nabla \cdot \nabla \varphi = \rho \frac{\partial^2}{\partial t^2} \nabla \varphi \tag{1.54}$$

由于 $\nabla \cdot \nabla \varphi = \nabla^2 \varphi$，式（1.54）利用式（1.50）可简化为

$$\nabla \left[K \nabla^2 \varphi - \rho \frac{\partial^2}{\partial t^2} \varphi \right] = 0 \tag{1.55}$$

如果

$$\nabla^2 \varphi = \rho \frac{\partial^2 \varphi}{K \partial t^2} \tag{1.56}$$

则位移势 φ 满足运动方程

如果流体是完全弹性的流体，没有阻尼，则 K 是实数。

该位移势以简单的方式与压力相关，由式（1.49）、式（1.50）和式（1.51），p 可以写成

$$p = -K\theta = -K\nabla^2 \varphi \tag{1.57}$$

通过式（1.56）和式（1.57）可以得到

$$p = -\rho \frac{\partial^2 \varphi}{\partial t^2} \tag{1.58}$$

在角频率 ω（$\omega = 2\pi f$）处，其中 f 为频率，p 可以写成

$$p = \rho \omega^2 \varphi \tag{1.59}$$

作为一个例子，式（1.56）的简单解是

$$\varphi = \frac{A}{\rho \omega^2} \exp[\mathrm{j}(-kx_3 + \omega t) + \alpha] \tag{1.60}$$

式中，A 和 α 是任意常数，k 是波数，则

$$k = \omega (\rho / K)^{1/2} \tag{1.61}$$

相速度由下式给出

$$c = \omega / \mathrm{Re}(k) \tag{1.62}$$

并且 $\mathrm{Im}(k)$ 表现出幅度依赖于 x_3，$\exp(\mathrm{Im}(k)x_3)$。在这个例子中，u_3 是 $\mathbf{u}$ 中唯一的非零分量：

$$u_3 = \frac{\partial \varphi}{\partial x_3} = -\frac{\mathrm{j}kA}{\rho \omega^2} \exp[\mathrm{j}(-kx_3 + \omega t + \alpha)] \tag{1.63}$$

压力 p 是

$$p = -\rho \frac{\partial^2 \varphi}{\partial t^2} = A \exp[\mathrm{j}(-kx_3 + \omega t + \alpha)] \tag{1.64}$$

该变形场有一个对应于平行于 x_3 轴的传播纵向应变，相速度为 c。

1.8　弹性固体中的波动方程

标量势 φ 和矢量势 $\boldsymbol{\psi}(\psi_1,\psi_2,\psi_3)$ 可用于表示固体的位移：

$$
\begin{aligned}
u_1 &= \frac{\partial \varphi}{\partial x_1} + \frac{\partial \psi_3}{\partial x_2} - \frac{\partial \psi_2}{\partial x_3} \\
u_2 &= \frac{\partial \varphi}{\partial x_2} + \frac{\partial \psi_1}{\partial x_3} - \frac{\partial \psi_3}{\partial x_1} \\
u_3 &= \frac{\partial \varphi}{\partial x_3} + \frac{\partial \psi_2}{\partial x_1} - \frac{\partial \psi_1}{\partial x_2}
\end{aligned}
\tag{1.65}
$$

在矢量形式中，式（1.65）简化为

$$
\boldsymbol{u} = \operatorname{grad} \varphi + \operatorname{curl} \boldsymbol{\psi}
\tag{1.66}
$$

或者，使用符号 ∇ 作为梯度算子：

$$
\boldsymbol{u} = \nabla \varphi + \nabla \wedge \boldsymbol{\psi}
\tag{1.67}
$$

式（1.17）中的旋转矢量 $\boldsymbol{\Omega}$ 等于

$$
\boldsymbol{\Omega} = \frac{1}{2} \nabla \wedge \nabla \wedge \boldsymbol{\psi}
\tag{1.68}
$$

因此，标量势可包含膨胀，而矢量势则可以描述无穷小的旋转。

在不考虑体力的情况下，位移运动方程（1.46）变为

$$
\rho \frac{\partial^2 \boldsymbol{u}}{\partial t^2} = (\lambda + \mu)\nabla \nabla \cdot \boldsymbol{u} + \mu \nabla^2 \boldsymbol{u}
\tag{1.69}
$$

用式（1.67）给出的位移代入式（1.69）可得

$$
\mu \nabla^2 [\nabla \varphi + \nabla \wedge \boldsymbol{\psi}] + (\lambda + \mu)\nabla \nabla \cdot [\nabla \varphi + \nabla \wedge \boldsymbol{\psi}] = \rho \frac{\partial^2}{\partial t^2}[\nabla \varphi + \nabla \wedge \boldsymbol{\psi}]
\tag{1.70}
$$

在式（1.70）中，$\nabla \cdot \nabla \varphi$ 可以用 $\nabla^2 \varphi$ 代替，$\nabla \cdot \wedge \boldsymbol{\psi} = 0$，使其简化成

$$
\mu \nabla^2 \nabla \varphi + \lambda \nabla \nabla^2 \varphi + \mu \nabla \nabla^2 \varphi - \rho \frac{\partial^2}{\partial t^2}\nabla \varphi + \left(\mu \nabla^2 - \rho \frac{\partial^2}{\partial t^2}\right)\nabla \wedge \psi = \boldsymbol{0}
\tag{1.71}
$$

利用关系式 $\nabla^2 \nabla \varphi = \nabla \nabla^2 \varphi$ 和 $\nabla^2 \nabla \wedge \boldsymbol{\psi} = \nabla \wedge \nabla^2 \boldsymbol{\psi}$，式（1.71）可写成

$$
\nabla \left[(\lambda + 2\mu)\nabla^2 \varphi - \rho \frac{\partial^2 \varphi}{\partial t^2}\right] + \nabla \wedge \left[\mu \nabla^2 \boldsymbol{\psi} - \rho \frac{\partial^2 \boldsymbol{\psi}}{\partial t^2}\right] = 0
\tag{1.72}
$$

由此，得到两个分别包含标量势和矢量势的方程：

$$
\nabla^2 \varphi = \frac{\rho}{\lambda + 2\mu}\frac{\partial^2 \varphi}{\partial t^2}
\tag{1.73}
$$

$$
\nabla^2 \boldsymbol{\psi} = \frac{\rho}{\mu}\frac{\partial^2 \boldsymbol{\psi}}{\partial t^2}
\tag{1.74}
$$

式（1.73）描述了无旋波以波数 k 传播：

$$k = \omega(\rho/(\lambda + 2\mu))^{1/2} \tag{1.75}$$

相速度 c 总是按式（1.62）与波数 k 相关。K_c 定义为

$$K_c = \lambda + 2\mu \tag{1.76}$$

可以用式（1.75）代替，结果是

$$k = \omega(\rho_c/K_c)^{1/2} \tag{1.77}$$

而应力-应变关系 [式（1.21）] 可以改写为

$$\sigma_{ij} = (K_c - 2\mu)\theta\delta_{ij} + 2\mu e_{ij} \tag{1.78}$$

式（1.74）描述了等体积（剪切）波以一个波数传播，可表示为

$$k' = \omega(\rho/\mu)^{1/2} \tag{1.79}$$

作为示例，可以使用简单的矢量势 $\boldsymbol{\psi}$：

$$\psi_2 = \psi_3 = 0 \qquad \psi_1 = B\exp[\mathrm{j}(-k'x_3 + \omega t)] \tag{1.80}$$

在这种情况下，u_2 是位移矢量中唯一不同的分量，这个分量从 0 开始：

$$u_2 = -\mathrm{j}Bk'\exp[\mathrm{j}(-k'x_3 + \omega t)] \tag{1.81}$$

该变形场对应于平行于 x_3 轴的反平面剪切传播。

参考文献

Achenbach, J.D. (1973) *Wave Propagation in Elastic Solids*. North Holland Publishing Co., New York.

Brekhovskikh, L.M. (1960) *Waves in Layered Media*. Academic Press, New York.

Cagniard, L. (1962) *Reflection and Refraction of Progressive Waves*, translated and revised by E.A. Flinn and C.H. Dix. McGraw-Hill, New York.

Ewing, W.M., Jardetzky, W.S. and Press, F. (1957) *Elastic Waves in Layered Media*. McGraw-Hill, New York.

Miklowitz, J. (1966) Elastic Wave Propagation. In *Applied Mechanics Surveys*, eds H.N. Abramson, H. Liebowitz, J.N. Crowley and R.S. Juhasz, Spartan Books, Washington, pp. 809–39.

Morse, P.M. and Ingard, K.U. (1968) *Theoretical Acoustics*. McGraw-Hill, New York.

第2章　法向入射时流体中的声阻抗，用一个流体层代替一个多孔层

2.1　引言

声阻抗的概念在吸声领域十分有用。本章计算了声音法向入射透过一层或多层流体时的阻抗，提出 Delany 和 Bazley（1970）定律，并通过该定律将多孔材料用等效流体层代替，计算了含空气层和不含空气层的背靠刚性壁面的单层多孔材料在法向入射角下的表面阻抗。本章还讨论了反射系数和吸声系数两个主要特性。

2.2　无界流体中的平面波

2.2.1　行波

如第 1 章所述，线性波动方程（1.56）在可压缩无损流体中一个简单的位移势的解是

$$\varphi(x,t) = \frac{A}{\rho\omega^2}\exp[j(\omega t - kx)] \tag{2.1}$$

式中，ω 是角频率，k 是波数，满足

$$k = \omega(\rho/K)^{1/2} \tag{2.2}$$

K 和 ρ 分别是体积模量和流体密度，A 是声压的幅值。由式（1.63）和式（1.64），得出声压 p 和位移矢量 $\boldsymbol{u}$ 的分量分别为

$$p(x,t) = A\exp[j(\omega t - kx)] \tag{2.3}$$

和

$$u_y = u_z = 0, \qquad u_x(x,t) = \frac{-jAk}{\rho\omega^2}\exp[j(\omega t - kx)] \tag{2.4}$$

只有速度矢量的 x 分量 v_x 不为 0：

$$v_x(x,t) = \frac{kA}{\rho\omega}\exp[j(\omega t - x/c)] \tag{2.5}$$

式（2.3）和式（2.5）描述沿 x 方向传播的行波简谐平面波。压力和速度的关系为

$$v_x(x,t) = \frac{1}{Z_c}p(x,t) \tag{2.6}$$

$$Z_c = (\rho K)^{1/2} \tag{2.7}$$

Z_c 是流体的特征阻抗。

2.2.2　实例

作为一个例子，在温度为 T、压力[①]为 p（18℃和 1033×10^5 Pa）的正常条件下的空气，密度 ρ_0、绝热体积模量 K_0、特征阻抗 Z_0 和声速 c_0 的值如下（Gray　1957）：

$$\rho_0 = 1 \cdot 213 \, \text{kg} \cdot \text{m}^{-3}$$

$$K_0 = 1 \cdot 42 \times 10^5 \, \text{Pa}$$

$$Z_0 = 415 \cdot 1 \, \text{Pa} \cdot \text{m}^{-1} \cdot \text{s}$$

$$c_0 = 342 \, \text{m} \cdot \text{s}^{-1}$$

2.2.3　衰减

在空气中处于声学频率的自由声场中，当传播长度的数量级为 10 m 或更小时，阻尼可以忽略到一级近似。在前面的例子中，黏度、热传导和其他耗散过程的影响被忽略了。流体中的黏度和热传导现象是它们分子组成的结果。在黏滞热流体中声传播的描述可以在文献中找到（Pierce　1981；Morse 和 Ingard　1986）。黏度和热传导对管中声传播的影响在第 4 章中描述。管道中的黏性和热传导导致耗散过程，并且在描述声传播的宏观过程中，密度 ρ 和体积模量 K 必须用复数代替。波数 k 与特征阻抗 Z_c 分别由式（2.2）和式（2.7）给出，变成复数：

$$k = \text{Re}(k) + \text{jIm}(k)$$
$$Z_c = \text{Re}(Z_c) + \text{jIm}(Z_c) \tag{2.8}$$

如果波的振幅沿传播方向减小，选择时间依赖作为 $\exp(\text{j}\omega t)$，则 $\text{Im}(k)/\text{Re}(k)$ 的量必然为负值。在替代约定中，$\exp(-\text{j}\omega t)$，$\text{Im}(k)/\text{Re}(k)$ 必须是正的（见 2.7 节）。

2.2.4　两个向相反方向传播的波的叠加

为了清晰起见，去掉了下标 x。向横坐标负方向传播的波的压力和速度是

$$p'(x,t) = A' \exp[\text{j}(kx + \omega t)] \tag{2.9}$$

$$v'(x,t) = -\frac{A'}{Z_c} \exp[\text{j}(kx + \omega t)] \tag{2.10}$$

如果声场是由式（2.3）和式（2.5）及式（2.9）、式（2.10）描述的两个波的叠加，则总压力 p_T 和总速度 u_T 为

$$p_T(x,t) = A \exp[\text{j}(-kx + \omega t)] + A' \exp[\text{j}(kx + \omega t)] \tag{2.11}$$

$$v_T(x,t) = \frac{A}{Z_c} \exp[\text{j}(-kx + \omega t)] - \frac{A'}{Z_c} \exp[\text{j}(kx + \omega t)] \tag{2.12}$$

---

① 这里的压力（pressure）为业内惯用说法，是物理学上压强的概念。下同。

几个具有相同 ω 和 k 且沿给定方向传播的波的叠加，等于一个在同一方向上传播的合成波。由式（2.11）和式（2.12）描述的声场是最普遍的一维单频场。 $p_{\mathrm{T}}(x,t)/v_{\mathrm{T}}(x,t)$ 的比值称为 x 处的阻抗。以下几节将研究阻抗的主要特性。

2.3　法向入射阻抗的主要性质

2.3.1　沿传播方向的阻抗变化

如图 2.1 所示，两个波在与 x 轴平行的反方向传播。 M_1 处的阻抗 $Z(M_1)$ 是已知的。使用压力方程（2.11）和速度方程（2.12），可以写出阻抗 $Z(M_1)$：

$$Z(M_1) = \frac{p_{\mathrm{T}}(M_1)}{v_{\mathrm{T}}(M_1)} = Z_{\mathrm{c}} \frac{A\exp[-\mathrm{j}kx(M_1)] + A'\exp[\mathrm{j}kx(M_1)]}{A\exp[-\mathrm{j}kx(M_1)] - A'\exp[\mathrm{j}kx(M_1)]} \tag{2.13}$$

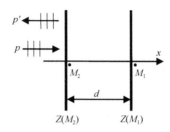

图 2.1　同在 x 方向且沿相反方向传播的平面波。 M_1 处的阻抗为 $Z(M_1)$

在 M_2 处，阻抗 $Z(M_2)$ 由下式给出：

$$Z(M_2) = Z_{\mathrm{c}} \frac{A\exp[-\mathrm{j}kx(M_2)] + A'\exp[\mathrm{j}kx(M_2)]}{A\exp[-\mathrm{j}kx(M_2)] - A'\exp[\mathrm{j}kx(M_2)]} \tag{2.14}$$

由式（2.13）可得

$$\frac{A'}{A} = \frac{Z(M_1) - Z_{\mathrm{c}}}{Z(M_1) + Z_{\mathrm{c}}} \exp[-2\mathrm{j}kx(M_1)] \tag{2.15}$$

通过式（2.14）和式（2.15），最终得到

$$Z(M_2) = Z_{\mathrm{c}} \frac{-\mathrm{j}Z(M_1)\cot g\, kd + Z_{\mathrm{c}}}{Z(M_1) - \mathrm{j}Z_{\mathrm{c}}\cot g\, kd} \tag{2.16}$$

其中， $d = x(M_1) - x(M_2)$。式（2.16）称为阻抗平移定理。

2.3.2　刚性不透气壁支撑的流体层的法向入射阻抗

在 $x=0$ 处，由无限阻抗的刚性不透气平面支撑的一层流体 1 如图 2.2 所示。在流体 1 和流体 2 的边界处有 M_2 和 M_3 两个点， M_3 在流体 2 中， M_2 在流体 1 中。在流体 1 的表面上 M_2 处的阻抗从式（2.16）获得，其中 $Z(M_1)$ 为无穷大：

$$Z(M_2) = -\mathrm{j}Z_{\mathrm{c}}\cot g\, kd \tag{2.17}$$

式中， Z_{c} 是特征阻抗， k 是流体 1 的波数。

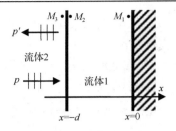

图 2.2　一层有限厚度的流体，与其正面上另一种流体接触，并在其后表面上由刚性不透气壁支撑

边界处的压力和速度是连续的。M_3 处的阻抗等于 M_2 处的阻抗，边界两侧的速度和压力是相同的：

$$Z(M_3) = Z(M_2) \tag{2.18}$$

2.3.3　法向入射多层流体时的阻抗

多层流体如图 2.3 所示。如果阻抗 $Z(M_1)$ 已知，则从式（2.16）可以得到流体 1 内的阻抗 $Z(M_2)$。阻抗 $Z(M_3)$ 等于 M_2 处的阻抗。在 M_4、M_5 和 M_6 处的阻抗可用同样的方式得到。

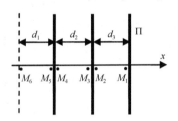

图 2.3　三层流体由阻抗平面Π支撑

2.4　法向入射时的反射系数和吸声系数

2.4.1　反射系数

层表面的反射系数 R 是该层表面的输出波和输入波所产生压力 p' 和 p 的比值。例如，在图 2.2 中，在 M_3 处，反射系数 $R(M_3)$ 等于

$$R(M_3) = p'(M_3,t)/p(M_3,t) \tag{2.19}$$

因为分子和分母都依赖于 t，所以这个系数不依赖于 t。使用式（2.15），M_3 处的反射系数可以写成

$$R(M_3) = (Z(M_3) - Z'_c)/(Z(M_3) + Z'_c) \tag{2.20}$$

式中，Z'_c 是流体 2 中的特征阻抗。M_3 处的输入波和输出波在下列条件下具有相同的振幅：

$$|R(M_3)| = 1 \tag{2.21}$$

这种情况发生在具有无穷大或等于 0 的 $|Z(M_3)|$ 中。若 $|Z(M_3)|$ 是有限的，则更一般的条件是 $Z^*(M_3)Z'_c + Z(M_3)Z'^*_c = 0$。如果 Z_c 是实数，则 $Z(M_3)$ 是虚数。当 $|Z(M_3)|$ 大于 1 时，输出波的振幅大于输入波的振幅。Z'_c 是在实数条件下，如果 $Z(M_3)$ 的实部为负值，则会发生这种

情况。更一般化地说，系数 R 可以定义在输入波和输出波向相反方向传播的流体中的任何地方。例如，在正 x 方向上传播的行波的比 p/v 是 Z'_c。如式（2.20）所示，如果 M 处的阻抗是特征阻抗，则 M 在流体中只存在一个输入波。反射系数的特性作为 x 的函数比阻抗的特性简单得多。回到图 2.1，式（2.3）和式（2.9）给出了 $R(M_2)$ 和 $R(M_1)$ 之间的关系：

$$R(M_2) = R(M_1)\exp(-2jkd) \tag{2.22}$$

其中，$d = x(M_1) - x(M_2)$。因此，在 k 是实数的情况下，反射系数描述了复平面上的一个圆。如果 k 是复数，反射系数则描述一个螺旋线。

应当注意，波导中的电磁平面波的传播可以用阻抗和反射系数来描述，这些概念同样可用于描述声传播。用于电磁波传播的图形表示的史密斯圆图，同样也可以用来描述声波的平面波传播。

2.4.2　吸声系数

吸声系数 $\alpha(M)$ 与反射系数 $R(M)$ 的关系如下：

$$\alpha(M) = 1 - |R(M)|^2 \tag{2.23}$$

去除了 $R(M)$ 的相位，吸声系数不像阻抗或反射系数那样含有更多的信息。吸声系数常用于建筑声学中，这种简化可能是有利的。吸声系数可以改写为

$$\alpha(M) = 1 - \frac{E'(M)}{E(M)} \tag{2.24}$$

其中，$E(M)$ 和 $E'(M)$ 分别是通过平面 $x = x(M)$ 的入射波和反射波的平均能量通量。

2.5　多孔材料的流体等效：Delany 和 Bazley 定律

2.5.1　多孔材料的孔隙率和流阻率

孔隙率

带有通孔的玻璃纤维和塑料泡沫构成了被空气环绕的弹性骨架。孔隙率 ϕ 是空气的体积 V_a 和多孔材料总体积 V_T 的比值。因此，

$$\phi = V_a/V_T \tag{2.25}$$

设 V_b 是骨架的体积的一部分，则 V_a、V_b、V_T 的关系可以写成

$$V_a + V_b = V_T \tag{2.26}$$

未被封闭在骨架中的空气都是 V_a，以此来计算孔隙率。后者也称为开孔孔隙率或连通孔隙率。例如，塑料泡沫中的一个封闭气泡被认为是封闭在骨架内的，因此它的体积属于 V_b。对于大多数纤维材料和塑料泡沫，孔隙率非常接近于 1。Zwikker 和 Kosten（1949）、Champoux 等（1991）给出了孔隙率测量方法。

流阻率

控制多孔材料吸声的一个重要参数是它的流阻。它是由材料样品上的压差与通过材料的

法向流速之比来定义的。流阻率 σ 是单位厚度下的比流阻（单位面积）。图 2.4 表示了一个用于测量流阻率 σ 的实验装置草图。

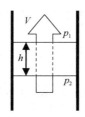

图 2.4　一片多孔材料样品被放置在一个管道中。压差 $p_2 - p_1$ 使单位面积材料上的空气产生稳态流动 V

这个材料被放置在一个管道中，压差会产生空气的稳态流动。流阻率 σ 由下式计算：

$$\sigma = (p_2 - p_1)/Vh \tag{2.27}$$

式中，V 和 h 分别是材料单位面积内空气的平均流量和材料的厚度。在 MKSA 单位制中，σ 的单位是 $\mathrm{Nm^{-4}\,s}$。有关流阻率测量的更多信息，请参阅 ASTM C-522、ISO 9053（1991）、Bies 和 Hansen（1980）及 Stinson 和 Daigle（1988）。

应该指出的是，纤维材料一般是各向异性的（Attenborough 1971，Burke 1983，Nicolas 和 Berry 1984，Allard 等 1987，Tarnow 2005）。图 2.5 所示的是玻璃纤维板。材料中的纤维一般位于平行于材料表面的平面上。法向的流阻率与平面方向的流阻率不同。在前一种情况下，空气垂直于面板表面流动，而在后一种情况下，它平行于层的表面流动。法向流阻率 σ_{N} 大于平面流阻率 σ_{p}。玻璃纤维和开泡（open-bubble）泡沫的流阻率通常为 1000～100 000 $\mathrm{Nm^{-4}\,s}$。

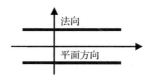

图 2.5　玻璃纤维板。法向垂直于面板的表面，平面方向位于与表面平行的平面上

2.5.2　多孔介质中声传播的微观和宏观描述

声传播所涉及的量可以在局部、微观尺度上进行定义，比如，孔和轴线的距离，位于具有圆形截面的圆柱形孔的多孔材料中。在微观尺度上，由于骨架的几何形状复杂，多孔材料中的声传播通常很难研究。只有平均值才具有实际意义。"平均"必须在一个宏观的尺度上进行，在一个均匀的体上，其尺度足够大，平均值才有意义。同时，这个尺度必须比声波波长小得多。声音也可以激励和移动多孔材料的骨架，这使得对多孔材料中声传播的描述变得更加复杂。如果骨架是不运动的，第一步，多孔介质内的空气可以在宏观尺度上被等效的自由流体所替代，该等效流体具有复数形式的有效密度 ρ 和体积模量 K。等效流体的波数 k 和特征阻抗 Z_c 也很复杂。第二步，如第 5 章的 5.7 节所示，多孔层可以被密度为 ρ/ϕ、体积模量为 K/ϕ 的流体层所取代。

2.5.3　Delany 和 Bazley 定律与流阻率

Delany 和 Bazley（1970）测量了许多孔隙率接近于 1 的纤维材料的波数 k 和特征阻抗 Z_c。

根据这些测量结果，k 和 Z_c 的大小主要取决于材料的角频率 ω 和流阻率 σ。k 和 Z_c 的测量值与下面表达式得到的结果非常一致：

$$Z_c = \rho_o c_o [1 + 0.057 X^{-0.754} - j0.087 X^{-0.732}] \tag{2.28}$$

$$k = \frac{\omega}{c_o} [1 + 0.0978 X^{-0.700} - j0.189 X^{-0.595}] \tag{2.29}$$

其中，ρ_o 和 c_o 是空气的密度和空气中的声速（见 2.2.2 节），X 是一个无量纲参数：

$$X = \rho_o f / \sigma \tag{2.30}$$

f 是与 ω 相关的频率，$\omega = 2\pi f$。

Delany 和 Bazley 按照他们的定律对 X 的取值范围规定如下：

$$0.01 < X < 1.0 \tag{2.31}$$

在式（2.31）定义的频率范围内，无法通过单个关系预测所有多孔材料的声学行为。第 5 章将研究更详细的模型。然而，Delany 和 Bazley 定律被广泛应用并且可以为 Z_c 和 k 提供合理的数量级。纤维材料是各向异性的，如前所述，对于沿法线或平面方向传播的波，必须在传播方向上测量流阻率。倾斜入射的情况比较复杂，第 3 章讨论了倾斜入射的问题。应该指出的是，在 Delany 和 Bazley 的总结之后，几位作者也简单给出了特定频率范围、不同材料的 k 和 Z_c 的经验表达式（Mechel　1976，Dunn 和 Davern　1986，Miki　1990）。

2.6　实例

作为第一个例子，如图 2.6 所示，固定在刚性不透气壁上厚度 d 为 10 cm、法向流阻率为 10 000 Nm^{-4} s 的单层纤维材料（多孔材料）表面的阻抗，由式（2.17）、式（2.28）和式（2.29）计算求得。

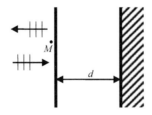

图 2.6　固定在刚性不透气壁上的多孔材料层

阻抗 Z 的实部和虚部如图 2.7 所示。

作为第二个例子，计算在同一单层纤维材料上添加了厚度 d' 为 10 cm 的空气层后的阻抗（见图 2.8）。

在 2.3.3 节给出了 $Z(M)$ 的一般计算方法。在考虑的例子中，可以使用式（2.16），$Z(M_1)$ 是空气层的阻抗。Z_o 和 c_o 值用于式（2.17）计算 $Z(M_1)$。对于纤维材料，式（2.28）和式（2.29）使用了 Z_c 和 k。阻抗如图 2.9 所示，有空气层和无空气层材料的吸声系数在图 2.10 中给出。

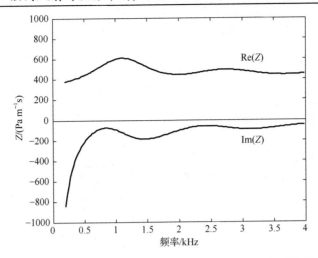

图 2.7　根据 Delany 和 Bazley 定律计算厚度 $d = 10$ cm 的纤维材料
层的法向入射阻抗 Z，法向流阻率 $\sigma = 10\,000$ Nm^{-4} s

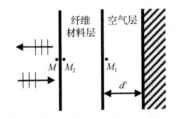

图 2.8　材料与刚性不透气壁之间带空气层的纤维材料层

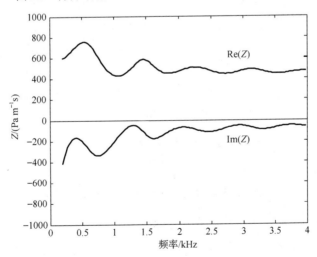

图 2.9　一层厚度 $d = 10$ cm、流阻率 $\sigma = 10\,000$ Nm^{-4} s、空气间隙 $d' = 10$ cm 的纤维材料在法向入射下的阻抗 Z

　　图 2.10 清楚地显示了空气层的有趣效果。空气层显著增加了低频吸声效果。这是因为吸声主要是由黏性耗散引起的，这与多孔介质中的空气速度有关。当材料黏结在刚性壁上时，壁面的粒子速度为 0，因此在低频下吸声效果迅速降低。当背衬一个空气层时，粒子速度在材料背面发生振荡，并在频率最低的四分之一波长达到最大值，从而增强了材料的吸声效果。这是增加材料厚度的另一种选择。

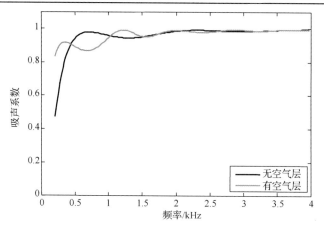

图 2.10　两种结构的吸声系数

2.7　复指数表示法

在复数表示中，函数 $\cos(\omega t - kx)$ 用 $\exp[j(\omega t - kx)]$ 替换。函数 $\exp[-j(\omega t - kx)]$ 被下式中的余弦项消除：

$$\cos(\omega t - kx) = \frac{\exp[j(\omega t - kx)] + \exp[-j(\omega t - kx)]}{2} \tag{2.32}$$

剩余函数除以 2。这一结果在信号处理中被称为解析信号（Papoulis　1984）。处理这个量比处理初始函数要简单得多，因为负频率已经消除了。许多作者使用时间相关的 $\exp(-j\omega t)$，其中正频率被去除。沿正 x 方向运动的波的复数表示形式是 $\exp[j(k*x - \omega t)]$，因为减小传播方向的幅值意味着新的波数是 k 的复共轭。当将实信号的正频率分量加到其负频率分量时，必然得到初始的实信号。这对于压力和速度都是可能的，两种表示中的特征阻抗都是复共轭的。例如，由下面式子表示的真实阻尼波：

$$p(x,t) = A\exp(x \operatorname{Im} k)\cos(\omega t - x \operatorname{Re} k) \tag{2.33}$$

$$v(x,t) = A/|Z_c|\exp(x \operatorname{Im} k)\cos(\omega t - x \operatorname{Re} k - \operatorname{Arg} Z_c) \tag{2.34}$$

有以下两种表示方法：

$$p_+(x,t) = A\exp[j(\omega t - (\operatorname{Re} k + j\operatorname{Im} k)x)] \tag{2.35}$$

$$v_+(x,t) = (A/Z_c)\exp[j(\omega t - (\operatorname{Re} k + j\operatorname{Im} k)x)] \tag{2.36}$$

$$p_-(x,t) = A\exp[j(-\omega t + (\operatorname{Re} k - j\operatorname{Im} k)x)] \tag{2.37}$$

$$v_-(x,t) = (A/Z_c^*)\exp[j(-\omega t + (\operatorname{Re} k - j\operatorname{Im} k)x)] \tag{2.38}$$

p_+ 和 p_- 的关系如下：

$$(p_+ + p_-)/2 = A\exp(x \operatorname{Im} k)\cos(\omega t - x \operatorname{Re} k) \tag{2.39}$$

同样，

$$(v_+ + v_-)/2 = v(x,t) \tag{2.40}$$

特性阻抗 Z_c 变为 Z_c^* 随时间变化的 $\exp(-\mathrm{j}\omega t)$。阻抗具有相同的性质。

关于重建实信号的类似论据可用于证明两种表示中的体积模量 K 通过复共轭相关；密度 ρ 也是如此。

参考文献

Allard, J. F., Bourdier, R. and L'Espérance, A. (1987) Anisotropy effect in glass wool on normal impedance at oblique incidence. *J. Sound Vib.*, **114**, 233–8.

Attenborough, K. (1971) The prediction of oblique-incidence behaviour of fibrous absorbents. *J. Sound Vib.*, **14**, 183–91.

Bies, D. A. and Hansen, C.H. (1980) Flow resistance information for acoustical design. *Applied Acoustics*, **13**, 357–91.

Burke, S. (1983) The absorption of sound by anisotropic porous layers. *Paper presented at 106th Meeting of the ASA*, San Diego, CA.

Champoux, Y, Stinson, M. R. and Daigle, G. A. (1991) Air-based system for the measurement of porosity, *J. Acoust. Soc. Amer.*, **89**, 910–6.

Delany, M. E. and Bazley, E. N. (1970) Acoustical properties of fibrous materials. *Applied Acoustics*, **3**, 105–16.

Dunn, I. P. and Davern, W. A. (1986) Calculation of acoustic impedance of multilayer absorbers. *Applied Acoustics*, **19**, 321–34.

Gray, D. E., ed., (1957) *American Institute of Physics Handbook*. McGraw-Hill, New York.

ISO 9053: (1991) Acoustics-Materials for acoustical applications-Determination of airflow resistance.

Mechel, F. P. (1976) Ausweitung der Absorberformel von Delany and Bazley zu tiefen Frequenzen. *Acustica*, **35**, 210–13.

Miki, Y. (1990) Acoustical properties of porous materials – Modifications of Delany–Bazley models. *J. Acoust. Soc. Japan*, **11**, 19–24.

Morse, M. K., and Ingard K. U. (1986) *Theoretical Acoustics*. Princeton University Press, Princeton.

Nicolas, J. and Berry, J. L. (1984) Propagation du son et effet de sol. *Revue d'Acoustique*, **71**, 191–200.

Papoulis, A. (1984) *Signal Analysis*. McGraw-Hill, Singapore.

Pierce, A. D. (1981) *Acoustics: An Introduction to its Physical Principles and Applications*. McGraw-Hill, New York.

Stinson, M. R. and Daigle, G. A. (1988) Electronic system for the measurement of flow resistance. *J. Acoust. Soc. Amer.* **83**, 2422–2428.

Tarnow, V. (2005) Dynamic measurement of the elastic constants of glass wool. *J. Acoust. Soc. Amer.* **118**, 3672–3678.

Zwikker, C. and Kosten, C. W. (1949) *Sound Absorbing Materials*. Elsevier, New York.

第3章 流体中斜入射时的声阻抗，用流体层代替多孔层

3.1 引言

先前研究的膨胀平面波具有等相位平面和等振幅平面，它们都垂直于传播方向。这些波被称为均匀平面波。它们已被用于表示具有垂直于传播方向平面边界的分层流体中的声场。斜入射下的透射和反射可以用非均匀波来描述，具有非平行的等相位平面和等振幅平面。本章对这些波进行简短描述，包括在各向同性和各向异性流体中的情形。接下来，根据 Delany 和 Bazley（1970）定律，这些波可用于计算高度各向同性和各向异性多孔材料的表面阻抗与吸声系数。

3.2 各向同性流体中的非均匀平面波

在第 2 章中考虑了平行于坐标轴传播的波。如果流体是各向同性的，则相同的平面波可以在由单位矢量 $\boldsymbol{n}$ 定义的任何方向上传播。设 n_1、n_2 和 n_3 为 $\boldsymbol{n}$ 的三个分量。然后，通过以下两个方程描述沿 $\boldsymbol{n}$ 方向传播的波：

$$p(x_1, x_2, x_3, t) = A \exp[\mathrm{j}(-k_1 x_1 - k_2 x_2 - k_3 x_3 + \omega t)] \tag{3.1}$$

$$v(x_1, x_2, x_3, t) = \frac{A\boldsymbol{n}}{Z_{\mathrm{c}}} \exp[\mathrm{j}(-k_1 x_1 - k_2 x_2 - k_3 x_3 + \omega t)] \tag{3.2}$$

在这些式中，k_1、k_2 和 k_3 是波数矢量 $\boldsymbol{k}$ 的分量：

$$k_1 = n_1 k, \qquad k_2 = n_2 k, \qquad k_3 = n_3 k \tag{3.3}$$

使用波动方程（1.56），波数矢量的分量满足：

$$k_1^2 + k_2^2 + k_2^3 = k^2 = \frac{\rho}{K}\omega^2 \tag{3.4}$$

式（3.2）可以改写为

$$v_1(x_1, x_2, x_3, t) = \frac{A}{Z_{\mathrm{c}}}\frac{k_1}{k} \exp[\mathrm{j}(-k_1 x_1 - k_2 x_2 - k_3 x_3 + \omega t)]$$

$$v_2(x_1, x_2, x_3, t) = \frac{A}{Z_{\mathrm{c}}}\frac{k_2}{k} \exp[\mathrm{j}(-k_1 x_1 - k_2 x_2 - k_3 x_3 + \omega t)] \tag{3.5}$$

$$v_3(x_1, x_2, x_3, t) = \frac{A}{Z_{\mathrm{c}}}\frac{k_3}{k} \exp[\mathrm{j}(-k_1 x_1 - k_2 x_2 - k_3 x_3 + \omega t)]$$

对于由式（3.1）～式（3.3）描述的平面波，$\boldsymbol{k}$ 垂直于等相位平面和等振幅平面。通过丢

弃式（3.3）、仅使用式（3.4）来定义 k_1、k_2 和 k_3，可以实现更一般的表示。考虑第一个简单的例子，其中 k^2 在式（3.4）中是实数。

波数矢量 $\boldsymbol{k}$ 的分量是

$$k_1 = l, \qquad k_2 = -\mathrm{j}m, \qquad k_3 = 0 \tag{3.6}$$

其中，m 和 l 均是正实数，并通过式（3.4）相关联，可以改写为

$$l^2 - m^2 = \frac{\rho}{K}\omega^2 \tag{3.7}$$

从式（3.1）和式（3.5）可以得出结论：

$$p(x_1, x_2, x_3, t) = A\exp[\mathrm{j}(-lx_1 + \omega t) - mx_2] \tag{3.8}$$

$$v_1 = \frac{Al}{Z_c k}\exp[\mathrm{j}(-lx_1 + \omega t) - mx_2] \tag{3.9}$$

$$v_2 = -\mathrm{j}\frac{Am}{Z_c k}\exp[\mathrm{j}(-lx_1 + \omega t) - mx_2] \tag{3.10}$$

$$v_3 = 0 \tag{3.11}$$

从上面的方程可以看出，等振幅平面平行于 $x_2 = 0$ 的平面，等相位平面平行于 $x_1 = 0$ 平面。v_2 中的因子 $-\mathrm{j}$ 表示 v_1 和 v_2 之间的 $\pi/2$ 的相位差。除非使用复角度来考虑分量之间的相位差，否则这两个量不能是 x_1 和 x_2 轴上矢量的几何投影。具有不同等相位平面和等振幅平面的平面波称为非均匀平面波。式（3.3）可以用来定义单位矢量 $\boldsymbol{n}$ 的三个复数分量 n_1、n_2 和 n_3，使得 $n_1^2 + n_2^2 + n_2^3 = 1$。

在下文中，我们只关注具有平行于坐标平面的矢量速度的波，例如，如果 $k_3 = 0$，则平面 $x_3 = 0$。复角（θ）可用于指示传播方向。式（3.4）简化为

$$k_1 = k(1 - \sin^2\theta)^{1/2}, \qquad k_2 = k\sin\theta, \qquad k_3 = 0 \tag{3.12}$$

$\sin\theta$ 可以是任意复数，和复角的关联关系如下：

$$\sin\theta = (\mathrm{e}^{\mathrm{j}\theta} - \mathrm{e}^{-\mathrm{j}\theta})/(2\mathrm{j}) \tag{3.13}$$

它的符号表示如图 3.1 所示。

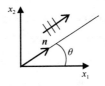

图 3.1　平行于平面 $x_3 = 0$ 的非均匀平面波的符号表示

式（3.3）中的单位矢量 $\boldsymbol{n}$ 的分量是

$$n_1 = k_1/k = (1 - \sin^2\theta)^{1/2} = \cos\theta, n_2 = k_2/k = \sin\theta, n_3 = k_3/k = 0 \tag{3.14}$$

在之前的例子中，

$$n_1 = l/k, \qquad n_2 = -\mathrm{j}m/k, \qquad n_3 = 0$$

x_2 方向的衰减不是由于流体中的耗散，而是由于 l 大于 k。等相位平面和等振幅平面是垂直的。很容易证明，此属性对于介质在 k^2 是实数时始终有效。具有分量 k_1、k_2 和 k_3 的矢量 $\boldsymbol{k} = \boldsymbol{n}k$ 将在下面使用，即使其分量是复数。

3.3 斜入射时的反射和折射

具有平面边界的两种流体如图 3.2 所示。

设 k 和 k' 为流体 1 和流体 2 中的复波数。令 $\boldsymbol{k}_i(k_{i1}, k_{i2}, k_{i3})$、$\boldsymbol{k}_r(k_{r1}, k_{r2}, k_{r3})$ 和 $\boldsymbol{k}_t(k_{t1}, k_{t2}, k_{t3})$ 分别是入射波、反射波和折射波的波数矢量。$\boldsymbol{k}_i$ 的三个分量是

$$k_{i1} = k\sin\theta_i, \qquad k_{i2} = 0, \qquad k_{i3} = k(1 - \sin^2\theta)^{1/2} = k\cos\theta_i \qquad (3.15)$$

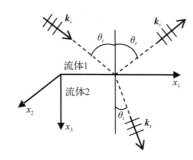

图 3.2 两种流体之间平面边界处的平面波反射和折射

入射角 θ_i 可以是实数或复数。入射波用以下方程表示，类似于式（3.1）和式（3.5）：

$$p_i = A_i \exp[\mathrm{j}(-k(\sin\theta_i x_1 + \cos\theta_i x_3) + \omega t)] \qquad (3.16)$$

$$v_{il} = \frac{A_i}{Z_c}\sin\theta_i \exp[\mathrm{j}(-k(\sin\theta_i x_1 + \cos\theta_i x_3) + \omega t)] \qquad (3.17)$$

$$v_{i3} = \frac{A_i}{Z_c}\sin\theta_i \exp[\mathrm{j}(-k(\sin\theta_i x_1 + \cos\theta_i x_3) + \omega t)] \qquad (3.18)$$

$$v_{i2} = 0 \qquad (3.19)$$

两组相似的方程描述了反射波和透射波。在两种介质的边界处，速度和压力是相同的。从这些条件可以看出，反射和折射是用 Snell-Descartes 定律描述的。

矢量 $\boldsymbol{k}_i$、$\boldsymbol{k}_r$ 和 $\boldsymbol{k}_t$ 在同一平面内。在给定的示例中，三个波数矢量的 x_2 分量消失了：

$$k_{r2} = k_{t2} = k_{i2} = 0 \qquad (3.20)$$

界面处的速度连续性表明入射角和反射角（θ_i 和 θ_r）相等：

$$\theta_i = \theta_r \qquad (3.21)$$

并且入射角 θ_i 和透射角 θ_t 通过下式进行关联：

$$k\sin\theta_i = k'\sin\theta_t \qquad (3.22)$$

它遵循

$$k_{i1} = k\sin\theta_i = k\sin\theta_r = k_{r1} \qquad (3.23)$$

$$k_{i3} = k \cos \theta_i = k \cos \theta_r = -k_{r3} \qquad (3.24)$$

分量 k_{t3} 由下式给出：

$$k_{t3} = k' \cos \theta_t = k'(1 - \sin \theta_t^2)^{1/2} \qquad (3.25)$$

从式（3.22）可以得出结论：

$$k_{i1} = k_{t1} \qquad (3.26)$$

和

$$k_{t3} = (k'^2 - k^2 \sin^2 \theta_i)^{1/2} \qquad (3.27)$$

适当选择平方根可以避免折射波的幅值随 x_3 在 $\text{Im}(k_{t3}) < 0$ 时趋于无穷大。

就两种流体中的波速 c 和 c' 而言，如果波数是实数，式（3.26）可以写为

$$\frac{\sin \theta_i}{c} = \frac{\sin \theta_t}{c'} \qquad (3.28)$$

这是斯涅耳折射定律的经典形式。

3.4 斜入射时各向同性流体中的阻抗

3.4.1 沿垂直于阻抗平面方向的阻抗变化

入射和出射平面波如图 3.3 所示。设 $\boldsymbol{n}$ 和 $\boldsymbol{n}'$ 分别为入射波和出射波相关的单位矢量。两者都平行于平面 $x_2 = 0$。未给出的 $0x_2$ 轴垂直于图的平面。设 θ 是 x_3 轴和 $\boldsymbol{n}$ 的夹角，以及 x_3 轴和 $\boldsymbol{n}'$ 的夹角，该角度值可以是实数或虚数。首先，将指出对于这种几何形状，压力 p 与 U_3 的比（在 x_3 轴上的速度的分量 v_3）在平行于 $x_3 = 0$ 的平面上是恒定的。这些平面是阻抗平面，阻抗 Z 在法线方向上是常数，

$$Z = p/v_3 \qquad (3.29)$$

此阻抗仅取决于 x_3。

通过使用式（3.1）和式（3.4），压力和速度在 x_3 轴上的分量分别为两个波，写为

$$p(x_1, x_3) = A \exp(\mathrm{j}(-k_1 x_1 - k_3 x_3 + \omega t)) \qquad (3.30)$$

$$v_3(x_1, x_3) = \frac{A}{Z_c} \frac{k_3}{k} \exp(\mathrm{j}(-k_1 x - k_3 x_3 + \omega t)) \qquad (3.31)$$

$$p'(x_1, x_3) = A' \exp(\mathrm{j}(-k_1 x_1 + k_3 x_3 + \omega t)) \qquad (3.32)$$

$$v'_3(x_1, x_3) = -\frac{A'}{Z_c} \frac{k_3}{k} \exp(\mathrm{j}(-k_1 x_1 + k_3 x_3 + \omega t)) \qquad (3.33)$$

在 $x_3 = x_3(M_1)$ 平面上，x_3 方向的阻抗等于

$$Z(M_1) = \frac{p(x_1, x_3) + p'(x_1, x_3)}{v_3(x_1, x_3) + v'_3(x_1, x_3)} \qquad (3.34)$$

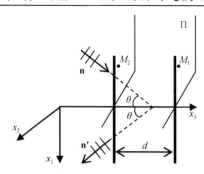

图 3.3　入射和出射平面波与阻抗平面 Π 相关联

将式（3.30）~ 式（3.33）代入式（3.34），得到

$$Z(M_1) = \frac{A \exp(-jk_3 x_3) + A' \exp(jk_3 x_3)}{\dfrac{A}{Z_c}\dfrac{k_3}{k} \exp(-jk_3 x_3) - \dfrac{A'}{Z_c}\dfrac{k_3}{k} \exp(jk_3 x_3)} \tag{3.35}$$

此式仅取决于 x_3。

可以通过将 $Z_c k / k_3$ 和 k_3 而不是 Z_c 和 k 分别代入式（2.14）获得式（3.35）。用同样的代入方法，以及阻抗平移定理，式（2.16）可以重写为

$$Z(M_2) = \frac{Z_c k}{k_3} \left[\frac{-jZ(M_1)\cot g\, k_3 d + Z_c \dfrac{k}{k_3}}{Z(M_1) - jZ_c \dfrac{k}{k_3} \cot g\, k_3 d} \right] \tag{3.36}$$

其中，$d = x(M_1) - x(M_2)$。

3.4.2　由刚性不透气壁支撑的有限厚度层的斜入射阻抗

该层在图 3.4 的入射平面中有入射波和反射波。角度是实数或者复数。例如，流体 2 可以是具有实波数 k' 的非耗散介质，而流体 1 是具有复波数 k 的耗散介质。如果流体 2 中的 θ' 是实数，则流体 1 中的 θ 是复数，且由式（3.22）定义。

$$k_1 = k_1' = k' \sin \theta' = k \sin \theta \tag{3.37}$$

由式（3.4）得出

$$k_3 = (k^2 - k_1'^2)^{1/2} \tag{3.38}$$

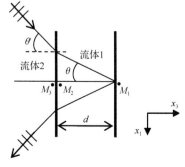

图 3.4　一层厚度为 d 的流体，由刚性不透气壁支撑

如果 d 是有限的，则两个平方根是确定的。在刚性不透气壁上，$Z(M_1)$ 是无穷大的，式（3.36）变为

$$Z(M_2) = -Z_c \frac{k}{k_3} \text{j cotg } k_3 d \tag{3.39}$$

式中，Z_c 是流体 1 中的特征阻抗。流体 1 边界处的阻抗 $Z(M_2)$ 等于流体 2 边界处的阻抗 $Z(M_3)$，如法向入射的情况。如果流体 1 中的速度远小于流体 2 中的速度，则从式（3.22）得出，$\sin\theta$ 接近于 0，并且对于法向入射的大角度 θ'，k_3 接近于 k。因此，由式（3.39）给出的 $Z(M_2)$ 接近于其在 $\theta' = 0$ 处的值，并且对入射角依赖较小。介质 1 称为局部反应介质（Cremer 和 Muller 1982）。局部反应特性意味着表面上给定点处的材料响应与表面其他点处的行为无关；它是几种工程材料（如蜂窝）的良好近似，可用于许多薄的多孔材料替代。这种近似已经并且仍然广泛用于有限元和边界元振动声学模拟。在这些应用中，声学包衰减是根据表面导纳来计算的，后者是在平面波入射环境中测量或模拟的。第 13 章使用多孔弹性材料的有限元建模代替这种近似。

3.4.3　斜入射时多层流体中的阻抗

图 3.5 描述了一个多层流体。设 k、k' 和 k'' 分别是流体 1、2 和 3 中的波数，入射角为 θ''。波数矢量的分量 $0x_1$ 在不同介质中是相同的，并且有

$$k_1 = k_1' = k_1'' = k'' \sin\theta'' \tag{3.40}$$

在流体 1 中，$\boldsymbol{k}$ 的分量 k_3 为

$$k_3 = (k^2 - k_1^2)^{1/2} \tag{3.41}$$

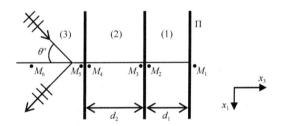

图 3.5　由阻抗平面 Π 支撑的三层流体。图中给出了流体 3 中的入射波和反射波

阻抗 $Z(M_2)$ 可以通过式（3.36）计算，d 由 d_1 代替。用相同的方式，可以连续计算 $Z(M_4)$ 和 $Z(M_6)$。

3.5　斜入射时的反射系数和吸声系数

层表面的反射系数是压力 p' 和 p 的比，由出射波和入射波产生，正如在法向入射的情况下。更一般地，该系数可以在由阻抗平面支撑的流体中的任何地方定义。在图 3.3 所示流体中的任意点 $M(x_1, x_2, x_3)$，其反射系数可写为

$$R(M) = p'(M)/p(M) \tag{3.42}$$

其中，压力 $p(M)$ 和 $p'(M)$ 由式（3.30）和式（3.32）给出。将式（3.30）和式（3.32）代入

式（3.42），得

$$R(x_3) = \frac{A'}{A} \exp(2jk_3 x_3) \qquad (3.43)$$

并且，与阻抗一样，R 仅是 x_3 的函数。如果 k_3 是实数，则 $R(x_3)$ 表示在复平面中随 x_3 变化时的圆，而如果 k_3 是复数，则 $R(x_3)$ 表示螺旋线。借助式（3.35），反射系数可写为

$$R(x_3) = \frac{Z(x_3) - Z_c \dfrac{k}{k_3}}{Z(x_3) + Z_c \dfrac{k}{k_3}} \qquad (3.44)$$

其中，k/k_3 可以用 $1/\cos\theta$ 代替。

斜入射时的吸声系数 α 也可由式（2.23）定义

$$\alpha(M) = 1 - |R(M)|^2 \qquad (3.45)$$

该系数与法向入射时的吸声系数具有相同的解释。

3.6　实例

在第 2 章中，计算了有空气层和无空气层的纤维材料层在法向入射时的表面阻抗和吸声系数。由于纤维材料不是各向同性的，因此本章推导得到的公式不能用于这些材料。在流阻率约为 10 000 Nm^{-4}s 或更小的多孔泡沫中的声传播，可近似由 Delany 和 Bazley 定律描述。由于这些材料通常不是明显的各向异性，因此可以使用先前得到的公式。

对于孔隙率接近于 1 的各向同性多孔材料，流阻率 σ 等于 10 000 Nm^{-4} s，厚度 d 等于 10 cm，计算了图 3.6 中所示两种结构下的表面阻抗。

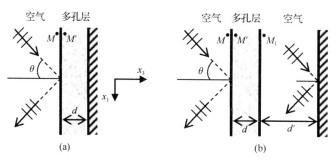

图 3.6　第一种结构：多孔材料固定在刚性不透气壁上。第二种结构：多孔材料和刚性壁之间存在一个厚度为 d' 的空气层。在两种情况下，多孔材料的正面都与空气接触

在第一种结构中，多孔材料固定在刚性不透气壁上。多孔材料的正面与空气接触。入射角是实数且等于 $\pi/4$ 弧度。在第二种结构中，在多孔材料和刚性壁之间加入厚度 $d'=10$ cm 的气隙（空气层）。在气隙中的入射角 θ 与在多孔材料前面的空气中的相同。

由式（3.27）可得，在两种结构中，$\boldsymbol{k}$ 的分量 k_3 在多孔材料中是

$$k_3 = \left(k^2 - k_0^2 \sin^2 \frac{\pi}{4} \right)^{1/2} \qquad (3.46)$$

其中，k_o 和 k 分别是空气和多孔材料中的波数。波数 k 可通过式（2.29）计算。第一种结构的表面阻抗由式（3.39）评估，Z_c 由式（2.28）给出。

$Z(M_1)$ 是空气层的阻抗。可以通过使用式（3.39）来计算该阻抗，其中 k、k_3 和 Z_c 由下式给出：

$$k = k_o$$
$$k_3 = k_o\left[\left(1-\sin^2\frac{\pi}{4}\right)\right]^{1/2} = k_o/\sqrt{2} \tag{3.47}$$
$$Z_c = Z_o$$

其中，Z_c 是空气的特征阻抗。

对于第一种结构，阻抗如图 3.7 所示，而图 3.8 给出第二种结构的结果。

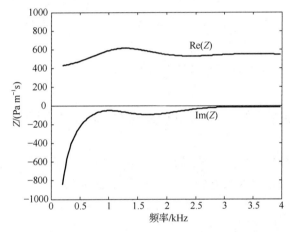

图 3.7　对于厚度为 $d = 10\,\mathrm{cm}$ 的层，流阻率 $\sigma = 10\,000\,\mathrm{Nm^{-4}\,s}$，在斜入射（$\theta = \pi/4$）时的阻抗 Z（见图 3.6 的第一种结构）

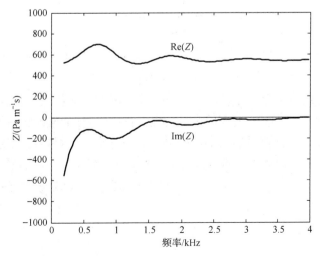

图 3.8　在同一多孔材料层上，增加一层厚度 $d' = 10\,\mathrm{cm}$ 空气层后，在斜入射（$\theta = \pi/4$）下的阻抗 Z，如图 3.7 所示（见图 3.6 的第二种结构）

用式（3.44）和式（3.45）计算出的阻抗来评估图 3.6 中两种结构在空气中的吸声系数，如图 3.9 所示。可以注意到，在法向入射的情况下，压力、速度和阻抗在空气和相当于多孔材料的流体之间的边界两侧，分别相等；然而，由于特征阻抗的变化，反射系数和吸声系数不同。

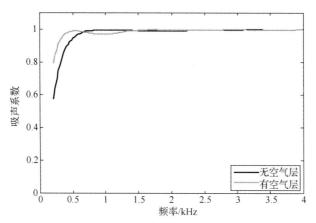

图 3.9　图 3.6 两种结构的斜入射吸声系数（$\theta = \pi/4$）

3.7　等效横向各向同性多孔介质的流体中的平面波

如 2.5 节所示，纤维材料如玻璃纤维是各向异性的（Nicolas 和 Berry　1984；Allard 等　1987；Tarnow　2005），因为通常大多数纤维位于平行于表面的平面中。一组各向异性纤维材料如图 3.10 所示。法线方向平行于 x_3，平面方向平行于平面 $x_3 = 0$。由于流阻率在法线方向上比在平面方向上大，所以作用在沿 v 方向流动的空气上的黏性力 F 通常不与 v 平行。

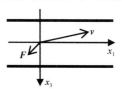

图 3.10　一组各向异性纤维材料。矢量 v 和 F 分别在平面 $x_2 = 0$
中表示空气流动的方向和由于黏度而作用在空气上的力

仅当 v 平行于法线或平面方向时，力 F 的方向与 v 的方向相反。多孔介质应该是横向各向同性的。绕轴 x_3 的旋转不会改变层的声学特性。在完整 Biot 理论的背景下，第 10 章中考虑了横向各向同性多孔弹性介质的情况。如果骨架是静止的，材料可以用横向各向同性的流体代替。在横向各向同性流体中，体积模量是标量。在系统 x_1, x_2, x_3 中，密度是具有两个不同分量的对角张量 $\rho_3 = \rho_N$，$\rho_1 = \rho_2 = \rho_P$。设 u 是位移矢量，可以分别写出牛顿方程（1.43）和应力-应变方程（1.57）。

$$-\frac{\partial p}{\partial x_1} = \rho_P \frac{\partial^2 u_1}{\partial t^2}, \quad -\frac{\partial p}{\partial x_2} = \rho_P \frac{\partial^2 u_2}{\partial t^2}, \quad -\frac{\partial p}{\partial x_3} = \rho_N \frac{\partial^2 u_3}{\partial t^2} \qquad (3.48)$$

$$-p = K\left(\frac{\partial u_1}{\partial x_1} + \frac{\partial u_2}{\partial x_2} + \frac{\partial u_3}{\partial x_3}\right) \qquad (3.49)$$

可以写出波动方程如下：

$$\frac{\partial^2 p}{\partial t^2} = \frac{K}{\rho_P}\left(\frac{\partial^2 p}{\partial x_1^{\,2}} + \frac{\partial^2 p}{\partial x_2^{\,2}}\right) + \frac{K}{\rho_N}\frac{\partial^2 p}{\partial x_3^{\,2}} \tag{3.50}$$

使用时间相关的 $\exp(\mathrm{j}\omega t)$，该方程变为

$$\frac{K}{\rho_P}\left(\frac{\partial^2 p}{\partial x_1^{\,2}} + \frac{\partial^2 p}{\partial x_2^{\,2}}\right) + \frac{K}{\rho_N}\frac{\partial^2 p}{\partial x_3^{\,2}} + \omega^2 p = 0 \tag{3.51}$$

$\omega(\rho_P/K)^{1/2}$ 和 $\omega(\rho_N/K)^{1/2}$ 分别用 k_P 和 k_N 表示：

$$k_P = \omega\left(\frac{\rho_P}{K}\right)^{1/2},\ k_N = \omega\left(\frac{\rho_N}{K}\right)^{1/2} \tag{3.52}$$

式（3.51）的解是

$$p(x_1, x_2, x_3, t) = A\exp[\,\mathrm{j}(-k_1 x_1 - k_2 x_2 - k_2 x_3 + \omega t)] \tag{3.53}$$

A 是任意常数。

矢量 $\boldsymbol{k}$ 的分量 k_1、k_2 和 k_3 之间的关系为

$$\frac{k_1^2}{k_P^2} + \frac{k_2^2}{k_P^2} + \frac{k_3^2}{k_N^2} = 1 \tag{3.54}$$

将式（3.53）代入式（3.48），得到速度 $\boldsymbol{v}$ 的三个分量：

$$v_3(x_1, x_2, x_3, t) = \frac{Ak_3/k_N}{(\rho_N K)^{1/2}}\exp[\mathrm{j}(-k_1 x_1 - k_2 x_2 - k_3 x_3 + \omega t)]$$

$$v_i(x_1, x_2, x_3, t) = \frac{Ak_i/k_P}{(\rho_N K)^{1/2}}\exp[\mathrm{j}(-k_1 x_1 - k_2 x_2 - k_3 x_3 + \omega t)], i = 1, 2 \tag{3.55}$$

等效于纤维材料的流体中的平面波可以用式（3.53）～式（3.55）描述。

3.8　斜入射时等效各向异性多孔材料的流体表面处的阻抗

纤维材料层在其后表面上固定到刚性不透气壁上，正面接触空气，如图 3.11 所示。

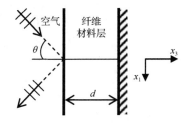

图 3.11　由刚性不透气壁支撑的纤维材料层正面接触空气

空气中的声场是均匀的，入射角 θ 是实数。如果 θ 是复数，公式的表达形式是一样的。可以写出 Snell-Descartes 折射定律：

$$k_o \sin\theta = k_1 \tag{3.56}$$

其中，k_0 是空气中的波数，k_1 是纤维材料中波数矢量 $\mathbf{k}$ 的 x_1 上的分量。

从式（3.54）获得的 $\mathbf{k}$ 的分量 k_3 是

$$k_3 = k_N \left(1 - \frac{k_1^2}{k_P^2}\right)^{1/2} \tag{3.57}$$

纤维材料中的压力 p 具有这样的形式：

$$p(x_1, x_2, x_3, t) = A \exp[j(-k_1 x_1 - k_3 x_3 + \omega t)] + A' \exp[j(-k_1 x_1 + k_3 x_3 + \omega t)] \tag{3.58}$$

从式（3.55）获得 x_3 方向的速度分量：

$$v_3(x_1, x_2, x_3, t) = \frac{1}{(\rho_N K)^{1/2}} \frac{k_3}{k_{1V}} \{A \exp[j(-k_1 x_1 - k_3 x_3 + \omega t)] \\ - A' \exp[j(-k_1 x_1 + k_3 x_3 + \omega t)]\} \tag{3.59}$$

在 $x_3 = 0$ 处，$v_3 = 0$ 和 $A = A'$，在 $x_3 = -d$ 处阻抗 Z 等于

$$Z = (\rho_N K)^{1/2} \frac{k_N}{k_3} (-j \cotg k_3 d) \tag{3.60}$$

Delany 和 Bazley 定律，即式（2.28）和式（2.29），可用于计算特征阻抗 $(\rho_N K)^{1/2}$ 和来自法向流阻率的 k_N。同样，k_P 为来自平面内的流阻率，用于式（3.57），也就是来自平面的流动阻力。反射系数和吸声系数的计算与 3.5 节中的相同。

3.9　实例

各向异性纤维材料层的阻抗 Z 如图 3.12 所示。材料的法向流阻率 σ_N 和厚度 d 分别为 $\sigma_N = 25\,000\ \mathrm{Nm^{-4}\ s}$ 和 $d = 2.5\ \mathrm{cm}$。

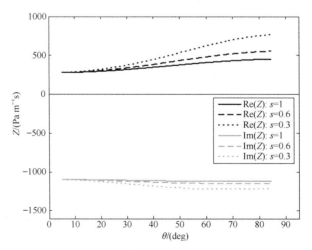

图 3.12　对于各向异性因子 $s = \sigma_P / \sigma_N$ 的三个值，分别预测的阻抗 Z 与入射角 θ 的关系

630 Hz 处的阻抗表示为入射角 θ 的函数对于各向异性因子的三个值 $s = 1$、$s = 0.6$、$s = 0.3$。在对几种玻璃棉进行的测量中获得了接近 0.6 的 s 值（Nicolas 和 Berry　1984，Allard 等　1987，Tarnow　2005）。

参考文献

Allard, J.F., Bourdier, R. & L'Espérance, A. (1987) Anisotropy effect in glass wool on normal impedance in oblique incidence. *J. Sound Vib.*, **114**, 233–8.

Cremer, L. and Muller, A. (1982) *Principles and Applications of Room Acoustics*. Elsevier Applied Science Publishers, London.

Delany, M.E. and Bazley, E.N. (1970) Acoustical properties of fibrous materials. *Applied Acoustics*, **3**, 105–16.

Nicolas, J. and Berry, J.L. (1984) Propagation du son et effet de sol. *Revue d'Acoustique*, **71**, 191–200.

Tarnow, V. (2005) Dynamic measurement of the elastic constants of glass wool. *J. Acoust. Soc. Amer.* **118**, 3672–3678.

第4章　圆柱管中和有圆柱形孔的多孔材料中的声传播

4.1　引言

普通多孔材料中孔隙的几何形状多种多样，直接计算空气和这些材料之间的黏性和热效应相互作用通常是不可能的。从具有圆柱形孔的多孔材料的简单情况中可以得到有用的信息。在这一章中，我们给出一个简单的模型，用于模拟不同截面形状的圆柱管中的声传播，并且用该模型预测有圆柱形孔的多孔材料的声学特性，并定义曲折度等重要概念。

4.2　黏性效应

圆柱管中声传播的基尔霍夫理论（Kirchhoff 1868）提供了关于黏性和热效应的一般描述，但对于许多应用场景来说，不必使用如此复杂的描述。此外，基尔霍夫理论中使用的声学基本方程在非圆截面情况下很难求解。Zwikker 和 Kosten（1949）建立了一个分别处理热效应和黏性效应的简化模型，用于圆形截面的计算。该模型的有效性后来得到了证明（Tijdeman 1975，Kergomard 1981，Stinson 1991），它可以应用在声学频率下，半径范围从10^{-3} cm 到数厘米不等。该模型将用于描述具有圆形截面的狭缝和圆柱管的黏性效应。由 Stinson（1991）提出的模型建立了热效应与黏性效应关系。简化的线性方程组满足流体在孔中的速度 v、压力 p 和声场温度 τ 的关系，即声场中温度的变化是

$$\rho_0 \frac{\partial v}{\partial t} = -\nabla p + \eta \Delta v \tag{4.1}$$

$$\rho_0 c_p \frac{\partial \tau}{\partial t} = \kappa \nabla^2 \tau + \frac{\partial p}{\partial t} \tag{4.2}$$

式中，η 是剪切黏度（体积黏度被忽略了），κ 是导热系数，c_p 是单位质量在恒压下的比热。对于标准条件下的空气，$\eta = 1.8410^{-5}$ kgm^{-1} s^{-1}，$\kappa = 2.610^{-2}$ Wm^{-1}k^{-1}。在管的横截面上，压力被认为是恒定的。空气-骨架界面处的边界条件如下：

$$v = 0 \tag{4.3}$$

$$\tau = 0 \tag{4.4}$$

一定量空气的情况如图 4.1 所示，速度 $v(0,0,v_3)$ 平行于 x_3 轴，其大小仅取决于 x_1。这个速度随 x_1 的变化会产生黏性应力。由于黏性作用，空气受到与 x_3 轴平行的剪切力，并与 $\partial v_3/\partial x_1$ 成正比。更准确地说，平面 Π 的右侧受到来自平面 Π 左侧与 x_3 平行的应力 T 的作用。T 在 x_3

轴上的投影是

$$T_3(x_1) = -\eta \frac{\partial v_3(x_1)}{\partial x_1} \tag{4.5}$$

由于平面 Π 和 Π' 处侧向单位面积上应力产生的合力为 $\mathrm{d}\boldsymbol{F}$，是平行于 x_3 轴的，即

$$\mathrm{d}F_3 = -\eta \frac{\partial v_3(x_1)}{\partial x_1} + \eta \frac{\partial v_3(x_1 + \Delta x_1)}{\partial x_1} \tag{4.6}$$

单位空气体积中这个力为

$$F_3 = \eta \frac{\partial^2 v_3}{\partial x_1^2} \tag{4.7}$$

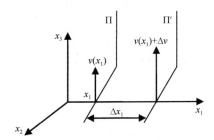

图 4.1　黏性流体中的简单速度场

如果 v_3 也依赖于 x_2，则 F_3 为

$$F_3 = \eta \left(\frac{\partial^2 v_3}{\partial x_1^2} + \frac{\partial^2 v_3}{\partial x_2^2} \right) \tag{4.8}$$

这一简单的描述将用于评估圆柱形孔中黏度的影响，这里忽略径向速度分量，且压力只取决于孔的 x_3 方向。

具有圆截面的圆柱管

圆柱管具有圆截面，如图 4.2 中给出的可知，圆柱管的轴是 $0x_3$。通过使用式（4.8），牛顿定理简化为

$$\mathrm{j}\omega\rho_0 v_3 = -\frac{\partial p}{\partial x_3} + \eta \left[\frac{\partial^2 v_3}{\partial x_1^2} + \frac{\partial^2 v_3}{\partial x_2^2} \right] \tag{4.9}$$

式中，ρ_0 为空气密度，p 为压力。

因为问题的几何形式是关于 $0x_3$ 轴对称的，所以式（4.9）可以改写成

$$\mathrm{j}\omega\rho_0 v_3 = -\frac{\partial p}{\partial x_3} + \frac{\eta}{r} \frac{\partial}{\partial r} \left(r \frac{\partial v_3}{\partial r} \right) \tag{4.10}$$

速度 v 在圆柱管的表面必须消失，在那里空气与静止的骨架接触。对于式（4.10）的解，其速度在圆柱管表面 $r = R$ 处消失时为

$$v_3 = -\frac{1}{\mathrm{j}\omega\rho_0} \frac{\partial p}{\partial x_3} \left(1 - \frac{J_0(lr)}{J_0(lR)} \right) \tag{4.11}$$

式中，

$$l = (-\mathrm{j}\omega\rho_0/\eta)^{1/2} \tag{4.12}$$

J_0 是零阶贝塞尔函数。

$$\overline{v}_3 = \frac{\int_0^R v_3 2\pi r \mathrm{d}r}{\pi R^2} \tag{4.13}$$

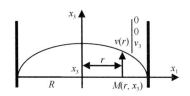

图 4.2   一个半径为 R 的圆形截面的圆柱管

由于贝塞尔函数是偶函数，因此式（4.12）中平方根的两个判定给出了相同的结果。横截面上的平均速度 $\overline{v}_3$ 为

利用

$$\int_0^a r J_0(r)\mathrm{d}r = a J_1(a) \tag{4.14}$$

将式（4.11）代入式（4.13），有

$$\overline{v}_3 = -\frac{1}{\mathrm{j}\omega\rho_0}\frac{\partial p}{\partial x_3}\left[1 - \frac{2}{s\sqrt{-\mathrm{j}}}\frac{J_1(s\sqrt{-\mathrm{j}})}{J_0(s\sqrt{-\mathrm{j}})}\right] \tag{4.15}$$

式中，s

$$s = \left(\frac{\omega\rho_0 R^2}{\eta}\right)^{1/2} \tag{4.16}$$

通过一种更紧凑的方式重写式（4.15），可定义密度 ρ 如下：

$$-\frac{\partial p}{\partial x_3} = \mathrm{j}\omega\rho\overline{v}_3 \tag{4.17}$$

$$\rho = \rho_0 \bigg/ \left[1 - \frac{2}{s\sqrt{-\mathrm{j}}}\frac{J_1(s\sqrt{-\mathrm{j}})}{J_0(s\sqrt{-\mathrm{j}})}\right] \tag{4.18}$$

实际密度 ρ_0 可用于牛顿方程（4.15）：

$$-\frac{\partial p}{\partial x_3} = \mathrm{j}\omega\rho_0\overline{v}_3 + \frac{2}{s\sqrt{-\mathrm{j}}}\frac{J_1(s\sqrt{-\mathrm{j}})}{J_0(s\sqrt{-\mathrm{j}})}\frac{\rho_0\mathrm{j}\omega\overline{v}_3}{\left[-\dfrac{2}{s\sqrt{-\mathrm{j}}}\dfrac{J_1(s\sqrt{-\mathrm{j}})}{J_0(s\sqrt{-\mathrm{j}})}\right]} \tag{4.19}$$

狭缝

该问题的几何表达形式如图 4.3 所示。与圆柱管具有圆截面的情况一样，牛顿方程（4.9）可简化为

$$\rho_0 \frac{\partial v_3}{\partial t} = -\frac{\partial p}{\partial x_3} + \eta \frac{\partial^2 v_3}{\partial x_1^2} \tag{4.20}$$

其中，v_3 不依赖于 x_2。速度必须在狭缝表面消失。当速度在 $x_1 = \pm a$ 处消失时，式（4.20）的解是

$$v_3 = -\frac{1}{j\omega\rho_0} \frac{\partial p}{\partial x_3} \left[1 - \frac{\cosh(l'x_1)}{\cosh(l'a)} \right] \tag{4.21}$$

式中，有

$$l' = (j\omega\rho_0/\eta)^{1/2} \tag{4.22}$$

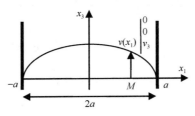

图 4.3　在受平面 $x_1 = a$ 和 $x_1 = -a$ 限定的狭缝中流动

与 l 的情况一样，式（4.22）中平方根的两个值给出了相同的结果。平均速度为

$$\bar{v}_3 = \frac{\int_{-a}^{a} v_3 dx_1}{2a} \tag{4.23}$$

在积分之后，我们发现

$$\bar{v}_3 = -\frac{1}{j\omega\rho_0} \frac{\partial p}{\partial x_3} \left[1 - \frac{\tanh(s'j^{1/2})}{s'j^{1/2}} \right] \tag{4.24}$$

式中，有

$$s' = \left(\frac{\omega\rho_0 a^2}{\eta} \right)^{1/2} \tag{4.25}$$

通过重写式（4.24）定义狭缝内空气的有效密度

$$j\omega\rho\bar{v}_3 = -\frac{\partial p}{\partial x_3} \tag{4.26}$$

同时，

$$\rho = \rho_0 \Big/ \left[1 - \frac{\tanh(s'j^{1/2})}{s'j^{1/2}} \right] \tag{4.27}$$

实际密度 ρ_0 可用于牛顿方程：

$$-\frac{\partial p}{\partial x_3} = j\omega\rho_0 \bar{v}_3 + j\omega\rho_0 \bar{v}_3 \frac{\tanh(s'j^{1/2})(s'j^{1/2})}{1 - [\tanh(s'j^{1/2})(s'j^{1/2})]} \tag{4.28}$$

此式显示了与管的相互作用对惯性项的贡献。在圆截面和狭缝的情况下，有效密度 ρ 分别用图 4.4 和图 4.5 表示。

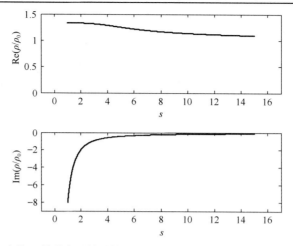

图 4.4　比值 ρ/ρ_0 中的 ρ 是具有圆截面的圆柱管中密度为 ρ_0 流体的有效密度，作为 s 的函数

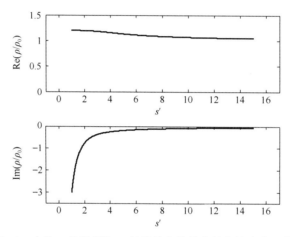

图 4.5　比值 ρ/ρ_0 中的 ρ 是密度为 ρ_0 的流体在狭缝中的有效密度，作为 s' 的函数

4.3　热效应

把空气视为理想气体，它的状态方程是

$$p = \frac{P_0}{\rho_0 T_0}[\rho_0 \tau + T_0 \xi] \tag{4.29}$$

式中，ξ 是声密度，P_0 和 T_0 是环境平均压力和平均温度。τ 在与管平行的 x_3 方向上的变化小于在 x_1 和 x_2 径向的变化，式（4.2）可简化为

$$\frac{\partial^2 \tau}{\partial x_1^2} + \frac{\partial^2 \tau}{\partial x_2^2} - \mathrm{j}\omega \frac{\tau}{v'} = -\mathrm{j}\frac{\omega}{\kappa}p \tag{4.30}$$

其中，v' 由下式给出：

$$v' = \frac{\kappa}{\rho_0 c_\mathrm{p}} \tag{4.31}$$

对于 v_3，这与式（4.9）的形式相同。此外，边界条件也相同，在圆柱管的表面，τ 等于 0。

角频率 ω' 由下式定义：

$$\omega' = \omega \frac{\eta}{\rho_0 v'} \tag{4.32}$$

将式（4.30）中的 ω 替换后，变为

$$\frac{\partial^2 \tau}{\partial x_1^2} + \frac{\partial^2 \tau}{\partial x_2^2} - \mathrm{j}\omega' \frac{\rho_0 \tau}{\eta} = -\mathrm{j}\frac{\omega' v' \rho_0 p}{\kappa \eta} \tag{4.33}$$

$\eta/(\rho_0 v')$ 是普朗特数，将由 B^2 表示。我们将式（4.9）重写为

$$\frac{\partial^2 v_3}{\partial x_1^2} + \frac{\partial^2 v_3}{\partial x_2^2} - \frac{\mathrm{j}\omega\rho_0}{\eta} v_3 = \frac{1}{\eta}\frac{\partial p}{\partial x_3} \tag{4.34}$$

通过对式（4.33）和式（4.34）的比较，得出 τ 和 v_3：

$$\tau = \frac{p v'}{\kappa} \psi(x_1, x_2, B^2\omega) \tag{4.35}$$

$$v_3 = -\frac{\partial p}{\partial x_3}\psi(x_1, x_2, \omega)\frac{1}{\mathrm{j}\omega\rho_0} \tag{4.36}$$

其中，$\psi(x_1, x_2, \omega)$ 是下面方程的一个解：

$$\frac{\partial^2 \psi}{\partial x_1^2} + \frac{\partial^2 \psi}{\partial x_2^2} - \mathrm{j}\omega\frac{\rho_0}{\eta}\psi = -\frac{\mathrm{j}\omega\rho_0}{\eta} \tag{4.37}$$

其边界条件是 ψ 在圆柱管表面消失。

有效密度是由圆柱管截面上 v_3 的平均值 $\bar{v}_3$ 计算出来的［由式（4.17）］：

$$\rho = -\frac{\partial p}{\partial x_3}\frac{1}{\mathrm{j}\omega\bar{v}_3} = \frac{\rho_0}{\bar{\psi}(x_1, x_2, \omega)} \tag{4.38}$$

利用式（1.57）和线性化连续方程，给出体积模量的计算公式：

$$K = -p/\overline{\boldsymbol{\nabla}\boldsymbol{u}} = \rho_0 p/\bar{\xi} \tag{4.39}$$

其中，平均密度 $\bar{\xi}$ 是 ξ 的平均值，由式（4.29）给出，在横截面上，

$$\bar{\xi} = \frac{\rho_0}{P_0}p - \frac{\rho_0}{T_0}\bar{\tau} \tag{4.40}$$

K 的表达式可以用式（4.35）重写为

$$K = \frac{P_0}{1 - \dfrac{P_0}{T_0}\dfrac{v'}{\kappa}\bar{\psi}(x_1, x_2, B^2\omega)} \tag{4.41}$$

设 c_{v} 是恒定体积下的比热。利用理想气体方程 $\rho_0(c_{\mathrm{p}} - c_{\mathrm{v}}) = P_0/T_0$，式（4.41）可以重写为

$$K = \frac{\gamma P_0}{\gamma - (\gamma-1)\bar{\psi}(x_1, x_2, B^2\omega)} \tag{4.42}$$

其中，$\gamma = c_p / c_v$。用 $F(\omega)$ 表示 $\overline{\psi}(x_1, x_2, \omega)$ 如下：

$$\overline{\psi}(x_1, x_2, \omega) = F(\omega) \tag{4.43}$$

$\overline{\psi}(x_1, x_2, B^2\omega)$ 可以写成

$$\overline{\psi}(x_1, x_2, B^2\omega) = F(B^2\omega) \tag{4.44}$$

式（4.38）和式（4.42）变成

$$\rho = \rho_0 / F(\omega) \tag{4.45}$$

$$K = \gamma P_0 / [\gamma - (\gamma - 1)F(B^2\omega)] \tag{4.46}$$

在 18℃ 的空气中，$P_0 = 1.0132 \times 10^5$ Pa，$\gamma = 1.4$，$B^2 = 0.71$（Gray 1956）。

对于具有圆截面的圆柱管，F 由式（4.18）和式（4.45）得出：

$$F(\omega) = \left[1 - \frac{2}{s\sqrt{-j}} \frac{J_1(s\sqrt{-j})}{J_0(s\sqrt{-j})} \right] \tag{4.47}$$

式（4.16）给出了 F 与 ω 的关系。

由式（4.46）求出体积模量 K，如下：

$$K = \gamma P_0 / \left[1 + (\gamma - 1)\frac{2}{Bs\sqrt{-j}} \frac{J_1(Bs\sqrt{-j})}{J_0(Bs\sqrt{-j})} \right] \tag{4.48}$$

用同样的方法求出狭缝的体积模量：

$$K = \gamma P_0 / \left[1 + (\gamma - 1)\frac{\tanh(Bs'\sqrt{j})}{Bs'\sqrt{j}} \right] \tag{4.49}$$

这种测定 K 值的方法适用于所有圆柱管。对于具有圆截面和狭缝的圆柱管，体积模量 K 用图 4.6 和图 4.7 分别表示为 s 和 s' 的函数。结果表明，它的实部在低频（等温极限）下等于 P_0，在高频情况下等于 γP_0（绝热极限）。这些限制的说明详见 4.5 节和 4.6 节。

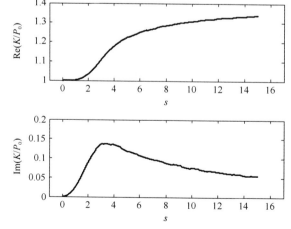

图 4.6　具有圆截面的圆柱管中空气的体积模量 K 随 s 变化的函数。单位是大气压 P_0

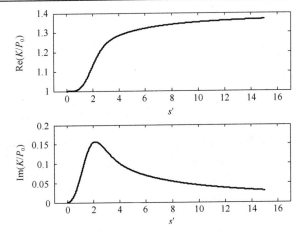

图 4.7　狭缝中空气的体积模量 K 随 s' 变化的函数。单位是大气压 P_0

4.4　三角形、矩形和六边形截面圆柱管的有效密度与体积模量

有效密度由 Craggs 和 Hildebrandt（1984，1986）用有限元法（Hubner　1974，Zienkiewicz 1971）计算。对有圆截面的圆柱管，以及有三角形、矩形和六边形截面的圆柱管进行了计算。用 Craggs 和 Hildebrandt 的表示法可以写出有效密度 ρ：

$$\rho = \rho_e + \Re_e / j\omega \tag{4.50}$$

其中，ρ_e 和 $\Re_e$ 是实参数。设 $\bar{r}$ 是水力半径（hydraulic radius），则

$$\bar{r} = 2 \times \frac{截面面积}{截面周长} \tag{4.51}$$

Craggs 和 Hildebrandt 计算了作为变量 β 的函数的量 $\Re_e \bar{r}^2 / \eta$ 和 ρ_e / ρ_0，β 由下式给出：

$$\beta = (\rho_0 \omega / \eta)^{1/2} \bar{r} \tag{4.52}$$

在圆截面情况下，$\bar{r}$ 为半径 R，β 等于 s。在狭缝情况下，$\bar{r}$ 为宽度 $2a$，β 等于 $2s'$。

$\Re_e \bar{r}^2 / \eta$ 和 ρ_e / ρ_0 这两个量由 Craggs 和 Hildebrandt（1986）对狭缝、圆、三角形和矩形截面的情况进行多项式拟合，计算得到

$$\Re_e \bar{r}^2 / \eta = a_1 + a_2 \beta + a_3 \beta^2 + a_4 \beta^3 \tag{4.53}$$

$$\rho_e / \rho_0 = b_1 + b_2 \beta + b_3 \beta^2 + b_4 \beta^3 \tag{4.54}$$

这个表达方式在 $0 < \beta < 10$ 范围内有效。系数 a_i 和 b_i 由 Craggs 和 Hildebrandt（1986）给出。式（4.45）中的 $F(\omega)$ 等于

$$F(\omega) = \rho_0 / (\rho_e + \Re_e / j\omega) \tag{4.55}$$

用式（4.46）计算体积模量，其中，$F(B^2 \omega)$ 可表示为

$$F(B^2 \omega) = 1 / \left[(b_1 + b_2 B\beta + b_3 B^2 \beta^2 + b_4 B^3 \beta^3) + \frac{1}{j\omega B^2} \frac{\eta}{\rho_0 r^{-2}} (a_1 + a_2 B\beta + a_3 B^2 \beta^2 + a_4 B^3 \beta^3) \right] \tag{4.56}$$

4.7 节给出一种有效密度和体积模量预测更为一般的方法。

4.5　高频和低频近似

具有圆截面的管

对于小的和大的 s 值，J_1/J_0 的渐近表达式可用于式（4.19）。在普朗特数（Prandtl number）接近于 1 的情况下，在相同的频率范围内，可以在式（4.48）中同时使用渐近表达式来计算体积模量 K。如果

$$\left(\frac{\eta}{\omega\rho_0}\right)^{1/2} \ll R \tag{4.57}$$

则 s 的值很大。

式（4.57）有效的频率范围称为高频范围。长度 δ 为

$$\delta = \left(\frac{2\eta}{\omega\rho_0}\right)^{1/2} \tag{4.58}$$

称为黏性趋肤深度，这个长度大约等于靠近管表面的空气层的厚度，在那里，速度分布受到静止骨架产生的黏性力的显著扰动。如果式（4.57）成立，黏性力的影响在大部分以对称轴为中心的圆管中是可以忽略的，在速度分布中会出现一个扁平的中心核，它位于管的截面上。类似地，热趋肤深度 δ' 可以由以下关系定义：

$$\delta' = \left(\frac{2\eta}{\omega B^2 \rho_0}\right)^{1/2} = \left(\frac{2\kappa}{\omega\rho_0 C_p}\right)^{1/2} \tag{4.59}$$

在高频情况下，选择

$$(-\mathrm{j})^{1/2} = (-1+\mathrm{j})/\sqrt{2} \tag{4.60}$$

J_1/J_0 等于 j，式（4.18）近似为

$$\frac{\rho}{\rho_0} = 1/\left[1 - \frac{2}{s\sqrt{-\mathrm{j}}}\frac{J_1(s\sqrt{-\mathrm{j}})}{J_0(s\sqrt{-\mathrm{j}})}\right] = 1 + \frac{\sqrt{2}(1+\mathrm{j})}{\mathrm{j}s} \tag{4.61}$$

牛顿方程（4.19）变成

$$-\frac{\partial p}{\partial x} = \mathrm{j}\omega\rho_0\bar{v}_3 + (1+\mathrm{j})\bar{v}_3\left(\frac{2\eta}{R^2}\rho_0\omega\right)^{1/2} \tag{4.62}$$

并且体积模量［式（4.48）］可以写成

$$K = \gamma P_0[1 + \sqrt{2}(-1+\mathrm{j})(\gamma-1)/(Bs)] \tag{4.63}$$

相反，在频率足够低的情况下，s 小于 1。在这里，黏性力的影响在孔中任何地方都很重要。频率范围

$$\left(\frac{\eta}{\omega\rho_0}\right)^{1/2} \gg R \tag{4.64}$$

称为低频范围。在低频情况下，可以使用以下近似方程：

$$\frac{2}{s\sqrt{-j}}\frac{J_1(s\sqrt{-j})}{J_0(s\sqrt{-j})} = 1 - \frac{js^2}{8} - \frac{4}{192}s^4 \tag{4.65}$$

和

$$\frac{2}{s\sqrt{-j}}\frac{J_1(s\sqrt{-j})}{J_0(\sqrt{-j})\left\{1 - \frac{2}{s\sqrt{-j}}\frac{J_1(s\sqrt{-j})}{J_0(s\sqrt{-j})}\right\}} = -\frac{8j}{s^2} + \frac{1}{3} \tag{4.66}$$

使用这里最后一个等式，式（4.19）可以重写为

$$-\frac{\partial p}{\partial x_3} = \frac{4}{3}j\omega\rho_0\bar{v}_3 + \frac{8\eta}{R^2}\bar{v}_3 \tag{4.67}$$

应该注意的是，在低频情况下，

$$\frac{\eta}{R^2} \gg \rho_0\omega \tag{4.68}$$

因此，在牛顿方程（4.67）中，$\frac{4}{3}j\omega\rho_0\bar{v}_3$ 项要比 $\frac{8\eta}{R^2}\bar{v}_3$ 小得多。式（4.48）给出的体积模量 K 是

$$K = P_0\left[1 + \frac{1}{8}j\frac{\gamma-1}{\gamma}(B^2s^2)\right] \tag{4.69}$$

狭缝

高频、低频范围的定义由下式给出：

$$\left(\frac{\eta}{\omega\rho_0}\right)^{1/2} \ll a, s' = \left(\frac{\omega\rho_0 a^2}{\eta}\right)^{1/2} \gg 1，\text{高频情况}$$

$$\left(\frac{\eta}{\omega\rho_0}\right)^{1/2} \gg a, s' = \left(\frac{\omega\rho_0 a^2}{\eta}\right)^{1/2} \ll 1，\text{低频情况}$$

在高频情况下，

$$j^{1/2} = \frac{1+j}{\sqrt{2}} \tag{4.70}$$

$\tanh(s'j^{1/2})$ 等于 1。牛顿方程（4.28）变成

$$-\frac{\partial p}{\partial x_3} = j\omega\rho_0\bar{v}_3 + \frac{(1+j)}{\sqrt{2}}\bar{v}_3\left(\frac{\eta}{a^2}\rho_0\omega\right)^{1/2} \tag{4.71}$$

体积模量 K 是

$$K = \gamma P_0\left[1 + \frac{\sqrt{2}}{2}(-1+j)(\gamma-1)/(Bs')\right] \tag{4.72}$$

在低频情况下，可以使用以下近似：

$$\frac{1}{s'\mathrm{j}^{1/2}}\tanh(s'\mathrm{j}^{1/2})\Big/\left(1-\frac{1}{s'\mathrm{j}^{1/2}}\tanh(s'\mathrm{j}^{1/2})\right)=\frac{3}{(s'\mathrm{j}^{1/2})^2}+\frac{1}{5} \tag{4.73}$$

牛顿方程（4.28）变成

$$-\frac{\partial p}{\partial x_3}=\frac{6}{5}\mathrm{j}\omega\rho_0\overline{v}_3+\frac{3\eta}{a^2}\overline{v}_3 \tag{4.74}$$

体积模量是

$$K=P_0\left[1+\frac{1}{3}\mathrm{j}\frac{\gamma-1}{\gamma}(Bs')^2\right] \tag{4.75}$$

4.6   多孔材料层中空气有效密度和体积模量的计算

首先，考虑具有圆截面的圆柱形孔洞和狭缝的孔。接下来给出参数可调的通用模型，用于计算空气在具有其他形状截面孔中的有效密度和体积模量。流阻率作为声学参数使用。

4.6.1   圆柱形截面孔的有效密度和体积模量

图 4.8 所示的多孔材料样品在单位截面中具有 n 个半径为 R 的孔。式（2.27）给出的流阻率 σ 等于

$$\sigma=\frac{p_2-p_1}{\overline{v}n\pi R^2 e} \tag{4.76}$$

由于黏度和压力梯度，孔中的空气受到两个力的相反作用。由式（4.67），在 $\omega=0$ 时有

$$\overline{v}=\frac{R^2}{8\eta}\left(-\frac{\partial p}{\partial x}\right) \tag{4.77}$$

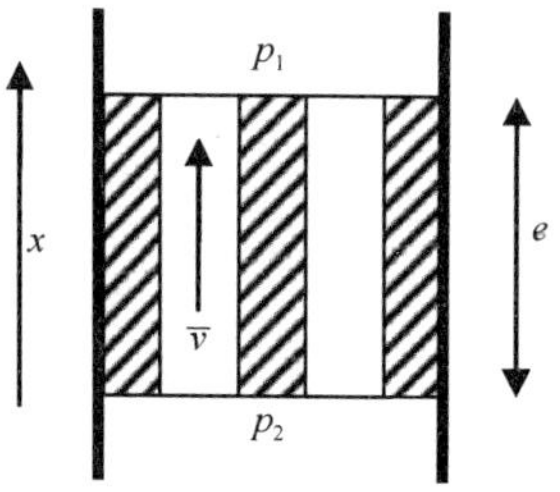

图 4.8   厚度为 e、单位截面的多孔材料样品，恒定压差为 p_2-p_1，孔中的平均分子速度为 $\overline{v}$

下式给出流阻率 σ：

$$\sigma=\frac{8\eta}{R^2(n\pi R^2)} \tag{4.78}$$

其中，$n\pi R^2$ 是材料的孔隙率 ϕ，式（4.78）可以重写为

$$\sigma=\frac{8\eta}{R^2\phi} \tag{4.79}$$

由式（4.79），式（4.16）可以重写为

$$s = \left(\frac{8\omega\rho_0}{\sigma\phi} \right)^{1/2} \tag{4.80}$$

式（4.18）、式（4.48）和式（4.80）可用于计算图 4.8 所示多孔材料在给定角频率 ω 下的 ρ 和 K。牛顿方程（4.19）中的黏性力的描述可以下述方式修改。$\rho_0 \mathrm{j}\omega/s$ 通过下式得到，

$$\rho_0 \mathrm{j}\omega/s = -\sigma\phi s(\sqrt{-\mathrm{j}})^2/8 \tag{4.81}$$

将式（4.81）代入式（4.19），得

$$-\frac{\partial p}{\partial x} = \mathrm{j}\omega\rho_0 \overline{v} + \sigma\phi\overline{v}G_c(s) \tag{4.82}$$

其中，$G_c(s)$ 由下式给出：

$$G_c(s) = -\frac{s}{4}\sqrt{-\mathrm{j}}\frac{J_1(s\sqrt{-\mathrm{j}})}{J_0(s\sqrt{-\mathrm{j}})}\left[1 - \frac{2}{s\sqrt{-\mathrm{j}}}\frac{J_1(s\sqrt{-\mathrm{j}})}{J_0(s\sqrt{-\mathrm{j}})}\right] \tag{4.83}$$

$G_c(s)$ 的低频极限在 $\omega = 0$ 时是 1，且式（4.82）变为

$$-\frac{\partial p}{\partial x} = \sigma\phi\overline{v} \tag{4.84}$$

最后一个方程描述了对流阻率的静态测量，如图 2.4 中所表述。

在 $1/\omega$ 的一阶近似下，由式（4.67）和式（4.69）得

$$\rho = \frac{4}{3}\rho_0 + \frac{\sigma\phi}{\mathrm{j}\omega} \tag{4.85}$$

$$K = \frac{\gamma P_0}{\gamma - (\gamma - 1)/\left(\frac{4}{3} + \frac{\sigma\phi}{\mathrm{j}B^2\omega\rho_0} \right)} \tag{4.86}$$

在高频范围内，由式（4.61）和式（4.63）得

$$\rho = \rho_0 \left(1 + \sqrt{2/\mathrm{j}}\frac{\delta}{R} \right) \tag{4.87}$$

$$K = \frac{\gamma P_0}{\gamma - (\gamma - 1)/\left(1 + \sqrt{2/\mathrm{j}}\frac{\delta}{BR} \right)} \tag{4.88}$$

其中，$\sqrt{2/\mathrm{j}} = 1 - \mathrm{j}$ 和 δ 是式（4.58）给出的黏性趋肤深度。

4.6.2　狭缝中的有效密度和体积模量

对于图 4.8 所示的材料，圆形孔现在被狭缝所代替。式（4.76）变成

$$\sigma = \frac{p_2 - p_1}{2na\overline{v}e} = \frac{p_2 - p_1}{\phi\overline{v}e} \tag{4.89}$$

由式（4.74）在 $\omega=0$ 时得出

$$\overline{v} = \frac{a^2}{3\eta}\left(-\frac{\partial p}{\partial x}\right) \tag{4.90}$$

流阻率 σ 由下式给出：

$$\sigma = \frac{3\eta}{\phi a^2} \tag{4.91}$$

使用式（4.91），可以重写式（4.25）为

$$s' = \left(\frac{3\omega\rho_0}{\phi\sigma}\right)^{1/2} \tag{4.92}$$

式（4.27）和式（4.92）可用于计算 ρ 和 K。牛顿方程（4.28）中黏性力的描述可以通过以下方式加以修正，$\rho_o\omega/s'$ 由下式给出：

$$\rho_o\omega/s' = \sigma\phi s'/3 \tag{4.93}$$

将式（4.93）的右端代入式（4.28）中的 $\rho_o\omega/s'$，得

$$-\frac{\partial p}{\partial x_3} = \mathrm{j}\omega\rho_0\overline{v} + \phi\overline{v}\sigma G_s(s') \tag{4.94}$$

同时，

$$G_s(s') = \frac{j^{1/2}s'\tanh(s'j^{1/2})}{3\left[1 - \dfrac{\tanh(s'j^{1/2})}{s'j^{1/2}}\right]} \tag{4.95}$$

$G_s(s')$ 的极限值在 $\omega=0$ 时是 1，与前面相同，可以重写式（4.94）如下：

$$-\frac{\partial p}{\partial x} = \sigma\phi\overline{v} \tag{4.96}$$

在 $1/\omega$ 的一阶近似下，式（4.74）和式（4.75）满足

$$\rho = \frac{6}{5}\rho_0 + \frac{\sigma\phi}{\mathrm{j}\omega} \tag{4.97}$$

$$K = \frac{\gamma P_0}{\gamma - (\gamma-1)\bigg/\left(\dfrac{6}{5} + \dfrac{\sigma\phi}{\mathrm{j}B^2\omega\rho_0}\right)} \tag{4.98}$$

在高频范围内，由式（4.71）式（4.72）得

$$\rho = \rho_0\left(1 + \sqrt{2/\mathrm{j}}\,\frac{\delta}{2a}\right) \tag{4.99}$$

$$K = \frac{\gamma P_0}{\gamma - (\gamma-1)\bigg/\left(1 + \sqrt{2/\mathrm{j}}\,\dfrac{\delta}{2Ba}\right)} \tag{4.100}$$

4.6.3　任意截面形状孔的有效密度和体积模量的高频与低频极限

从流阻率的定义，在低频率时，式（4.84）有效密度的极限是 ω 的 0 阶近似，为

$$\rho = \frac{\phi\sigma}{\mathrm{j}\omega} \tag{4.101}$$

由式（4.46），ω 的一阶近似下体积模量的极限为

$$K = \frac{\gamma P_0}{\gamma - \mathrm{j}(\gamma-1)\omega B^2 \rho_0/(\phi\sigma)} \tag{4.102}$$

ρ 和 K 这两个参数只依赖于先前方程中的流阻率。在高频率情况下，当 ω 趋于无穷大时，除了在靠近圆柱表面的一小层，黏性趋肤深度趋于 0，速度为无黏性时的速度。与最小孔隙的横向尺寸相比，当黏性趋肤深度非常小时，接近孔隙表面的速度分布与平面表面的速度分布相同。设 q 是从表面到靠近表面的点的距离，在图 4.3 中，$q = a - x_1$。在 x_3 方向上的平均速度分量是

$$\mathrm{j}\omega\rho_0\bar{v}_3 = -\frac{\partial p}{\partial x_3}\frac{\int_S \{1 - \exp[-q(1+\mathrm{j})/\delta]\}\mathrm{d}S}{S} \tag{4.103}$$

其中，$\mathrm{d}S$ 是与 $\mathrm{d}q$ 相关的无穷小区域，S 是横截面的面积。此表达式在靠近曲面的地方有效，其中，平面近似是有效的且 $\mathrm{d}S = l\mathrm{d}q$，$l$ 是孔的周长。同时，在远离表面时，指数项可以忽略。指数函数对积分的贡献是

$$-\int_S \exp[-q(1+\mathrm{j})/\delta]\mathrm{d}S = \frac{\delta}{1+\mathrm{j}}l \tag{4.104}$$

其中，l 是孔的周长。这导致有效密度的近似值为

$$\rho = \rho_0\left(1 + \delta\sqrt{2/\mathrm{j}}\,\frac{l}{2S}\right) \tag{4.105}$$

它可以用水力半径（hydraulic radius）$\bar{r} = 2S/l$ 来表示：

$$\rho = \rho_0\left(1 + \sqrt{2/\mathrm{j}}\,\frac{\delta}{\bar{r}}\right) \tag{4.106}$$

由式（4.46），相应的体积模量为

$$K = \frac{\gamma P_0}{\gamma - (\gamma-1)\left/\left(1 + \sqrt{2/\mathrm{j}}\,\dfrac{\delta l}{2SB}\right)\right.} \tag{4.107}$$

它可以重写为

$$K = \gamma P_0\left[1 + (\gamma-1)\sqrt{2/\mathrm{j}}\,\frac{\delta}{\bar{r}B}\right] \tag{4.108}$$

有效密度和体积模量的高频极限仅取决于水力半径。

4.7 刚性骨架材料的 Biot 模型

4.7.1 G_c 与 G_s 的相似性

Biot（1956）指出，如果 s 取

$$s = \frac{4}{3} s' \tag{4.109}$$

则 $G_s(s')$ 与 $G_c(s)$ 非常相似。很明显，G_c 与 G_s 的数值在高频情况下接近：

$$G_c(s) = s\sqrt{j}/4 \tag{4.110}$$

$$G_s(s') = s'\sqrt{j}/3 \tag{4.111}$$

在低频情况下，s 趋于 0，

$$G_c(s) = 1 + js^2/24 \tag{4.112}$$

$$G_s(s') = 1 + js'^2/15 \tag{4.113}$$

图 4.9 比较了在 $s' = \frac{3}{4} s$ 时的 $G_s(s')$ 与 $G_c(s)$。如图 4.9 所示，此特性对 s 和 s' 的整个变化范围有效。用式（4.92）中的 s' 代入式（4.109）中的 s'，得

$$s = \sqrt{\frac{2}{3}} \left(\frac{8\omega\rho_0}{\sigma\phi} \right)^{1/2} \tag{4.114}$$

σ 是具有矩形狭缝的多孔材料的流阻率。$G_s(s')$ 可由 $G_c(s)$ 代替，s 由式（4.114）给出。

对于给定的 σ 和 ϕ 值，式（4.82）对圆形孔有效，也可以用于狭缝，但式（4.80）需修改，因为 s 必须表示为

$$s = c \left(\frac{8\omega\rho_0}{\sigma\phi} \right)^{1/2} \tag{4.115}$$

其中，

$$c = \left(\frac{2}{3} \right)^{1/2} \tag{4.116}$$

4.7.2 狭缝中空气的体积模量

Biot 没有对体积模量的频率依赖性进行预测。现在，很容易用式（4.45）和式（4.46）来完成其模型。

对于狭缝，可以按以下方式计算体积模量。由式（4.82），有效密度 ρ 为

$$\rho = \rho_0 \left[1 + \frac{\sigma\phi}{j\omega\rho_0} G_c(s) \right] \tag{4.117}$$

s 由式（4.115）给出，$c = \left(\dfrac{2}{3}\right)^{1/2}$。式（4.115）和式（4.117）联立，$\rho$ 可以重写为

$$\rho = \rho_0 \left[1 + \frac{8c^2}{\mathrm{j}s^2} G_c(s)\right] \tag{4.118}$$

式（4.45）中的函数 F 等于 ρ_0/ρ。根据前面的两个方程，

$$F(\omega) = \left[1 + \frac{8c^2}{\mathrm{j}s^2} G_c(s)\right]^{-1} \tag{4.119}$$

由式（4.46），体积模量 K 为

$$K = \gamma P_0 / (\gamma - (\gamma-1)F(B^2\omega)) \tag{4.120}$$

其中，

$$F(B^2\omega) = \left[1 + \frac{8c^2}{\mathrm{j}s^2 B^2} G_c(Bs)\right]^{-1} = \left[1 + \frac{\sigma\phi}{\mathrm{j}\omega B^2 \rho_0} G_c(Bs)\right]^{-1} \tag{4.121}$$

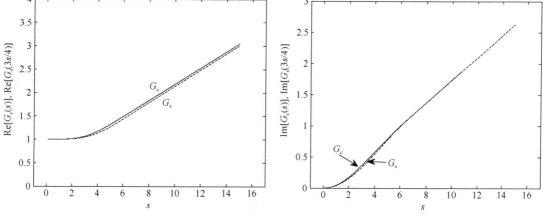

图4.9　$s' = \dfrac{3}{4}s$ 时的形状因子 $G_s(s')$ 和 $G_c(s)$

4.7.3　任意截面圆柱形孔中空气的有效密度和体积模量

狭缝下的有效密度由下式给出：

$$\rho = \rho_0 + \frac{\phi\sigma G_c(s)}{\mathrm{j}\omega}$$
$$s = c\left(\frac{8\omega\rho_0}{\sigma\phi}\right)^{1/2} \tag{4.122}$$

$c = \sqrt{\dfrac{2}{3}}$ 给出了 $\mathrm{Re}(\rho)$ 和 $\mathrm{Im}(\rho)$ 的右渐近表达式，当 ω 趋于无穷大时，$\rho = \rho_0[1 + \sqrt{2}\delta/(\sqrt{\mathrm{j}r})]$，当 ω 趋于 0 时，$\rho = \phi\sigma/(\mathrm{j}\omega)$。在整个频率范围内，式（4.117）给出了有效密度的良好近似。狭缝和圆截面有很大的不同，可以推测，用式（4.117）来处理其他孔隙形状是可行的。参数

c 必须通过调整高频限值来选择。利用满足条件的式（4.115），得到正确的极限。c 满足

$$\bar{r} = \frac{1}{c}\sqrt{\frac{8\eta}{\sigma\phi}} \tag{4.123}$$

当 ω 趋于 0 时，ρ 倾向于

$$\rho = \rho_0\left(1+\frac{c^2}{3}\right) - \mathrm{j}\frac{\sigma\phi}{\omega} \tag{4.124}$$

虚部的极限是正确的。作为对一般公式有效性的检验，实部的极限 $\rho_0\left(1+\dfrac{c^2}{3}\right)$ 在表 4.1 中与 Craggs 和 Hildebrandt（1984，1986）中用有限元法所做评价进行了比较。

在考虑了截面形状后，用式（4.123）～式（4.124）可以很好地预测 $\omega \to 0$ 时的极限 $\mathrm{Re}(\rho/\rho_0)$。

表 4.1　流阻率作为水力半径的函数，从式（4.123）中得到的 c，而（$1+c^2/3$）和 $\mathrm{Re}(\rho/\rho_0)$ 用有限元法求得

截面形状	$\sigma\phi$	c	$1+c^2/3$	$\mathrm{Re}(\rho/\rho_0)$
圆	$8\eta/\bar{r}^2$	1	1.33	1.33
正方形	$7\eta/\bar{r}^2$	1.07	1.38	1.38
等边三角形	$6.5\eta/\bar{r}^2$	1.11	1.41	1.44
矩形缝	$12\eta/\bar{r}^2$	0.81	1.22	1.2

总之，对于具有孔隙率 ϕ 和流阻率 σ 的多孔材料，其上的孔是垂直于表面的相同平行孔，可使用以下用于有效质量和空气在材料中压缩性的公式：

$$\rho = \rho_0\left(1+\frac{\sigma\phi}{\mathrm{j}\omega\rho_0}G_\mathrm{c}(s)\right) \tag{4.125}$$

$$K = \gamma P_0 / \{\gamma - [(\gamma-1)F(B^2\omega)]\} \tag{4.126}$$

其中，

$$F(B^2\omega) = 1/\left[1+\frac{\sigma\phi}{\mathrm{j}B^2\omega\rho_0}G_\mathrm{c}(Bs)\right] \tag{4.127}$$

$$G_\mathrm{c}(s) = -\frac{s}{4}\sqrt{-\mathrm{j}}\,\frac{J_1(s\sqrt{-\mathrm{j}})}{J_0(s\sqrt{-\mathrm{j}})} \Bigg/ \left[1-\frac{2}{s\sqrt{-\mathrm{j}}}\frac{J_1(s\sqrt{-\mathrm{j}})}{J_0(s\sqrt{-\mathrm{j}})}\right] \tag{4.128}$$

在式（4.128）中，s 等于

$$s = c\left(\frac{8\omega\rho_0}{\sigma\varphi}\right)^{1/2} \tag{4.129}$$

c 取决于水力半径，$c = (8\eta/(\sigma\phi))^{1/2}/\bar{r}$。表 4.1 给出了各种截面的 c 值。

4.8　带有垂直于表面的相同孔隙层的阻抗

4.8.1　法向入射

图 4.10 所示多孔材料层放置在刚性不透气壁上，并与空气接触，处在一个法向的平面声场中。在与材料之间很小距离 e 的范围内，空气中的声场是一个平面场，并且在每个孔中传播相同的波。距离 e 小于两个孔之间的距离，对于比较常见的声学材料来说是可以忽略的。图 4.11 是图 4.10 中多孔材料在宏观尺度上的表示。

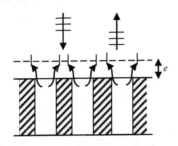

图 4.10　在正常平面声场中，带有垂直于表面的平行孔隙的多孔材料层。箭头代表空气分子的轨迹

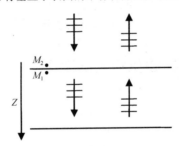

图 4.11　图 4.10 多孔材料的简化表示（宏观尺度）

材料表面选择 M_1 和 M_2 两点，自由空气中选择 M_2 点，多孔材料中选择 M_1 点。设 $v(M_1)$ 为近地表孔中空气的平均速度，$v(M_2)$ 为平面场中自由空气的速度，忽略距离 e。压力 $p(M_2)$ 和 $p(M_1)$ 分别是自由空气中和孔中的压力。多孔材料表面的空气流动和压力的连续性意味着以下两个方程成立：

$$p(M_2) = p(M_1) \tag{4.130}$$

$$v(M_2) = v(M_1)\phi \tag{4.131}$$

两种阻抗——自由空气中的 $Z(M_2)$ 和孔中的 $Z(M_1)$ ——可以在表面进行定义：

$$Z(M_2) = p(M_2)/v(M_2)，\qquad Z(M_1) = p(M_1)/v(M_1) \tag{4.132}$$

同时，

$$\phi Z(M_2) = Z(M_1) \tag{4.133}$$

孔中的波动方程是

$$K\frac{\partial^2 \overline{v}}{\partial z^2} = \rho\frac{\partial^2 \overline{v}}{\partial t^2} \tag{4.134}$$

式（4.125）～式（4.129）给出体积模量 K 和密度 ρ。特征阻抗 Z_c 和孔中的复波数 k 可用如下方程计算：

$$Z_c = (K\rho)^{1/2}, \qquad k = \omega(\rho/K)^{1/2} \tag{4.135}$$

阻抗 $Z(M_1)$ 可用式（2.17）计算：

$$Z(M_1) = -jZ_c \, \text{cotg}\, kd \tag{4.136}$$

$Z(M_2)$ 等于

$$Z(M_2) = -j\frac{Z_c}{\phi} \, \text{cotg}\, kd \tag{4.137}$$

在这两式中，d 是材料的厚度。

4.8.2　斜入射-局部反应材料

式（4.130）～式（4.137）对于斜入射情况仍然有效。阻抗 $Z(M_2)$ 由式（4.137）给出，与入射角无关。声音在每个孔中的传播只取决于孔上方的空气压力，而这种物质是局部反应材料。当孔相互连接时，由于材料内部的相位波相互干扰，表面阻抗与入射角有关。一种各向同性多孔材料，其孔隙是均匀分布和连通的，可以用等效的各向同性流体来表示。在 3.4.2 节中已经指出，如果多孔材料中的速度比入射角小得多，流体层的阻抗与入射角的关系很小。在空气中，透射波垂直于表面传播。在这种情况下，这种材料也称为局部反应材料。

4.9　简单各向异性材料的曲折度和流阻率

在本节中，将通过一个简单的例子介绍曲折度的概念。图 4.12 表示具有半径为 R 的孔隙的多孔层，其相对于表面的法向对称地分布在两个方向上。层厚度为 d，孔长为 l，压差为 $p_2 - p_1$。横截面上两个孔的平均速度分别为 $\overline{v_1}$ 和 $\overline{v_2}$。

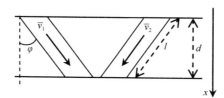

图 4.12　一种多孔材料，带有半径恒定且相等的孔，向两个方向且关于面的法向对称

对于一个单位面积内 n 个孔的情况，孔隙率 ϕ 由下式给出：

$$\phi = \frac{n\pi R^2}{\cos\varphi} \tag{4.138}$$

其中，φ 是孔轴线与表面法线之间的夹角。孔中的压力梯度是

$$\frac{p_2 - p_1}{l} = \frac{p_2 - p_1}{d}\cos\varphi \tag{4.139}$$

利用式（4.76），x 方向的流阻率 σ 为

$$\sigma = \frac{p_2 - p_1}{n(\overline{v}\pi R^2)\mathrm{d}} = \frac{8\eta}{n\pi R^2 \cos\varphi} \tag{4.140}$$

其中，$\overline{v}$ 是平均速度 $\overline{v}_1$ 和 $\overline{v}_2$ 的模。根据式（4.138），可以重写 σ 如下：

$$\sigma = \frac{8\eta}{\phi R^2 \cos\varphi} \tag{4.141}$$

式（4.128）中的参数 s 由式（4.129）给出。消去式（4.16）和式（4.141）之间的 η/R^2 后我们发现，

$$s = \left(\frac{8\omega\rho_0}{\sigma\phi\cos^2\varphi}\right)^{1/2} \tag{4.142}$$

$1/\cos^2\varphi$ 是材料的曲折度。曲折度的概念并不是最近才出现的，在以前的著作中，它以不同的符号和含义出现。在 Carman（1956）中，曲折度与 $(\cos\varphi)^{-1}$ 有关，在 Zwikker 和 Kosten（1949）中，曲折度被表示为 k_s，称为结构形式因子。在最近的文章中，曲折度被表示为 α_∞：

$$\alpha_\infty = \frac{1}{\cos^2\varphi} \tag{4.143}$$

用 α_∞ 代替 $(\cos\varphi)^{-2}$，σ 和 s 可以重写为

$$\sigma = \frac{8\eta\alpha_\infty}{\phi R^2} \tag{4.144}$$

$$s = \left(\frac{8\omega\rho_0\alpha_\infty}{\sigma\phi}\right)^{1/2} \tag{4.145}$$

在第 6 章介绍的 Biot 理论的形式中，曲折度与惯性耦合项 ρ_a 有关：

$$\rho_a = \rho_0\phi(\alpha_\infty - 1) \tag{4.146}$$

存在一种测量曲折度的方法，但仅在骨架不导电时才能使用。多孔材料被导电流体饱和，然后测量饱和材料的流阻率，如图 4.13 所示。

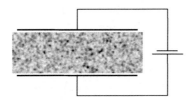

图 4.13　曲折度的测量。材料被导电物浸润在两个电极之间以测量流体和材料的电阻率

假设 r_c 和 r_f 分别为饱和材料和流体的测量电阻率。容易证明，曲折度 α_∞ 由

$$\alpha_\infty = \frac{1}{\cos^2\varphi} = \phi\frac{r_c}{r_f} \tag{4.147}$$

给出，它与孔截面的形状无关。如 Brown（1980）给出的，$\alpha_\infty = \phi r_c/r_f$ 关系可推广到任何多孔介质。

另一种测量曲折度的方法是利用超声波脉冲穿过材料的飞行时间。这一方法将在第 5 章讨论。5.3 节对具有非圆柱形孔的材料使用了曲折度的概念。

4.10　法向入射时的阻抗与倾斜孔中的声传播

4.10.1　有效密度

图 4.14 所示的材料放置在刚性不透气壁上。材料上方空气中的声场是平面的且与表面垂直。

如图 4.14 所示，两个微观传播方向平行于孔的两个对称方向。宏观传播方向是 x，必须在宏观层面上考虑到微观速度 $\overline{v}_1$ 和 $\overline{v}_2$ 的 x 分量 $v(x)$：

$$v(x) = \overline{v}_1(x)\cos\varphi = \overline{v}_2(x)\cos\varphi \tag{4.148}$$

通过垂直于 x 轴的单位表面区域的空气流量 V 由下式给出：

$$V(x) = v(x)n\pi R^2 / \cos\varphi \tag{4.149}$$

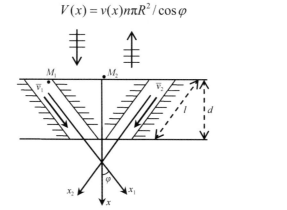

图 4.14　在垂直平面声场中具有倾斜孔的多孔材料，放置在刚性不透气壁上

材料表面的阻抗 $Z(M_2)$ 由下式给出：

$$Z(M_2) = \frac{p(M_1)\cos\varphi}{v(M_1)n\pi R^2} = \frac{p(M_1)}{\phi v(M_1)} \tag{4.150}$$

$p(M_1)$ 和 $v(M_1)$ 是材料表面孔中的压力和速度。材料中空气的有效密度必须在垂直于该层表面的宏观传播方向上计算。在圆截面形状的情况下，可以用式（4.128）重写传播方向为 x_1 和 x_2 的牛顿方程（4.19）：

$$-\frac{\partial p(x)}{\partial x_i} = j\omega\rho_0\overline{v}_i(x) + \frac{8\rho_0\omega}{s^2}G_c(s)\overline{v}_i(x) \quad i=1,2 \tag{4.151}$$

其中，G_c 由式（4.128）给出，s 由式（4.145）表示。

在 x 方向上，由式（4.141）和式（4.145），有

$$-\frac{\partial p(x)}{\partial x} = -\frac{1}{\cos\varphi}\frac{\partial p(x)}{\partial x_i} \tag{4.152}$$

式（4.151）可以在宏观传播方向上改写为

$$-\frac{\partial p(x)}{\partial x} = j\omega\rho_0\alpha_\infty v(x) + \sigma\phi G_c(s)v(x) \tag{4.153}$$

其中，$v(x)$ 是宏观传播方向上孔中的速度分量。有效密度可以写成

$$\rho = \alpha_\infty \rho_0 \left(1 + \frac{\sigma \phi G_c(s)}{\mathrm{j}\omega\alpha_\infty\rho_0} \right) \tag{4.154}$$

ρ 的高频极限是

$$\rho = \alpha_\infty \rho_0 (1 + \sqrt{2/\mathrm{j}}\,\delta/R) \tag{4.155}$$

可以证明，如果 R 被水力半径替代，则式（4.155）对所有截面形状都是有效的：

$$\rho = \alpha_\infty \rho_0 (1 + \sqrt{2/\mathrm{j}}\,\delta/\overline{r}) \tag{4.156}$$

对于任意截面形状的一般情况，式（4.151）中的 s 可用下式替代：

$$s = c \left(\frac{8\omega\rho_0\alpha_\infty}{\sigma\phi} \right)^{1/2} \tag{4.157}$$

$$c = \frac{1}{\overline{r}} \left(\frac{8\omega\rho_0\alpha_\infty}{\sigma\phi} \right)^{1/2} \tag{4.158}$$

当孔倾斜时，体积模量不变，且由式（4.126）给出：

$$F(B^2\omega) = 1 \bigg/ \left[1 + \frac{\sigma\phi}{\mathrm{j}B^2\omega\rho_0\alpha_\infty} G_c(Bs) \right] \tag{4.159}$$

4.10.2　阻抗

给出 K 和 ρ 的值，在法向入射时，阻抗 $Z(M_2)$ 的计算方法与孔垂直于表面的情况相同。这个阻抗是由

$$Z(M_2) = -\mathrm{j}\frac{Z_c}{\phi} \cot g\, kd \tag{4.160}$$

给出的，Z_c 和 k 分别是

$$Z_c = (K\rho)^{1/2} \tag{4.161}$$

$$k = \omega(\rho / K)^{1/2} \tag{4.162}$$

附录 4.A　几个重要表达式

微观尺度的描述

压力、速度、温度之间的关系，式（4.1）～式（4.4）：

$\rho_0 \dfrac{\partial v}{\partial t} = -\nabla p + \eta \Delta v$，在空气-骨架界面处 $v = \mathbf{0}$ 的边界条件下；

$\rho_0 c_p \dfrac{\partial \tau}{\partial t} = \kappa \nabla^2 \tau + \dfrac{\partial p}{\partial t}$，在空气-骨架界面处 $\tau = 0$ 的边界条件下。

状态方程，式（4.29）：

$$p = \frac{P_0}{\rho_0 T_0}[\rho_0 \tau + T_0 \xi]$$

有效密度和体积模量

有效密度：

$$\rho = -\frac{\partial p}{\partial x_3}\frac{1}{j\omega \overline{v}_3} , \quad 式（4.38）$$

体积模量：

$$K = -p/\overline{\nabla}\boldsymbol{u} , \quad 式（4.39）$$

体积模量与有效密度的关系：

$$\rho = \rho_0/F(\omega) , \quad 式（4.45）$$

$$K = \gamma P_0/[\gamma - (\gamma - 1)F(B^2\omega)] , \quad 式（4.46）$$

低频极限：

$$\rho = \frac{\phi\sigma}{j\omega} + \text{cte} , \quad 式（4.85）、式（4.97）$$

$$K = \frac{\gamma P_0}{\gamma - j(\gamma - 1)\omega B^2 \rho_0/(\phi\sigma)} , \quad 式（4.102）$$

高频极限：

$$\rho = \alpha_\infty \rho_0\left(1 + \sqrt{2/j}\frac{\delta}{r}\right) , \quad 式（4.106）$$

$$K = \gamma P_0\left[1 + (\gamma - 1)\sqrt{2/j}\frac{\delta}{rB}\right] , \quad 式（4.108）$$

参考文献

Biot, M.A., (1956) Theory of propagation of elastic waves in a fluid-saturated porous solid. I. Low frequency range, II. Higher frequency range. *J. Acoust. Soc. Amer.*, **28**, 168–91.

Brown, R.J.S., (1980) Connection between formation factor for electrical resistivity and fluid–solid coupling factor in Biot's equations for acoustic waves in fluid-filled porous media. *Geophysics*, **45**, 1269–75.

Carman, P.C., (1956) *Flow of Gases Through Porous Media*. Butterworths, London, 1956.

Craggs, A. and Hildebrandt, J.G. (1984) Effective densities and resistivities for acoustic propagation in narrow tubes. *J. Sound Vib.*, **92**, 321–31.

Craggs, A. and Hildebrandt, J.G. (1986) The normal incidence absorption coefficient of a matrix of narrow tubes with constant cross-section. *J. Sound Vib.*, **105**, 101–7.

Gray, D.E., ed., (1957) *American Institute of Physics Handbook*, McGraw-Hill, New York.

Hubner, K.H., (1974) *The Finite Element Method for Engineers*. Wiley-Interscience, New York.

Kergomard, J., (1981) Champ interne et champ externe des instruments à vent, *Thèse* Université de Paris VI.

Kirchhoff, G., (1868) Uber der Einfluss der Wärmeleitung in einem Gase auf die Schallbewegung. *Annalen der Physik and Chemie*, **134**, 177–93.

Stinson, M.R., (1991) The propagation of plane sound waves in narrow and wide circular tubes, and generalization to uniform tubes of arbitrary cross-sectional shape. *J. Acoust. Soc. Amer.*, **89**, 550–8.

Tijdeman, H., (1975) On the propagation of sound waves in cylindrical tubes. *J. Sound Vib.*, **39**, 1–33.

Zienkiewicz, O.C., (1971) *The Finite Element Method in Engineering Science*. McGraw-Hill, London.

Zwikker, C. & Kosten, C.W. (1949) *Sound Absorbing Materials*. Elsevier, New York.

第5章 有刚性骨架的多孔材料中的声传播

5.1 引言

在第 4 章中，考虑了带有圆柱形孔的多孔材料。对于普通多孔材料的情况，考虑了微观结构的完整几何形状，对声传播的类似解析描述是不可能的。这就解释了为什么这些材料中声传播的模型大多是现象学的，并且只能采用大尺度模型来描述。可以在 Attenborough（1982）中找到对 1980 年以前制定的模型的综述。1980 年以来提出了许多模型。此外，直接时域分析为这些材料的建模和测量带来新的工具（Carcione 和 Quiroga-Goode 1996; Fellah 等 2003）。为了给多孔介质中声传播的描述提供物理基础，我们在频域中选择一系列涉及多个物理参数的半唯象模型，给出用于测量这些参数方法的简要描述是为了阐明它们的物理性质。对于圆柱形孔的情况，多孔材料骨架的空气被等效流体代替，该等效流体呈现出与饱和空气相同的体积模量 K，以及考虑到与骨架的黏性和惯性相互作用的复密度 ρ。如第 4 章所述，波数 $k = \omega(\rho/K)^{1/2}$ 和特征阻抗 $Z_c = (\rho K)^{1/2}$ 可以描述介质的声学特性。Lafarge（2006）给出可以使用等效流体条件的详细描述，主要条件是长波长条件，波长远大于孔的特征尺寸，且饱和流体可以在微观尺度上表现为不可压缩流体。在本章的最后，介绍 Sanchez-Palencia（1974,1980）、Keller（1977）和 Bensoussan 等（1978）周期结构的均匀化方法，提出由 Auriault（1991）开发的无量纲分析。实际上，多孔介质通常不是周期性的。然而，正如 Auriault（2005）指出的，随机介质和用随机介质特征单元构建的周期性介质在宏观尺度上呈现相似的性质。在长波长条件下，给出了证明使用等效流体的不同步骤，并总结 Olny 和 Boutin（2003）、Boutin 等（1998）和 Auriault 与 Boutin（1994）用均质化方法获得的双重孔隙率介质的一些性质。

5.2 动态和静态黏性渗透率、动态和静态热渗透率

5.2.1 定义

黏性渗透率

更严格地讲，黏性渗透率应定义为黏性-惯性渗透率。动态黏性渗透率 q 已由 Johnson 等（1987）定义。动态黏性渗透率是一个复参数，它将各向同性多孔介质中的压力梯度和流体速度 υ 联系起来：

$$-q(\omega)\nabla p = \eta\phi <v> \tag{5.1}$$

其中，η 是黏度，ϕ 是孔隙率。符号<>表示代表性基本体积 Ω 的流体部分 Ω_f 的平均值。这就得到［见式（4.38）］下式：

$$q(\omega) = \frac{\eta\phi}{j\omega\rho(\omega)} \tag{5.2}$$

其中，ρ 是有效密度。从流阻率 σ 的定义，当 ω 趋于 0 时，q 的极限 q_0 为

$$q_0 = \frac{\eta}{\sigma} \tag{5.3}$$

静态黏性渗透率 q_0 是仅取决于多孔骨架的微观几何学的固有参数。

热渗透率

动态热渗透率 q' 由 Lafarge（1993）定义。热渗透率是一个复参数，它将压力时间导数与平均温度联系起来：

$$q'(\omega)j\omega p = \phi\kappa <\tau> \tag{5.4}$$

其中，κ 是导热系数。从长波长条件下有效的式（4.1）、式（4.3）和式（4.2）、式（4.4）之间出现的微观尺度上的相似性，证明对热和黏性参数使用相同的表示方法是合理的。在式（4.1）中，源项是 $-\nabla p$，在式（4.2）中，源项是 $\partial p/\partial t$。在式（4.2）中，热惯性 $\rho_0 c_0$ 代替式（4.1）中的 ρ_0。此外，v 和 τ 在空气–骨架接触面处等于 0。空气–骨架接触面表面的条件 $\tau = 0$，是由于这一事实用于吸声和阻尼的多孔介质的密度通常比空气大得多，并且与饱和空气的热交换不会改变骨架的温度。对于先前对体积模量的描述有效，必须满足该条件。饱和空气的体积模量取决于通过平均密度的热渗透率 q'。根据式（4.40），平均密度 $<\xi>$ 由下式给出

$$<\xi> = \frac{\rho_0}{P_0} p - \frac{\rho_0}{T_0} \frac{q'(\omega)j\omega p}{\phi\kappa} \tag{5.5}$$

由式（4.39），并用 $P_0/T_0 = \rho_0(c_p - c_v)$，可以将饱和空气的体积模量写为

$$K(\omega) = P_0 / \left[1 - \frac{\gamma - 1}{\gamma} \frac{jB^2\omega\rho_0 q'(\omega)}{\phi\eta} \right] \tag{5.6}$$

其中，B^2 是普朗特数（Prandtl number）。当 ω 趋于 0 时，q' 趋于静态热渗透率 q_0'。Torquato（1990）已证明 $q_0' \geq q_0$。式（5.6）和式（4.102）表明，对于平行于传播方向的相同圆柱形孔，两个参数是相等的。从式（4.45）、式（4.46）和式（5.6）可以看出，对于相同的圆柱形孔，$q'(\omega) = q(B^2\omega)$。当骨架的密度与空气具有相同的数量级时，不能达到体积模量的等温极限（Lafarge 等 1997），并且必须修正先前的描述。

静态渗透率以及 ρ 与 K 的低频极限

对于圆柱形孔，如第 4 章所示，当 $\omega \to 0$ 时，$\rho/[\phi\sigma/(j\omega)]$ 比的极限是 1。Norris（1986）证明了这个关系总是有效的。更确切地说，当 $\omega \to 0$ 时，极限可以写成

$$\rho(\omega) = \frac{\eta\phi}{j\omega q_0} + cte \tag{5.7}$$

该常量的性质在 5.3.6 节中明确解释。

从式（5.6）以 ω 的一阶近似得到的体积模量的极限可以重写为

$$K(\omega) = P_0 \left[1 + \frac{\gamma - 1}{\gamma} \frac{\mathrm{j}B^2 \omega \rho_0 q_0'}{\phi \eta} \right] \qquad (5.8)$$

该式是对从式（4.102）获得的对于平行的等圆柱形孔情况的推广。静态热渗透率 q_0' 是 $C \operatorname{Im} K(\omega)$ 当 ω 趋于 0 时的极限，其中，C 由下式给出

$$C(\omega) = \frac{\gamma \phi \eta}{P_0 (\gamma - 1) B^2 \rho_0 \omega} \qquad (5.9)$$

Lafarge（1993）也证明了这个物理固有参数，多孔结构陷获常数（trapping constant）Γ 仅取决于骨架的几何形状，与 q_0' 相关：

$$\Gamma = 1/q_0' \qquad (5.10)$$

多孔骨架动态热渗透率的计算可以通过解决扩散控制的陷获问题来进行（Lafarge　2002，Perrot　2007），这超出了本书的范围。在长波长条件下，理论上存在动态热渗透率和黏性渗透率，因此使用等效流体，可以通过均质化方法获得。

5.2.2　直接测量静态渗透率

静态黏性渗透率可以用前面描述的技术测量得到的流阻率来计算。可以通过在足够低的频率下测量体积模量 K 来计算静态热渗透率。在这些频率下，使用肯特管通常不能获得精确的结果。Lafarge 等（1997）描述了由 Tarnow 开发的用于测量低频玻璃纤维中空气压缩性的方法。

下面给出简化计算方法的简短描述。如图 5.1 所示，将样品放置在长管中，扬声器产生平面声场。传声器测量 $\lambda/4$ 共振周围的压力，此处压力接近于 0。长度超过 3.5 m 的管可以达到低至 25 Hz 的频率，表面阻抗 Z_s 由式（4.137）给出：

$$Z_s = -\frac{\mathrm{j}Z_c}{\phi} \cot(k_1 l)$$

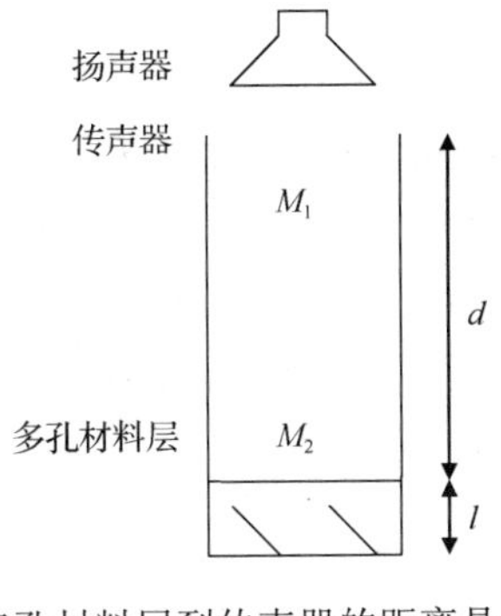

图 5.1　实验装置。从多孔材料层到传声器的距离是 d，多孔材料层厚度是 l

在这些频率下，对于厚度 l 约为 3 cm 或更小的样品，$\cot kl$ 可以展开 kl 的一阶，并且阻抗 $Z(M_2)$ 可由下式给出：

$$Z(M_2) = -\frac{\mathrm{j}K}{\phi \omega l} \qquad (5.11)$$

M_2 的反射系数由下式给出：

$$R(M_2) = \frac{\text{Re}Z(M_2) - Z_c + j\,\text{Im}Z(M_2)}{\text{Re}Z(M_2) + Z_c + j\,\text{Im}Z(M_2)} \tag{5.12}$$

其中，Z_c 是自由空气的特征阻抗。在 $|\text{Im}Z(M_2)| \gg Z_c$ 和 $|\text{Im}Z(M_2)| \gg \text{Re}Z(M_2)$ 条件下，可以重写该式，在足够低的频率下满足：

$$R(M_2) = \left[1 - 2\frac{Z_c\,\text{Re}Z(M_2)}{\text{Im}^2 Z(M_2)}\right]\exp(-j\varphi) \tag{5.13}$$

其中，φ 是一个小的实数角，$\varphi = -2Z_c/\text{Im}Z(M_2)$。式（5.13）方括号中的函数是模量 R 一阶近似的展开。如果忽略多孔样品的损失，M_1 处的入射压力幅值 p 对应于由下式给出的总压力 p_T：

$$p_T = p[1 + R(M_2)\exp(-2j\omega d/c)] \tag{5.14}$$

其中，c 是声速。此式可以写成

$$p_T = p\left\{1 + \left[1 - 2\frac{Z_c\,\text{Re}Z(M_2)}{\text{Im}^2 Z(M_2)}\right]\left[\cos\left(\varphi + 2\omega\frac{d}{c}\right) - j\sin\left(\varphi + 2\omega\frac{d}{c}\right)\right]\right\} \tag{5.15}$$

$|p_T|$ 的最小值由下式给出：

$$\min|p_T| = p\left|2\frac{Z_c\,\text{Re}Z(M_2)}{\text{Im}^2 Z(M_2)}\right| \tag{5.16}$$

并且 ω 可以从关系式 $\varphi + 2\omega d/c = \pi$ 得到。对于该值附近 ω 的小变化，$\cos(\varphi + 2\omega d/c)$ 是静止的。变化量 $\Delta\omega$ 和振幅的增加有关，$\min|p_T| \to \sqrt{2}\min|p_T|$ 由下给出：

$$\Delta\omega\frac{2d}{c} = \left|2\frac{Z_c\,\text{Re}Z(M_2)}{\text{Im}^2 Z(M_2)}\right| \tag{5.17}$$

在足够低的频率下，$\text{Re}(K)$ 可以用式（5.11）中的 P_0 代替，并且 $\text{Im}(K)$ 由下给出：

$$\text{Im}(K) = \frac{\Delta\omega}{\omega}\frac{dP_0}{2\phi l\gamma} \tag{5.18}$$

图 5.2 给出一个多孔钢珠（steel beads）层的例子，厚度 l 为 2～19 cm，钢珠的平均直径为 1.5 mm，黏性静态渗透率 $q_0 = 1.5\times10^{-9}$ m²（流阻率 $\sigma = 12000$ Nm⁻⁴ s）。根据 Straley 等（1987）这一文献中的图 4 计算预测热渗透率，对于类似的介质等于 4.8×10^{-9} m²。

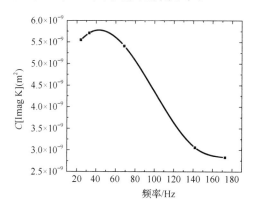

图 5.2   当 ω 趋于 0 时（Debray 等 1997），被测量的 $C\,\text{Im}K$ 趋于静态渗透率

5.3　经典曲折度、特征尺寸和准静态曲折度

5.3.1　经典曲折度

曲折度用 α_∞ 表示，已由 Johnson 等（1987）精确定义。当多孔骨架被理想的非黏性流体浸润时，流体的有效密度由下式给出：

$$\rho = \alpha_\infty \rho_0 \tag{5.19}$$

密度的明显增加可以用以下方式解释。在非黏性流体流中，我们用 $v_m(M)$ 表示 M 处的微观速度。通过在 M_0 附近代表性的基本体积 V 上求平均的 $v_m(M)$ 来获得宏观速度 $v(M_0)$：

$$v(M_0) = \langle v_m(M) \rangle_v \tag{5.20}$$

曲折度由以下关系定义：

$$\alpha_\infty = \langle v_m^2(M) \rangle_v / v^2(M_0) \tag{5.21}$$

每单位体积的饱和流体动能 E_c 由下式给出：

$$E_c = \frac{1}{2} \alpha_\infty \rho_0 v^2(M_0) \tag{5.22}$$

就宏观速度而言，非黏性流体必须用密度为 $\rho_0 \alpha_\infty$ 的流体代替。曲折度的值是多孔骨架的固有特性，其取决于微观几何形状。当饱和流体有黏性时，有效密度在黏性趋肤深度趋于 0 时趋于 $\alpha_\infty \rho_0$，并且黏度效应可忽略不计。对于 4.9 节和 4.10 节的材料，在垂直于层表面的方向上，$\alpha_\infty = 1/\cos^2\varphi$。曲折度大于 1 是由于式（5.21）中的微观速度是分散的，这种分散可以通过孔径的变化来产生。例如，考虑具有与传播方向平行的相同孔径的材料，它由图 5.3 所示的交替的圆柱体组成，长度分别为 l_1 和 l_2，横截面分别为 S_1 和 S_2。即使流体是非黏性的，惯性力的描述和通过式（5.21）计算得到的 α_∞ 在两个圆柱体的连接处也非常复杂。通过假设每个圆柱体中的恒定速度来获得简单的近似。附录 5.A 中显示，通过这种近似，α_∞ 由下式给出：

$$\alpha_\infty = \frac{(l_1 S_2 + l_2 S_1)(l_1 S_1 + l_2 S_2)}{(l_1 + l_2)^2 S_1 S_2} \tag{5.23}$$

曲折度的计算可以通过测量流阻率来完成，如 4.9 节所示。另一种方法是，同时测量其他高频参数，这会在 5.3.5 节描述。

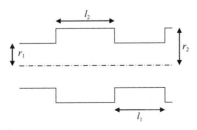

图 5.3　由交替的圆柱体序列组成的孔

5.3.2　黏性特征长度

对于具有圆柱形孔的材料，如式（4.107）和式（4.155）所示，ρ 和 K 的高频特性取决于曲折度和水力半径。由 Johnson 等（1986）定义的黏性特征长度，将水力半径用更一般的微观几何特性替代。Johnson 等（1986）用下式定义了特征长度 Λ：

$$\frac{2}{\Lambda}=\frac{\int_A v_i^2(\boldsymbol{r}_w)\mathrm{d}A}{\int_V v_i^2(\boldsymbol{r})\mathrm{d}V} \tag{5.24}$$

对于多孔结构中非黏性流体的静态流动，$v_i(\boldsymbol{r}_w)$ 是孔隙表面上流体的速度，而公式分子部分的积分在代表性基本体积的孔表面 A 上进行，速度 $v_i(\boldsymbol{r})$ 是孔洞内的速度，公式中分母部分的积分是在孔的体积 V 上进行的。式（5.24）给出的参数 Λ 仅取决于骨架的几何形状。在因子 2 情况下，Λ 等于相同圆柱形孔的水力半径。Johnson 等（1986）已经注意到 Λ 和流阻率 σ 是相关的：

$$\Lambda=\left(\frac{8\eta\alpha_\infty}{\sigma\phi}\right)^{1/2}\frac{1}{c} \tag{5.25}$$

Johnson 等（1987）证实，随着 c 趋近于 1，有效密度可以在高频处写成 $1/\sqrt{\omega}$ 的一阶近似：

$$\rho=\alpha_\infty\rho_0\left[1+(1-\mathrm{j})\frac{\delta}{\Lambda}\right] \tag{5.26}$$

先前由 Auriault 等（1985）获得的黏性动态渗透率的表达式，对于各向异性介质有类似的结果，其中，ρ 是实惯性项的和，以及根据黏度按比例 $1/\sqrt{\omega}$ 所作的修正。

5.3.3　热特征长度

Champoux 和 Allard（1991）证明，体积模量 K 的高频特性可以用第二个长度表示为 Λ'，并由下式给出：

$$\frac{2}{\Lambda'}=\frac{\int_A \mathrm{d}A}{\int_V \mathrm{d}V}=\frac{A}{S} \tag{5.27}$$

如式（5.24）所示，分子部分是对在代表性基本体积中的孔表面 A 的积分，分母部分是对孔的体积 V 上的积分，只是没有用速度平方的加权。如附录 5.B 所示，体积模量 K 在高频下是 $1/\sqrt{\omega}$ 的一阶近似：

$$K=\frac{\gamma P_0}{\gamma-(\gamma-1)\left[1-(1-\mathrm{j})\dfrac{\delta}{\Lambda' B}\right]} \tag{5.28}$$

对于相同的圆柱形孔，$\Lambda'=\Lambda=\bar{r}$。这是定义这些量的直接结果，这可以通过将式（4.156）与式（5.26），以及式（4.108）与式（5.28）进行比较来验证。

5.3.4　纤维材料的特征长度

如第 2 章所述，玻璃纤维层中的纤维通常位于平行于层表面的平面中。在法向入射时，宏观空气速度垂直于纤维的方向。特征尺寸 Λ 在正常情况下按附录 5.C 进行计算，纤维被建模为无限长的、圆柱体半径为 R 的圆形截面。对于孔隙率接近 1 的材料，其由下式给出：

$$\Lambda = \frac{1}{2\pi LR} \tag{5.29}$$

其中，L 是单位体积材料的纤维总长度。从式（5.27）计算的特征热尺寸得

$$\Lambda' = \frac{1}{\pi LR} = 2\Lambda \tag{5.30}$$

5.3.5　直接测量高频参数、经典曲折度和特征长度

在本节中，令 n^2 为自由流体中的速度与饱和多孔结构时速度的平方比。在高频范围内，使用式（5.26）得到有效密度，使用式（5.28）得到体积模量，n^2 已知，关于 $1/\sqrt{\omega}$ 的一阶近似为

$$n^2 = \alpha_\infty \left[1 + \delta \left(\frac{1}{\Lambda} + \frac{\gamma - 1}{B\Lambda'} \right) \right] \tag{5.31}$$

用于测量 n 的实验装置的示意图如图 5.4 所示。

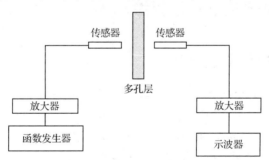

图 5.4　折射率的测量

通过比较接收器处有无多孔层的相位谱获得相位速度层。在式（5.31）的有效域中，n^2 线性地取决于 $1/\sqrt{f}$。在图 5.5 中，平方速度比表示为频率倒数的平方根的函数。

多孔层被先后充盈空气和氦气。对于氦气的情形，$(\gamma - 1)/B$ 接近于 0.81；对于空气的情形，则接近于 0.48。对图 5.5 中两个斜率的比较得出 $\Lambda = 202~\mu m$、$\Lambda' = 367~\mu m$。将测量值往频率增加的方向外推，从直线的截距得出曲折度 $\alpha_\infty = 1.05$。

这些测量可以容易地在低流阻率的泡沫上进行。对于粒状介质，高频区域中的扩散可以改变波传播。更一般地，Ayrault 等（1999）证明，可以通过增加静压来改善测量结果。空气与换能器的耦合得到改善。当静压增加时，黏性趋肤深度减小，高频区域往较低频率区域发展。

如果骨架不导电且可被导电流体浸润，在不改变微观几何形状的情况下，曲折度可以根据电导率来测量，如 4.9 节所示，没有任何扩散问题。

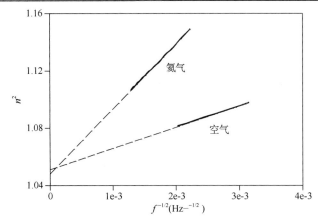

图 5.5　对于孔隙率 $\phi = 0.98$ 和静态黏性渗透率 $q_0 = 3.08 \times 10^{-9}$ m^2 的泡沫测得的 n^2（Leclaire 等　1996）

5.3.6　静态曲折度

当黏性趋肤深度远大于特征尺寸时，式（5.7）可用于预测有效密度。Lafarge（1993）证明右边的实常数等于乘积 $\rho_0\alpha_0$，其中，α_0 是静态曲折度。静态曲折度由式（5.21）给出，类似于 α_∞，其区别在于，式（5.21）中的速度场通过改变黏度，现在是 $\omega = 0$ 处的静态场。Lafarge（2006）证明，$\alpha_0 \geqslant \alpha_\infty$。

5.4　饱和流体有效密度和体积模量的模型

5.4.1　Pride 等提出的有效密度模型

一个可用于不同截面的相同圆柱形孔的模型在第 4 章进行了描述。该模型预测高频和低频下的正确渐近行为，且在中频范围内给出良好的预测，至少对于狭缝和圆形截面形状的孔来说是这样的。Johnson 等（1987）和 Pride 等（1993）提出了更一般的模型。Johnson 等（1987）提出的有效密度，对本章前面所述的虚部的高频极限和低频极限有最简单的表达式，它满足了由奇点的因果关系造成的物理约束，这些奇点必须位于正虚频轴上。该模型已由 Pride 等（1993）修改，调整低频有效密度的实部的极限，其中参数表示为 b。被定义为动态曲折度的比 ρ/ρ_0 由下式给出：

$$\alpha(\omega) = \frac{v\phi}{j\omega q_0}\left\{1 - b + b\left[1 + \left(\frac{2\alpha_\infty q_0}{b\phi\Lambda}\right)^2\frac{j\omega}{v}\right]^{1/2}\right\} + \alpha_\infty \tag{5.32}$$

其中，$v = \eta/\rho_0 = B^2 v'$，B^2 是普朗特数。当 ω 趋于 0 时，有效密度的实部的极限是 $\rho_0[\alpha_\infty + 2\alpha_\infty^2 q_0/(b\phi\Lambda^2)]$。$\rho$ 的实部的右低频极限 α_0 由 Lafarge（2006）相对于 b 得到，由下式给出：

$$b = \frac{2q_0\alpha_\infty^2}{\phi\Lambda^2(\alpha_0 - \alpha_\infty)} \tag{5.33}$$

对于 $b = 3/4$，获得圆形孔的极限。Perrot（2006）对简单几何形状进行了仿真，而空气浸润多孔介质的实验表明，式（5.32）可以提供非常精确的有效密度预测。然而，式（5.32）和式（5.33）的适用性存在限制。由 Cortis 等（2003）进行的仿真表明，Pride 等（1993）的一般公式，当 Λ 由式（5.24）给出时，不适用于具有尖锐边的多孔结构。

5.4.2　体积模量的 Lafarge 简化模型

在 Johnson 等（1987）的工作中，把动态曲折度 $\alpha(\omega)$ 作为表达动态黏性渗透率、有效密度的基本函数。类似的函数用于热交换和不可压缩性的描述，该函数被表示为 $\alpha'(\omega)$，与体积模量 K 相关：

$$K = P_0 / \left(1 - \frac{\gamma - 1}{\gamma \alpha'(\omega)}\right) \tag{5.34}$$

也被 Lafarge 等（1997）选择作为 $\alpha(\omega)$ 的同系物（homologue）。根据式（5.6），热渗透率与 $\alpha'(\omega)$ 相关，$q'(\omega) = v'\phi/(j\omega\alpha'(\omega))$。对于相同的平行圆柱形孔的情况，从式（4.45）、式（4.46）可以看出，$\alpha(\omega)$ 可以用 $1/F(\omega)$、$\alpha'(\omega)$ 可以用 $1/F(B^2\omega)$ 来识别。使用简化的 Lafarge 模型，它给出 K 与式（5.28）相同的高频极限，类似地，低频极限如式（5.8）所示，并满足因果关系条件，α' 可以写成

$$\alpha'(\omega) = \frac{v'\phi}{j\omega q_0'}\left[1 + \left(\frac{2q_0'}{\phi\Lambda'}\right)\frac{j\omega}{v'}\right] + 1 \tag{5.35}$$

一个附加参数 p' 出现于 $\alpha'(\omega)$ 的完整表达式中，它由 Lafarge（2006）提出。该参数可以对低频和中频范围内的体积模量进行微小修正，但在塑料泡沫和纤维材料的体积模量的描述中似乎没有必要。该参数在式（5.35）中等于 1。

5.5　简化模型

5.5.1　Johnson 等的模型

在 Johnson 等（1987）的工作中，动态曲折度由下式给出：

$$\alpha(\omega) = \frac{v\phi}{j\omega q_0}\left[1 + \left(\frac{2\alpha_\infty q_0}{\phi\Lambda}\right)\frac{j\omega}{v}\right]^{1/2} + \alpha_\infty \tag{5.36}$$

使用因果关系和渐近行为来证明使用这种表达式是描述多孔介质中声传播的重要步骤。通过设置后来由 Pride 等（1993）得出的式（5.32）中的 $b=1$，获得了相同的表达形式。对于由式（5.26）给出的大的 ω，有效密度 $\rho = \alpha(\omega)\rho_0$ 对 $1/\sqrt{\omega}$ 的一阶近似有右极限限制，对于小的 ω，有限密度由下式给出：

$$\rho(\omega) = \rho_0\alpha_\infty\left(1 + \frac{2\alpha_\infty q_0}{\Lambda^2\phi}\right) + \frac{\eta\phi}{j\omega q_0} \tag{5.37}$$

虚部的极限由式（5.7）给出，$j\,\mathrm{Im}\,\rho = \eta\phi/(j\omega q_0) = \phi\sigma/(j\omega)$。例如，对于相同的圆截面的孔，由 $\Lambda = R$ 和 $q_0 = \eta/\sigma = R^2\phi/8$，实部的极限是 $1.25\rho_0$。第 4 章中获得的真实极限是 $1.33\rho_0$。

尽管当 ω 趋于 0 时 $\mathrm{Re}\,\rho$ 的极限存在微小差异，但式（5.36）和"精确"模型给出了类似的预测。

5.5.2   Champoux-Allard 模型

直接测量静态热渗透率并不容易。简化的 Lafarge 模型已用多孔介质的渗透率 $q_0' = \phi\Lambda'^2/8$ 代入式（5.35）中，该多孔介质具有半径为 $R = \Lambda'$ 的圆柱形孔，得到

$$\alpha'(\omega) = \frac{8v'}{\mathrm{j}\omega\Lambda'^2}\left[1+\left(\frac{\Lambda'}{4}\right)^2\frac{\mathrm{j}\omega}{v'}\right]^{1/2}+1 \tag{5.38}$$

将在 5.6 节中展示，如果任意选取 q_0'，可能导致过渡频率局部的很大误差，体积模量的虚部达到最大值。这不一定带来表面阻抗评估中的大误差，因为阻尼主要由黏度通过有效密度产生。

5.5.3   Wilson 的模型

在 Wilson（1993）的模型中，有效密度和体积模量由下式给出：

$$\rho(\omega) = \phi\rho_\infty\frac{(1+\mathrm{j}\omega\tau_{\mathrm{vor}})^{1/2}}{(1+\mathrm{j}\omega\tau_{\mathrm{vor}})^{1/2}-1} \tag{5.39}$$

$$K(\omega) = \phi K_\infty\frac{(1+\mathrm{j}\omega\tau_{\mathrm{ent}})^{1/2}}{(1+\mathrm{j}\omega\tau_{\mathrm{ent}})^{1/2}+\gamma-1} \tag{5.40}$$

参数 τ_{vor} 和 τ_{ent} 分别是涡度模式下的弛豫时间和熵模式下的弛豫时间。该模型旨在匹配中频行为，而不是适合高频和低频的渐近行为。因此，当 $\omega\to\infty$ 时，$\phi\rho_\infty$ 可能与有效密度 ρ 不同，而当 $\omega\to\infty$ 时，ϕK_∞ 可以与体积模量 K 不同，这是由于这个调整与高频和低频渐近表达式无关。

5.5.4   用 Pride 等的模型和 Johnson 等的模型预测有效密度

在图 5.6 中，用式（5.32）连续预测 $b = 0.6$ 和 $b = 1$ 时的有效密度 ρ。用于预测的其他参数值是 $q_0 = 1.23\times10^{-10}\ \mathrm{m}^2$，$q_0' = 5\times10^{-10}\ \mathrm{m}^2$，$\phi = 0.37$，$\Lambda = 31\ \mu\mathrm{m}$，$\Lambda' = 90\ \mu\mathrm{m}$，$\alpha_\infty = 1.37$，这些参数值是针对一个冲洗的采石场砂进行测量的（Tizianel 等   1999）。$\mathrm{Re}\,\rho$ 的两个计算结果存在明显差异。

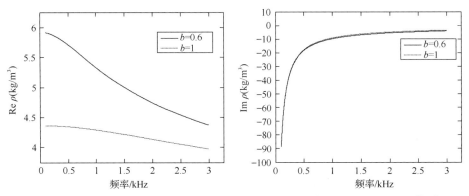

图 5.6   从式（5.32）预测得到有效密度的实部和虚部，其中，$q_0 = 1.23\times10^{-10}\ \mathrm{m}^2$，$\phi = 0.37$，$\Lambda = 31\ \mu\mathrm{m}$，$\alpha_\infty = 1.37$

5.5.5　用 Lafarge 简化模型和 Champoux-Allard 模型预测体积模量

测量静态热渗透率并不容易，所以在 Champoux-Allard 模型中，热渗透率设定为具有相等圆截面孔、半径为 $R = \Lambda'$ 的多孔材料的值。对于孔隙率 $\phi = 0.95$，且 $\Lambda' = 610\,\mu m$，这个多孔介质的静态热渗透率 $q_0' = 4.4 \times 10^{-8}\,m^2$。对于 $q_0' = 1.3 \times 10^{-8}\,m^2$ 的空气浸润介质，其体积模量如图 5.7 所示，Lafarge 简化模型中，$q_0' = 4.4 \times 10^{-8}\,m^2$。在这两个渗透率下预测的体积模量是不同的，在过渡频率区，其 Im K 在完全不同的频率达到最大值。在低频率区域进行了体积模量的测量，使用 5.2.2 节中描述的测量装置。多孔介质是一个泡沫材料，具有孔隙率、曲折度、黏性和热特征尺寸，其值非常接近预测的值。在 Lafarge 等（1997）中，测得的体积模量接近于预测的最低渗透率，$q_0' = 1.3 \times 10^{-8}\,m^2$。

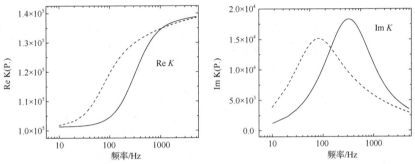

图 5.7　由式（5.34）及式（5.35）预测体积模量，其中，$\phi = 0.95$，$\Lambda' = 610\,\mu m$，$q_0' = 1.3 \times 10^{-8}\,m^2$，$q_0 = 4.4 \times 10^{-8}\,m^2$

5.5.6　表面阻抗的预测

在图 5.8 中，法向入射下的表面阻抗由式（4.137）给出，$Z_s = -jZ_c/(\phi \tan kl)$。所有参数均采用非声学方法测量，除了静态热渗透率 q_0' 和 Pride 等的模型的参数 b。已选择的模型用于将预测阻抗调整到测量阻抗。

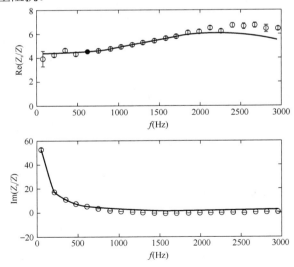

图 5.8　厚度 $l = 3\,cm$ 的一层沙子的表面阻抗。用式（5.32）预测有效密度，其中，$q_0 = 1.23 \times 10^{-10}\,m^2$，$\phi = 0.37$，$\Lambda = 31\,\mu m$，$\alpha_\infty = 1.37$，$b=0.6$；用式（5.35）预测体积模量，其中，$\Lambda' = 90\,\mu m$，$q_0' = 5 \times 10^{-10}\,m^2$（Tizianel 等　1999）

5.6   用不同模型预测开孔泡沫和纤维材料的有效密度和体积模量

5.6.1   不同模型的性能比较

Panneton 和 Olny（2006）以下列方式对 Wilson 的模型和 Johnson 等的模型的性能进行了系统的比较。第一步，使用 Utsuno 等（1989）的阻抗管技术，以及 Iwase 等（1998）提出的减小骨架振动的方法（以前的模型认为是无运动的）对有效密度进行仔细测量，并对这些表征有效密度的参数（作为频率的函数）进行评估。第二步，用这些参数预测有效密度。第一个测试关注这些参数随频率的变化。在整个频率范围内的变化必须是可忽略的，模型才能使用而且保证测量有足够的精度。第二个测试涉及当选择最佳的唯一测量参数组时预测和测量的有效密度之间的一致性。材料分别是低流阻率聚氨酯泡沫、中等流阻率金属泡沫和高流阻率岩棉。这些模型的测量和预测有效密度彼此接近，只有金属泡沫和 Wilson 的模型在低频时略有差异。Olny 和 Panneton（2008）对 Lafarge 简化模型、Wilson 的模型和 Champoux-Allard 模型的体积模量做了类似的比较。这些材料是低流阻率聚氨酯泡沫，中等流阻率玻璃纤维和高流阻率岩棉。Lafarge 简化模型提供了对体积模量的出色预测。对于这三种材料，Wilson 的模型，测量和预测的体积模量彼此接近。对于 Champoux-Allard 模型，岩棉的预测体积模量和实测体积模量明显不同，热渗透率与 $\phi \Lambda'^2/8$ 非常不同。先前在 Lafarge 等（1997 简化模型中，已观察到使用简化的 Champoux-Allard 模型的预测和测量之间的显著差异。

5.6.2   实际考虑因素

仿真显示，Pride 等的模型和 Lafarge 简化模型可以在整个可听声频率范围内精确预测有效密度和体积模量。在这些模型中，使用物理参数提供声学域和物理域之间的关联。吸声多孔介质性能的改进可以通过这些参数的改变来实现。使用完整模型的问题是某些参数可能非常难以测量。使用简单的现象学参数，如 Wilson 的模型，可以在常温和压力条件下提供在大频率范围内简单且精确的测量表示。此外，天然和合成多孔结构在某种程度上是非均匀的、各向异性的，并且在生产过程中不能完全再现。非常精确的预测是不可能的，但简单近似法是一个可实现的目标。体积模量出现在特征阻抗和波数的平方根中，绝热的值和等温的值相差 1.4 倍。热耗散在等温和绝热状态之间的跃迁频率附近具有最大值，但是与黏性耗散相比，这种热耗散通常可忽略不计。尽管跃迁频率可能存在错误定位，但可以放心地使用诸如 Champoux-Allard 模型之类的单参数模型来预测表面阻抗和吸声系数。

5.7   用流体层等效多孔材料层

各向同性多孔介质层法向入射时的表面阻抗由式（4.137）给出，$Z_s = -jZ_c/(\phi \tan kl)$ 与式（2.17）给出的厚度相同的各向同性流体层的阻抗相同：$Z'_s = -jZ'_c/(\cot k'l)$，条件是

$$k' = k \tag{5.41}$$

$$Z'_c = Z_c/\phi \tag{5.42}$$

如果流体的密度 ρ' 和体积模量 K' 由下式给出：

$$\rho' = \rho / \phi \tag{5.43}$$

$$K' = K / \phi \tag{5.44}$$

这些条件就会满足：

$$Z_s = Z_s' \tag{5.45}$$

在斜入射时，若入射角为 θ，Z_s 和 Z_s' 变为

$$Z_s = \frac{-jZ_C}{\phi \cos \theta_1} \cot kl \cos \theta_1 \tag{5.46}$$

$$Z_s' = \frac{-jZ_c'}{\varphi \cos \theta_1'} \cot k'l \cos \theta_1' \tag{5.47}$$

其中，θ_1 和 θ_1'（$\theta_1 = \theta_1'$）是由下式定义的折射角：

$$k \sin \theta_1 = k_0 \sin \theta \tag{5.48}$$

$$k' \sin \theta' = k_0 \sin \theta \tag{5.49}$$

其中，k_0 是外部介质中的波数。多孔介质可以被均匀流体层代替，而不会改变外部介质中的反射场。

5.8 半唯象模型的总结

可以写出有效密度 ρ 和体积模量 K：

$$\rho = \rho_0 \left[\alpha_\infty + \frac{v\phi}{j\omega q_0} G(\omega) \right] \tag{5.50}$$

$$K = \gamma P_0 \left/ \left[\gamma - \frac{\gamma - 1}{1 + \dfrac{v'\phi}{j\omega q_0'} G'(\omega)} \right] \right. \tag{5.51}$$

Johnson 等的模型中 G 的表达式是

$$G_j(\omega) = \left[1 + \left(\frac{2\alpha_\infty q_0}{\phi \Lambda} \right)^2 \frac{j\omega}{v} \right]^{1/2} \tag{5.52}$$

Lafarge 简化模型中 G' 的表达式是

$$G_j'(\omega) = \left[1 + \left(\frac{2q_0'}{\phi \Lambda'} \right)^2 \frac{j\omega}{v'} \right]^{1/2} \tag{5.53}$$

假设体积模量与圆截面孔时的类似，q_0' 的以下表达式可用于式（5.53）：

$$q_0' = \phi \Lambda'^2 / 8 \tag{5.54}$$

通过 Champoux-Allard 的模型：

$$G_j'(\omega) = \left[1 + \left(\frac{\Lambda'}{4}\right)^2 \frac{j\omega}{v'}\right]^{1/2} \tag{5.55}$$

使用补充参数，Pride 的模型中的 G_j 和 Lafarge 完整模型中的 G_j' 可以用 G_p 和 G_p' 代替：

$$G_p(\omega) = 1 - b + b\left[1 + \left(\frac{2\alpha_\infty q_0}{b\phi\Lambda}\right)\frac{j\omega}{v}\right]^{1/2} \tag{5.56}$$

$$G_p'(\omega) = 1 - b' + b'\left[1 + \left(\frac{2q_0'}{b'\phi\Lambda'}\right)\frac{j\omega}{v'}\right]^{1/2} \tag{5.57}$$

动态曲折度和渗透率与之相关：

$$q(\omega) = v\phi/(j\omega\alpha(\omega))$$
$$q'(\omega) = v'\phi/(j\omega\alpha'(\omega)) \tag{5.58}$$

有效密度和体积模量与动态曲折有关：

$$\rho(\omega) = \rho_0\alpha(\omega)$$
$$K(\omega) = P_0/[1 - (\gamma - 1)/(\gamma\alpha'(\omega))] \tag{5.59}$$

5.9 均质化

尺度分离

本章中的半唯象模型仅在长波长条件下有效。设 L 是由下式定义的宏观尺寸：

$$L = O\left(\frac{|\lambda|}{2\pi}\right) \tag{5.60}$$

其中，λ 是多孔介质中的复波长。设 l 是表征代表性单元体积的微观尺寸（见图 5.9），长波长条件对应 $L \gg l$。均质化方法的使用是基于相同的条件的，在这些方法中，周期性结构的均匀化方法（HPS）用于描述普通多孔介质（Sanchez Palencia 1974；Sanchez Palencia 1980；Keller 1977；Bensoussanet 等 1978；Auriault 1991；Auriault 2005）和双重孔隙率介质（Auriault 和 Boutin 1994；Boutin 等 1998；Olny 和 Boutin 2003）中的声传播，其中，两个特征尺寸截然不同的孔网相互连接。其周期根据代表性单元体积来定义，周期特征尺寸为 l。

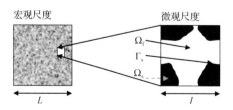

图 5.9 宏观尺度和微观尺度上的多孔介质

多孔介质通常不是周期性的，但对于随机微观几何形状，方法给出了在半唯象模型的背景下呈现的参数的补充信息，并在接下来给出对于简单孔洞介质获得的一些结果。基本参数 ε

由下式给出：

$$\varepsilon = l/L \tag{5.61}$$

该参数表征尺度的分离，该方法可以使用的条件是 $\varepsilon \ll 1$。

这里采用了两个无量纲的空间变量。设 X 为物理空间变量，无量纲宏观空间变量是 $x = X/L$，无量纲微观空间变量是 $y = X/l$。对 x 的依赖性对应于慢的宏观尺度变化，而对 y 的依赖性对应于微观尺度上的快速变化。

描述无运动骨架中流体位移的控制方程

在 Ω_f 域内的 Navier-Stokes 方程为

$$\eta \Delta v + (\lambda + \eta)\nabla(\nabla \cdot v) - \nabla p = \rho_0 \frac{\partial v}{\partial t} \tag{5.62}$$

其中，v 是速度，λ 是体积黏度。

在 Ω_f 域内质量平衡：

$$\frac{\mathrm{d}\xi}{\mathrm{d}t} + \rho_0 \nabla \cdot v = 0 \tag{5.63}$$

其中，ξ 是声密度。

Γ_s 的依从性条件是

$$v/\Gamma_s = 0 \tag{5.64}$$

热传导方程为

$$\kappa \Delta \tau = \mathrm{j}\omega(\rho_0 c_p \tau - p) \tag{5.65}$$

空气状态方程为

$$p = P_0\left(\frac{\xi}{\rho_0} + \frac{\tau}{T_0}\right) \tag{5.66}$$

热边界条件为

$$\tau/\Gamma_s = 0 \tag{5.67}$$

为了以无量纲形式表达这些方程，选择参考长度 L，无量纲的空间变量是 $x = X/L$。量 $v, p, \cdots$ 足够的特征值 $\upsilon_c, p_c, \cdots$ 用于导出从 $v = v_c v^*$ 获得的无量纲量 $\upsilon^*, p^*, \cdots$ 和常数参数的类似关系。上述方程组引入了几个无量纲数，其量级与特征值关系如下：

$$Q_L = \frac{|\nabla p|}{|\eta \Delta v|} = \frac{L p_c}{\eta_c v_c} \tag{5.68}$$

$$Rt_L = \frac{\left|\rho_0 \dfrac{\partial v}{\partial t}\right|}{|\eta \Delta v|} = \frac{\rho_{0c}\omega_c L^2}{\eta_c} \tag{5.69}$$

$$S_L = \frac{\left|\dfrac{\mathrm{d}\xi}{\mathrm{d}t}\right|}{|\rho_0 \nabla v|} = \frac{\omega_c \xi_c L}{\rho_{0c} v_c} \tag{5.70}$$

通过宏观压力梯度而产生强制流动，$|\nabla p| = O(p_{\mathrm{c}}/L)$。该流动发生在孔洞中，黏性力满足：

$$\left| \eta \Delta \boldsymbol{v} \right| = O\!\left(\eta_{\mathrm{c}} \frac{v_{\mathrm{c}}}{l^2} \right)$$

在圆频率 ω 上，

$$\left| \rho_0 \frac{\partial \boldsymbol{v}}{\partial t} \right| = O(\rho_{0\mathrm{c}} \omega_{\mathrm{c}} v_{\mathrm{c}})$$

波长 $\lambda = 2\pi L$，可得

$$\left| \rho_0 (\nabla \cdot \boldsymbol{v}) \right| = O\!\left(\frac{\rho_{0\mathrm{c}} v_{\mathrm{c}}}{L} \right)$$

最感兴趣的是 Navier-Stokes 方程中三个力具有相同的量级，并且特征值之间的关系如下：

$$\rho_{0\mathrm{c}} \omega_{\mathrm{c}} v_{\mathrm{c}} = O\!\left(\frac{p_{\mathrm{c}}}{L} \right) = O\!\left(\eta_{\mathrm{c}} \frac{v_{\mathrm{c}}}{l^2} \right) \tag{5.71}$$

可得

$$\begin{aligned} Q_{\mathrm{L}} &= O(\varepsilon^{-2}) \\ Rt_{\mathrm{L}} &= O(\varepsilon^{-2}) \\ S_{\mathrm{L}} &= O(1) \end{aligned} \tag{5.72}$$

无量纲量满足下式：

$$\varepsilon^2 \eta^* \Delta \boldsymbol{v}^* + \varepsilon^2 (\lambda^* + \eta^*) \nabla (\nabla \cdot \boldsymbol{v}^*) - \nabla p^* = \mathrm{j}\omega^* \rho_0^* \boldsymbol{v}^* \tag{5.73}$$

$$\mathrm{j}\omega^* \xi^* + \rho_0^* \nabla \cdot \boldsymbol{v}^* = 0 \tag{5.74}$$

$$\boldsymbol{v}^* / \Gamma_{\mathrm{s}}^* = 0 \tag{5.75}$$

在式（5.66）中，压力、温度和密度的相对变化具有相同的量级：

$$O\!\left(\frac{\xi}{\rho_0} \right) = O\!\left(\frac{\tau}{T_0} \right) = O\!\left(\frac{p}{P_0} \right) \tag{5.76}$$

使得

$$O(\rho_0 c_{\mathrm{p}} \tau) = O(p) \tag{5.77}$$

在式（5.65）中，唯一必须计算的无量纲的量是

$$N_{\mathrm{L}} = \frac{\left| \mathrm{j}\omega \rho_0 c_{\mathrm{p}} \tau \right|}{\left| \kappa \Delta \tau \right|} = \frac{\omega \rho_0 c_{\mathrm{p}} \tau_{\mathrm{c}} L^2}{\kappa \tau_{\mathrm{c}}} \tag{5.78}$$

式（4.59）给出的热趋肤深度作为黏性趋肤深度具有相同的量级，与孔径大小相当，得到 $\dfrac{\kappa}{\omega \rho_0 c_{\mathrm{p}}} = O(l^2)$，并且

$$N_{\mathrm{L}} = O(\varepsilon^{-2}) \tag{5.79}$$

无量纲量满足下式

$$\varepsilon^2 (\kappa^* \Delta \tau^*) = \mathrm{j}\omega^* (\rho_0^* c_{\mathrm{p}}^* \tau^* - p^*) \tag{5.80}$$

$$p^* = P_0^* \left(\frac{\xi^*}{\rho_0^*} + \frac{\tau^*}{T_0^*} \right) \tag{5.81}$$

$$\tau^*/\Gamma_s^* = 0 \tag{5.82}$$

无量纲的声压 p^*、速度 v^*、声学空气密度 ξ^* 和所涉及的其他空间相关量以 ε 幂的渐近展开式表示：

$$p^*(\boldsymbol{x}, \boldsymbol{y}) = p^{(0)}(\boldsymbol{x}, \boldsymbol{y}) + \varepsilon p^{(1)}(\boldsymbol{x}, \boldsymbol{y}) + \varepsilon^2 p^{(2)}(\boldsymbol{x}, \boldsymbol{y}) + \cdots \tag{5.83}$$

$$v^*(\boldsymbol{x}, \boldsymbol{y}) = v^{(0)}(\boldsymbol{x}, \boldsymbol{y}) + \varepsilon v^{(1)}(\boldsymbol{x}, \boldsymbol{y}) + \varepsilon^2 v^{(2)}(\boldsymbol{x}, \boldsymbol{y}) + \cdots \tag{5.84}$$

$$\xi^*(\boldsymbol{x}, \boldsymbol{y}) = \xi^{(0)}(\boldsymbol{x}, \boldsymbol{y}) + \varepsilon \xi^{(1)}(\boldsymbol{x}, \boldsymbol{y}) + \varepsilon^2 \xi^{(2)}(\boldsymbol{x}, \boldsymbol{y}) + \cdots \tag{5.85}$$

$p^{(i)}$、$v^{(i)}$ 和 $\xi^{(i)}$ 中的上标 i 表示展开式中的不同项，而不是力。不同的 $p^{(i)}$、$v^{(i)}$ 和 $\xi^{(i)}$ 关于 $\boldsymbol{y}$ 是周期性的，具有与微观结构相同的周期性。梯度算子和散度也是无量纲的，由下式给出：

$$\nabla = \nabla_x + \varepsilon^{-1} \nabla_y \tag{5.86}$$

$$\Delta = \Delta_x + 2\varepsilon^{-1} \nabla_x \nabla_y + \varepsilon^{-2} \Delta y \tag{5.87}$$

式（5.73）给出 $O(\varepsilon^{-1})$ 的阶数：

$$\nabla_y p^{(0)} = 0 \tag{5.88}$$

并给出 $O(\varepsilon^0)$ 的阶数：

$$\eta^* \Delta_y \boldsymbol{v}^{(0)} + (\lambda^* + \eta^*) \nabla_y (\nabla_y \cdot \boldsymbol{v}^{(0)}) - \nabla_y p^{(1)} - \nabla_x p^{(0)} = \mathrm{j}\omega^* \rho_0^* \boldsymbol{v}^{(0)} \tag{5.89}$$

式（5.74）给出 $O(\varepsilon^{-1})$ 的阶数：

$$\Delta_y \cdot \boldsymbol{v}^{(0)} = 0 \tag{5.90}$$

并且，在 $O(\varepsilon^0)$ 阶有

$$\mathrm{j}\omega^* \xi^{(0)} + \rho_0^* \nabla_x \cdot \boldsymbol{v}^{(0)} + \rho_0^* \nabla_x \cdot \boldsymbol{v}^{(1)} = 0 \tag{5.91}$$

式（5.75）给出如下关系：

$$\boldsymbol{v}^{(0)}/\Gamma_s^* = \boldsymbol{v}^{(1)}/\Gamma_s^* = \cdots = 0 \tag{5.92}$$

在 $O(\varepsilon^0)$ 阶，式（5.80）给出

$$\kappa^* \Delta_y \tau^{(0)} - \mathrm{j}\omega^* \rho_0^* c_p^* \tau^{(0)} = -\mathrm{j}\omega^* p^{(0)} \tag{5.93}$$

在 $O(\varepsilon^0)$ 阶，式（5.81）给出

$$\frac{p^{(0)}}{P_0^*} = \frac{\xi^{(0)}}{\rho_0^*} + \frac{\tau^{(0)}}{T_0^*} \tag{5.94}$$

在第 0 阶，压力不依赖于微观空间变量，并且浸润空气在孔的尺度上是不可压缩的。该方法证实了第 4 章圆柱形孔中声传播描述的有效性，因为周期在孔的方向 X_3 和微观尺度 $p^{(1)}$ 处是任意的，并且式（5.89）和式（5.93）中的其他物理量不依赖于 X_3（Auriault 1986）。因此，在长波长条件下，式（5.89）和式（5.94）提供类似于第 4 章给出的圆柱形孔中声传播的描述。

此外，具有黏性渗透率张量 q_{ij}^* 的多孔介质中，黏性流体动态流动的唯象宏观描述的正当性，对于各向同性介质，将其简化到无量纲的黏性渗透率 q^*，这得自 Levy（1979）和 Auriault（1983）的式（5.89）至式（5.92）：

$$\phi\left\langle v_i^0\right\rangle = -\frac{q_{ij}^*(\omega)}{\eta^*}\frac{\partial p^{(0)}}{\partial x_j} \tag{5.95}$$

通过这个等式的右侧乘以 $l^2 p_c/(L\eta_c v_c)=1$ 来获得尺寸量，得到线性关系：

$$\phi\left\langle v_i\right\rangle = -\frac{q_{ij}(\omega)}{\eta}\frac{\partial p}{\partial X_j} \tag{5.96}$$

$$q_{ij} = q_{ij}^*/l^2$$

其中，

$$\langle\cdot\rangle = \frac{1}{|\Omega_f|}\int_{\Omega_f}\cdot\,\mathrm{d}\Omega$$

（在关于均质化的重要论文中，因为速度是对整个代表性单元体积的平均值，所以 ϕ 被去掉了。）Sanchez-Palencia（1980）证明张量 q_{ij} 是对称的，类似地，Auriault（1980）也说明由式（5.92）、式（5.93）可得到如下线性关系：

$$\phi\langle\tau\rangle_\Omega = \frac{q'(\omega)}{\kappa}\mathrm{j}\omega p \tag{5.97}$$

等效流体在宏观尺度上通过式（5.96）及式（5.97）使用长波长条件是合理的。周期性结构的均质化方法证明使用半唯象模型是合理的，其中用有效密度和体积模量描述等效流体。

5.10　双重孔隙率介质

5.10.1　定义

在本节中，介绍由 Olny 和 Boutin（2003）提出的关于双重孔隙率介质（双孔介质）中的基本定义和一些关于在其中的声传播的工作结果。详细的计算可在 Olny 和 Boutin（2003）、Olny（1999）和 Boutin 等（1998）中找到。在这些介质中，具有非常不同特征尺寸的两个孔网络相互连接，例如，在具有微孔骨架的普通多孔介质中。波传播的宏观尺寸特征由下式定义：

$$L = O\left(\left|\frac{\lambda}{2\pi}\right|\right) \tag{5.98}$$

针对孔隙和微孔结构定义了两个特征尺寸 l_p、l_m，以及与两个代表性单元体积相关的量：一个是关于孔隙的 REV_p，另一个是关于微孔的 REV_m（见图5.10）。

下标 p 用于表示一般孔隙，下标 m 用于表示微孔，双重孔隙率介质的下标为 dp。还有两个参数：ε 定义（宏观/介观）尺度分离，ε_0 定义（介观/微观）分离，由下式给出：

$$\varepsilon = l_p/L \tag{5.99}$$

$$\varepsilon_0 = l_m/l_p \tag{5.100}$$

　　在这些参数必须远小于 1 的条件下，可以使用周期性结构的均质化方法，引入两种假想的单孔隙材料，介孔介质由 REV_p 定义，具有不透气骨架，微孔介质由 REV_m 定义，没有孔隙。设 ϕ_p 为介孔介质的孔隙率，ϕ_m 为微孔介质的孔隙率。实际多孔介质的孔隙率 $\phi = \phi_\text{p} + (1 - \phi_\text{p})\phi_\text{m}$。

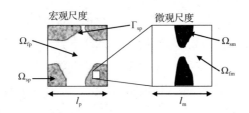

图 5.10　介观尺度和微观尺度上的双重孔隙率介质

5.10.2　实际双重孔隙率介质的量级

简单孔隙介质的宏观尺寸

　　在第一步，Johnson 等的模型用于计算孔隙介质的波长和宏观特征尺寸的量级。分两个区域表征黏性相互作用。在低频情况下，动态黏性渗透率接近静态黏性渗透率。静态黏性渗透率 q_0 与流动阻力有关，$q_0 = \eta/\sigma$ ［见式（5.3）］，并且流动阻力的量级是 $\sigma = O(\eta/\phi l^2)$，其中，$l$ 是孔隙的特征尺寸 ［见式（4.79），$\sigma = 8\eta/(R^2\phi)$］。静态黏性渗透率的数量级为

$$q_0 = O(\phi l^2) \tag{5.101}$$

　　在 ω 较大的情形下，黏性渗透率具有以下限制：

$$q(\infty) = \frac{\eta\phi}{\text{j}\omega\rho_0\alpha_\infty} \tag{5.102}$$

　　粗糙估计黏性与惯性区之间的过渡角频率 ω_v，当 $q_0 = q(\infty)$ 时，由下式给出：

$$\omega_\text{v} = O\left(\frac{\eta}{l^2\rho_0\alpha_\infty}\right) \tag{5.103}$$

　　可以通过两个区域的波数 k 来计算波长和宏观尺寸。

　　复波数 $k = \omega(\rho/K)^{1/2} = \omega[\eta\phi/(\text{j}\omega q(\omega)K(\omega))]^{1/2}$ 可以用绝热体积模量来评估，量级不受因子 $\sqrt{\gamma} = 1.18$ 的修正。波长在低频情况下的计算由下式给出：

$$\left|\frac{\lambda}{2\pi}\right| = O\left(\frac{l}{\delta_\text{v}}\frac{\lambda_0}{\sqrt{2\pi}}\right) \tag{5.104}$$

其中，λ_0 是自由空气中的波数。曲折度通常接近于 1，高频情况下的计算由下式给出：

$$\left|\frac{\lambda}{2\pi}\right| = O\left(\frac{1}{\omega}\sqrt{\frac{\gamma P_0}{\rho_0}}\right) = O\left(\frac{\lambda_0}{2\pi}\right) \tag{5.105}$$

实际的双重孔隙率介质

　　以下三个条件必须满足：

①　在整个可听声频率范围，波长远大于介观尺寸 $l_\text{p} \rightarrow l_\text{p} \leqslant 10^{-2}$ m。

② 微孔介质必须足以透过声波 $\rightarrow l_{\text{m}} \geqslant 10^{-5}$ m。

③ 两个较小尺度的分离必须足够大 $\rightarrow l_{\text{p}}/l_{\text{m}} > 10$。

选择两种不同的情况。第一种情况在静态渗透率 $l_{\text{p}} = 10^{-3}$ m 和 $l_{\text{m}} = 10^{-4}$ m 之间具有低对比度，第二种情况具有高对比度，$l_{\text{p}} = 10^{-2}$ m，且 $l_{\text{m}} = 10^{-5}$ m。用式（5.104）、式（5.105）预测的波长 λ_{p} 和 λ_{m} 的模量，在低对比度介质的图 5.11（a）和高对比度介质的图 5.11（b）中示出。

在图 5.11（a）中，存在 $\omega > \omega_{\text{vm}}$ 的域，其中，波长类似于在多孔介质和微孔介质中，并且可以在孔隙和微孔之间产生强耦合。在图 5.11（b）中，在 $\omega = \omega_{\text{d}}$ 时，微孔中复合波长的模量等于孔隙的特征尺寸。存在 $\omega > \omega_{\text{d}}$ 的域，其中微孔中的波长小于孔隙的特征尺寸。微孔中的区域是扩散的，并且在 REV_{p} 的尺度下，微孔介质中的孔周围可以发生压力的快速空间变化。

5.10.3 双重孔隙率介质的渐近展开方法

已有人用周期结构（HPS）的均质化方法描述双重孔隙率介质中波的传播（Olny 和 Boutin 2003，Boutin 等 1998，Auriault 和 Boutin 1994）。多孔介质在介观和微观尺度上呈现双重周期性。

三个无量纲空间变量在每个尺度上描述压力和速度场。设 X 是普通的空间变量。宏观空间变量 x 定义为 $x = X/L$，介观空间变量 y 和微观空间变量 z 分别定义为 $y = X/l_{\text{p}}$ 和 $z = X/l_{\text{m}}$。第一次尺度分离由 $\varepsilon = l_{\text{p}}/L$ 定义，第二次尺度分离由 $\varepsilon_0 = l_{\text{m}}/l_{\text{p}}$ 定义。参数 ε 和 ε_0 必须满足关系 $\varepsilon \ll 1$ 和 $\varepsilon_0 \ll 1$。声压和速度在微孔中用 (x, y, z, ω) 描述，并且在孔隙中具有 (x, y, ω)，除了在与微孔的界面 (Γ_{sp}) 处的薄层。在 5.7 节中，多孔材料整体被体积模量 K' 和密度 ρ' 的等效流体代替，其占据层的整个体积。这种形式在下一节中使用，因为当存在两种不同的孔隙时，它比初始模型更易用，其中，等效的自由流体取代了孔隙中的空气。一些结果的总结见后文。

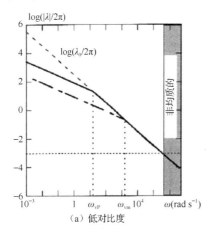
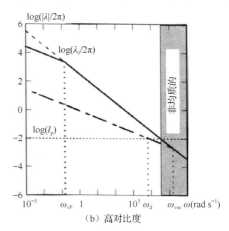

图 5.11 在孔隙（粗线）和微孔（虚线）中波长的渐近模量与自由空气中的相比：（a）低对比度，（b）高对比度

5.10.4 低渗透率对比

对于所选示例，从式（5.98）估计 L，由 $\omega = O(\omega_{\text{vm}})$ 得到 $\varepsilon = O(\varepsilon_0^2)$。微孔中的压力仅在宏观尺度上变化。在一阶的 REV_{p} 中，表示为 $p_{\text{dp}}^0(x)$ 的压力是均匀的。在宏观层面，宏观流动定

律类似于式（5.1）在简单孔隙介质中给出的宏观流动定律：

$$\phi\left\langle v_{\mathrm{dp}}^0\right\rangle = -\frac{q_{\mathrm{dp}}^*(\omega)}{\eta^*}\nabla_x p_{\mathrm{dp}}^0$$

$$\langle\cdot\rangle = \frac{1}{\left|\Omega_{\mathrm{fm}}^* \mathrm{U}\Omega_{\mathrm{fp}}^*\right|}\int_{\Omega_{\mathrm{fm}}^* \mathrm{U}\Omega_{\mathrm{fp}}^*}\cdot\mathrm{d}\Omega \qquad (5.106)$$

在 Olny 和 Boutin（2003）中对钻有平行圆柱形孔的微孔介质进行 q_{dp} 的计算。计算仅限于孔的方向。不能使用半唯象模型。对于 $\omega<\omega_{\mathrm{vp}}$，孔隙中的速度远大于微孔中的速度，所以微孔对流动的贡献可以忽略不计。在式（5.2）和式（5.43）中，用宏观尺度给出了取代多孔介质的流体密度：

$$\rho_{\mathrm{dp}}'(\omega) = \frac{\eta}{\mathrm{j}\omega q_{\mathrm{dp}}(\omega)} \qquad (5.107)$$

式（5.44）定义的体积模量由下式给出：

$$K_{\mathrm{dp}}'(\omega) = \left(\frac{1}{K_{\mathrm{p}}'(\omega)} + (1-\phi_p)\frac{1}{K_{\mathrm{m}}'(\omega)}\right)^{-1} \qquad (5.108)$$

单位体积材料孔隙中的空气体积为 ϕ_{p}，在微孔中为 $(1-\phi_{\mathrm{p}})\phi_{\mathrm{m}}$。孔隙中的空气体积模量为微孔中的 $\phi_{\mathrm{p}}K_{\mathrm{p}}'(\omega)$ 和 $\phi_{\mathrm{m}}K_{\mathrm{m}}'(\omega)$，而且

$$\frac{1}{K_{\mathrm{dp}}'(\omega)} = \frac{\phi_{\mathrm{p}}}{\phi_{\mathrm{p}}K_{\mathrm{p}}'(\omega)} + \frac{(1-\phi_{\mathrm{p}})\phi_{\mathrm{m}}}{\phi_{\mathrm{m}}K_{\mathrm{m}}'(\omega)}$$

5.10.5　高渗透率对比

对于所选的介质，考虑到 $\omega=O(\omega_{\mathrm{d}})$，得到 $\varepsilon_0=O(\varepsilon^3)$。如在 $\omega<\omega_{\mathrm{vm}}$ 的低对比度介质的情况下，微孔中的流动主要是黏性的，并且体积模量是等温的。黏性渗透率由下式给出：

$$q_{\mathrm{dp}}(\omega) = (1-\phi_{\mathrm{p}})q_{\mathrm{m}}(\omega) + q_{\mathrm{p}}(\omega) \qquad (5.109)$$

在孔隙中，压力 p_{p}^0 的一阶展开式仅在宏观尺度上变化。与低对比度介质的主要区别在于，一阶压力是由微孔中声场的传输不良造成的，微孔中的 p_{m}^0 可以作为介观尺度变量 y 的函数而变化。压力满足微孔域 Ω_{sp} 中的扩散方程［见 Olny 和 Boutin（2003）中的式 91］。如 Boutin 等（1998）描述，在双重孔隙率介质中，孔隙周围微孔结构域 Ω_{sp} 中的压力场是类似于简单孔隙介质中孔隙周围流体中温度场的描述。与空气接触的孔隙的表面温度等于 0℃，并且压力等于与微孔介质接触的孔表面的孔隙压力 p_{p}。热趋肤深度是 $\delta'=(2v'/\omega)^{1/2}$，压力的趋肤深度由［见 Olny 和 Boutin（2003）中的式 91］下式给出：

$$\delta_{\mathrm{d}} = \left(\frac{2P_0 q_{0\mathrm{m}}}{\phi_{\mathrm{m}}\eta\omega}\right)^{1/2} \qquad (5.110)$$

在 Olny 和 Boutin（2003）中，等号右侧的因子 2 因为趋肤深度的定义不同而被删除了。为了推广使用简化的 Lafarge 压力扩散模型，在第一步中，动态热渗透率与由式（5.35）给出的 α' 可以重写为

$$q'(\omega) = q_0' \left[\frac{\mathrm{j}\omega}{\omega_{\mathrm{t}}} + \left(1 + \mathrm{j}\frac{M_{\mathrm{t}}}{2}\,\omega/\omega_{\mathrm{t}} \right)^{1/2} \right] \tag{5.111}$$

$$M_t = \frac{8q_0'}{\Lambda'^2 \phi} \tag{5.112}$$

$$\omega_t = \frac{\omega\phi\delta'^2}{2q_0'} \tag{5.113}$$

类似于 $q'(\omega)$，函数 $D(\omega)$ 可由声压来定义：

$$D(\omega) = D(0) \left(\frac{\mathrm{j}\omega}{\omega_{\mathrm{d}}} + \left(1 + \mathrm{j}\frac{M_{\mathrm{d}}}{2}\,\omega/\omega_{\mathrm{d}} \right)^{1/2} \right) \tag{5.114}$$

$$M_{\mathrm{d}} = \frac{8D(0)}{\Lambda_{\mathrm{d}}^2 (1-\phi_{\mathrm{p}})} \tag{5.115}$$

$$\omega_{\mathrm{d}} = \frac{(1-\phi_{\mathrm{p}})P_0 q_{0\mathrm{m}}}{\phi_{\mathrm{m}}\eta D(0)} \tag{5.116}$$

参数 $D(0)$ 和 Λ_{d} 是几何因子，其定义类似于 q_0' 和 Λ'。两个问题的接触面 Γ_{sp} 相同，但对于热传导问题，体积是孔隙 Ω_{sp} 的体积而压力扩散则是孔隙外的体积。因此

$$\Lambda_{\mathrm{d}} = 2\frac{\Omega_{\mathrm{sp}}}{\Gamma_{\mathrm{sp}}} = \frac{(1-\phi_{\mathrm{p}})}{\phi_{\mathrm{p}}}\Lambda_{\mathrm{p}}' \tag{5.117}$$

其中，$\Lambda_{\mathrm{p}}' = 2\Omega_{\mathrm{fp}}/\Gamma_{\mathrm{sp}}$ 是孔隙内部结构的热特征长度。

在第二步中，关系式 $\langle\tau\rangle = q'(\omega)\mathrm{j}\omega p/(\phi\kappa)$ 重新解释了简单孔隙介质平均温度与压力的关系。温度场 τ 可以认为是两个场 τ_1 与 τ_2 之和，$\tau_1 = \nu'p/\kappa$ 是对于骨架的特定质量容量等于 0 且边界的温度等于 τ_1 而创建的空间恒定场。为了满足在 Γ 上的边界条件 $\tau = 0$，第二个场 τ_2 是扩散温度场，在 Γ 上相关的边界条件是 $\tau = -\nu'p/\kappa$。平均温度 τ_2 由下式给出：

$$\begin{aligned} \langle\tau_2\rangle &= \langle\tau\rangle - \langle\tau_1\rangle \\ &= \left(1 - \frac{q'(\omega)\mathrm{j}\omega}{q_0'\omega_t} \right)\left(-\frac{\nu'p}{\kappa} \right) \\ &= \left(1 - \frac{q'(\omega)\mathrm{j}\omega}{q_0'\omega_t} \right)(-\tau_1) \end{aligned} \tag{5.118}$$

对该式进行转置以表示在微孔介质 Ω_{sp} 中空气的平均扩散压力场：

$$\langle p_m \rangle = \left(1 - \mathrm{j}\frac{\omega}{\omega_{\mathrm{d}}}\frac{D(\omega)}{D(0)} \right)p_{\mathrm{p}} \tag{5.119}$$

设 F 为下式定义的参数：

$$F = 1 - \mathrm{j}\frac{\omega}{\omega_{\mathrm{d}}}\frac{D(\omega)}{D(0)} \tag{5.120}$$

在低频率处，微孔介质中孔隙周围的扩散趋肤深度很大，并且 F 趋于 1。在高频处，扩散趋肤深度减小，F 趋于 0。在宏观尺度上，等效于多孔介质的流体的体积模量由下式给出：

$$K'_{\mathrm{dp}}(\omega) = \left(\frac{1}{K'_{\mathrm{p}}(\omega)} + (1-\phi_{\mathrm{p}}) \frac{\phi_m F(\omega)}{P_0} \right)^{-1} \tag{5.121}$$

狭缝型材料的解释（引自 Olny 和 Boutin　2003）

厚度为 $2b$ 的微孔板用厚度为 $2a$ 的气隙隔开（见图 5.12）。中孔隙率 $\phi_{\mathrm{p}} = a/(a+b)$。通过式（4.27）和式（5.2）获得在孔隙率为 ϕ、厚度为 $2a$ 的狭缝材料的黏性渗透率 q：

$$q(\omega) = -\mathrm{j}\phi \frac{\delta}{\sqrt{2}} \left(1 - \frac{\tanh \mathrm{j}^{1/2}(a\sqrt{2}/\delta)^2}{\mathrm{j}^{1/2}(a\sqrt{2}/\delta)^2} \right) \tag{5.122}$$

其中，$\delta = (2\eta/(\omega\rho_0))^{1/2}$ ［见式（4.58）］是黏性趋肤深度。热渗透率具有相同的形式，除了必须用热趋肤深度 $\delta' = \delta/B$ 代替黏性趋肤深度，B 是普朗特数的平方根。发生扩散的体积是微孔介质，ϕ 必须用 $1-\phi_{\mathrm{p}}$ 代替。趋肤深度为 δ_{d}，$D(\omega)$ 由下式给出：

$$D(\omega) = -\mathrm{j}(1-\phi_{\mathrm{p}}) \frac{\delta_{\mathrm{d}}}{\sqrt{2}} \left(1 - \frac{\tanh \mathrm{j}^{1/2}(b\sqrt{2}/\delta_{\mathrm{d}})^2}{\mathrm{j}^{1/2}(b\sqrt{2}/\delta_{\mathrm{d}})^2} \right) \tag{5.123}$$

半唯象模型可以与 $D(0) = (1-\phi_{\mathrm{p}})b^2/3$ 和 $\Lambda_{\mathrm{d}} = 2b$ 一起使用。微孔区域中的压力场如图 5.12 所示。当扩散趋肤深度远小于 b 时，与 p_{p}^0 相比，压力可忽略不计，靠近孔的一小部分体积除外。体积变化受到限制，因为压力不会在微孔介质的整个体积中传递。通过 F 的变化产生宏观体积模量的大变化。此外，在 F 从 1 到 0 快速变化的过渡范围中，宏观体积模量的损失角度可以大于单孔隙介质（见 Olny 和 Boutin　2003 中的图 9）。5.1 节到 5.5 节中描述的热交换和体积模量的半唯象模型，对于具有高渗透率比的双重孔隙率介质无效。

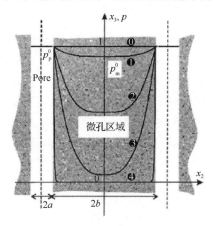

图 5.12　微孔区域中的狭缝介质和压力场：(0) $b/\delta_{\mathrm{d}}=0.1$，(1) $b/\delta_{\mathrm{d}}=1$，(2) $b/\delta_{\mathrm{d}}=2$，(3) $b/\delta_{\mathrm{d}}=5$，(4) $b/\delta_{\mathrm{d}}=100$（Olny 和 Boutin　2003）

5.10.6　实际考虑因素

双重孔隙率材料可以自然状态存在（有裂缝的多孔骨架材料），或者是由制造过程产生的结果（再生材料、穿孔多孔材料）。特别是，Olny（1999）、Olny 和 Boutin（2003）从理论和实验上都表明，通过在材料中适当设计一些中孔，可以在宽的频率范围内显著提高高阻性多孔材料的吸声系数。Atalla 等（2001）提出一个基于有限元的数值模型，考虑了空气腔和多个多孔材料的组合结构，从而消除了 Olny 基于 HSP 的模型的局限性，并将其模型扩展到三维结构。特别地，他们证实了 Olny 的结果，并显示了几个设计参数（孔的大小、中孔穿孔率和孔的分布）对吸声系数的影响。13.9.5 节给出一个说明适当选择的双重孔隙率材料吸声增加的实例，并对解析模型和数值模型进行了比较。

Sgard 等（2005）的评述给出了实用的设计规则，可基于穿孔适当选择的多孔材料的概念开发优化噪声控制解决方案。这些穿孔材料的声学特性受三个重要参数控制：穿孔的大小、中孔隙率，以及取决于穿孔形状和中孔分布的形状因子。吸声系数的增强与微孔域 ω_{vm} 的黏性特征频率的位置、式（5.116）中定义的扩散频率密切相关：$\omega_d = (1 - \phi_p)P_0 q_{0m}/(\phi_m \eta D(0))$。这种潜在的增强需要两个条件。第一个条件是微孔区域中的流动是黏性的，即 $\omega << \omega_{vm}$，其中 $\omega_{vm} = \eta \phi_m/(\rho_0 \alpha_\infty m q_{0m})$。第二个条件是强制扩散频率 ω_d 远小于微孔域 ω_{vm} 的黏性特征频率，即 $\omega_d << \omega_{vm}$。这个条件意味着微孔区域中的波长与孔的大小具有相同的阶数，因此微孔部分中的压力在中尺度上变化。结合这两个条件，Sgard 等（2005）提出了以下穿孔材料设计准则：

$$P_0 \rho_0 \frac{(1 - \phi_p)}{D(0)} \frac{\alpha_{\infty m} q_{0m}^2}{\phi_m^2 \eta^2} \ll 1 \qquad (5.124)$$

这个准则表明，设计参数由流阻率（$\sigma_m = \eta/q_{0m}$）、微孔介质的孔隙率和曲折度，以及介观结构定义的几何形状参数、$(1 - \phi_p)/D(0)$ 等组成，基底材料的孔隙率和流阻率应尽可能大，而曲折度应尽可能小。介孔结构参数 $(1 - \phi_p)/D(0)$ 必须针对特定几何形状进行评估，还应尽可能小。例如，在圆形穿孔情况下，$D(0)$ 由下式（Tarnow 1996）给出：

$$D(0) = \frac{L_c^2}{4\pi}\left(\ln\left(\frac{1}{\phi_p}\right) - \frac{3}{2} + 2\phi_p - \frac{\phi_p^2}{2} \right) \qquad (5.125)$$

$\phi_p = \pi R^2/L_c^2$，L_c 是单元的大小（见图 5.13）。因此，必须选择具有大孔直径的低 ϕ_p。此外，由于吸收的增加发生在 ω_d 附近，带宽取决于设计参数，因此需要较小的 ω_d 值来增加低频吸收，这意味着应选择多孔、高流阻、弱曲折度的基底材料。这些结论被在具有恒定的横截面直孔情况下沿着厚度的数值参数研究和一些实验工作（Atalla 等 2001；Sgard 等 2005）而被证实。结果表明，通过调整中孔轮廓在选定的频带可获得吸声性能的显著提高。此外，对于涂覆防渗膜的双重孔隙率介质，可以获得令人感兴趣的吸声性能。

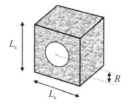

图 5.13　圆形截面的单元几何图形

附录 5.A：由交替的圆柱序列孔组成的多孔材料曲折度的简化计算

圆柱体如图 5.A.1 所示。设在截面积 S_1、长度 l_1 的圆柱体中，速度为 v_1；在截面积 S_2、长度 l_2 的圆柱体中，速度为 v_2。

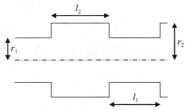

图 5.A.1　由交替的圆柱体序列组成的孔

每个圆柱体的速度应该是恒定的。v_1 和 v_2 是相关的：

$$\frac{v_1}{v_2} = \frac{S_2}{S_1} \tag{5.A.1}$$

如果流体是非黏性的，那么圆柱体中的牛顿方程就是

$$-\frac{\partial p_1}{\partial x} = j\omega\rho_0 v_1 \tag{5.A.2}$$

$$-\frac{\partial p_2}{\partial x} = j\omega\rho_0 v_2 \tag{5.A.3}$$

其中，p_1 和 p_2 分别是圆柱体 1 和圆柱体 2 中的压力，ρ_0 是流体的密度。

宏观压力导数 $\partial p / \partial x$ 和宏观速度 v 分别是

$$\frac{\partial p}{\partial x} = \frac{\partial p_1}{\partial x}\frac{l_1}{l_1 + l_2} + \frac{\partial p_2}{\partial x}\frac{l_2}{l_1 + l_2} \tag{5.A.4}$$

$$v = \frac{l_1 S_1 v_1}{l_1 S_1 + l_2 S_2} + \frac{l_2 S_2 v_2}{l_1 S_1 + l_2 S_2} \tag{5.A.5}$$

v 和 $\partial p / \partial x$ 通过下式关联：

$$-\frac{\partial p}{\partial x} = \alpha_\infty \rho_0 j\omega v \tag{5.A.6}$$

其中，α_∞ 由下式给出：

$$\alpha_\infty = \frac{[l_1 S_1 + l_2 S_2][l_2 S_1 + l_1 S_2]}{(l_1 + l_2)^2 S_1 S_2} \tag{5.A.7}$$

附录 5.B：特征长度 Λ' 的计算

在多孔介质中，除了靠近骨架–空气界面处的小区域，高频处的温度在横截面上是恒定的。多孔材料中的骨架和空气之间的界面如图 5.B.1 所示。

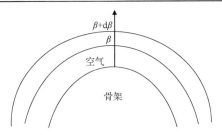

图 5.B.1　多孔材料中的骨架–空气界面

在高频处，靠近孔隙表面对温度的空间依赖性与表面是无限平面的情况相同。式（4.33）可以重写为

$$\frac{\partial^2 \tau}{\partial \beta^2} - j\frac{\omega'\rho_0\tau}{\eta} = -j\frac{\omega'v'\rho_0 p}{\kappa\eta} \tag{5.B.1}$$

在 $\beta = 0$ 时，消失的解是

$$\tau = \frac{v'p}{\kappa}[1 - \exp(-j\beta gB)] \tag{5.B.2}$$

其中，g 由下式给出：

$$g = \frac{1-j}{\delta} \tag{5.B.3}$$

在均质化体积 V 中，$\langle\tau\rangle$ 由下式给出：

$$\langle\tau\rangle = \frac{\int \tau dV}{\int dV} = \frac{v'p}{\kappa}\left[1 - \frac{1}{V}\int_V \exp(-j\beta gB)dV\right] \tag{5.B.4}$$

在非常接近骨架–空气界面处，与 $d\beta$ 相关的空气体积 dV 等于 $Ad\beta$，A 是在多孔材料体积 V 中与空气接触的骨架面积。当从 M 到表面的距离 β 增加时，$\exp(-j\beta gB)$ 快速地减小，在 Champoux 和 Allard（1991）中重写了式（5.B.4）右边的积分：

$$\int_V \exp(-j\beta gB)Ad\beta = \frac{A}{jBg} = \frac{A\delta(1-j)}{2B} \tag{5.B.5}$$

$\langle\tau\rangle$ 由下式给出：

$$\langle\tau\rangle = \frac{v'p}{\kappa}\left(1 - (1-j)\frac{\delta}{B\Lambda'}\right) \tag{5.B.6}$$

其中，$2/\Lambda' = A/V$。

由式（4.40）定义的声密度 $\langle\xi\rangle$ 是

$$\langle\xi\rangle = \frac{\rho_0}{P_0}p - \frac{\rho_0}{T_0}\frac{v'p}{\kappa}\left[1 - \frac{(1-j)\delta}{\Lambda'B}\right] \tag{5.B.7}$$

使用式（4.39），可以写出材料中的空气体积模量：

$$K = \frac{\rho_0 p}{\langle\xi\rangle} = \frac{\gamma P_0}{\gamma - (\gamma-1)\left[1 - (1-j)\dfrac{\delta}{\Lambda'B}\right]} \tag{5.B.8}$$

附录 5.C：垂直于传播方向的圆柱体特征长度 Λ 的计算

声场中的圆柱体如图 5.C.1 所示。流体是非黏性的，并且可以借助保形变换来计算速度场（Joos　1950）。

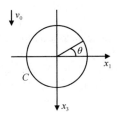

图 5.C.1　一个圆截面的圆柱体放置在一个远离圆柱、速度垂直于圆柱的速度场中

位移势等于

$$\varphi = \frac{v_0}{j\omega} x_3 \left(1 + \frac{R^2}{x_1^2 + x_3^2} \right) \tag{5.C.1}$$

v_0 是远离圆柱体的速度模量。速度的两个分量分别是

$$v_3 = \frac{\partial \varphi}{\partial x_3} = v_0 \left(1 + \frac{R^2}{x_1^2 + x_3^2} - \frac{2R^2 x_3^2}{(x_1^2 + x_3^2)^2} \right) \tag{5.C.2}$$

$$v_1 = \frac{\partial \varphi}{\partial x_1} = -2v_0 x_1 x_3 \frac{R^2}{(x_1^2 + x_3^2)^2} \tag{5.C.3}$$

圆柱体表面的平方速度 v^2 是

$$v^2 = \left[4 - \frac{4x_3^2}{R^2} \right] \cdot v_0^2 \tag{5.C.4}$$

图 5.C.1 中圆 C 的平方速度探测长度为

$$\int_0^{2\pi} v^2(\theta) R d\theta = 4\pi v_0^2 R \tag{5.C.5}$$

如果孔隙率趋于 1，Λ 由下式给出

$$\Lambda = \frac{2v_0^2}{4\pi v_0^2 R L} = \frac{1}{2\pi L R} \tag{5.C.6}$$

其中，L 是单位体积纤维材料的圆柱体的总长度。

由一根纤维产生的速度场中的扰动随着 R^2/D^2 变化而减小，其中 D 是距纤维轴的距离。距离的量级对于通常的玻璃纤维和岩棉，最接近的纤维之间的距离是 R 的 10 倍或更高，并且可以忽略不同纤维之间的相互作用。

以米为单位表示的半径 R 可以从 Bies 和 Hansen（1980）给出的经验公式中获得：

$$\sigma R^2 \rho_1^{-1.53} = 0.79 \times 10^{-9} \tag{5.C.7}$$

其中，σ 是以 Nm^{-4} s 表示的流阻率，ρ_1 是以 kg/m^3 表示的密度。

参考文献

Atalla N., Sgard, F., Olny, X. and Panneton, R. (2001) Acoustic absorption of macro-perforated porous materials. J. Sound Vib. **243**(4), 659–678.

Attenborough, K. (1982) Acoustical characteristics of porous materials. *Phys. Rep.*, **82**, 179–227.

Auriault, J. L. (1980) Dynamic behaviour of a porous medium saturated by a newtonian fluid, *Int. J. Engn. Sci.* **18**, 775–785.

Auriault, J. L. (1983) Effective macroscopic decription for heat conduction in periodic composites. *J. Heat Mass Transfer*. **26**, 861–869.

Auriault, J. L., Borne, L., and Chambon R. (1985) Dynamics of porous saturated media, checking of the generalized law of Darcy. *J. Acoust. Soc. Amer.* **77**, 1641–1650.

Auriault, J. L. (1986) Mecanique des milieux poreux saturés déformables. Université P. Fourier, Grenoble, (France).

Auriault, J. L. (1991). Heterogeneous medium. Is an equivalent macroscopic description possible?. *Int. J. Eng. Sci.* **29**, 785–795.

Auriault, J. L. & Boutin, C. (1994) Deformable media with double porosity – III: Acoustics. *Transp. Porous Media* **14**, 143–162.

Auriault, J. L. (2005) Transport in Porous media: Upscaling by Multiscale Asymptotic Expansions. In *CISM Lecture 480 Applied micromechanics of porous materials* Udine 19–23 July 2004, Dormieux L. and Ulm F. J. eds, pp 3–56, Springer.

Ayrault, C., Moussatov, A., Castagnede, B. and Lafarge, D. (1999) Ultrasonic characterization of plastic foams via measurements with static pressure variations. *Appl. Phys. Letters* **74**, 2009–2012.

Bensoussan, A., Lions, J. L. and Papanicolaou G. (1978) *Asymptotic Analysis for Periodic Structures*. North Holland, Amsterdam.

Bies, D. A. and Hansen, C. H. (1980) Flow resistance information for acoustical design. *Applied Acoustics*, **13**, 357–91.

Boutin, C., Royer, P. and Auriault, J. L. (1998) Acoustic absorption of porous surfacing with dual porosity. *Int. J. Solids Struct.* **35**, 4709–4733.

Carcione J. M. and Quiroga-Goode, G. (1996) Full frequency-range transient solution for compressional waves in a fluid-saturated viscoelastic porous medium. *Geophysical Prospecting*, **44**, 99–129.

Champoux, Y. and Allard, J. F. (1991) Dynamic tortuosity and bulk modulus in air-saturated porous media. *J. Appl. Physics*, **70**, 1975–9.

Cortis, A., Smeulders, D. M. J., Guermond, J. L. and Lafarge, D. (2003) Influence of pore roughness on high-frequency permeability. *Phys. Fluids* **15**, 1766–1775.

Debray, A., Allard, J. F., Lauriks, W. and Kelders, L. (1997) Acoustical measurement of the trapping constant of porous materials. *Rev. Scient. Inst.* **68**, 4462–4465. There is a typographical error in the paper, Equationn 14 should be replaced by $Z = \dfrac{i}{\phi \omega l C_0 C_1} \left[1 - \dfrac{1}{3} \dfrac{i\phi}{\sigma \omega} C_0 C_1 \omega^2 l^2 \right]$.

Fellah, Z. E. A., Depollier, C., Berger, Lauriks, W., Trompette, P. and Chapelon, J. Y. (2003) Determination of transport parameters in air saturated porous media via ultrasonic reflected waves. *J. Acoust. Soc. Amer.*, **114** (2003) 2561–2569.

Iwase, T., Yzumi, Y. and Kawabata, R. (1998) A new measuring method for sound propagation constant by using sound tube without any air space back of a test material. *Internoise 98*, Christchurch, New Zealand.

Johnson, D. L., Koplik, J. and Schwartz, L. M. (1986) New pore size parameter characterizing transport in porous media. *Phys. Rev. Lett.*, **57**, 2564–2567.

Johnson, D. L., Koplik, J. and Dashen, R. (1987) Theory of dynamic permeability and tortuosity in fluid-saturated porous media. *J. Fluid Mechanics*, **176**, 379–402.

Joos, G. (1950) *Theoretical Physics*. Hafner Publishing Company, New York.

Keith-Wilson, D., Ostashev, V. D. and Collier S. L. (2004) Time-domain equations for sound propagation in rigid-frame porous media. *J. Acoust. Soc. Amer.*, **116**, 1889–1892.

Keller, J. B. (1977) Effective behaviour of heterogeneous media. In Landman U., ed., *Statistical Mechanics and Statistical Methods in Theory and Application*, Plenum, New York, pp 631–644.

Lafarge, D. (1993) Propagation du son dans les matériaux poreux à structure rigide saturés par un fluide viscothermique: Définition de paramètres géométriques, analogie electromagnétique, temps de relaxation. Ph. D. Thesis, Université du Maine, Le Mans, France.

Lafarge, D., Lemarinier, P., Allard, J. F. and Tarnow, V. (1997) Dynamic compressibility of air in porous structures at audible frequencies. *J. Acoust. Soc. Amer.*, **102**, 1995–2006.

Lafarge, D. (2002), in *Poromechanics II*, Proceedings of the Second Biot Conference on Poromechanics, J. L. Auriault ed. (Swets & Zeilinger, Grenoble), pp 703–708.

Lafarge D. (2006) in *Matériaux et Acoustique, I Propagation des Ondes Acoustiques*, Bruneau M., Potel C. (ed.), Lavoisier, Paris.

Leclaire, Ph., Kelders, L., Lauriks, W., Melon, M., Brown, N. and Castagnède, B. (1996) Determination of the viscous and thermal characteristic lengths of plastic foams by ultrasonic measurements in helium and air. *J. Appl. Phys.* **80**, 2009–2012.

Levy, T. (1979) Propagation of waves in a fluid saturated porous elastic solid. *Int. J. Engn. Sci.* **17**, 1005–1014.

Norris, A. N. (1986) On the viscodynamic operator in Biot's equations of poroelasticity. *J. Wave-Material Interaction* **1**, 365–380.

Olny, X. (1999) Acoustic absorption of porous media with single and double porosity – modelling and experimental solution. Ph.D. Thesis, ENTPE-INSA Lyon, 281 pp.

Olny, X., and Boutin, C. (2003) Acoustic wave propagation in double porosity media. *J. Acoust. Soc. Amer.* **114**, 73–89.

Olny, X. and Panneton, R. (2008) Acoustical determination of the parameters governing thermal dissipation in porous media. *J. Acoust. Soc. Amer.* **123**, 814–824.

Panneton, R. and Olny, X. (2006) Acoustical determination of the parameters governing viscous dissipation in porous media. *J. Acoust. Soc. Amer.* **119**, 2027–2040.

Perrot, C. (2006) Microstructure et Macro-Comportement Acoustique: Approche par Reconstruction d'une Cellule Elementaire Representative. Ph. D. Thesis, Université de Sherbrooke (Canada) and INSA de Lyon (France).

Perrot, C., Panneton, R. and Olny X. (2007) Computation of the dynamic thermal dissipation properties of porous media by Brownian motion simulation: Application to an open-cell aluminum foam. *J. of Applied Physics* **102**, 074917 1–13.

Pride, S. R., Morgan, F. D.and Gangi, F. A. (1993) Drag forces of porous media acoustics. *Physical Review B* **47**, 4964–4975.

Sanchez-Palencia, E. (1974). Comportement local et macroscopique d'un type de milieux physiques hétérogènes. *Int. J. Eng. Sci.*, **12**, 331–351.

Sanchez-Palencia, E. (1980). Nonhomogeneous Media and Vibration Theory. *Lecture Notes in Physics* **127**, Springer, Berlin.

Sgard, F., Olny, X., Atalla, N. and Castel F. (2005) On the use of perforations to improve the sound absorption of porous materials. *Applied acoustics* **66**, 625–651.

Straley, C., Matteson, A., Feng S., Schwartz, L. M., Kenyon, W. E. and Banavar J. R. (1987) Magnetic resonance, digital image analysis, and permeability of porous media. *Appl. Phys. Lett.* **51**, 1146–1148.

Tarnow, V. (1996) Airflow resistivity of models of fibrous acoustic materials. *J. Acoust. Soc. Amer.* **100**(6), 3706–3713.

Tizianel, J., Allard, J. F., Castagnéde, B., Ayrault, C., Henry, M. and Gedeon, A. (1999) Transport parameters and sound propagation in an air-saturated sand. *J. Appl. Phys.* **86**, 5829–5833.

Torquato, S. (1990) Relationship between permeability and diffusion-controlled trapping constant of porous media. *Phys. Rev. Lett.* **64**, 2644–2646.

Utsuno, H., Tanaka T. and Fujikawa, T. (1989) Transfer function method for mesuring characteristic impedance and propagation constat of porous materials. *J. Acoust. Soc. Amer.* **86**, 637–643.

Wilson, D. K. (1993) Relaxation-matched modeling of propagation through porous media, including fractal pore structure. *J. Acoust. Soc. Amer.* **94**, 1136–1145.

第6章 有弹性骨架的多孔材料中声传播的 Biot 理论

6.1 引言

对于许多具有弹性骨架的材料，将其放置在刚性板上。如图 6.1（a）所示，对于大的声学频率范围，骨架几乎是静止的，因此允许采用刚性骨架材料的计算模型，但这并不适用于整个声学频率范围。此外，如图 6.1（b）所示，在材料处于两个弹性板之间和其他类似情况时，骨架的振动是由弹性板的振动引起的。

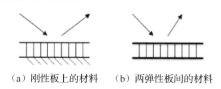

（a）刚性板上的材料　　（b）两弹性板间的材料

图 6.1　刚性板上的材料和两弹性板间的材料

声音通过一块夹层板传播时，可以预测，只有模型中的空气和骨架是同时移动的。这个声音在弹性多孔介质中的传播模型是在 Biot 理论（Biot　1956）中提出的。本章只考虑各向同性多孔结构的情况。在 Biot 理论的背景下，与波传播有关的结构的变形应与弹性固体中的变形相似。即在具有代表性的单元体积中，与空气中的速度相比，固体部分中没有速度的分散。这导致了对空气-骨架相互作用的描述，非常类似于第 5 章中用于刚性结构的相互作用。

6.2 多孔材料中的应力与应变

6.2.1 应力

在弹性固体或流体中，应力定义为材料单位面积内的切向力和法向力。同样的定义也适用于多孔材料，并且应力被定义为作用于多孔材料单位面积骨架或空气上的力。因此，空气的应力张量分量是

$$\sigma_{ij}^{\mathrm{f}} = -\phi p \delta_{ij} \tag{6.1}$$

p 是压力，ϕ 是孔隙率。

骨架 M 点处的应力张量 σ^{s} 是骨架 M 点附近区域不同局部张量的平均值。

6.2.2 Biot 理论中的应力-应变关系：势耦合项

骨架的位移矢量用 $\boldsymbol{u}^{\mathrm{s}}$ 来表示。空气的宏观平均位移值用 $\boldsymbol{u}^{\mathrm{f}}$ 来表示，而相应的应变张量用

e_{ij}^s 和 e_{ij}^f 表示。

Biot 开发了一个完美的拉格朗日模型，其中，应力-应变关系是从一个变形的势能得到的。Johnson（1986）对该模型做了详细描述。Pride 和 Berryman（1998）对此模型进行了验证，按照第 5 章中关于流体-刚性骨架相互作用的描述，Biot 应力-应变关系的有效性仅限于波长远大于均质化体尺寸的情况。Biot 理论中的应力-应变关系是

$$\sigma_{ij}^s = [(P-2N)\theta^s + Q\theta^f]\delta_{ij} + 2Ne_{ij}^s \tag{6.2}$$

$$\sigma_{ij}^f = (-\phi p)\delta_{ij} = (Q\theta^s + R\theta^f)\delta_{ij} \tag{6.3}$$

在这些方程中，θ^s 和 θ^f 分别是骨架和空气的膨胀量。当 $Q = 0$ 时，式（6.2）与式（1.78）相同，成为弹性固体中的应力-应变关系，式（6.3）成为弹性流体中的应力-应变关系。系数 Q 是一个势耦合系数。$Q\theta^f$ 和 $Q\theta^s$ 给出了空气膨胀对骨架内应力的作用，以及骨架膨胀对多孔材料中空气压力变化的影响。同样的系数 Q 出现在式（6.2）和式（6.3）中，因为 $Q\theta^s$ 和 $Q\theta^f$ 是通过导出材料单位体积的相互作用势能 E_{PI} 而得到的，势能在文中以线性模型给出：

$$E_{PI} = Q(\nabla \cdot \boldsymbol{u}^s)(\nabla \cdot \boldsymbol{u}^f) \tag{6.4}$$

其中，$\nabla \cdot \boldsymbol{u}$ 表示 $\boldsymbol{u}$ 的散度：

$$\nabla \cdot \boldsymbol{u} = \frac{\partial u_1}{\partial x_1} + \frac{\partial u_2}{\partial x_2} + \frac{\partial u_3}{\partial x_3} \tag{6.5}$$

Biot 提出的"假想实验"对 P、N、Q 和 R 的弹性系数进行了评价。这些实验都是静态的，但它们给出了一种对于波长与代表性单元体积的特征维数比较的描述。Biot 和 Willis（1957）描述了三个假想实验。

首先，材料受到纯剪切（$\theta^s = \theta^f = 0$）。然后有

$$\sigma_{ij}^s = 2Ne_{ij}^s \quad \text{和} \quad \sigma_{ij}^f = 0 \tag{6.6}$$

显然，N 是材料的剪切模量和骨架的剪切模量，因为空气对剪切恢复力没有贡献。

在第二个实验中，所述材料被承受静水压力 p_1 的柔性夹套所包围。如图 6.2 所示，夹套内的空气压力保持不变且等于 p_0。

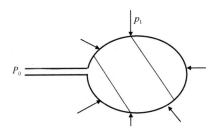

图 6.2　夹套材料的骨架承受静压 p_1，而外套内空气中的压力等于 p_0

本实验给出了骨架在空气中恒压下的体积模量 K_b 的定义：

$$K_b = -p_1/\theta_1^s \tag{6.7}$$

其中，θ_1^s 是骨架的膨胀量，σ_{11}^s、σ_{22}^s、σ_{33}^s 等于 $-p_1$。就本书所研究的材料而言，K_b 是骨架

在真空中的体积模量。式（6.2）和式（6.3）可以重写为

$$-p_1 = \left(P - \frac{4}{3}N\right)\theta_1^s + Q\theta_1^f \tag{6.8}$$

$$0 = Q\theta_1^s + R\theta_1^f \tag{6.9}$$

在这些方程中，θ_1^f 是物质中空气的膨胀量，通常是未知的。这种膨胀是由骨架孔隙率的变化造成的，是不可直接预测的，该实验骨架中的微观应力场非常复杂。

在第三个实验中，如图 6.3 所示，这种材料是不带护套的，在空气中受到增加的压力 p_1 的作用。这种压力的变化传递给骨架，而骨架的应力张量分量就变成

$$\tau_{ij}^s = -p_f(1-\phi)\delta_{ij} \tag{6.10}$$

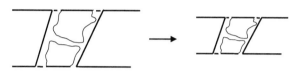

图 6.3　压力增加的无护套材料

式（6.2）和式（6.3）可以重写为

$$-p_f(1-\phi) = \left(P - \frac{4}{3}N\right)\theta_2^s + Q\theta_2^f \tag{6.11}$$

$$-\phi p_f = Q\theta_2^s + R\theta_2^f \tag{6.12}$$

在上述方程中，θ_2^s 和 θ_2^f 分别是骨架和空气的膨胀量。$-p_f/\theta_2^s$ 由 K_s 来表示，是来自弹性固体骨架产生的体积模量：

$$K_s = -p_f/\theta_2^s \tag{6.13}$$

在最后一个实验中，孔隙率没有变化，骨架的变形就像材料没有孔一样，并且可以与尺度的简单变化联系在一起。

$-p_f/\theta_2^s$ 是空气的体积模量 K_f：

$$K_f = -p_f/\theta_2^f \tag{6.14}$$

由式（6.7）～式（6.14），包含三个未知参数 P、Q 和 R 的三个方程组可以写成

$$Q/K_s + R/K_f = \phi \tag{6.15}$$

$$\left(P - \frac{4}{3}N\right)/K_s + Q/K_f = 1 - \phi \tag{6.16}$$

$$\left[\left(P - \frac{4}{3}N\right) - \frac{Q^2}{R}\right]/K_b = 1 \tag{6.17}$$

弹性系数 P、Q 和 R 由用式（6.15）至式（6.17）给出：

$$P = \frac{(1-\phi)\left[1-\phi-\dfrac{K_{\mathrm{b}}}{K_s}\right]K_s + \phi\dfrac{K_s}{K_f}K_{\mathrm{b}}}{1-\phi-K_{\mathrm{b}}/K_s+\phi K_s/K_f} + \frac{4}{3}N \qquad (6.18)$$

$$Q = \frac{\left[1-\phi-K_{\mathrm{b}}/K_s\right]\phi K_s}{1-\phi-K_{\mathrm{b}}/K_s+\phi K_s/K_f} \qquad (6.19)$$

$$R = \frac{\phi^2 K_s}{1-\phi-K_{\mathrm{b}}/K_s+\phi K_s/K_f} \qquad (6.20)$$

式（6.2）和式（6.3）在后一项工作（Biot　1962）中被 Biot 替换为包含新的应力和应变定义的等效应力-应变关系。Biot 理论的第二个公式在附录 6.A 中给出，并在第 10 章中用于横向各向同性介质。

6.2.3　一个简单的例子

假设考虑玻璃纤维。与玻璃纤维本身相比，玻璃非常硬。采用一次近似，如图 6.4 所示，在第二个假想实验中，玻璃体积可以假定为常数，骨架所用的材料是不可压缩的，这种性质在吸声多孔介质的大多数骨架中仍然有效。在 $p_1 = 0$ 处，单位体积材料包含体积为 $(1-\phi)$ 的骨架。在 p_1 从 0 开始的不同值处，相同体积的骨架在多孔材料的体积中等于 $1+\theta_1^s$。孔隙率 ϕ' 由下式给出：

$$1-\phi = (1-\phi')(1+\theta_1^s) \qquad (6.21)$$

材料中的空气膨胀量是由孔隙率的变化造成的，并且 θ_1^f 由下式给出：

$$\phi'(1+\theta_1^f) = \phi \qquad (6.22)$$

对于这种材料，第二个假想实验描述比一般情况更简单。用式（6.21）和式（6.22），在小膨胀量的情况下，可以得到与 θ_1^f 和 θ_1^s 有关的关系式：

$$\theta_1^f = \frac{(1-\phi)}{\phi}\theta_1^s \qquad (6.23)$$

式（6.8）和式（6.9）可以重写为

$$\left[\left(P-\frac{4}{3}N\right)-Q\frac{(1-\phi)}{\phi}\right]/K_{\mathrm{b}} = 1 \qquad (6.24)$$

$$Q = R(1-\phi)/\phi \qquad (6.25)$$

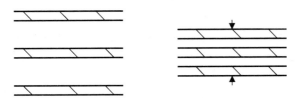

图 6.4　用玻璃纤维做的第二个假想实验。玻璃纤维在移动，但玻璃的体积不变

第三个假想实验如图 6.5 所示。由于玻璃的刚度，在近似的情况下，假设骨架不受压力增加的影响。

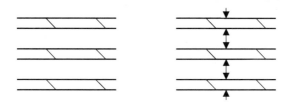

图 6.5　第三次用玻璃纤维做的假想实验。由于玻璃的刚度，骨架不受压力增加的影响

式（6.12）可以重写为

$$R = \phi K_f \tag{6.26}$$

用式（6.24）至式（6.26）可以写出 Q 和 P：

$$Q = K_f(1-\phi) \tag{6.27}$$

$$P = \frac{4}{3}N + K_b + \frac{(1-\phi)^2}{\phi}K_f \tag{6.28}$$

从式（6.18）～式（6.20）可以直接得到 P、Q 和 R 的表达式。因为 K_s 无穷大（骨架所用的材料是不可压缩的），可用于大多数吸声多孔材料。应该指出，第三个假想实验的描述只在骨架是均匀的假设下才是有效的。Brown 和 Korringa（1975）、Korringa（1981）提出了一个更复杂的公式，用于由不同弹性材料制成的骨架。

6.2.4　P、Q 和 R 的确定

复动态弹性系数必须在声学频率下使用。各向同性弹性固体的刚度通常以剪切模量和泊松比为特征。式（6.28）中的体积模量 K_b 可用下式计算：

$$K_b = \frac{2N(v+1)}{3(1-2v)} \tag{6.29}$$

v 为骨架的泊松比。我们用 N 和 v 代替 N 和 K_b，以此指定骨架的动刚度。对于浸润空气的多孔材料，必须加入先前定义的与频率相关的参数 K_f（第 4 章和第 5 章以 K 表示），这是为了从 Biot 理论得到一个与第 5 章所开发模型类似的具有刚性骨架材料的正确的声音传播模型。从式（5.34）及式（5.35）或式（5.38）可以得到体积模量 K_f。

6.2.5　多孔吸声材料中声传播模型的比较

Depollier 等（1998）证明，在简单的单向情况下，应力-应变方程式（6.2）和式（6.3），用式（6.26）至式（6.28）对 P、Q 和 R 进行化简，与 Beranek（1947）和 Lambert（1983）的应力-应变方程非常相似，但不符合 Zwikker 和 Kosten（1949）提出的方程[Zwikker 和 Kosten 1949 中的式（3.05）是不正确的，因为项 P_0 必须删除]。

6.3　Biot 理论中的惯性力

Biot 引入了骨架和流体之间的惯性相互作用，它与流体的黏度无关而与惯性力有关。多孔骨架被一种非黏性流体所浸润。用 $\dot{u}$ 表示介质中的速度，用 ρ_0 表示密度，单位体积惯性力

的分量可以写成

$$F_i = \frac{\partial}{\partial t}\frac{\partial E_c}{\partial \dot{u}_i} \quad i = 1,2,3 \tag{6.30}$$

对于多孔材料，类似的表达式可以用来计算惯性力，但是这两项的求和并不能得到动能：

$$\frac{1}{2}\rho_1\left|\dot{u}^{\mathrm{s}}\right|^2 + \frac{1}{2}\phi\rho_0\left|\dot{u}^{\mathrm{f}}\right|^2 \tag{6.31}$$

其中，ρ_0 是空气密度。这是因为速度 $\dot{u}^{\mathrm{f}}$ 不是物质中空气的真实速度而是宏观的速度。在线性模型中，Biot 给出了动能：

$$E_c = \frac{1}{2}\rho_{11}\left|\dot{u}^{\mathrm{s}}\right|^2 + \rho_{12}\dot{u}^{\mathrm{s}}\cdot\dot{u}^{\mathrm{f}} + \frac{1}{2}\rho_{22}\left|\dot{u}^{\mathrm{f}}\right|^2 \tag{6.32}$$

ρ_{11}、ρ_{12} 和 ρ_{22} 是依赖于多孔介质的性质、几何形状及流体密度的参数。这个表达式通过用拉格朗日公式表示动能的恒定，使得惯性力不包含高于 t 的二阶导数。惯性力的分量分别作用于骨架和空气：

$$q_i^{\mathrm{s}} = \frac{\partial}{\partial t}\frac{\partial E_c}{\partial \dot{u}_i^{\mathrm{s}}} = \rho_{11}\ddot{u}_i^{\mathrm{s}} + \rho_{12}\ddot{u}_i^{\mathrm{f}}, \quad i = 1,2,3 \tag{6.33}$$

$$q_i^{\mathrm{f}} = \frac{\partial}{\partial t}\frac{\partial E_c}{\partial \dot{u}_i^{\mathrm{f}}} = \rho_{12}\ddot{u}_i^{\mathrm{s}} + \rho_{22}\ddot{u}_i^{\mathrm{f}}, \quad i = 1,2,3 \tag{6.34}$$

另一个单元的加速度在骨架与空气之间存在惯性相互作用，从而在这个单元上产生惯性力，这种相互作用可以在没有黏性的情况下出现。Landau 和 Lifshitz（1959）描述了球体在流体中运动的情况，这种相互作用使球体的质量明显增加。系数 ρ_{11}、ρ_{12} 和 ρ_{22} 与骨架的几何形状有关且不依赖于频率。用 Biot 理论指导的"假想实验"给出了 ρ_0、ρ_1 和这些系数之间的关系。如果骨架和空气以相同的速度运动：

$$\dot{u}^{\mathrm{s}} = \dot{u}^{\mathrm{f}} \tag{6.35}$$

骨架和空气之间没有相互作用，宏观速度 $\dot{u}^{\mathrm{f}}$ 与微观速度一致。多孔材料作为一个整体运动，动能为

$$E_c = \frac{1}{2}(\rho_1 + \phi\rho_0)\left|\dot{u}^{\mathrm{s}}\right|^2 \tag{6.36}$$

式（6.36）和式（6.32）对照化简后得

$$\rho_{11} + 2\rho_{12} + \rho_{22} = \rho_1 + \phi\rho_0 \tag{6.37}$$

材料单位体积惯性力的分量 q_i^{f} 由下式给出：

$$q_i^{\mathrm{f}} = \phi\rho_0\frac{\partial^2 u_i^{\mathrm{f}}}{\partial t^2} \tag{6.38}$$

空气的微观速度在数值上等于 $\dot{u}^{\mathrm{f}}$。比较式（6.38）和式（6.34）得

$$\phi\rho_0 = \rho_{22} + \rho_{12} \tag{6.39}$$

因此，ρ_1 由下式得到：

$$\rho_1 = \rho_{11} + \rho_{12} \tag{6.40}$$

这种描述可以与具有刚性骨架材料的情况关联。如果骨架不动，则式（6.34）变为

$$q^{\text{f}} = \rho_{22}\ddot{u}^{\text{f}} \tag{6.41}$$

同时，

$$\rho_{22} = \phi\rho_0 - \rho_{12} \tag{6.42}$$

q^{f} 是作用于非黏性流体质量 $\phi\rho_0$ 的惯性力，比较式（6.41）和式（5.19），或者式（6.32）和式（5.22），得

$$\rho_{22}\ddot{u}^{\text{f}} = \alpha_\infty\phi\rho_0\ddot{u}^{\text{f}} \tag{6.43}$$

根据式（6.42）和式（6.43），ρ_{12} 可以重写为

$$\rho_{12} = -\phi\rho_0(\alpha_\infty - 1) \tag{6.44}$$

这个量与先前式（4.146）定义的惯性耦合项 ρ_a 方向相反：

$$-\rho_{12} = \rho_a \tag{6.45}$$

6.4　波动方程

无外力弹性固体中的运动方程式（1.44）如下：

$$\rho\frac{\partial^2 u_i^{\text{s}}}{\partial t^2} = (\lambda + \mu)\frac{\partial\theta^{\text{s}}}{\partial x_i} + \mu\nabla^2 u_i^{\text{s}}, \quad i = 1, 2, 3 \tag{6.46}$$

使用式（1.76），这些方程可以重写为

$$\rho\frac{\partial^2 u_i^{\text{s}}}{\partial t^2} = (K_c - \mu)\frac{\partial\theta^{\text{s}}}{\partial x_i} + \mu\nabla^2 u_i^{\text{s}} \tag{6.47}$$

按照以下方式修改式（6.47）可以得到骨架的运动方程：比较式（6.2）和式（1.21），其中 $\lambda = K_c - 2\mu$，$Q(\partial\theta^{\text{f}}/\partial x_i)$ 必须放在式（6.47）的右边，而 $(K_c - 2\mu)$ 和 μ 必须分别用 P 和 N 代替。对于非黏性流体，式（6.37）左侧的惯性力由式（6.33）给出，其中，ρ_{11} 等于 $\rho_1 + \rho_a$：

$$\rho\frac{\partial^2 u_i^{\text{s}}}{\partial t^2} \rightarrow (\rho_1 + \rho_a)\frac{\partial^2 u_i^{\text{s}}}{\partial t^2} - \rho_a\frac{\partial^2 u_i^{\text{f}}}{\partial t^2}, \quad i = 1, 2, 3 \tag{6.48}$$

其中，$\rho_a = \phi\rho_0(\alpha_\infty - 1)$。对于黏性流体，在频域中，$\rho_a$ 中的 α_∞ 用 $\alpha_\infty + \dfrac{v\phi}{\text{j}\omega q_0}G(\omega)$ 代替［见式（5.50）至式（5.57）］。惯性耦合项替换为

$$-\omega\rho_a(u_i^{\text{s}} - u_i^{\text{f}}) \rightarrow -\omega^2\rho_a(u_i^{\text{s}} - u_i^{\text{f}}) + \sigma\phi^2 G(\omega)\text{j}\omega(u_i^{\text{s}} - u_i^{\text{f}}) \tag{6.49}$$

式（6.47）变为

$$
\begin{aligned}
&-\omega^2 u_i^{\text{s}}(\rho_1 + \rho_a) + \omega^2\rho_a u_i^{\text{f}} \\
&= (P - N)\frac{\partial\theta^{\text{s}}}{\partial x_i} + N\nabla^2 u_i^{\text{s}} + Q\frac{\partial\theta^{\text{f}}}{\partial x_i} - \sigma\phi^2 G(\omega)\text{j}\omega(u_i^{\text{s}} - u_i^{\text{f}}) \\
&\quad i = 1, 2, 3
\end{aligned}
\tag{6.50}
$$

同样，对于多孔材料中的空气，可以得到下式：

$$-\omega^2 u_i^f(\phi\rho_0 + \rho_a) + \omega^2 \rho_a u_i^s = R\frac{\partial\theta^f}{\partial x_i} + Q\frac{\partial\theta^s}{\partial x_i} + \sigma\phi^2 G(\omega)j\omega(u_i^s - u_i^f) \tag{6.51}$$

$$i = 1, 2, 3$$

用矢量形式，式（6.50）和式（6.51）可以写成

$$-\omega^2 \boldsymbol{u}^s(\rho_1 + \rho_a) + \omega^2 \rho_a \boldsymbol{u}^f$$
$$= (P - N)\nabla\nabla\cdot\boldsymbol{u}^s + Q\nabla\nabla\cdot\boldsymbol{u}^f + N\nabla^2\boldsymbol{u}^s - j\omega\sigma\phi^2 G(\omega)(\boldsymbol{u}^s - \boldsymbol{u}^f) \tag{6.52}$$

$$-\omega^2(\phi\rho_0 + \rho_a)\boldsymbol{u}^f + \omega^2 \rho_a \boldsymbol{u}^s$$
$$= R\nabla\nabla\cdot\boldsymbol{u}^f + Q\nabla\nabla\cdot\boldsymbol{u}^s + j\omega\sigma\phi^2 G(\omega)(\boldsymbol{u}^s - \boldsymbol{u}^f) \tag{6.53}$$

式（6.52）和式（6.53）变成

$$-\omega^2(\tilde{\rho}_{11}\boldsymbol{u}^s + \tilde{\rho}_{12}\boldsymbol{u}^f) = (P - N)\nabla\nabla\cdot\boldsymbol{u}^s + N\nabla^2\boldsymbol{u}^s + Q\nabla\nabla\cdot\boldsymbol{u}^f \tag{6.54}$$

$$-\omega^2(\tilde{\rho}_{22}\boldsymbol{u}^f + \tilde{\rho}_{12}\boldsymbol{u}^s) = R\nabla\nabla\cdot\boldsymbol{u}^f + Q\nabla\nabla\cdot\boldsymbol{u}^s \tag{6.55}$$

其中，

$$\tilde{\rho}_{11} = \rho_1 + \rho_a - j\sigma\phi^2\frac{G(\omega)}{\omega}$$

$$\tilde{\rho}_{12} = -\rho_a + j\sigma\phi^2\frac{G(\omega)}{\omega} \tag{6.56}$$

$$\tilde{\rho}_{22} = \phi\rho_0 + \rho_a - j\sigma\phi^2\frac{G(\omega)}{\omega}$$

Biot 理论的其他三种形式见附录 6.A：①Biot 的第二个公式（Biot 1962），②Dazel 表达式，③混合位移-压力表达形式（Atalla 等 1998）。第 13 章将用后者来展示 Biot 理论的有限元实现。

6.5 两个压缩波和剪切波

6.5.1 两个压缩波

就像弹性固体的情况一样，用标量位移势和矢量位移势，可以分别得到膨胀波和旋转波的波动方程；第 8 章使用的是速度势。骨架和空气的两个标量势 φ^s 和 φ^f 用于压缩波的定义，它们给出：

$$\boldsymbol{u}^s = \nabla\varphi^s \tag{6.57}$$

$$\boldsymbol{u}^f = \nabla\varphi^f \tag{6.58}$$

通过使用关系

$$\nabla\nabla^2\varphi = \nabla^2\nabla\varphi \tag{6.59}$$

在式（6.54）和式（6.55）中可以看出，φ^s 和 φ^f 是相关的，如下所示：

$$-\omega^2(\tilde{\rho}_{11}\varphi^s + \tilde{\rho}_{12}\varphi^f) = P\nabla^2\varphi^s + Q\nabla^2\varphi^f \tag{6.60}$$

$$-\omega^2(\tilde{\rho}_{22}\varphi^{\mathrm{f}} + \tilde{\rho}_{12}\varphi^{\mathrm{s}}) = R\nabla^2\varphi^{\mathrm{f}} + Q\nabla^2\varphi^{\mathrm{s}} \tag{6.61}$$

假设用 $[\varphi]$ 表示矢量：

$$[\varphi] = [\varphi^{\mathrm{s}}, \varphi^{\mathrm{f}}]^{\mathrm{T}} \tag{6.62}$$

然后将式（6.60）和式（6.61）重新表述为

$$-\omega^2[\rho][\varphi] = [M]\nabla^2[\varphi] \tag{6.63}$$

其中，$[\rho]$ 和 $[M]$ 分别是

$$[\rho] = \begin{bmatrix} \tilde{\rho}_{11} & \tilde{\rho}_{12} \\ \tilde{\rho}_{12} & \tilde{\rho}_{22} \end{bmatrix}, \quad [M] = \begin{bmatrix} P & Q \\ Q & R \end{bmatrix} \tag{6.64}$$

式（6.63）可以重写为

$$-\omega^2[M]^{-1}[\rho][\varphi] = \nabla^2[\varphi] \tag{6.65}$$

设 δ_1^2 和 δ_2^2 为式（6.65）左侧的特征值，$[\varphi_1]$ 和 $[\varphi_2]$ 为特征矢量，这些量的关系为

$$\begin{aligned} -\delta_1^2[\varphi_1] &= \nabla^2[\varphi_1] \\ -\delta_2^2[\varphi_2] &= \nabla^2[\varphi_2] \end{aligned} \tag{6.66}$$

特征值 δ_1^2 和 δ_2^2 是两个纵波的平方复波数，并且通过下式给出：

$$\delta_1^2 = \frac{\omega^2}{2(PR - Q^2)}[P\tilde{\rho}_{22} + R\tilde{\rho}_{11} - 2Q\tilde{\rho}_{12} - \sqrt{\Delta}] \tag{6.67}$$

$$\delta_2^2 = \frac{\omega^2}{2(PR - Q^2)}[P\tilde{\rho}_{22} + R\tilde{\rho}_{11} - 2Q\tilde{\rho}_{12} + \sqrt{\Delta}] \tag{6.68}$$

其中，Δ 由下式给出：

$$\Delta = [P\tilde{\rho}_{22} + R\tilde{\rho}_{11} - 2Q\tilde{\rho}_{12}]^2 - 4(PR - Q^2)(\tilde{\rho}_{11}\tilde{\rho}_{22} - \tilde{\rho}_{12}^2) \tag{6.69}$$

这两个特征矢量可以写成

$$[\varphi_1] = \begin{bmatrix} \varphi_1^{\mathrm{s}} \\ \varphi_1^{\mathrm{f}} \end{bmatrix}, \qquad [\varphi_2] = \begin{bmatrix} \varphi_2^{\mathrm{s}} \\ \varphi_1^{\mathrm{f}} \end{bmatrix} \tag{6.70}$$

用式（6.60）可求出

$$\varphi_i^{\mathrm{f}}/\varphi_i^{\mathrm{s}} = \mu_i = \frac{P\delta_i^2 - \omega^2\tilde{\rho}_{11}}{\omega^2\tilde{\rho}_{12} - Q\delta_i^2}, \quad i = 1, 2 \tag{6.71}$$

或者

$$\varphi_i^{\mathrm{f}}/\varphi_i^{\mathrm{s}} = \mu_i = \frac{Q\delta_i^2 - \omega^2\tilde{\rho}_{12}}{\omega^2\tilde{\rho}_{22} - R\delta_i^2}, \quad i = 1, 2 \tag{6.72}$$

这些方程给出了两个压缩波的空气中速度与骨架中速度的比，并且指出波优先在哪种介质中传播。定义了 4 个特征阻抗，因为这两种波同时在多孔材料的空气和骨架中传播。在波沿 x_3 方向传播的情况下，在空气中传播的特征阻抗是

$$Z^{\mathrm{f}} = p/(\mathrm{j}\omega u_3^{\mathrm{f}}) \tag{6.73}$$

骨架和空气的宏观位移与 x_3 方向平行，并且用式（6.3）、式（6.73）可以改写两个压缩波为

$$Z_1^{\mathrm{f}} = (R + Q/\mu_1)\frac{\delta_1}{\phi\omega} \tag{6.74}$$

$$Z_2^{\mathrm{f}} = (R + Q/\mu_2)\frac{\delta_2}{\phi\omega} \tag{6.75}$$

在骨架中传播的特征阻抗是

$$Z^s = -\sigma_{33}^s/(\mathrm{j}\omega u_3^s) \tag{6.76}$$

通过式（6.2）和式（6.76）可以重写两个纵波：

$$Z_i^s = (P + Q\mu_i)\frac{\delta_i}{\omega} \tag{6.77}$$
$$i = 1,2$$

6.5.2　剪切波

与弹性固体中的情况一样，利用矢量势可以得到旋转波的波动方程。两个矢量势 $\boldsymbol{\psi}^{\mathrm{s}}$ 和 $\boldsymbol{\psi}^{\mathrm{f}}$，分别对应骨架和空气的情况，定义如下：

$$\boldsymbol{u}^{\mathrm{s}} = \nabla \wedge \boldsymbol{\psi}^{\mathrm{s}} \tag{6.78}$$

$$\boldsymbol{u}^{\mathrm{f}} = \nabla \wedge \boldsymbol{\psi}^{\mathrm{f}} \tag{6.79}$$

取代位移表示，式（6.78）和式（6.79）代入式（6.54）和式（6.55），得

$$-\omega^2 \tilde{\rho}_{11}\boldsymbol{\psi}^{\mathrm{s}} - \omega^2 \tilde{\rho}_{12}\boldsymbol{\psi}^{\mathrm{f}} = N\nabla^2\boldsymbol{\psi}^{\mathrm{s}} \tag{6.80}$$

$$-\omega^2 \tilde{\rho}_{12}\boldsymbol{\psi}^{\mathrm{s}} - \omega^2 \tilde{\rho}_{22}\boldsymbol{\psi}^{\mathrm{f}} = 0 \tag{6.81}$$

剪切波在骨架内传播的波动方程是

$$\nabla^2\boldsymbol{\psi}^{\mathrm{s}} + \frac{\omega^2}{N}\left(\frac{\tilde{\rho}_{11}\tilde{\rho}_{22} - \tilde{\rho}_{12}^2}{\tilde{\rho}_{22}}\right)\boldsymbol{\psi}^{\mathrm{s}} = 0 \tag{6.82}$$

剪切波的平方波数由下式给出：

$$\delta_3^2 = \frac{\omega^2}{N}\left(\frac{\tilde{\rho}_{11}\tilde{\rho}_{22} - \tilde{\rho}_{12}^2}{\tilde{\rho}_{22}}\right) \tag{6.83}$$

用式（6.81）给出空气和骨架位移幅值之比 μ_3：

$$\mu_3 = -\tilde{\rho}_{12}/\tilde{\rho}_{22} \tag{6.84}$$

或者

$$\mu_3 = \frac{N\delta_3^2 - \omega^2 \tilde{\rho}_{11}}{\omega^2 \tilde{\rho}_{22}} \tag{6.85}$$

6.5.3　常规空气浸润多孔材料中的三种 Biot 波

对于流体和骨架之间存在强耦合的情况，这两种压缩波呈现非常不同的性质，被区分为

慢波和快波（Biot 1956，Johnson 1986）。对于快波，流体速度与骨架速度的比值 μ 接近于 1；对于慢波，这两个速度几乎是反向的。对于慢波，黏性引起的阻尼要强得多，另外，传播速度比快波更慢。一般地，在空气浸润的多孔材料中，将压缩波称为骨架波和空气波更为方便。

如果骨架和空气之间没有耦合，这个新术语显然是完全合理的。在这种情况下，一个波在空气中传播，另一个波在骨架中传播。对于存在弱耦合的情况，Zwikker 和 Kosten（1949）预测了发生部分解耦的情况。由于骨架比空气要重，骨架振动会引起多孔材料中空气的振动，然而，当空气在它周围流动时，骨架几乎是静止的。更准确地说，这两种波的空气波主要在空气中传播，而骨架波可以在两种介质中传播。骨架波的波数和它的特征阻抗对应于骨架内的传播，可以接近真空条件下的骨架内压缩波的波数和特征阻抗。剪切波也是一种骨架波，且与真空条件下横波在骨架内的传播非常相似。

6.5.4　实例

本节在 Biot 理论背景下描述了法向入射条件下纤维材料中传播的两个压缩波。这种材料是一层玻璃纤维 Domisol Coffrage，由 St Gobain-Isover 公司（法国朗蒂尼 BP19 60290）制造。这种材料是各向异性的，但是，在这种材料和在法向位移下相同刚度的等效各向同性材料中，法线方向的压缩波是相同的，并且这种材料的其他声学参数与法向纤维材料相同。表 6.1 显示了参数 α_∞、ρ_1、σ、ϕ、N 和 v。如 6.6 节所述，剪切模量 N 是从声学测量中计算出来的，泊松比等于 0（Sides 等 1971）。

表 6.1　玻璃纤维 Domisol Coffrage 的参数值 α_∞、ρ_1、σ、ϕ、N 和 v

曲折度 α_∞	骨架密度 ρ_1 (kg/m³)	流阻率 σ (Ns/m⁴)	孔隙率 ϕ	剪切模量 N (N/cm²)	泊松比 v
1.06	130.0	40 000	0.94	220（1+j0.1）	0

用式（5.C.7）计算的纤维直径为

$$d = 12 \times 10^{-6}\ \text{m}$$

用式（5.29）和式（5.30）得到特征尺寸：

$$\Lambda = 0.56 \times 10^{-4}\ \text{m}, \quad \Lambda' = 2\Lambda = 1.1 \times 10^{-4}\ \text{m}$$

纤维材料中空气的体积模量 K_f，$G(\omega)$ 及参数 P、Q 和 R 分别用式（5.38）、式（5.36）、式（6.28）、式（6.27）和式（6.26）求得。下标 a 和 b 将用于指定与空气波和骨架波相关的量。在高频率区域，对于空气波，骨架速度的比值是 μ_a；空气速度的比值是 μ_2，由式（6.71）得到，波数为 δ_2，由式（6.68）给出。在低于 495 Hz 的频率下，空气波与 μ_1 和 δ_1 相关。

频率大于 50 Hz 时，$|\mu_\text{a}|$ 的值大于 40。与空气速度相比，骨架的速度是可以忽略不计的，这个波非常类似于在材料是刚性骨架中的传播。波数 k_a 如图 6.6 所示。相同材料但为刚性骨架情况时的波数 k_a' 由下式给出：

$$k_\text{a}' = \omega \left(\frac{\tilde{\rho}_{22}}{R} \right)^{1/2} \tag{6.86}$$

R 由式（6.26）得到，波数 k_a 和 k_a' 用图 6.6 中相似的曲线表示。应注意的是，在低频情况下，这个波有很高的阻尼，k_a 的虚部和实部几乎相等。与空气中的波传播有关的特征阻抗 Z_a^f 如图 6.7 所示。

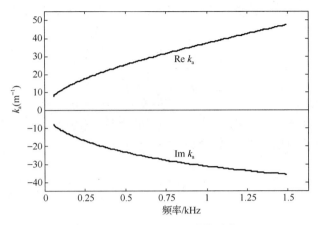

图 6.6　纤维材料中空气波的波数 k_a

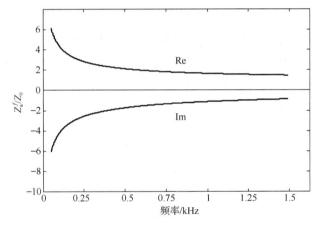

图 6.7　归一化特征阻抗 Z_a^f/Z_0 与在纤维材料中空气的波传播有关

同样，材料为刚性骨架时的相关特征阻抗 $Z_2'^f$ 由下式给出：

$$Z_2'^f = \frac{(\tilde{\rho}_{22}R)^{1/2}}{\phi} \qquad (6.87)$$

这个计算结果在图 6.7 中用相似的曲线表示。

骨架速度和骨架携带空气速度的模量比 $|\mu_b|$ 从在 50 Hz 处的 1.0 减少到 1500 Hz 处的 0.82。骨架波，如 6.5.3 节所述，在材料中引入明显的气流速度。还有，波数 δ_b 和特征阻抗 Z_b^s，在高频情况下，由式（6.67）和式（6.77）估算，非常接近于真空中纵波在骨架中传播的波数和特征阻抗：

$$\delta_1' = \omega\sqrt{\frac{\rho_1}{K_c}} \qquad (6.88)$$

$$Z_1'^s = \sqrt{\rho_1 K_c} \qquad (6.89)$$

K_c 是由式（1.76）给出的骨架在真空中的弹性系数。

所选择的材料很好地说明了部分解耦问题，因为骨架比空气更重、刚性更强。一些用于吸声的多孔材料有一个骨架，骨架的体积模量 K_s 与空气体积模量 K_f 的数量级相同，并且密度 ρ_1 大约是空气密度 ρ_0 的 10 倍。对于这些材料，低频情况不存在部分解耦，最大上限取决于流阻率和材料的密度。Zwikker 和 Kosten（1949）给出了这个频率的一个简单表达形式：

$$f_0 = \frac{1}{2\pi}\frac{\phi^2 \sigma}{\rho_1} \tag{6.90}$$

应指出的是，在频率高于 f_0 的情况下，骨架波明显与在真空条件下刚性骨架中传播的压缩波不同，而且空气波明显与刚性骨架材料中的压缩波不同。

6.6 法向入射时由刚性不透气壁支撑的多孔材料表面阻抗的预测

6.6.1 简介

在法向平面声场中的一层多孔材料如图 6.8 所示。为了得到在壁面和材料界面处简单的边界条件，将这种材料黏在壁上。在法向声场中，剪切波不受激发，只有压缩波在材料中传播。对这个情况下声场的描述和测量比斜入射容易。本节应用 Biot 理论来预测多孔材料在法向声场中的行为。用来表示材料行为的参数是表面阻抗（也译为面阻抗）。

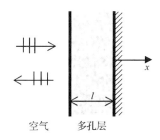

图 6.8　一层黏在刚性不透气壁上的多孔材料，位于法向声场中

6.6.2 法向入射时表面阻抗的预测

两个入射和两个反射压缩波沿与 x 轴平行的方向传播。材料中骨架和空气的速度分别是

$$\dot{u}^s(x) = V_i^1 \exp(-j\delta_1 x) + V_r^1 \exp(j\delta_1 x) \\ + V_i^2 \exp(-j\delta_2 x) + V_r^2 \exp(j\delta_2 x) \tag{6.91}$$

$$\dot{u}^f(x) = \mu_1[V_i^1 \exp(-j\delta_1 x) + V_r^1 \exp(j\delta_1 x)] \\ + \mu_2[V_i^2 \exp(-j\delta_2 x) + V_r^2 \exp(j\delta_2 x)] \tag{6.92}$$

在这两个方程中，时间相关量 $\exp(j\omega t)$ 已被消除，δ_1 和 δ_2 由式（6.67）和式（6.68）给出，而 μ_1 和 μ_2 由式（6.71）给出。V_i^1、V_r^1、V_i^2 和 V_r^2 是在 $x=0$ 处与入射（下标 i）和反射（下标 r）第一（索引 1）和第二（索引 2）Biot 压缩波相关联的骨架速度。材料中的应力由下式给出：

$$\sigma_{xx}^s(x) = -Z_1^s[V_i^1 \exp(-\mathrm{j}\delta_1 x) - V_r^1 \exp(\mathrm{j}\delta_1 x)]$$
$$- Z_2^s[V_i^2 \exp(-\mathrm{j}\delta_2 x) - V_r^2 \exp(\mathrm{j}\delta_2 x)] \tag{6.93}$$

$$\sigma_{xx}^f(x) = -\varphi Z_1^f \mu_1[V_i^1 \exp(-\mathrm{j}\delta_1 x) - V_r^1 \exp(\mathrm{j}\delta_1 x)]$$
$$- \varphi Z_2^f \mu_2[V_i^2 \exp(-\mathrm{j}\delta_2 x) - V_r^2 \exp(\mathrm{j}\delta_2 x)] \tag{6.94}$$

在 $x=0$ 处，其中的壁面和材料是接触的，速度等于 0：

$$\dot{u}^s(0) = \dot{u}^f(0) = 0 \tag{6.95}$$

在 $x=-l$ 处，多孔材料与自由空气接触。假设考虑一层薄薄的空气和多孔材料，包括这个边界，此层如图 6.9 所示。

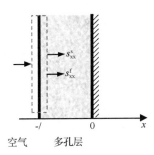

图 6.9　空气和多孔材料的一个薄层（包括边界）

我们用 $p(-l-\varepsilon)$ 表示薄层左侧空气中的压力，$\sigma_{xx}^s(-l+\varepsilon)$ 和 $\sigma_{xx}^f(-l+\varepsilon)$ 是作用在空气上和骨架右侧面上的应力。作用在薄层上的合力 ΔF 是

$$\Delta F = p(-l-\varepsilon) + \sigma_{xx}^s(-l+\varepsilon) + \sigma_{xx}^f(-l+\varepsilon) \tag{6.96}$$

这个力随 ε 而趋于 0，在 $x=-l$ 处的应力边界条件是

$$p(-l) + \sigma_{xx}^s(-l) + \sigma_{xx}^f(-l) = 0 \tag{6.97}$$

另一个边界条件是由压力的连续性得出的，可表示为

$$\sigma_{xx}^f(-l) = -\phi p(-l) \tag{6.98}$$

ϕ 是材料的孔隙率。联立式（6.97）和式（6.98），得

$$\sigma_{xx}^s(-l) = -(1-\phi)p(-l) \tag{6.99}$$

通过平面 $x=-l$ 的空气和骨架体积守恒可得

$$\phi \dot{u}^f(-l) + (1-\phi)\dot{u}^s(-l) = \dot{u}^a(-l) \tag{6.100}$$

$\dot{u}^a(-l)$ 是边界处自由空气的速度。材料的面阻抗 Z 由下式给出：

$$Z = p(-l) / \dot{u}^a(-l) \tag{6.101}$$

这个面阻抗可以用以下方法计算。首先，可以很容易地证明，式（6.91）、式（6.92）和式（6.95）联立得

$$V_i^1 = -V_r^1, \quad V_i^2 = -V_r^2 \tag{6.102}$$

式（6.98）至式（6.102）联立得

$$-(1-\phi)\dot{u}^{a}(-l)Z = -Z_{1}^{s}V_{i}^{1}[\exp(-\mathrm{j}\delta_{1}l)+\exp(\mathrm{j}\delta_{1}l)] \\ -Z_{2}^{s}V_{i}^{2}[\exp(-\mathrm{j}\delta_{2}l)+\exp(\mathrm{j}\delta_{2}l)] \tag{6.103}$$

$$-\phi\dot{u}^{a}(-l)Z = -Z_{1}^{f}\phi\mu_{1}V_{i}^{1}[\exp(-\mathrm{j}\delta_{1}l)+\exp(\mathrm{j}\delta_{1}l)] \\ -Z_{2}^{f}\phi\mu_{2}V_{i}^{2}[\exp(-\mathrm{j}\delta_{2}l)+\exp(\mathrm{j}\delta_{2}l)] \tag{6.104}$$

$$[\phi\mu_{1}+(1-\phi)]V_{i}^{1}[\exp(-\mathrm{j}\delta_{1}l)-\exp(\mathrm{j}\delta_{1}l)] \\ +[\phi\mu_{2}+(1-\phi)]V_{i}^{2}[\exp(\mathrm{j}\delta_{2}l)-\exp(-\mathrm{j}\delta_{2}l)]=\dot{u}^{a}(-l) \tag{6.104}$$

这个系统的三个方程式（6.103）～式（6.105）有解 (V_i^1, V_i^2)，如果

$$\begin{vmatrix} -(1-\phi)Z & -2Z_{1}^{s}\cos\delta_{1}l & -2Z_{2}^{s}\cos\delta_{2}l \\ -Z & -2Z_{1}^{f}\mu_{1}\cos\delta_{1}l & -2Z_{2}^{f}\mu_{2}\cos\delta_{2}l \\ 1 & 2\mathrm{j}\sin\delta_{1}l(\phi\mu_{1}+1-\phi) & 2\mathrm{j}\sin\delta_{2}l(\phi\mu_{2}+1-\phi) \end{vmatrix}=0 \tag{6.106}$$

且 Z 由下式给出：

$$Z=-\mathrm{j}\frac{(Z_{1}^{s}Z_{2}^{f}\mu_{2}-Z_{2}^{s}Z_{1}^{f}\mu_{1})}{D} \tag{6.107}$$

其中，D 由下式给出：

$$D=(1-\phi+\phi\mu_{2})[Z_{1}^{s}-(1-\phi)Z_{1}^{f}\mu_{1}]\mathrm{tg}\delta_{2}l \\ +(1-\phi+\phi\mu_{1})[Z_{2}^{f}\mu_{2}(1-\phi)-Z_{2}^{s}]\mathrm{tg}\delta_{1}l \tag{6.108}$$

渐近法计算斜入射时的面阻抗是基于传递矩阵，这将在第 11 章介绍。

6.6.3　实例：纤维材料

法向入射时的面阻抗可用式（6.107）计算，两个样品由不同的厚度组成，材料的描述在 6.5.4 节中，在图 6.10 和图 6.11 中分别表示厚度 $l=10\,\mathrm{cm}$ 和 $l=5.4\,\mathrm{cm}$ 的样品，并且与测量值（Allard 等 1991）进行了比较。测量是在自由场中对一个横向尺寸很大的样品进行的。

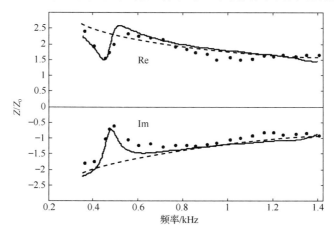

图 6.10　6.5.4 节描述的纤维材料层的归一化面阻抗，厚度 $l=10\,\mathrm{cm}$。——用式（6.107）计算的预测结果；
------具有刚性骨架的相同材料的预测结果；●●● 测试结果（测试结果来自 Allard 等 1991）

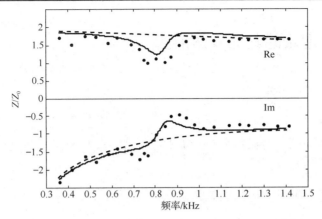

图 6.11　6.5.4 节描述的纤维材料层的归一化面阻抗，厚度 $l = 5.6\,\text{cm}$ 。——用式（6.107）计算的预测结果；------刚性骨架的相同材料的预测结果；●●● 测试结果（测试结果来自 Allard 等　1991）

　　通过式（6.107）得到的预测值和测量结果，在整个测试频率范围内表现得非常一致。对于厚度 $l = 10\,\text{cm}$ ，阻抗的峰值实部和虚部大约出现在 470 Hz 处；对于厚度 $l = 5.6\,\text{cm}$ ，则出现在 860 Hz 处。面阻抗用式（6.107）计算，对于具有刚性骨架的同种材料，则用式（4.137）、式（6.86）和式（6.87）计算，除了那些峰值附近，都非常接近，因为不能用单波模型预测。峰值大约出现在骨架波 $\lambda/4$ 处，其位于频率 f_r 处，例如，

$$l\,\text{Re}(\delta_b) = \frac{\pi}{2} \tag{6.109}$$

δ_b 非常接近由式（6.88）给出的 δ_1' ，并且 f_r 可以写成

$$f_r = \frac{1}{4l}\sqrt{\frac{\text{Re}(K_c)}{\rho_1}} \tag{6.110}$$

K_c 由式（1.76）给出，用剪切模量和泊松比表示如下

$$K_c = \frac{2(1-v)N}{1-2v} \tag{6.111}$$

　　对于等效各向同性多孔材料，可以选择表 6.1 中剪切模量 N 的值来调整式（6.107）得到的预测结果，此时泊松比等于 0，并进行测量。相同的值可用于两种厚度。这一事实充分证明了本次计算的有效性。对这些结果的解释非常简单。由于骨架的刚度和密度，空气中的声场只能在骨架的 $\lambda/4$ 共振处产生明显的骨架波。该共振情形下的骨架速度在骨架-墙接触处等于 0，在该接触处材料被黏结，而在骨架和自由空气边界处达到最大值，在该边界处，阻抗由骨架波修正。应该注意的是，另一种模型是由 Kawasima（1960）提出的。在该模型中，Dahl 等（1990）解释了面阻抗的峰值是由纤维的局部共振引起的。作为厚度 l 的函数，峰值位置与频率相关，如果材料未黏到壁上，则没有峰值，可能更有利于我们测量中整个骨架共振的假设。在大样本的自由场中，可以观测到 $\lambda/4$ 压缩波长的共振。由于与管的侧面接触，以及管中多孔样品的几何结构，在阻抗管中似乎很难观察到压缩共振。Pilon 等（2003）用有限元法（见第 13 章）对管的侧向边界条件对阻抗曲线的影响进行了数值研究。

附录 6.A　Biot 理论的其他表达形式

Biot 的第二个公式（Biot　1962）

总应力分量 $\sigma_{ij}^{t} = \sigma_{ij}^{s} + \sigma_{ij}^{f} = \sigma_{ij}^{s} - \phi p \delta_{ij}$ 且压力 p 用于替代 σ_{ij}^{s} 和 σ_{ij}^{f}，用位移 $\boldsymbol{u}^{s}$ 和 $\boldsymbol{w} = \phi(\boldsymbol{u}^{f} - \boldsymbol{u}^{s})$ 代替 $\boldsymbol{u}^{s}$、$\boldsymbol{u}^{f}$。骨架所用的介质不可压缩。应力-应变公式（6.3）可以替换为

$$-\phi p = K_{f}(\text{div } \boldsymbol{u}^{s} - \zeta) \tag{6.A.1}$$

其中，$\zeta = \text{div } \boldsymbol{w}$。骨架在真空中的应力分量由下式给出：

$$\hat{\sigma}_{ij} = \delta_{ij}\left(K_{b} - \frac{2}{3}N\right)\text{div } \boldsymbol{u}^{s} + 2N e_{ij}^{s} \tag{6.A.2}$$

浸润骨架应力分量由下式给出：

$$\sigma_{ij}^{s} = \delta_{ij}\left[\left(K_{b} - \frac{2}{3}N\right)\text{div } \boldsymbol{u}^{s} - (1-\phi)p\right] + 2N e_{ij}^{s} \tag{6.A.3}$$

且总应力分量由下式给出：

$$\sigma_{ij}^{t} = \delta_{ij}\left[\left(K_{b} - \frac{2}{3}N\right)\text{div } \boldsymbol{u}^{s} - p\right] + 2N e_{ij}^{s} \tag{6.A.4}$$

当骨架所用弹性固体的体积模量 K_{s} 远大于其他刚度系数时，式（6.A.1）和式（6.A.4）提供了多孔介质中的应力的简单描述。例如，第三个"假想实验"可以描述如下。变化量 $\mathrm{d}\theta^{f}$ 产生变化量 $\Delta\xi = -\phi\mathrm{d}\theta^{f}$ 和变化量 $\mathrm{d}p = -K_{f}\mathrm{d}\theta^{f}$。这个变化量与总应力的对角线元素的变化有关，就是空气和骨架中这些分量的变化之和 $-\phi\mathrm{d}p - (1-\phi)\mathrm{d}p = -\mathrm{d}p$。当 K_{s} 与其他刚度系数相比不太大且多孔结构具有各向异性时，Cheng（1997）对第二种表达法进行了一般描述。第 10 章描述了横向各向同性多孔介质中不同波的第二种表达形式。

Dazel 表达式（Dazel 等　2007）

仅考虑骨架所用介质为不可压缩的简单情况。把一对 $\boldsymbol{u}^{s}$、$\boldsymbol{u}^{f}$ 用总位移 $\boldsymbol{u}^{t} = (1-\phi)\boldsymbol{u}^{s} + \phi\boldsymbol{u}^{f}$ 和 $\boldsymbol{u}^{s}$ 来替换。空气在空气和多孔层界面处的法向位移等于总位移的法向分量。当 $\zeta^{t} = \nabla \cdot \boldsymbol{u}^{t}$ 和 $K_{eq} = K_{f}/\phi$ 时，压力由下式给出：

$$p = -K_{eq}\zeta^{t} \tag{6.A.5}$$

且压力的分量由式（6.A.2）～式（6.A.4）给出，波动方程由下式给出：

$$\left(K_{b} + \frac{1}{3}N\right)\nabla\nabla.\boldsymbol{u}^{s} + N\nabla^{2}\boldsymbol{u}^{s} = -\omega^{2}\tilde{\rho}_{s}\boldsymbol{u}^{s} - \omega^{2}\tilde{\rho}_{eq}\tilde{\gamma}\boldsymbol{u}^{t} \tag{6.A.6}$$

$$K_{eq}\nabla\nabla \cdot \boldsymbol{u}^{t} = -\omega^{2}\tilde{\rho}_{eq}\tilde{\gamma}\boldsymbol{u}_{s} - \omega^{2}\tilde{\rho}_{eq}\boldsymbol{u}^{t} \tag{6.A.7}$$

在前面的表达式中，$\tilde{\gamma}$、$\tilde{\rho}_{eq}$ 和 $\tilde{\rho}_{s}$ 分别由下式给出：

$$\tilde{\gamma} = \phi \left(\frac{\tilde{\rho}_{12}}{\tilde{\rho}_{22}} - \frac{1-\phi}{\phi} \right) \tag{6.A.8}$$

$$\tilde{\rho}_{eq} = \frac{\tilde{\rho}_{22}}{\phi^2} \tag{6.A.9}$$

$$\tilde{\rho}_s = \tilde{\rho}_{11} - \frac{\tilde{\rho}_{12}^2}{\tilde{\rho}_{22}} + \tilde{\gamma}^2 \tilde{\rho}_{eq} \tag{6.A.10}$$

用两个标量势 ϕ^s 和 ϕ^t 来计算压缩波，给出运动方程如下：

$$-\omega^2 [\boldsymbol{\rho}] \left\{ \begin{array}{c} \varphi^s \\ \varphi^t \end{array} \right\} = [\boldsymbol{K}] \nabla^2 \left\{ \begin{array}{c} \varphi^s \\ \varphi^t \end{array} \right\} \tag{6.A.11}$$

其中，$[\boldsymbol{\rho}]$ 和 $[\boldsymbol{K}]$ 分别由下式给出：

$$[\boldsymbol{\rho}] = \begin{bmatrix} \tilde{\rho}_s & \tilde{\rho}_{eq}\tilde{\gamma} \\ \tilde{\rho}_{eq}\tilde{\gamma} & \tilde{\rho}_{eq} \end{bmatrix}, \quad [\boldsymbol{K}] = \begin{bmatrix} \hat{P} & 0 \\ 0 & K_{eq} \end{bmatrix} \tag{6.A.12}$$

其中，

$$\hat{P} = K_b + \frac{4}{3} N$$

矩阵 $[\boldsymbol{K}]$ 是对角阵，由式（6.A.12）得到 Biot 压缩波波数和比值 μ_i，$i=1,2$。用势矢量求出剪切波的波数和比值 μ_3，结果表明，用 Dazel 表达式来预测多孔介质的面阻抗时，可以用比第一种形式更简单的数学公式。

混合位移-压力表达形式（Atalla 等　1998）

在这个表达形式中，位移 $\boldsymbol{u}^s$ 和压力 p 用来表示量 $\boldsymbol{u}^s$ 和 $\boldsymbol{u}^f$。这个表达形式中假设多孔材料的属性是均匀的。推导遵循 Atalla 等（1998）的表达形式。注意到 Gorog 等（1997）给出一个更通用的适用于各向异性材料的时域公式。

首先重写系统 [式（6.54）、式（6.55）]：

$$\begin{cases} \omega^2 \tilde{\rho}_{11}\boldsymbol{u}^s + \omega^2 \tilde{\rho}_{12}\boldsymbol{u}^f + \mathrm{div}\,\sigma^s = 0 \\ \omega^2 \tilde{\rho}_{22}\boldsymbol{u}^f + \omega^2 \tilde{\rho}_{12}\boldsymbol{u}^s - \phi\,\mathrm{grad}\,p = 0 \end{cases} \tag{6.A.13}$$

利用式（6.A.13）中的第二个方程，流体相的位移矢量 $\boldsymbol{u}^f$ 用孔隙中的压力 p 和固体相粒子的位移矢量 $\boldsymbol{u}^s$ 表示：

$$\boldsymbol{u}^f = \frac{\phi}{\tilde{\rho}_{22}\omega^2}\,\mathrm{grad}\,p - \frac{\tilde{\rho}_{12}}{\tilde{\rho}_{22}}\boldsymbol{u}^s \tag{6.A.14}$$

使用式（6.A.14），式（6.A.13）中第一个方程变为

$$\omega^2 \tilde{\rho}\boldsymbol{u}^s + \phi\frac{\tilde{\rho}_{12}}{\tilde{\rho}_{22}}\,\mathrm{grad}\,p + \mathrm{div}\,\sigma^s = 0 \tag{6.A.15}$$

其中引入了一个有效密度：

$$\tilde{\rho} = \tilde{\rho}_{11} - \frac{(\tilde{\rho}_{12})^2}{\tilde{\rho}_{22}} \tag{6.A.16}$$

式（6.A.15）仍然依赖于流体相位移 $\boldsymbol{u}^{\mathrm{f}}$，其依赖关系为 $\sigma^{\mathrm{s}} = \sigma^{\mathrm{s}}(\boldsymbol{u}^{\mathrm{s}}, \boldsymbol{u}^{\mathrm{f}})$。为了消除这种依赖性，结合式（6.2）和式（6.3）可得

$$\sigma_{ij}^{\mathrm{s}}(\boldsymbol{u}^{\mathrm{s}}) = \hat{\sigma}_{ij}^{\mathrm{s}}(\boldsymbol{u}^{\mathrm{s}}) - \phi \frac{\tilde{Q}}{\tilde{R}} p \delta_{ij} \qquad (6.A.17)$$

$\hat{\sigma}^{\mathrm{s}}$ 为式（6.A.2）中定义的真空中骨架的应力。注意到这里使用波浪符号来考虑阻尼和弹性系数 Q、R（如聚合物骨架）可能对频率的依赖性。

接下来使用式（6.A.17）来消除式（6.A.15）中的依赖关系 $\sigma^{\mathrm{s}} = \sigma^{\mathrm{s}}(\boldsymbol{u}^{\mathrm{s}}, \boldsymbol{u}^{\mathrm{f}})$。这使得固体相方程可以根据 $(\boldsymbol{u}^{\mathrm{s}}, p)$ 变量表示：

$$\mathrm{div}\, \hat{\sigma}^{\mathrm{s}}(\boldsymbol{u}^{\mathrm{s}}) + \tilde{\rho}\omega^2 \boldsymbol{u}^{\mathrm{s}} + \tilde{\gamma}\, \mathrm{grad}\, p = 0 \qquad (6.A.18)$$

其中，

$$\tilde{\gamma} = \phi \left(\frac{\tilde{\rho}_{12}}{\tilde{\rho}_{22}} - \frac{\tilde{Q}}{\tilde{R}} \right) \qquad (6.A.19)$$

在 $K_b / K_s \ll 1$ 的情况下，式（6.A.19）简化为式（6.A.8）。

接下来，推导出以 $(\boldsymbol{u}^{\mathrm{s}}, p)$ 变量表示的流体相方程，式（6.A.14）的散度记为

$$\mathrm{div}\, \boldsymbol{u}^{\mathrm{f}} = \frac{\phi}{\omega^2 \tilde{\rho}_{22}} \Delta p - \frac{\tilde{\rho}_{12}}{\tilde{\rho}_{22}} \mathrm{div}\, \boldsymbol{u}^{\mathrm{s}} \qquad (6.A.20)$$

将该式与式（6.A.13）中的第二个方程相结合，根据 $(\boldsymbol{u}^{\mathrm{s}}, p)$ 变量得出流体相方程：

$$\Delta p + \frac{\tilde{\rho}_{22}}{\tilde{R}}\omega^2 p + \frac{\tilde{\rho}_{22}}{\phi^2} \tilde{\gamma}\omega^2\, \mathrm{div}\, \boldsymbol{u}^{\mathrm{s}} = 0 \qquad (6.A.21)$$

该方程是一个带源项的关于吸声介质的经典等效流体方程，它的前两项可以直接从 Biot 方程的刚性骨架极限下得到。

组合式（6.A.18）和式（6.A.21），用 $(\boldsymbol{u}^{\mathrm{s}}, p)$ 变量表示的 Biot 多孔弹性方程如下：

$$\begin{cases} \mathrm{div}\, \tilde{\sigma}^{\mathrm{s}}(\boldsymbol{u}^{\mathrm{s}}) + \tilde{\rho}\omega^2 \boldsymbol{u}^{\mathrm{s}} + \tilde{\gamma}\, \mathrm{grad}\, p = 0 \\ \Delta p + \dfrac{\tilde{\rho}_{22}}{\tilde{R}}\omega^2 p + \dfrac{\tilde{\rho}_{22}}{\phi^2} \tilde{\gamma}\omega^2\, \mathrm{div}\, \boldsymbol{u}^{\mathrm{s}} = 0 \end{cases} \qquad (6.A.22)$$

该系统展现了流体-结构耦合方程的经典形式。然而，这个耦合是一个体特性，因为多孔弹性材料是弹性和流体相的空间和时间的叠加。结构方程的前两项表示真空中材料的动力学行为，而流体方程的前两项表示假定骨架静止时流体的动力学行为。两个方程中的第三项将两个方程的动力学耦合起来。第 13 章表明，这个公式的表达形式产生一个基于有限元数值实现的简单的弱公式，该公式的应用实例是 Kanfoud 和 Hamdi（2009）给出的多孔材料面阻抗的优化。

参考文献

Allard, J.F., Depollier, C., Guignouard, P. and Rebillard, P. (1991) Effect of a resonance of the frame on the surface impedance of glass wool of high density and stiffness. *J. Acoust. Soc. Amer.*, **89**, 999–1001.

Atalla N., Panneton, R. and Debergue, P. (1998) A mixed displacement pressure formulation for poroelastic materials. *J. Acoust. Soc. Amer.*, **104**, 1444–1452.

Beranek, L. (1947) Acoustical properties of homogeneous isotropic rigid tiles and flexible blankets. *J. Acoust. Soc. Amer.*, **19**, 556–68.

Biot, M.A. (1956) The theory of propagation of elastic waves in a fluid-saturated porous solid. I. Low frequency range. II. Higher frequency range. *J. Acoust. Soc. Amer.*, **28**, 168–91.

Biot, M.A. and Willis, D.G. (1957) The elastic coefficients of the theory of consolidation. *J. Appl. Mechanics*, **24**, 594–601.

Biot, M.A. (1962) Generalized theory of acoustic propagation in porous dissipative media. *J. Acoust. Soc. Amer.*, **34**, 1254–1264.

Brown, R.J.S. and Korringa, J. (1975), On the dependence of the elastic properties of a porous rock on the compressibility of the pore fluid. *Geophysics*, **40**, 608–16.

Cheng, A.H.D. (1997) Material coefficients of anisotropic poroelasticity. *Int. J. Rock Mech. Min. Sci.* **34**, 199–205.

Dahl, M.D., Rice, E.J. and Groesbeck, D.E. (1990) Effects of fiber motion on the acoustical behaviour of an anisotropic, flexible fibrous material. *J. Acoust. Soc. Amer.*, **87**, 54–66.

Dazel, O., Brouard, B., Depollier., C. and Griffiths. S. (2007) An alternative Biot's displacement formulation for porous materials. *J. Acoust. Soc. Amer.*, **121**, 3509–3516.

Depollier, C., Allard, J.F. and Lauriks, W. (1988) Biot theory and stress–strain equations in porous sound absorbing materials. *J. Acoust. Soc. Amer.*, **84**, 2277–9.

Gorog S., Panneton, R. and Atalla, N. (1997) Mixed displacement–pressure formulation for acoustic anisotropic open porous media. *J. Applied Physics*, **82**(9), 4192–4196.

Johnson, D.L. (1986) Recent developments in the acoustic properties of porous media. In *Proc. Int. School of Physics Enrico Fermi, Course XCIII*, ed. D. Sette. North Holland Publishing Co., Amsterdam, pp. 255–90.

Kanfoud, J., Hamdi, M.A., Becot F.-X. and Jaouen L. (2009) Development of an analytical solution of modified Biot's equations for the optimization of lightweight acoustic protection. *J. Acoust. Soc. Amer.*, **125**, 863–872.

Kawasima, Y. (1960) Sound propagation in a fibre block as a composite medium. *Acustica*, **10**, 208–17.

Korringa, J. (1981), On the Biot Gassmann equations for the elastic moduli of porous rocks. *J. Acoust. Soc. Amer.*, **70**, 1752–3.

Lambert, R.F. (1983) Propagation of sound in highly porous open-cell elastic foams. *J. Acoust. Soc. Amer.*, **73**, 1131–8.

Landau, L.D. and Lifshitz, E.M. (1959) *Fluid Mechanics*. Pergamon, New York.

Pilon, D., Panneton, R. and Sgard, F. (2003) Behavioral criterion quantifying the edge-constrained effects on foams in the standing wave tube. *J. Acoust. Soc. Amer.*, **114**(4), 1980–1987.

Pride, S.R., Berryman J.G. (1998) Connecting theory to experiment in poroelasticity. *J. Mech. Phys. Solids*, **46**, 19–747.

Sides, D.J., Attenborough, K. and Mulholland, K.A. (1971) Application of a generalized acoustic propagation theory to fibrous absorbants. *J. Sound Vib.*, **19**, 49–64.

Zwikker, C. and Kosten, C.W. (1949) *Sound Absorbing Materials*. Elsevier, New York.

第7章　刚性骨架多孔层上的点声源

7.1　引言

平面分层结构中的声传播以最简单的平面波形式描述，并且阻抗管可用于测量具有有限横向尺寸平面的反射系数。在中等可听声频率范围内，这个系统很容易搭建，只需一根管子和一个压缩驱动器，以及一个良好的近似单极声源。单极场被多孔层反射，对反射进行充分建模，可以给我们提供关于多孔结构有用的信息。本章给出关于反射场的一个精确模型和几个近似模型。

7.2　平面反射表面上单极场的索末菲表示法

索末菲表示法给出了反射场的精确积分表示。单极压力场 p 由理想的单位点源 S 产生。压力场 p 仅取决于到声源 S 的距离 R（见图 7.1）：

$$p(R) = \frac{\exp(-jk_0 R)}{R} \tag{7.1}$$

其中，k_0 是自由空气中的波数。使用二维傅里叶变换（Brekhovskikh 和 Godin　1992）可以将球面波展开成一组平面波，并且 M 处的 p 可以改写为

$$p(R) = \frac{-j}{2\pi} \int_{-\infty}^{\infty} \int_{-\infty}^{\infty} \frac{\exp[-j(\xi_1 x + \xi_2 y + \mu|z_2 - z_1|)]_1}{\mu} d\xi_1 d\xi_2 \tag{7.2}$$

$$\mu = \sqrt{k_0^2 - \xi_1^2 - \xi_2^2}, \quad \text{Im}\,\mu \leqslant 0, \text{Re}\,\mu \geqslant 0$$

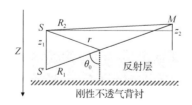

图 7.1　源-接收几何结构，单极源在 S 处，其镜像在 S' 处，而接收在层上方的 M 处。角度 θ_0 是镜面反射角，R_1 是从源的像到接收的距离，而 R_2 是从源到接收的距离

设 $V(\xi_1, \xi_2)$ 为该层平面波下的反射系数。如果该层关于对称轴 Z 是各向同性或横向各向同性的，V 仅取决于 $\xi = (\xi_1^2 + \xi_2^2)^{1/2}$，$M$ 处的反射压力 p_r 可以写成

$$p_r = \frac{-j}{2\pi} \int_{-\infty}^{\infty} \int_{-\infty}^{\infty} V(\xi/k_0) \frac{\exp[-j(\xi_1 x + \xi_2 y - \mu(z_1 + z_2))]}{\mu} d\xi_1 d\xi_2 \tag{7.3}$$

变量 ξ 和 μ 与入射角 θ 相关，由下式定义：

$$\cos\theta = \mu/k_0$$
$$\sin\theta = \xi/k_0 \tag{7.4}$$

并且，$V(\xi/k_0)$ 是入射角 θ 下的反射系数。对于 $\xi \leqslant k_0$，θ 是实数角，而对于 $\xi > k_0$，

$$\theta = \frac{\pi}{2} + j\beta$$

其中，$\sinh\beta = j\mu/k_0$，$\cosh\beta = \xi/k_0$。

使用极坐标 (ψ, ξ) 和 (r, φ)，令 $\xi_1 = \xi\cos\psi$，$\xi_2 = \xi\sin\psi$，$x = r\cos\varphi$，$y = r\sin\varphi$，可以重写式（7.3）：

$$p_r = \frac{-j}{2\pi}\int_0^{2\pi}\int_0^{\infty}\exp[j\mu(z_1+z_2)]\frac{V(\xi/k_0)}{\mu}\exp[-jr\xi\cos(\psi-\varphi)]\xi\,d\xi\,d\psi \tag{7.5}$$

使用 $\int_0^{2\pi}\exp[-jr\xi\cos(\psi-\varphi)]d\psi = 2\pi J_0(r\xi)$（Abramovitz 和 Stegun　1972），式（7.5）变为

$$p_r = -j\int_0^{\infty}\frac{V(\xi/k_0)}{\mu}J_0(r\xi)\exp[j\mu(z_1+z_2)]\xi\,d\xi \tag{7.6}$$

反射压力取决于 z_1+z_2，而不是取决于每个高度。该式的右侧称为索末菲积分。积分可以被评估高至 ξ 的一个极限，这取决于 z_1+z_2，因为指数中的 μ 是虚数，随着 μ 增加，在 $\xi > k_0$ 时是正的虚部。通过使用 μ 而不是 ξ 作为积分变量来消除 $\mu=0$ 的奇异性。对给定几何的计算准确性的简单测试，包括对 $V=1$ 和 $\exp(-jk_0R_1)/R_1$ 进行的计算结果做比较。贝塞尔函数与一阶 H_0^1 的 Hankel 函数有关，$J_0(u) = 0.5(H_0^1(u) - H_0^1(-u))$，且 $\mu(-\xi) = \mu(\xi)$，以及 $V(-\xi/k_0) = V(\xi/k_0)$。因此，p_r 可以改写为

$$p_r = \frac{j}{2}\int_{-\infty}^{\infty}\frac{\xi}{\mu}H_0^1(-\xi r)V(\xi/k_0)\exp[j\mu(z_1+z_2)]d\xi \tag{7.7}$$

从式（3.39）知，斜入射下的面阻抗由下式给出：

$$Z_s(\sin\theta) = -j\frac{Z}{\phi\cos\theta_1}\cotg kl\cos\theta_1 \tag{7.8}$$

其中，l 是层的厚度，ϕ 是孔隙率，$Z = (\rho K)^{1/2}$ 是使多孔介质饱和的特征空气中的阻抗，k 是多孔介质中的波数，θ_1 是满足 $k\sin\theta_1 = k_0\sin\theta_0$ 的折射角。$\cos\theta_1$ 由下式给出：

$$\cos^2\theta_1 = 1 - \frac{1}{n^2} - \frac{1}{n^2}\cos^2\theta \tag{7.9}$$

其中，$n = k/k_0$。根据式（3.44），反射系数 V 由下式给出：

$$V(\xi/k_0) = \frac{Z_s(\sin\theta) - Z_0/\cos\theta}{Z_s(\sin\theta) + Z_0/\cos\theta} \tag{7.10}$$

7.3　复 $\sin\theta$ 平面

式（7.6）是实变量 ξ 的积分。它可被认为在复平面 $s = \sin\theta$ 内实数轴右侧对 $\sin\theta = \xi/k_0$ 积

分。式（7.7）是整个实数 $\sin\theta$ 轴上的积分。在该平面中，它比使用其他积分路径可能更有利，以显示极点的贡献，或对于大的 r，获得比式（7.7）更易处理的近似表达式。图 7.2 给出了式（7.7）积分路径的符号表示。

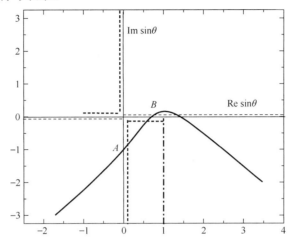

图 7.2　复 $\sin\theta$ 平面。实线是最速下降（steepest descent）路径，$\theta_0 = \pi/4$，割线由沿虚轴和 $|\operatorname{Re}\sin\theta| \le 1$ 时沿实轴的短画线表示。初始积分路径由平行于实轴的虚线表示

使用路径小位移并进行切割以显示它们的相对位置。有限厚度层的反射系数 V 涉及 $\cos\theta$ 和 $\cos\theta_1$。对于有限厚度层，Z_s 和 V 是 $\cos\theta_1$ 的偶函数，但 V 取决于 $\cos\theta$ 的符号。在 $s = \sin\theta$ 平面中的每个点处，反射系数可以取两个值，这取决于 $\cos\theta$ 的符号。跟随 Brekhovskikh 和 Godin（1992），我们用线条切割了 s 平面：

$$1 - s^2 = u_1, \quad u_1 \text{实数} \ge 0 , \tag{7.11}$$

这些在图 7.2 中以虚线显示，它们位于整个虚轴和实轴上，$0 \le |s| \le 1$。在这些线上，$\cos\theta = (1 - s^2)^{1/2}$ 的虚部等于 0，当两条线中的一条交叉时，保持 $\cos\theta$ 的实部不变，对应于虚部符号变化部分。z_2 中反射波的依赖关系为 $\exp(jz_2\cos\theta)$。如果 $\operatorname{Im}\cos(\theta) < 0$，则当 $z_2 \to -\infty$ 时，波的幅值趋于 0。s 平面是两个平面的叠加：物理黎曼叶，其中 $\operatorname{Im}\cos\theta < 0$；第二黎曼叶，其中 $\operatorname{Im}\cos\theta > 0$。如前所述，两个面之间的传递可以通过交叉割线而不间断地进行。对于半无限层，面阻抗变为

$$Z_s = Z/\phi\cos\theta_1 \tag{7.12}$$

并且 Z_s 和 V 取决于 $\cos\theta$ 的符号。必须在 s 平面中添加新的割线，其被定义为

$$n^2 - s^2 = u_2, \quad u_2 \text{实数} \ge 0 \tag{7.13}$$

7.4　最速下降法（通过路径法）

该方法已被 Brekhovskikh 和 Godin（1992）用于类似的问题，对半无限流体反射的单极场进行预测。该方法提供了对 $k_0 R_1 \gg 1$ 有效的预测 p_r。在下面进行相同的计算，不同之处在于，对于有限厚度的层，式（7.10）中的面阻抗由式（7.8）给出，并且与 $\cos\theta_1$ 相关的割线被消除，因为 $\cos\theta_1$ 的两个选择都给出了相同的阻抗。式（7.7）中的 Hankel 函数由其渐近表达式代替：

$$H_0^1(x) = \left(\frac{2}{\pi x}\right)^{1/2} \exp\left[j\left(x - \frac{\pi}{4}\right)\right] \tag{7.14}$$

并且使用积分的新变量 $s = \xi/k_0$ 而不是 ξ。使用 $z_2 + z_1 = -R_1 \cos\theta_0$ 和 $r = R_1 \sin\theta_0$，可以重写式（7.7）：

$$p_r = \left(\frac{k_0}{2\pi r}\right)^{1/2} \exp\left(\frac{-j\pi}{4}\right) \int_{-\infty}^{\infty} F(s) \exp[k_0 R_1 f(s)]\mathrm{d}s \tag{7.15}$$

F 和 f 由下式给出：

$$f(s) = -j(s \sin\theta_0 + \sqrt{1-s^2} \cos\theta_0) \tag{7.16}$$

$$F(s) = V(s)\sqrt{\frac{s}{1-s^2}} \tag{7.17}$$

通过以下方式获得式（7.15）中积分的渐近结果。式（7.15）的复 $\sin\theta$ 平面中的初始积分轮廓，可以在不改变结果的情况下在一定限度内修正。函数 $f(s)$ 重写为

$$f(s) = f_1(s) + jf_2(s) \tag{7.18}$$

其中，f_1 和 f_2 是实数。使用新的轮廓 γ，其中 f_1 在点 s_M 处具有最大值，并且使 $|s - s_M|$ 尽可能快地减小。如果 f 是解析函数，则 f_1 的最速下降线就是常值 f_2 的线。对于 $s = s_M$，导数 $\mathrm{d}f(s)/\mathrm{d}s = 0$，$s_M$ 是静止点。包括静止点的常值 f_2 的线是路径 γ 的最佳选择，这条线被称为最速下降路径（steepset descent path）。对于 $k_0 R_1 \gg 1$，γ 对积分的贡献仅限于 s_M 周围的小区域。s 平面中的静止点位于 $s = \sin\theta_0$ 处，其中，θ_0 是图 7.1 中所示的镜面反射角。Brekhovskikh 和 Godin（1992）证明，最速下降路径 γ 由下式确定：

$$s \sin\theta_0 + (1-s^2)^{1/2} \cos\theta_0 = 1 - ju_3^2, \quad -\infty < u_3 < \infty \tag{7.19}$$

在前面的方程和下面的方程中，$\sqrt{1-s^2} = \cos\theta$，其选择取决于通过路径上的位置。$\theta_0 = \pi/4$ 的通过路径如图 7.2 所示。$\sqrt{1-s^2}$ 的选择是 $\mathrm{Im}\sqrt{1-s^2} \leq 0$，除了 A 和 B 之间，其中路径曾经穿过 $\cos\theta$ 割线，$\mathrm{Im}\sqrt{1-s^2} \geq 0$。静止点是 B，其中 $\sin\theta = \sin\theta_0$。对于 θ_0，通过路径是实 s 轴，即积分的初始路径，$\theta_0 = \pi/2$，通过路径是由位于 $\mathrm{Im}\,s \leq 0$ 半平面的 $\mathrm{Re}\,s = 1$ 定义的半轴，该轴是图 7.2 中的点画线。如果反射系数的极点在发生变形时穿过积分路径，则必须将极点残余添加到积分中。残余表达式在 7.5.3 节中给出。$\theta_0 = 0$ 没有极点贡献，因为积分路径没有修正。如 7.5.3 节所示，半无限层不可能交义。此外，当 $k_0 R_1$ 增加时，极点贡献呈指数下降变得微不足道。Brekhovskikh 和 Godin（1992）在 $1/(k_0 R_1)$ 中获得二阶逼近的 p_r 的渐近表达式，当极点贡献被忽略时，可写成

$$p_r = \frac{\exp(-jk_0 R_1)}{R_1}\left[V(\sin\theta_0) + \frac{j}{k_0}\frac{N}{R_1}\right] \tag{7.20}$$

$$N = \left[\frac{1-s^2}{2}\frac{\partial^2 V}{\partial s^2} + \frac{1-2s^2}{2s}\frac{\partial V}{\partial s}\right]_{s=\sin\theta_0} \tag{7.21}$$

该结果与反射系数 V 对入射角的依赖性无关。在 Brekhovskikh 和 Godin（1992）中已经

证明，该结果对于大 $k_0 R_1$ 的小入射角也是有效的。对于有限厚度的层，系数 N 由式（7.A.3）、式（7.A.4）给出。对于半无限层，当 $l \to \infty$ 时，N 由下式给出：

$$
\begin{aligned}
N = m(1-n^2)[2m(n^2-1)+3m\cos^2\theta_0-m\cos^4\theta_0 \\
+\sqrt{n^2-\sin^2\theta_0}\cos\theta_0(2n^2+\sin^2\theta_0)](m\cos\theta_0+\sqrt{n^2-\sin^2\theta_0})^{-3} \\
\times(n^2-\sin^2\theta_0)^{-3/2}
\end{aligned}
\tag{7.22}
$$

其中，$m = \rho/(\phi\rho_0)$，ρ 是介质中空气的有效密度，ρ_0 是自由空气的密度。该式可以通过替换密度的比来获得。在 Brekhovskikh 和 Godin（1992）的式（1.2.10）中，根据 m 给出流体-流体界面处的系数 N。在 Brekhovskikh 和 Godin（1992）中，对于半无限层、补充项、横向波，在式（7.20）中添加。这项贡献在目前的工作中被忽略了。对于有限厚度的层，且对于 $\theta_0 = 0$，N 由下式给出：

$$
N = \left[1 + \frac{2nk_0 l}{(1-n^2)\sin(2nk_0 l)}\right]M(0)
\tag{7.23}
$$

$$
M(0) = \frac{2m'(0)(1-n^2)}{(m'(0)+n)^2 n}
\tag{7.24}
$$

$$
m'(0) = -jm\cot(lk_0 n)
$$

对于给定层，系数 N 仅取决于镜面反射角。用精确公式得到的反射压力 p_r 的预测方程（7.6）和通过路径方法在图 7.3 和图 7.4 中进行了比较，并对表 7.1 中定义的材料层 1 进行了比较。源是式（7.1）中的单位源。

表 7.1　不同材料的声学参数

材　　料	曲折度 α_∞	流阻率 σ (Ns/m^4)	孔隙率 ϕ	黏性特征长度 Λ (μm)	热特征长度 Λ' (μm)
材料层 1	1.1	20000	0.96	100	300
材料层 2	1.32	5500	0.98	120	500

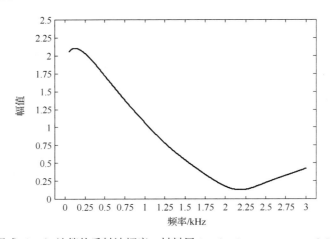

图 7.3　用式（7.6）计算的反射波幅度，材料层 1，$l = 4\,\text{cm}$，$z_1 + z_2 = -0.5\,\text{m}$，$r = 0$

样品的厚度 $l = 4\,\text{cm}$。在本章中，式（5.50）、式（5.52）用于有效密度和式（5.51）、

式（5.55）的体积模量。材料层 1 和 2 可以是普通的多孔吸声材料。对于在 $\theta_0 = 0$ 和 $z_1 + z_2 = -0.5\,\text{m}$ 处、厚度 $l = 4\,\text{cm}$ 的层，通过式（7.6）计算得到的精确反射压力的模在图 7.3 中示出。精确评估与通过式（7.20）评估之间的差异模量在图 7.4 中，与 $N/(k_0 R_1^2)$ 的模量一起表示。

对于高于 500 Hz 的频率，差异远小于 $\left| N/(k_0 R_1^2) \right|$。这表明最速下降法对最大 $k_0 R_1$ 的好处。在图 7.5 和图 7.6 中，对于半无限材料层 1，在 $r = 0.5\,\text{m}$ 和 $z_1 + z_2 = -0.5\,\text{m}$ 时有相同的量。这里没有考虑横向波的贡献。式（7.6）得到的精确结果与通过路径法之间的良好一致性表明，这种贡献可以忽略不计。这在我们以前的研究中一直都是经过验证的。

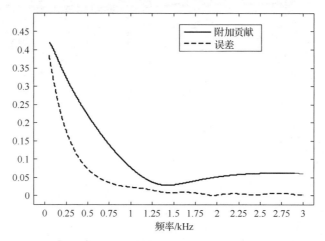

图 7.4　用精确计算与用式（7.20）最速下降法计算反射压力计算之间的模量差异，其中，$N/k_0 R_1^2$ 的模量，材料层 1，$l = 4\,\text{cm}$，$z_1 + z_2 = -0.5\,\text{m}$，$r = 0$

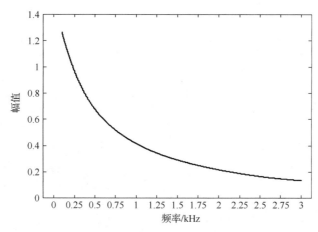

图 7.5　用式（7.6）计算的反射波的幅值，半无限材料层 1，$z_1 + z_2 = -0.5\,\text{m}$，$r = 0$

所选择的实例，对于高于 500 Hz 的频率，反射场用最速下降法获得精确的精度。对于高于 1 kHz 的频率，反射压力接近单位图像源产生的压力乘以平面波反射系数。当从源图像到接收的距离 R_1 增加时，这些频率减小。对于半无限层获得了类似的结果。然而，使用最速下降法在相同频率范围内进行的预测，以及 θ_0 接近 $\pi/2$ 情形下的类似 R_1，可能会得出错误的结果。必须使用新公式，其考虑了反射系数的奇点的位置。

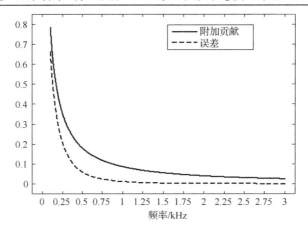

图 7.6　精确评估与最速下降法反射压力评估之间模量的差，以及式（7.20）
中 $N/k_0R_1^2$ 的模量，半无限材料层 1，$z_1 + z_2 = -0.5\,\mathrm{m}$，$r = 0$

7.5　反射系数的极点

7.5.1　定义

平面波反射系数在 $\sin\theta_p = s_p$ 处发生奇异性的条件是

$$\cos\theta_p = \frac{Z_0}{Z_s(s_p)} \tag{7.25}$$

导致式（7.10）中 V 的分母等于 0。

对于局部反应介质，Z_s 不依赖于入射角，而且 α 的极点只能存在于满足 $\cos\theta_p = -Z_0/Z_s$ 的 s_p 处。对于 $1-\cos^2\theta_p$ 的两个结果，在复 s 平面中存在两个极点。

对于半无限层，可以指出只有一个 $\cos\theta_p$ 与 V 的分母零值相关，这个 $\cos\theta_p$ 由下式给出：

$$\cos\theta_p = -\left(\frac{n^2-1}{\rho^2/(\rho_0\phi)^2-1}\right)^{1/2} \tag{7.26}$$

在平方根之前有一个减号，因为 $\mathrm{Re}\cos\theta_p$ 是负的。所有相关的 s_p 由下式给出：

$$\sin\theta_p = \pm\left(\frac{\rho^2/(\rho_0\phi)^2-n^2}{\rho^2/(\rho_0\phi)^2-1}\right)^{1/2} \tag{7.27}$$

作为频率的函数的极点轨迹在图 7.7（a）中以复 $\sin\theta$ 平面表示，在图 7.7（b）中以复 $\cos\theta$ 平面表示。

对于有限厚度的层，在任何频率下都存在无限多个极点。7.6 节将说明，如果一个极点位于接近 $\pi/2$ 的 θ_p 处，那么就是一个极点在镜面反射角 θ_0 接近 $\pi/2$ 的角度下，用于预测反射场的多孔层的参数是 $\cos\theta_p$。当式（7.25）中的 $|Z_s(s_p)| \gg Z_0$ 时，与 s_p 相关的极点位于接近 $\pi/2$ 的 θ_p 处。例如，这发生在具有大流阻的介质和具有小厚度的多孔层的情况下。薄的层是指 $|k_1l| \ll 1$ 的

层，具有有限厚度的任何层在足够低频率处可以认为是薄层。$1/Z_s(s_p)$ 的一阶展开式为 $\mathrm{j}\phi kl\cos^2\theta_1/Z$，而 $\cos^2\theta_1$ 在忽略了式（7.9）中的二阶项 $\cos^2\theta_1/n^2$ 后可用 $1-1/n^2$ 代替。式（7.25）的相关解是（Allard 和 Lauriks 1997，Lauriks 等 1998）：

$$\cos\theta_p = -\mathrm{j}k_0 l(n^2-1)\frac{\phi Z_0}{nZ} \qquad (7.28)$$

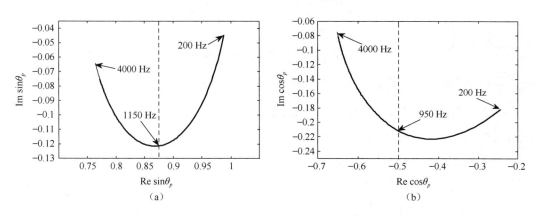

图 7.7 半无限材料层 1 的反射系数极点的轨迹

这个极点称为主点。可以用简单的迭代方法不带近似地预测 $\cos\theta_p$。对于薄层，在 Allard 和 Lauriks（1997）中显示，其他极点远离实的 $\sin\theta$ 轴，并且对反射场没有显著贡献。可以重写式（7.28）为

$$\cos\theta_p = -\mathrm{j}\phi k_0 l\left(\frac{\gamma P_0}{K} - \frac{\rho_0}{\rho}\right) \qquad (7.29)$$

对于没有黏度和热传导的理想流体，$\cos\theta_p$ 由下式给出：

$$\cos\theta_p = -\mathrm{j}\phi k_0 l(1-\alpha_\infty^{-1}) \qquad (7.30)$$

并且是一个虚部为负的虚数。

7.5.2 与极点相关的平面波

薄层

对于入射角 $\theta = \theta_p$，平面反射波满足没有入射波的边界条件。该波的空间依赖性为 $\exp[-\mathrm{j}k_0(x\sin\theta_p - z\cos\theta_p)]$。对于一个没有阻尼的薄层，反射波在 x 方向上传播，在沿 z 的反方向上消逝（也称渐逝或倏逝）。

如 3.2 节末尾所示，渐逝轴、传播轴与有实波数的介质垂直。在当前情况下，波在垂直于多孔层表面的方向上是渐逝的且与 z 轴相反。使用复波数矢量 $\mathbf{k} = \mathbf{k}^{\mathbf{R}} + \mathrm{j}\mathbf{k}^{\mathbf{I}}$ 代表反射波，在 $(k^R)^2 - (k^I)^2 = k_0^2$ 的情况下，平面波的空间依赖性由下式给出：

$$\exp[-\mathrm{j}(\mathbf{k}^{\mathbf{R}} + \mathrm{j}\mathbf{k}^{\mathbf{I}})\mathbf{OM}] = \exp[-\mathrm{j}(k_x^R x + k_z^R z) + (k_x^I x + k_z^I z)] \qquad (7.31)$$

$\mathbf{k}^{\mathbf{I}}$ 的方向与渐逝波相反。波数在图 7.8（a）中象征性地表示。对于由理想流体浸润的薄层，

波数分量 k_x 和 k_z 由下式给出：

$$k_x = k_0 \sin \theta_p = k_R \tag{7.32}$$

$$k_z = -k_0 \cos \theta_p = \mathrm{j} k_I \tag{7.33}$$

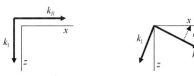

（a）由理想流体浸润的薄层   （b）由空气浸润的薄层

图 7.8　波数矢量是 $k = k_R + \mathrm{j} k_I$。该波在与 k_I 相反的方向上消逝并沿 k_R 方向传播

　　由空气浸润的薄层的波数矢量如图 7.8（b）所示。对于厚度 $l = 4\,\mathrm{cm}$ 的材料层 1，$\sin \theta_p$ 最接近于 1 的极点已经用简单的递归算法确定；$\sin \theta_p$ 在图 7.9（a）的复 s 平面中表示，$\cos \theta_p$ 在图 7.9（b）中 $50 \sim 1000\,\mathrm{Hz}$ 频率范围内的复 $\cos \theta_p$ 平面中表示。

　　对于小厚度板，$\cos \theta_p$ 的虚部和实部是负的，且 $\sin \theta_p$ 的虚部也是负的。如图 7.8（b）所示，波数矢量的实部与轴 x 成一个角度 φ。波数分量现在由下式给出：

$$k_x = k_0 \sin \theta_p = k^R \cos \varphi - \mathrm{j} k^I \sin \varphi \tag{7.34}$$

$$k_z = -k_0 \cos \theta_p = k^R \sin \varphi + \mathrm{j} k^I \cos \varphi \tag{7.35}$$

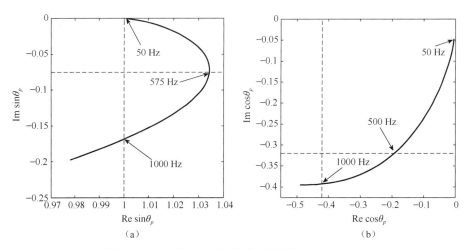

图 7.9　$\sin \theta_p$ 和 $\cos \theta_p$ 的轨迹。材料层 1，$l = 4\,\mathrm{cm}$

　　考虑到 $\cos \theta_p$ 和 $\sin \theta_p$ 的实部和虚部的符号导致 $0 \leqslant \varphi \leqslant \pi/2$，如图 7.8（b）所示，平面波反射系数可以使用 Tamura 方法（Tamura　1990；Brouard 等　1996）在 $\sin \theta$ 是实数且大于 1 的情况下测量。在 $\sin \theta$ 平面中，对于有限厚度的层，在足够低的频率下 $\sin \theta_p$ 接近实轴。当 $\sin \theta$ 接近 $|\sin \theta_p|$ 时，反射系数的模一定会呈现峰值。厚度 $l = 0.1\,\mathrm{mm}$ 的材料 2 的预测反射系数如图 7.10 所示。$\sin \theta$ 大于 1 时，反射系数模的最大值大于 1。反射波对于实的 $\sin \theta$ 且大于 1 的情形是纯粹消逝的，并且不携带能量，因此没有产生能量。由 Brouard 等（1996）对类似材料进行的测量，与这些预测很好地吻合。关于该峰，其他实验证据可以在 Brouard（1994）、

Brouard 等（1996）和 Allard 等（2002）的论文中找到。

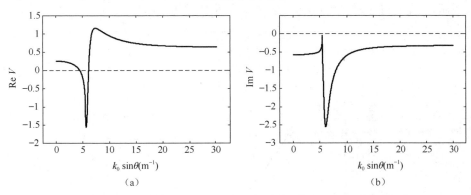

（a）　　　　　　　　　　　　（b）

图 7.10　厚度 $l = 0.1\,\text{m}$ 的材料层 2 在 0.3 kHz 处预测的反射系数，其为 $k_0 \sin\theta$ 的函数。当 $V = -1$，$\sin\theta = 1$ 时

在没有阻尼的情况下，薄层上方自由空气中的波数矢量典型地表示在图 7.8（a）中。该波在空气中呈现出表面波的所有特征性质，即在垂直于表面的方向上受阻碍，而在平行于表面的方向上无阻碍传播，其速度 $c_0 / \sin\theta_p$ 小于声速 c_0，因为 $\sin\theta_p > 1$。在多孔层内部，波不呈现表面波的特征性质。由于折射角 θ_{1p} 满足以下关系，声场在刚性不透气背衬和空气多孔层界面上经历全反射：

$$\sin\theta_{1p} = \sin\theta_p / n > 1/n \tag{7.36}$$

表面波是与层中捕获的声场相关的倏逝波。该波与 Collin（1960）和 Wait（1970）中描述的横向磁场（T. M.）电磁表面波非常相似，其磁场垂直于接地电介质上方的入射平面。它可以称为表面波，具体取决于与此定义相关的限制条件。

半无限层

对于由理想流体浸润的半无限多孔层，式（7.26）～式（7.27）给出 $\sin\theta_p$ 和实的 $\cos\theta_p$，并且 $\sin\theta_p < 1$，$\cos\theta_p < 0$。图 7.11（a）中表示由理想流体浸润的半无限层中的波数，图 7.11（b）中表示空气浸润的半无限层中的波数。在图 7.11（a）中，虚波数矢量的模等于 0，$k^R = k_0$，$k_x = k_0 \cos\varphi$，$k_z = k_0 \sin\varphi$。形式上，改变 $\cos\theta$ 的符号会将 V 变为 $1/V$ ［见式（7.10）］，并且反射波成为入射波。与半无限层的极相关的反射波可以认为是入射角处的平面波，其中的反射系数等于 0。在没有阻尼时该角度是实数，且等于 $\pi/2 - \varphi$。该角度是总折射的布鲁斯特角 θ_B。在横磁场（TM）（Collin　1960）中存在类似的总折射布鲁斯特角。空气浸润多孔介质的角度很复杂。根据式（7.10），θ_B 和 θ_p 相关：

$$\cos\theta_B = -\cos\theta_p \tag{7.37}$$

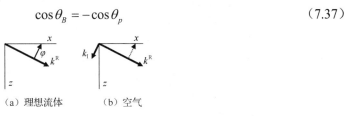

（a）理想流体　　　　（b）空气

图 7.11　与半无限层极点相关的平面波的实和虚的波数矢量

布鲁斯特角对于空气饱和多孔介质不是真实的，但 $\cos\theta_B$ 可以靠近复 $\cos\theta$ 平面中的实

$\cos\theta$ 平面。然后，反射系数的模量可以在接近 θ_B 的 θ 附近呈现最小值。预测的反射系数模量如图 7.12 所示，在 4 kHz 时作为 $\cos\theta$ 的函数。最小值接近 $\cos\theta_B = 0.65$。

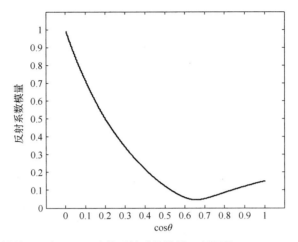

图 7.12　半无限材料层 1 在 4 kHz 时的反射系数模量。预测的 $\mathrm{Re}\cos\theta_B = -\mathrm{Re}\cos\theta_p = 0.65$

先前 Allard 等（2002）用 Tamura 方法测量了斜入射时厚的沙层的反射系数。反射系数的模量在 $\cos\theta$ 接近预测的 $\mathrm{Re}\cos\theta_B = -\mathrm{Re}\cos\theta_p$ 时呈现最小值。

7.5.3　极点对反射单极压力场的贡献

如果修改路径时积分路径与极点相交，则初始路径上的积分等于修改路径上的积分加上极点贡献。这些极点是式（7.10）右边分母一阶的 0。式（7.17）中 $F(s)$ 中的项 $(s/(1-s^2))^{1/2}$ 也存在明显的问题，但如果使用 $\cos\theta$ 而不是 $\sin\theta$ 作为积分变量，则分母处的 0 消失。以下表达式用于表示反射系数：

$$V(s) = \frac{-\sqrt{n^2-s^2} - \mathrm{j}n(Z/\phi Z_0)\sqrt{1-s^2}\,\mathrm{cotg}\,(k_0 l\sqrt{n^2-s^2})}{\sqrt{n^2-s^2} - \mathrm{j}n(Z/\phi Z_0)\sqrt{1-s^2}\,\mathrm{cotg}\,(k_0 l\sqrt{n^2-s^2})} \tag{7.38}$$

在极点位置，$s = s_p$，满足以下关系：

$$\sqrt{n^2-s_p^2} = \mathrm{j}n\left(\frac{Z}{\phi Z_0}\right)\sqrt{1-s_p^2}\,\mathrm{cotg}\,(k_0 l\sqrt{n^2-s_p^2}) \tag{7.39}$$

可以写出分母的导数 $G_s'(s_p)$：

$$\begin{aligned} G_s'(s_p) = &-\frac{s_p}{\sqrt{n^2-s_p^2}} - \frac{\mathrm{j}nZ}{\phi Z_0} \\ &\times\left[-\frac{s_p}{\sqrt{1-s_p^2}}\mathrm{cotg}\,(k_0 l\sqrt{n^2-s_p^2}) + \frac{\sqrt{1-s_p^2}}{\sin^2(k_0 l\sqrt{n^2-s_p^2})}\frac{k_0 l_p^s}{\sqrt{n^2-s_p^2}}\right] \end{aligned} \tag{7.40}$$

使用式（7.39），式（7.40）又变成

$$G'_s(s_p) = -\frac{s_p}{1-s_p^2}\sqrt{n^2-s_p^2}\left[1-(1-s_p^2)\left(\frac{2k_0 l}{\sqrt{n^2-s_p^2}\sin 2k_0 l\sqrt{n^2-s_p^2}}+\frac{1}{n^2-s_p^2}\right)\right] \tag{7.41}$$

使用式（7.15），可以写出极点贡献：

$$SW(s_p) = -2\pi j\left(\frac{k_0}{2\pi r}\right)^{1/2}\exp\left(\frac{-j\pi}{4}\right)\sqrt{\frac{s_p}{1-s_p^2}}\frac{-2\sqrt{n^2-s_p^2}}{G'_s(s_p)}\exp[k_0 R_1 f(s_p)] \tag{7.42}$$

如果 s_p 接近 1，则可以写出极点贡献 $SW(s_p)$：

$$SW(s_p) = 4\pi\left(\frac{k_0}{2\pi r}\right)^{1/2}\exp\left(\frac{j\pi}{4}\right)\sqrt{\frac{1-s_p^2}{s_p}}\exp(k_0 R_1 f(s_p)) \tag{7.43}$$

对于非局部反应介质，可以得到相同的表达式。对于薄层的情况，图 7.9 显示 $\text{Re}\sin\theta_p > 1$。然而，对于普通的网状泡沫和纤维层，$\text{Re}\sin\theta$ 保持趋于 1，且仅在入射角接近 $\pi/2$ 处交叉。对于半无限层，式（7.41）被简化，因为 $l/\sin(2k_0 l\sqrt{n^2-s_p^2})$ 被 0 代替。当使用通过路径法时，没有极点贡献。在图 7.7 中，$\text{Re}\sin\theta$ 始终小于 1。当积分的初始路径成为通过路径时，位于 $\text{Re}\sin\theta < 1$ 的路径部分可以穿过极点，但极点位于物理叶中，路径不在域 $0 < \text{Re}\sin\theta < 1$，$0 > \text{Im}\sin\theta$ 的物理叶中，因为它越过了割线。当使用第 5 章中提出的因果有效密度时，已经验证了半无限层的条件 $\text{Re}\sin\theta < 1$ 始终成立。但是，我们没有找到任何关于这种情况的一般证据。

7.6　极点减法

通过路径法（passage path method）对 $k_0 R_1 \gg 1$ 有效，只有当极点和静止点彼此足够远时，才允许反射系数在积分路径上靠近静止点的缓慢变化。如果极点接近静止点，极点减法可用于预测相同条件 $k_0 R_1 \gg 1$ 下的反射压力。通过路径法对于 $|u| \gg 1$ 仍然有效，其中，u 是由下式定义的数值距离：

$$u = \sqrt{2k_0 R_1}\exp\left(-j\frac{3\pi}{4}\right)\sin\frac{\theta_p-\theta_0}{2} \tag{7.44}$$

如果 θ_p 和 θ_0 相互接近，这个条件可能比 $k_0 R_1 \gg 1$ 限制更多。用极点减法在接近静止点的一阶极点得到的 p_r 的表达式，见附录 7.B。考虑两种情况，具有恒定阻抗 Z_L 的局部反应表面和具有有限厚度的多孔层，使用 Brekhovskikh 和 Godin（1992）的参考积分方法。附录 7.B 显示，如果在 θ_p 接近 $\pi/2$ 时存在一个极点，对 θ_0 接近于 $\pi/2$，单极反射场与局部反应表面上方的单极反射场相同，其面阻抗 Z_L 由下式给出：

$$Z_L = -Z_0/\cos\theta_p \tag{7.45}$$

相关局部反应表面的反射系数的极点在相同的角度 θ_p 处。通过在式（7.B.19）中设置 $\sqrt{S_0 S_p}=1$ 获得的 p_r 的以下近似用于多孔表面的情况：

$$p_r = \frac{\exp(-jk_0 r_1)}{R_1}$$

$$\times \left\{ V_L(s_0) - \frac{\sqrt{1-s_p^2}\sqrt{2k_0 R_1}\exp(-3\pi j/4)(1+\sqrt{\pi}u\exp(u^2)\,\mathrm{erfc}\,(-u))}{u} \right\} \quad (7.46)$$

$$u = \exp\left(\frac{-j3\pi}{4}\right)\sqrt{2k_0 R_1}\sin\frac{\theta_p - \theta_0}{2}$$

并且 erfc 是错误函数的补充。$W(u)=1+\sqrt{\pi}u\exp(u^2)\,\mathrm{erfc}\,(-u)$ 是对于小的 $|u|$ 级数的展开得到的表达式：

$$W(u) = 1 + \sqrt{\pi}u\exp(u^2) + 2u^2\exp(u^2)\left[1 - \frac{u^2}{3} + \frac{u^4}{2!5} - \frac{u^6}{3!7} + \cdots\right] \quad (7.47)$$

对于大的 $|u|$ 的展开，有

$$W(u) = 1 + \mathrm{sgn}\,(\mathrm{Re}\,(u))\sqrt{\pi}u\exp(u^2) + \frac{1}{2u^2} - \frac{1\times 3}{(2u^2)^2} + \frac{1\times 3\times 5}{(2u^2)^3} + \cdots \quad (7.48)$$

V 和 u 使用以下近似表达式：

$$V(\sin\theta) = \frac{\cos\theta + \cos\theta_p}{\cos\theta - \cos\theta_p} \quad (7.49)$$

$$u = \exp\left(\frac{-j3\pi}{4}\right)\sqrt{k_0 R_1/2}(\cos\theta_0 - \cos\theta_p) \quad (7.50)$$

式（7.46）中的项 $\sqrt{1-s_p^2}\sqrt{2k_0 R_1}\exp(-3\pi j/4)/u$ 可以用 $1-V(\sin\theta)=-2\cos\theta_p/(\cos\theta_0 - \cos\theta_p)$ 代替，那么式（7.46）可以改写成

$$p_r = \frac{\exp(-jk_0 R_1)}{R_1}[V_L(\sin\theta_0) + (1-V_L(\sin\theta_0))(1+\sqrt{\pi}u\exp(u^2))\,\mathrm{erfc}\,(-u)] \quad (7.51)$$

其中，V_L 是阻抗平面 $Z_s = -Z_0/\cos\theta_p$ 的反射系数。Chien 和 Soroka（1975）给出了类似的方程，用于局部反应表面的情况。不同之处在于，对于多孔层，$\cos\theta_p$ 是从式（7.25）中获得的，其中 Z_s 取决于入射角。式（7.49）仅对 θ_0 接近于 $\pi/2$ 有效，且 θ_p 接近于 θ_0。由于涉及众多参数，很难定义式（7.49）～式（7.51）的有效性限值。当 θ_p 或 θ_0 离 $\pi/2$ 太远时，精度的限制将在下一节介绍。对于半无限层，更常见的是当极点接近静止时，在没有交叉的情况下，在小的数值距离处，存在由 $\sqrt{\pi}u\exp(u^2)$ 给出的 W 中反向压力的贡献，对于大的 $|u|$，当 $\mathrm{Re}(u)>0$ 时，增加一半的贡献。类似的贡献——Zenneck 波，存在于由导电表面反射的电偶极子场中。Baños（1966）和 Brekhovskikh（1960）对 Zenneck 波进行了描述。声学和电磁情况之间的密切相似性在 Allard 和 Henry（2006）中有所体现。

总结一些要点如下。在足够低的频率下，具有有限厚度的任何层可以通过具有与层的主极相同极的阻抗平面替换为接近于 $\pi/2$ 的 θ_0。式（7.48）中，项 $[1+\mathrm{sgn}\,(\mathrm{Re}\,(u))]\sqrt{\pi}u\exp(u^2)$ 的贡献对应于通过路径法中交叉极点的贡献（见附录 7.C）。如果多孔层是半无限的，则该贡献不存在，因为在这种情况下，$\mathrm{Re}\sin\theta_0 < 1$。但是，在这种情况下，对于小的 $|u|$，如果交叉，

则有相当于极点贡献一半的贡献。

7.7　极点定位

7.7.1　根据反射场的 r 依赖性进行定位

使用式（7.49）～式（7.50），式（7.51）可以重写为

$$p_r = \frac{\exp(-jk_0R_1)}{R_1}\left\{1 - \cos\theta_p\sqrt{2k_0R_1}\exp\left(\frac{-3j\pi}{4}\right)\sqrt{\pi}\exp(u^2)\,\mathrm{erfc}\,(-u)\right\} \tag{7.52}$$

而 $\cos\theta_p$ 与反射压力有关：

$$\cos\theta_p = [1 - R_1 p_r \exp(jk_0R_1)]/\left[(2\pi k_0 R_1)^{1/2}\exp\left(\frac{-3\pi j}{4}\right)\exp(u^2)\,\mathrm{erfc}\,(-u)\right] \tag{7.53}$$

用式（7.53）进行的 $\cos\theta_p$ 的两次仿真测试如图 7.13 和图 7.14 所示。用式（7.6）计算反射压力，并用式（7.53）的迭代方法评估与主极相关的 θ_p。对于厚度 $l = 3\,\mathrm{cm}$ 的材料层 1，对精确计算的 $\cos\theta_p$ 和用式（7.53）计算得到的 $\cos\theta_p$ 进行比较。在图 7.13 中，$r = 1\,\mathrm{m}$，$z_1 = z_2 = -1\,\mathrm{cm}$。在图 7.14 中，$z_1 = z_2 = -5\,\mathrm{cm}$。在两图中，当频率增加时，$|\cos\theta_p|$ 也增加，系统误差增加。对于较薄的层，可以忽略的系统误差的频率范围更大。图 7.13 中的镜面反射角大于图 7.14 中的，系统误差较大。测量结果见 Allard 等（2003a，b）用于多孔泡沫的薄层。测量结果见 Allard 等（2003a，b）用于多孔泡沫的薄层。在式（7.53）的有效域中，θ_p 接近于 $\pi/2$，并且由式（7.25），在入射角 θ_p 接近于 $\pi/2$ 时的面阻抗可以从 $\cos\theta_p$ 计算得到。这个面阻抗可以认为是室内声学中的重要参数。入射角等于 $\pi/2$ 时的反射系数为-1，并且在那里没有吸收。然而，吸收的主要部分可能发生在大的入射角时，其阻抗保持接近入射角为 $\pi/2$ 时的阻抗。

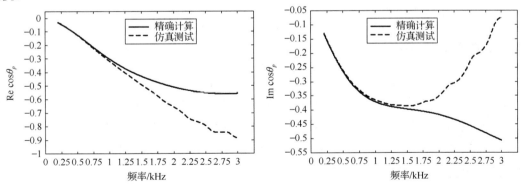

图 7.13　精确计算的 $\cos\theta_p$ 与用式（7.53）得到的仿真测试值的比较。材料层 1，$l = 3\,\mathrm{cm}$，$r = 1\,\mathrm{m}$，$z_1 = z_2 = -2\,\mathrm{cm}$

在对玻璃珠和沙子层进行测量时，Hickey 等（2005）指出，它具有大流阻率和小孔隙率的特点。这些层的厚度足够大，因为它们的反射系数非常类似于半无限层的反射系数。接近掠入射的面阻抗的模远大于空气的特征阻抗，并且 $\mathrm{Re}\,\theta > 0$ 的极点接近于 $\theta = \pi/2$。如 7.5.2 节所述，总折射下的布鲁斯特角 θ_B 与 θ_p 相关，$\cos\theta_B = -\cos\theta_p$。布鲁斯特角可以通过测量 $\cos\theta_p$ 得到。

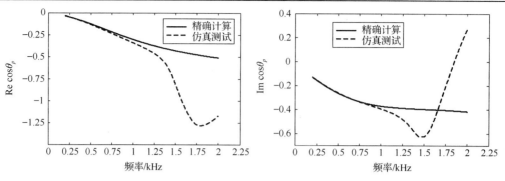

图 7.14　精确计算的 $\cos\theta_p$ 与用式（7.53）得到的仿真测试值的比较。材料层 1，$l = 3\text{ cm}$，$r = 1\text{ m}$，$z_1 = z_2 = -5\text{ cm}$

7.7.2　根据总压力的垂直相关性进行定位

如果多孔层上方的压力场与面阻抗 $Z_s(\sin\theta_p)$ 的局部反应介质的压力场相同，则该层的面阻抗也为 $Z_s(\sin\theta_p)$。当 $\theta_p \approx \pi/2$、$\theta_0 \approx \pi/2$ 时，如果 $|z_1|$ 和 $|z_2|$ 远小于 r，这一结论在下面将被验证。总压力 p_t 是 p_r 的和及直达场 $\exp(-\mathrm{j}k_0 R_2)/R_2$ 的总和，R_2 是从源到接收处的距离

$$
\begin{aligned}
p_t = &\frac{\exp(-\mathrm{j}k_0 R_2)}{R_2} \\
&+ \frac{\exp(-\mathrm{j}k_0 R_2)}{R_1}\left\{ 1 - \cos\theta_p \sqrt{2k_0 R_1} \exp\left(\frac{-3\mathrm{j}\pi}{4}\right) \sqrt{\pi} \exp(u^2)\,\mathrm{erfc}\,(-u) \right\}
\end{aligned}
\tag{7.54}
$$

其中，u 由式（7.50）给出，$\theta_0 = \pi/2$，$\partial R_2/\partial z_2 = \partial R_1/\partial z_2 = 0$，$\partial\theta_0/\partial z_2 = 1/r$（$z$ 轴指向多孔层）。$w(u) = \exp(u^2)\,\mathrm{erfc}\,(-u)$ 的导数是 $w'(u) = 2uw(u) + 2/\sqrt{\pi}$（Abramovitz 和 Stegun　1972，第 7 章），其中，u 可以用 $-\exp(-\mathrm{j}3\pi/4)\sqrt{k_0 r/2}\,\cos\theta_p$ 代替。

$\theta_0 = \pi/2$ 处的 $\dfrac{\partial u}{\partial z_2}$ 由下式给出：

$$
\frac{\partial u}{\partial z_2} = -\sqrt{2k_0 r}\exp\left(-\frac{\mathrm{j}3\pi}{4}\right)\frac{1}{2r}\sin\theta_0
\tag{7.55}
$$

其中，$\sin\theta_0$ 趋于 1，且有：

$$
\partial p_t/\partial z_2 = p_t \mathrm{j}k_0 \cos\theta_p
\tag{7.56}
$$

面阻抗是一个比值，$p_t/v_z = -p_t \mathrm{j}\omega\rho_0/(\partial p_t/\partial z_2) = -Z_0/\cos\theta_p$，其值等于 $Z_s(\sin\theta_p)$。该阻抗可以在自由场中通过靠近表面的压力测量来计算，该表面在 z_2 和 z_2' 处表面的法线上。速度 v_z 由 $(\mathrm{j}/\omega\rho_0)\partial p_t/\partial z_2$ 给出，其中，压力导数 $\partial p_t/\partial z_2$ 可以近似为 $[p(z_2') - p(z_2)]/(z_2' - z_2)$。测得的表面阻抗 Z_s 可以从下式中获得：

$$
Z_s = \frac{\mathrm{j}(z_2' - z_2)}{\omega\rho_0}\frac{p(z_2)}{(p(z_2^1) - p(z_2))}
\tag{7.57}
$$

或者用小的 $z_1 - z_2$ 的等价表达式：

$$
Z_s = \frac{\mathrm{j}(z_2' - z_2)}{\omega\rho_0}\frac{1}{\ln(p(z_2')/p(z_2))}
\tag{7.58}
$$

在图 7.15 中，估算的量不是 Z_s 而是 $\cos\theta_p = -Z_0/Z_s$。图中显示的仿真测试值是对于厚度为 $l=3\,\mathrm{cm}$ 的材料层 1，用式（7.6）计算得到的精确的总压力，而式（7.58）用于估算 Z_s。与先前的方法相比，系统误差随频率增加更快。测量结果见 Allard 等（2004）。

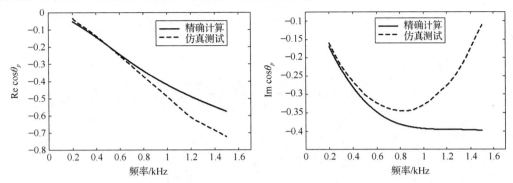

图 7.15　精确计算的 $\cos\theta_p$ 与用式（7.56）得到的仿真测试值的比较，来自垂直于层表面的轴上总压力的变化。材料层 1，$l=3\,\mathrm{cm}$，$z_1=z_2=-0.5\,\mathrm{cm}$，$z_2'=-2.5\,\mathrm{cm}$，$r=1\,\mathrm{m}$

z_2 依赖于极点的贡献 p_{pole}，关系是 $\exp(\mathrm{j}k_0\cos\theta_p z_2)$。这给出了极点贡献导数的以下表达式：

$$\partial p_{\mathrm{pole}}/\partial z_2 = p_{\mathrm{pole}}\,\mathrm{j}k_0\cos\theta_p \tag{7.59}$$

$[\partial p_{\mathrm{pole}}/\partial z_2]/p_{\mathrm{pole}}$ 与式（7.56）中的 $[\partial p_t/\partial z_2]/p_t$ 具有相同的表达形式，不同之处在于阻抗条件涉及总场，并且必须仅靠近反射表面时才能满足。

7.8　改进的 Chien 和 Soroka 模型

7.1 节给出了反射场的精确积分表达，7.4 节给出了用通过路径法获得并对大的 k_0R_1 有效的近似表达，7.6 节给出了当一极点位于入射角 θ_0 接近掠入射且在 θ_p 接近于 $\pi/2$ 的几个等效表达。本节将对 Nicolas 等（1985）和 Li 等（1998）提出的改进的 Chien 和 Soroka 模型的有效性进行研究。目前，它用于预测在远距离声传播背景下多孔层上方的反射单极场，以及用于声学表面阻抗的计算，这在本节进行研究。Chien 和 Soroka（1975）的初步工作涉及由阻抗平面 Z_s 反射形成的单极场。在初始公式中，反射场由下式给出：

$$p_r = \frac{\exp(-\mathrm{j}k_0R_1)}{R_1}[V_L(\sin\theta_0)+(1-V_L(\sin\theta_0))(1+\sqrt{\pi}u\exp(u^2)\,\mathrm{erfc}\,(-u))] \tag{7.60}$$

其中，V_L 是反射系数：

$$V_L(\sin\theta) = \frac{\cos\theta - Z_0/Z_s}{\cos\theta + Z_0/Z_s} \tag{7.61}$$

u 由下式给出：

$$u = \exp\left(\frac{-\mathrm{j}3\pi}{4}\right)\sqrt{k_0R_1/2}\left(\cos\theta_0 + \frac{Z_0}{Z_s}\right) \tag{7.62}$$

这是反射系数的一个极点，$\cos\theta_p = -Z_0/Z_s$。该式可从 Brekhovskikh 和 Godin（1992）中的式（1.4.10）在 θ_p 和 θ_0 接近于 $\pi/2$ 时得到。对于非局部反应介质，建议用 $Z_s(\sin\theta_0)$ 代替式（7.60）～

式（7.62）中的恒定阻抗 Z_s。在改进的 Chien 和 Soroka 公式中，$Z_s(\sin\theta_0)$ 已被不依赖于入射角的 Z_s 替代。阻抗平面的反射系数 V_L 变成入射角为 θ_0 的多孔层的反射系数 V。在修改的方程中，反射压力由下式给出：

$$p_r = \frac{\exp(-jk_0R_1)}{R_1}[V(\sin\theta_0) + (1 - V(\sin\theta_0))(1 + \sqrt{\pi}u\exp(u^2)\,\mathrm{erfc}\,(-u))] \tag{7.63}$$

其中，V 是反射系数：

$$V(\sin\theta) = \frac{\cos\theta - Z_0/Z_s(\sin\theta)}{\cos\theta + Z_0/Z_s(\sin\theta)} \tag{7.64}$$

并且，现在 u 由下式给出：

$$u = \exp\left(\frac{-j3\pi}{4}\right)\sqrt{k_0R_1/2}\left(\cos\theta_0 + \frac{Z_0}{Z_s(\sin\theta_0)}\right) \tag{7.65}$$

对于阻抗不显著依赖于 θ 的材料，改进后的仿真类似于 Chien 和 Soroka 的初始公式。由于表征多孔层的参数很多，对改进公式有效范围的详细描述超出本书的范围，不过，通过以下示例可以了解一些趋势。当直达场 $\exp(-jk_0R_2)/R_2$ 和反射场 $V(\sin\theta)\exp(-jk_0R_1)/R_1$ 几乎相互抵消时，由于球形度问题而需要进行精确修正。这发生在 $\theta_0 \approx \pi/2$ 时，因为在 $\theta_0 = \pi/2$ 处，$R_1 = R_2$，$V = 1$。在第一个例子中，θ_0 接近于 $\pi/2$。设 p_t 是上述材料层的准确的总声场：

$$p_t = p_r + \frac{\exp(-jk_0R_2)}{R_2} \tag{7.66}$$

其中，反射场 p_r 用式（7.6）计算。设 p_t' 为用改进公式获得的总声场。在图 7.16 中，$|(p_t' - p_t)/p_t|$ 表示厚度为 2 cm 的材料层 1 和材料层 2 的一个频率相关函数。几何形状由 $z_1 = z_2 = -2.5\,\text{cm}$ 和 $r = 1\,\text{m}$ 定义。

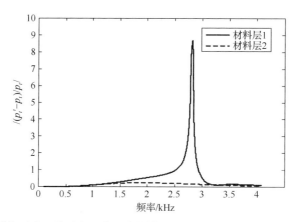

图 7.16　改进公式进行压力评估时归一化误差的模量。厚度 $l = 2\,\text{cm}$，$z_1 = z_2 = -2.5\,\text{cm}$，$r = 1\,\text{m}$

低频范围内这两种材料的误差很小。在低频率区有一个 θ_p 接近于 $\pi/2$ 的极点，可以使用式（7.49）～式（7.51）。改进公式对应一组同样的方程，其中，$\cos\theta_p = -Z/Z_s(\sin\theta_p)$ 被 $-Z/Z_s(\sin\theta_0)$ 替代。由于 θ_0 和 θ_p 彼此接近且 $Z_s(\theta_p)$ 接近 $Z_s(\theta_0)$，因此，改进公式也可以用于薄层材料接近于掠入射的情况。这个改进公式在高频情况下两种材料的误差也很小。这可以

使用通过路径法预测反射压力来解释。当 θ_0 接近于 $\pi/2$ 时，对于具有低流阻的介质，在高频率下使用通过路径法是合理的，因为在式（7.25）中有 $|Z_0/Z_s(s \approx 1)| \approx 1$，在接近于 $\pi/2$ 处没有极点。如图 7.17 所示，虽然穿过积分路径的许多节点的贡献量被忽略了，在高频范围内，通过式（7.6）得到的精确压力 p_t'，与式（7.20）用通过路径法得到的预测值 p_t'' 之间，存在很好的一致性。

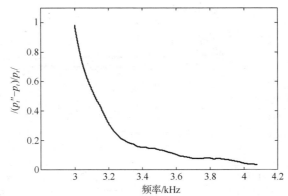

图 7.17　总压力 p_t 与用通过路径法预测的压力 p_t'' 的归一化差。
材料层 2，$l = 2$ cm，$z_1 = z_2 = -2.5$ cm，$r = 1$ m

这个良好的一致性也表明，在高频率下选择的几何，极点的贡献可以忽略不计。使用式（7.A.3）对 $\theta_0 = \pi/2$ 给出 $\cos\theta_0$ 中的零阶项：

$$N = -2\left(\frac{Z_s(\sin\theta_0)}{Z_0}\right)^2 \qquad (7.67)$$

根据式（7.20），p_r 由下式给出：

$$p_r = \frac{\exp(-jk_0R_1)}{R_1}\left[V(\sin\theta_0) - \frac{-2j(Z_s(s_0)/Z_0)^2}{k_0R_1}\right] \qquad (7.68)$$

当只保留式（7.48）中的前导项 $1/(2u^2)$ 时，改进公式可以获得相同的表达式。用通过路径法预测的压力和改进公式在大的数值距离接近掠入射时是相似的。这解释了为什么在这些条件下使用改进公式所得预测是有效的。

在图 7.16 中，预测了材料层 2 的总压力，其中大的误差出现在中频范围。说明这是整体趋势。当流阻率降低时，误差增加。对于具有大流阻的材料，误差可以忽略不计，因为材料变为局部反应，并且修改的公式变得与 Chien 和 Soroka 的初始公式相同，如附录 7.C 所示，可以在整个频率范围内使用。厚度对误差的影响如图 7.18 所示。

当厚度增加时误差减小，对于半无限层，中频范围内的峰值消失。半无限层只有一个极点，其面阻抗比薄层材料对入射角依赖要小。这也就解释了为什么当厚度增加时误差减小。

对于小的入射角，精确的总压力与用修改的公式预测的压力之间的归一化差异如图 7.19 所示。用精确的总压力和下式给出的压力 p_L 之间的归一化差值进行比较：

$$p_L = \frac{\exp(-jk_0R_2)}{R_2} + \frac{\exp(-jk_0R_1)}{R_1}V(\sin\theta_0) \qquad (7.69)$$

其中省略了与源的球形度相关的修正。

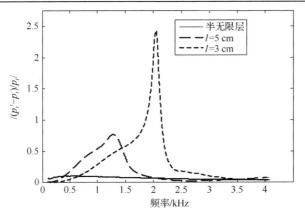

图 7.18　用改进公式计算不同厚度下压力的归一化误差 $|(p_t' - p_t)/p_t|$ 的模。
材料 2，$z_1 = z_2 = -2.5\,\mathrm{cm}$，$r = 1\,\mathrm{m}$

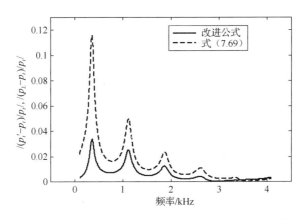

图 7.19　用改进公式与式（7.69）得到的总压力的归一化误差估算。
材料 2，$l = 2\,\mathrm{cm}$，$z_1 = z_2 = -2.5\,\mathrm{cm}$，$r = 1\,\mathrm{m}$

　　在改进公式中添加 $(1 - V(\sin\theta_0))(1 + \sqrt{\pi}u \exp(u^2)\,\mathrm{erfc}\,(-u))\exp(-\mathrm{j}k_0 R_1)/R_1$，对于 p_L 可显著降低低频情况下的差异。θ_p 接近于 $\pi/2$ 的中频范围内的大峰值消失了。反射场接近于 p_L，校正的贡献不如接近于 $\pi/2$ 的 θ_0 重要。

　　总之，除了具有接近掠入射的低流阻率介质的小厚度的层，改进公式可以提供可靠的预测。在这种情况下，如果满足精确的积分计算条件，则最好使用精确表达式［见式（7.6）］。

附录 7.A　N 的计算

有限厚度层

$$\frac{\partial V}{\partial s} = \frac{2m'(s_0)s(1-n^2)}{\sqrt{n^2-s^2}\sqrt{1-s^2}\,(m'(s_0)\sqrt{1-s^2}+\sqrt{n^2-s^2})^2}\left[1+\frac{2\sqrt{n^2-s^2}(1-s^2)k_0 l}{\sin(2l\sqrt{n^2-s^2}(1-n^2))}\right]$$

$$m'(s) = -\mathrm{j}\frac{m}{\phi}\cot(k_0 l\sqrt{n^2-s^2}) \tag{7.A.1}$$

$$\frac{\partial^2 V}{\partial s^2} = \frac{2(1-n^2)m'(s_0)s}{\sqrt{n^2-s^2}\sqrt{1-s^2}\,(m'(s_0)\sqrt{1-s^2}+\sqrt{n^2-s^2})^2}\,\frac{2k_0nl}{(1-n^2)}$$

$$\times\left[\frac{2k_0nl(1-s^2)s\cos(2k_0l\sqrt{n^2-s^2})}{n^2\sin^2(2k_0l\sqrt{n^2-s^2})}-\frac{s((1-s^2)/(\sqrt{n^2-s^2}+2\sqrt{n^2-s^2}))}{n\sin 2k_0l\sqrt{n^2-s^2}}\right]$$

$$+\left[1+\frac{2(1-s^2)k_0l\sqrt{n^2-s^2}}{(1-n^2)\sin^2(2k_0l\sqrt{n^2-s^2})}\right]\left[\frac{2(1-n2)s}{\sqrt{n^2-s^2}\sqrt{1-s^2}\,(m'(s_0)\sqrt{1-s^2}+\sqrt{n^2-s^2})^2}\right.$$

$$\left.-\frac{4(1-n^2)m'^2(s_0)s}{\sqrt{n^2-s^2}\sqrt{1-s^2}\,(m'(s_0)\sqrt{1-s^2}+\sqrt{n^2-s^2})^3}\right]\frac{2m'k_0ls}{\sqrt{n^2-s^2}\sin(2k_0l\sqrt{n^2-s^2})} \tag{7.A.2}$$

系数 N 可写成

$$N=\left[1+\frac{2k_0l(1-s_0^2\sqrt{n^2-s_0^2})}{(1-n^2)\sin(2k_0l\sqrt{n^2-s_0^2})}\right]$$

$$\times\left[M(s_0)+\frac{2(1-s_0^2)(1-n^2)s_0^2(-m'(s_0)\sqrt{1-s_0^2}+\sqrt{n^2-s_0^2})m'(s_0)k_0l}{(n^2-s_0^2)\sqrt{1-s_0^2}\,(m'(s_0)\sqrt{1-s_0^2}+\sqrt{n^2-s_0^2})^3\sin(2k_0l\sqrt{n^2-s_0^2})}\right]$$

$$+\frac{1-s_0^2}{2}\frac{2m'(s_0)s_0(1-n^2)}{\sqrt{n^2-s_0^2}\sqrt{1-s_0^2}\,(m'(s_0)\sqrt{1-s_0^2}+\sqrt{n^2-s_0^2})^2}\,\frac{2k_0l}{(1-n^2)}n$$

$$\times\left[\frac{2k_0ls_0(1-s_0^2)\cos(2k_0l\sqrt{n^2-s_0^2})}{n\sin^2[2k_0l\sqrt{n^2-s_0^2}]}-\frac{s_0(1-s_0^2+2(n^2-s_0^2))}{n\sin[2k_0l(n^2-s_0^2)]}\right] \tag{7.A.3}$$

其中，$M(s_0)$ 由下式给出：

$$M(s_0)=m'(s_0)(1-n^2)\{2m'(s_0)(n^2-1)+(1-s_0^2)^{1/2}$$

$$\times[3m'(s_0)(1-s_0^2)^{1/2}-m'(s_0)(1-s_0^2)^{3/2}+\sqrt{n^2-s_0^2}\,2(n^2+s_0^2)]\} \tag{7.A.4}$$

$$\times(m'(s_0)\sqrt{1-s_0^2}+\sqrt{n^2-s_0^2})^{-3}(n^2-s_0^2)^{-3/2}$$

恒定阻抗 Z_L 的局部反应介质

极点位于 θ_p 处且满足

$$\cos\theta_p=\sqrt{1-s_p^2}=-Z/Z_L \tag{7.A.5}$$

反射系数 V_L 为

$$V_L(s)=\frac{\cos\theta+\cos\theta_p}{\cos\theta-\cos\theta_p} \tag{7.A.6}$$

式（7.21）给出：

$$N=\frac{2\sqrt{1-s_p^2}(1-\sqrt{1-s_0^2}\sqrt{1-s_p^2})}{(\sqrt{1-s_0^2}-\sqrt{1-s_p^2})^3} \tag{7.A.7}$$

附录 7.B　用极点减法计算 p_r

我们遵循 Brekhovskikh 和 Godin（1992）一书附录 A 中描述的参考积分方法。对于多孔层和具有阻抗 Z_L 的局部反应表面，同时获得 p_r 的表达式。下标 L 用于局部反应表面。以下各式用于反射系数：

$$V(q) = 1 - \frac{2\sqrt{n^2 - s^2}}{\sqrt{n^2 - s^2} - \mathrm{j}\sqrt{1 - s^2} \cot(\sqrt{n^2 - s^2} k_0 l) nZ/(\phi Z_0)} \tag{7.B.1}$$

$$V_L(s) = 1 - \frac{2Z_0}{Z_L\sqrt{1 - s^2} + Z_0} \tag{7.B.2}$$

单位项提供了 $\exp(-\mathrm{j}k_0 R_1)/R_1$ 对 p_r 的贡献，并在下面的内容中被忽略。在式（7.15）中，$f(s)$、$f_L(s)$、$F(s)$ 和 $F_L(s)$ 分别由下面各式给出：

$$f(s) = f_L(s) = -\mathrm{j}(s\sin\theta_0 + \sqrt{1 - s^2}\cos\theta_0) \tag{7.B.3}$$

$$F(s) = -2\sqrt{\frac{s}{1 - s^2}}\sqrt{n^2 - s^2}\left[\sqrt{n^2 - s^2} - \mathrm{j}\frac{Zn}{\phi Z_0}\sqrt{1 - s^2}\cot(k_0 l\sqrt{n^2 - s^2})\right]^{-1} \tag{7.B.4}$$

$$F_L(s) = -2Z_0\sqrt{\frac{s}{1 - s^2}}[Z_L\sqrt{1 - s^2} + Z_0]^{-1} \tag{7.B.5}$$

使用与 Brekhovskikh 和 Godin（1992）中式（A.3.9）～式（A.3.14）相同的符号，可以写出式（7.15）中的积分：

$$\int_{-\infty}^{\infty} F(s)\exp[k_0 R_1 f(s)]\mathrm{d}s = \exp(k_0 R_1 f(s_0))\left[aF_1(1, kR_1, q_p) + \left(\frac{\pi}{k_0 R_1}\right)^{1/2}\Phi_1(0)\right] \tag{7.B.6}$$

$$a = \lim_{s \to s_0}[F(s)(s - s_P)] \tag{7.B.7}$$

$$q_p \atop {\scriptstyle \mathrm{Im}(q_p)<0} = \{\mathrm{j}[\cos(\theta_p - \theta_0) - 1]\}^{1/2} \tag{7.B.8}$$

对于薄层和半无限层的情况，该式可替换为

$$q_p = \exp\left(\frac{-\mathrm{j}\pi}{4}\right)\sqrt{2}\sin\frac{\theta_p - \theta_0}{2} \tag{7.B.9}$$

$$F_1(1, k_0 R_1, q_p) = -\mathrm{j}\pi\exp(-k_0 R_1 q_p^2)[\mathrm{erfc}\,(\mathrm{j}\sqrt{k_0 R_1}\,q_p)] \tag{7.B.10}$$

$$\Phi_1(0) = F(s_0)\sqrt{\frac{-2}{f''(s_0)}} + a/q_p \tag{7.B.11}$$

其中，$s_0 = \sin\theta_0$，对于多孔层，a 由下式给出：

$$a = -2\sqrt{\frac{s_p}{1-s_p^2}}\frac{\sqrt{n^2-s_p^2}}{G_s'(s_p)} \tag{7.B.12}$$

其中，G' 由式（7.40）给出，式（7.B.12）可以重写为

$$a = -2\sqrt{\frac{1-s_p^2}{s_p}}\left[1-(1-s_p^2)\left(\frac{2k_0l}{\sqrt{n^2-s_p^2}\sin 2k_0l\sqrt{n^2-s_p^2}}+\frac{1}{n^2-s_p^2}\right)\right]^{-1} \tag{7.B.13}$$

对于局部反应介质。a_{L} 由下式给出：

$$a_{\mathrm{L}} = -2\sqrt{\frac{1-s_p^2}{S_p}} \tag{7.B.14}$$

使用 $f(s)=-\mathrm{j}\cos(\theta-\theta_0)$ 得出 $f''(s_0)=\mathrm{j}/(1-s_0^2)$ 且有

$$F(s_0)\sqrt{\frac{-2}{f''(s_0)}}=\sqrt{\frac{s_0}{1-s_0^2}}(-1+V(s_0))\sqrt{2\mathrm{j}(1-s_0^2)} \tag{7.B.15}$$

对于多孔层，反射压力为

$$\begin{aligned}
p_r &= \frac{\exp(-\mathrm{j}k_0R_1)}{R_1}+\left(\frac{k_0}{2\pi r}\right)^{1/2}\exp\left(\frac{-\mathrm{j}\pi}{4}\right)\exp(-\mathrm{j}k_0R_1)\\
&\times\{-\mathrm{j}\pi a\exp(-k_0R_1q_p^2)\,\mathrm{erfc}\,(\mathrm{j}\sqrt{k_0R_1}q_p)\\
&+\left(\frac{\pi}{k_0R_1}\right)^{1/2}\left[\sqrt{\frac{s_0}{1-s_0^2}}(-1+V(s_0))\sqrt{2\mathrm{j}(1-s_0^2)}+\frac{a}{q_p}\right]\}
\end{aligned} \tag{7.B.16}$$

经过整理，p_r 可以重写为

$$\begin{aligned}
p_r &= \frac{\exp(-\mathrm{j}k_0R_1)}{R_1}\\
&\times\left\{V(s_0)-\frac{\sqrt{1-s_p^2}\sqrt{2k_0R_1}\exp(-3\pi\mathrm{j}/4)(1+\sqrt{\pi}u\exp(u^2)\,\mathrm{erfc}\,(-u))}{u\sqrt{s_0 s_p}[1-(1-s_p^2)[2k_0l/(\sqrt{n^2-s_p^2}\sin 2k_0l\sqrt{n^2-s_p^2})+1/(n^2-s_p^2)]]}\right\}
\end{aligned} \tag{7.B.17}$$

其中，u 是数值距离，其值由下式给出：

$$u = -\mathrm{j}\sqrt{k_0R_1}q_p \tag{7.B.18}$$

对于局部反应表面，p_r 的表达非常相似：

$$\begin{aligned}
p_r &= \frac{\exp(-\mathrm{j}k_0R_1)}{R_1}\\
&\times\left\{V_{\mathrm{L}}(s_0)-\frac{\sqrt{1-s_p^2}\sqrt{2k_0R_1}\exp(-3\pi\mathrm{j}/4)(1+\sqrt{\pi}u\exp(u^2)\,\mathrm{erfc}\,(-u))}{u\sqrt{s_0 s_p}}\right\}
\end{aligned} \tag{7.B.19}$$

在式（7.B.17）中，反射系数 $V(s_0)$ 由式（7.38）给出。如果 θ_0 接近于 $\pi/2$，在 $\cos\theta_0$ 中的一阶近似中，$\sin\theta_0=1$，$\cos\theta_1=\sqrt{1-1/n^2}$；$V(s_0)$ 由相同的近似给出：

$$V(s_0) = \frac{-(n^2-1)^{1/2} - jn(Z/\phi Z_0)\cos\theta_0 \cot(k_0 l\sqrt{n^2-1})}{(n^2-1)^{1/2} - jn(Z/\phi Z_0)\cos\theta_0 \cot(k_0 l\sqrt{n^2-1})} \qquad (7.B.20)$$

如果 θ_p 也接近于 $\pi/2$，式（7.B.20）可用来计算 $\cos\theta_p$，由下式给出：

$$\cos\theta_p = -j\frac{\phi Z_0}{nZ}\sqrt{n^2-1}\tan k_0 l\sqrt{n^2-1} \qquad (7.B.21)$$

[对于薄层情况，见式（7.28）]。近似反射系数 V 具有与 V_L 相同的表达式：

$$V(s_0) = \frac{\cos\theta_0 + \cos\theta_p}{\cos\theta_0 - \cos\theta_p} \qquad (7.B.22)$$

忽略式（7.B.17）等号右边分母中乘以 $1-s_p^2 = \cos^2\theta_p$ 的项，式（7.B.17）和式（7.B.19）变得相同。

附录 7.C 从极点减法到通过路径法：局部反应表面

在局部反应表面的情况下，对于大的 $|u|$，通过极点减法评估的反射压力具有与通过路径法所得结果相同的表达式。极点减法的极点贡献对应于式（7.48）中的 $2\sqrt{\pi}u\exp(u^2)$ 项，可以写成

$$SW_P(s_p) = -\frac{\exp(-jk_0 R_1)}{R_1}\frac{\sqrt{1-s_p^2}\sqrt{2k_0 R_1}\exp\left(\frac{-3j\pi}{4}\right)2\sqrt{\pi}\exp(u^2)}{\sqrt{s_0 s_p}} \qquad (7.C.1)$$

其中，$u^2 = jk_0 R_1[1-\cos(\theta_p-\theta_0)]$。该贡献与通过路径法中由式（7.43）给出的 $SW(s_p)$ 相同。该贡献存在于相同条件下。可以证明，式（7.48）中的条件 $\mathrm{Re}\,u > 0$，对应于当初始积分路径时，极点已经交叉的事实变形为通道。此外，当 θ_0 和 θ_p 接近于 $\pi/2$ 且 u 由式（7.50）给出时，式（7.48）中的项 $1/2u^2$ 对 p_r 的贡献，对应于式（7.20）中 N 的贡献，N 相对于阻抗平面的值在 Brekhovskikh 和 Godin（1992）中给出：

$$N = \frac{2\cos\theta_p(1-\cos\theta_0\cos\theta_p)}{(\cos\theta_0-\cos\theta_p)^3} \qquad (7.C.2)$$

在分子中忽略乘积 $\cos\theta_0\cos\theta_p$。用极点减法获得的反射压力的表达式对于大的数值距离仍然有效，并且可以代替用通过路径法获得的表达式。具有高流阻的介质在整个可听声频率范围内可以用具有 $|Z_s|\geqslant|Z_0|$ 的阻抗平面代替；如果 θ_0 接近于 $\pi/2$，则 Chien 和 Soroka 的表达式（7.49）～式（7.51）可用于小的和大的数字距离。

参考文献

Abramowitz, M. and Stegun, I.A. (1972) *Handbook of Mathematical Functions*. National Bureau of Standards, Washington D. C.

Allard, J.F. and Lauriks, W. (1997) Poles and zeros of the plane wave reflection coefficient for porous surfaces. *Acta Acustica* **83**, 1045–1052.

Allard, J.F., Henry, M., Tizianel, J., Nicolas, J. and Miki, Y. (2002) Pole contribution to the field reflected by sand layers. *J. Acoust. Soc. Amer*. **111**, 685–689.

Allard, J.F., Henry, M., Jansens, G. and Lauriks, W. (2003a) Impedance measurement around grazing incidence for nonlocally reacting thin porous layers, *J. Acoust. Soc. Amer*. **113**, 1210–1215.

Allard, J.F., Gareton, V., Henry, M., Jansens, G. and Lauriks, W. (2003b) Impedance evaluation from pressure measurements near grazing incidence for nonlocally reacting porous layers. *Acta Acustica* **89**, 595–603.

Allard, J.F., Henry, M. and Gareton V. (2004) Pseudo-surface waves above thin porous layers. *J. Acoust. Soc. Amer*. **116**, 1345–1347.

Allard, J.F. and Henry, M. (2006) Fluid-fluid interface and equivalent impedance plane. *Wave Motion* **43**, 232–240.

Baños, A. (1966) *Dipole Radiation in the Presence of a Conducting Haf-Space*. Pergamon Press, New York.

Brekhovskikh, L.M. (1960) *Waves in Layered Media*. Academic, New York.

Brekhovskikh, L.M. and Godin, O.A. (1992) *Acoustic of Layered Media II, Point Source and Bounded Beams*. Springer Series on Waves Phenomena, Springer, New York.

Brouard, B. (1994) Validation par holographie acoustique de nouveaux modèles pour la propagation des ondes dans les matériaux poreux stratifiés. Ph.D. Thesis, Université du Maine, Le Mans.

Brouard, B., Lafarge, D., Allard, J.F. and Tamura, M. (1996) Measurement and prediction of the reflection coefficient of porous layers at oblique incidence and for inhomogeneous waves. *J. Acoust. Soc. Amer*. **99**, 100–107.

Chien, C.F. and Soroka, W.W. (1975) Sound propagation along an impedance plane. *J. Sound Vib*. **43**, 9–20.

Collin, R.E. (1960) *Field Theory of Guided Waves*. McGraw-Hill, New York.

Hickey, C., Leary, D. and Allard, J.F. (2005) Impedance and Brewster angle measurement for thick porous layers, *J. Acoust. Soc. Amer*. **118**, 1503–509.

Lauriks, W., Kelders, L. and Allard, J.F. (1998) Poles and zeros of the reflection coefficient of a porous layer having a motionless frame in contact with air. *Wave Motion* **28**, 59–67.

Li, K.M., Waters-Fuller, T. and Attenborough, K. (1998) Sound propagation from a point source over extended reaction ground. *J. Acoust. Soc. Amer*. **104**, 679–685.

Nicolas, J., Berry, J.F. and Daigle, G. (1985) Propagation of sound above a layer of snow. *J. Acoust. Soc. Am*. **77**, 67–73.

Tamura, M. (1990) Spatial Fourier transform method of measuring reflection coefficient at oblique incidence. *J. Acoust. Soc. Amer*. **88**, 2259–2264.

Wait, J.R. (1970) *Electromagnetic Waves in Stratified Media*. Pergamon Press, New York.

第8章　空气中点源激励及应力圆形面源和线源激励 的多孔骨架——空气浸润多孔骨架的模态

8.1　引言

第 7 章描述了空气浸润刚性骨架多孔层的一些模态，这些模态与平面波反射系数的极点有关，可以在大入射角的球形反射场中观察到。真实的多孔结构并不是静止不动的，对于大多数多孔介质，如果使用 Biot 理论代替刚性骨架模型，第 7 章的结果不会有明显改变。在本章中，使用 Biot 理论描述由空气中的点源压力场或在层表面有限区域中施加的法向应力所产生的骨架位移，假设多孔介质是各向同性的。第 10 章将考虑各向异性效应，讨论由法向应力场在平行于已知波数的层表面产生的位移场。当应力场被空气中的平面压力场代替时，采用相同的描述。索末菲表达式可用于适应空气中点源情形的结果。傅里叶变换或 Hankel 变换可用于圆法向应力。

本章的另一个目标是提出可用于评估可听声频率范围内多孔骨架刚度参数的实验。已经提出了许多在非常低频率下测量刚度系数的方法（Melon 等　1998；Park　2005；Pritz　1986，1994；Sfaoui　1995a，b；Langlois 等　2001；Tarnow　2005），但是，刚性系数会在准静态状态和可听声频率范围之间表现出明显的变化。

8.2　骨架位移的预测

8.2.1　平行于面方向波数分量已知的激励

在图 8.1（a）中，空气中的平面声场以入射角 θ 入射到厚度为 l 的多孔层上。该层被黏结到刚性不透气背衬上。问题的几何形状在入射平面中是二维的。层表面的总压力场 p（入射加反射）由 $p = p^e \exp(-\mathrm{j} k_x x)$ 给出，时间相关项 $\exp(\mathrm{j} \omega t)$ 被舍弃，$k_x = \xi = k_0 \sin \theta$。本章使用 Biot 理论的第一种表达。三个 Biot 波在多孔层中传播，分别朝背衬方向和朝空气-多孔材料边界方向。在图 8.1（b）中，入射平面波被法向应力场 $\tau_{zz}^s = \exp(-\mathrm{j} \xi x)$ 替代，并且对 x 的依赖关系相同，应力施加到表面上。第一步，利用 Biot 理论预测多孔骨架在水平（轨迹）方向波数为 ξ 的平面激励下的径向和垂直位移分量 u_x^s 和 u_z^s。设 k_1、k_2 是 Biot 理论中的两个压缩波的波数，k_3 是剪切波的波数。每个平面波都与骨架的位移 $\boldsymbol{u}^s$ 和空气的 $\boldsymbol{u}^f$ 有关，其中 $\boldsymbol{u}^f = \mu \boldsymbol{u}^s$。设 N 为骨架的剪切模量，v 为骨架的泊松比，并设 P、Q、R 为 Biot 理论的刚度系数。k_1、k_2、k_3、μ_1、μ_2、μ_3、P、Q 和 R 这些量在第 6 章中有说明。

压力场或应力场引起的激励与在具有相同水平波数分量的层中上下传播的 Biot 波有关。上标+表示从上表面传播到下表面的波，上标-表示沿相反方向传播的波。设 $\varphi_i^{\pm}(i=1,2)$ 是压缩波的速度势，与其相关的位移 $\boldsymbol{u}^s=-\mathrm{j}\nabla\varphi/\omega$。设 $\boldsymbol{\Psi}^{\pm}=\boldsymbol{n}\varphi_3^{\pm}$ 是矢量势，$\boldsymbol{n}$ 为 y 轴上的单位矢量，$\boldsymbol{u}^s=-\mathrm{j}\nabla^{\wedge}\boldsymbol{\Psi}/\omega$ 为相关的骨架位移。标量函数 $\varphi_i^{\pm}$ 可以写为

$$\varphi_i^{\pm}=a_i^{\pm}\exp(\mp\mathrm{j}\alpha_i z-\mathrm{j}\xi x)$$
$$\alpha_i=(k_i^2-\xi^2)^{1/2}$$
$$i=1,2,3 \tag{8.1}$$

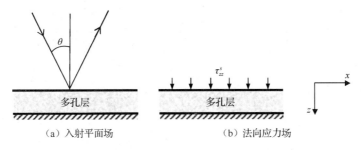

图 8.1　在多孔介质中产生 Biot 波的两种源

（a）入射平面场　　　　　　（b）法向应力场

设 $\alpha_{\alpha\beta}^s$ 和 $\alpha_{\alpha\beta}^f$ 分别是骨架和空气的 Biot 应力张量分量，它们与作用在骨架和空气上的力有关，在多孔介质的单位表面上。Biot 理论中的应力分量由下式给出：

$$\sigma_{ij}^s=[(P-2N)\theta^s+Q\theta^f]\delta_{ij}+2Ne_{ij}^s \tag{8.2}$$

$$\sigma_{ij}^f=(Q\theta_s+R\theta_f)\delta_{ij} \tag{8.3}$$

其中，θ^f 和 θ^s 分别是空气和骨架的扩张度，项 e_{ij}^s 是骨架的应变分量。

为了简化对有限厚度层的计算，定义了三个独立的位移场，它们满足该层下表面的边界条件。它们是通过将每个势函数 $\exp(-\mathrm{j}\alpha_i z)$，$i=1,2,3$，相关联而获得的，三个势函数为 $r_{ik}\exp(\mathrm{j}\alpha_k z)$，$k=1,2,3$。将该层胶黏结到刚性不透气背衬下表面的边界条件是

$$u_z^s=0 \tag{8.4}$$

$$u_z^f=0 \tag{8.5}$$

$$u_x^s=0 \tag{8.6}$$

系数 r_{ji} 在附录 8.A 中给出。设 $\boldsymbol{b}_1$、$\boldsymbol{b}_2$ 和 $\boldsymbol{b}_3$ 是由下面各式［系数 $\exp(-\mathrm{j}\xi x)$ 被移除了］定义的骨架位移场：

$$\boldsymbol{b}_1=-\frac{\mathrm{j}}{\omega}[\nabla(\exp(-\mathrm{j}\alpha_1 z)+r_{11}\exp(\mathrm{j}\alpha_1 z)+r_{12}\exp(\mathrm{j}\alpha_2 z))+\nabla^{\wedge}\boldsymbol{n}r_{13}\exp(\mathrm{j}\alpha_3 z)] \tag{8.7}$$

$$\boldsymbol{b}_2=\frac{-\mathrm{j}}{\omega}[\nabla(r_{21}\exp(\mathrm{j}\alpha_1 z)+\exp(-\mathrm{j}\alpha_2 z)+r_{2z}\exp(\mathrm{j}\alpha_2 z))+\nabla^{\wedge}\boldsymbol{n}r_{23}\exp(\mathrm{j}\alpha_3 z)] \tag{8.8}$$

$$\boldsymbol{b}_3=\frac{-\mathrm{j}}{\omega}[\nabla(r_{31}\exp(\mathrm{j}\alpha_1 z)+r_{32}\exp(\mathrm{j}\alpha_2 z))+\nabla^{\wedge}\boldsymbol{n}(\exp(-\mathrm{j}\alpha_3 z)+r_{33}\exp(\mathrm{j}\alpha_3 z))] \tag{8.9}$$

任意线性组合 $\lambda_1 \boldsymbol{b}_1 + \lambda_2 \boldsymbol{b}_2 + \lambda_3 \boldsymbol{b}_3$ 满足下表面的边界条件。设 p^e 为压力，v_z^e 为接近层的上表面自由空气中空气速度的法向分量。在上表面，可以写出入射平面波情况的边界条件 [见式（6.98）~式（6.100）]：

$$\phi \sum \dot{u}_z^f + (1-\phi) \sum \dot{u}_z^s = v_z^e \tag{8.10}$$

$$\sum \sigma_{zz}^f = -\phi p^e \tag{8.11}$$

$$\sum \sigma_{zz}^s = -(1-\phi) p^e \tag{8.12}$$

$$\sum \sigma_{xz}^s = 0 \tag{8.13}$$

在此处对 6 个 Biot 波进行求和。如果激励是由施加在骨架上的法向单位应力场 τ_{zz}^s 引起的，则式（8.12）必须替换为

$$\sum \sigma_{zz}^s = -(1-\phi) p + \tau_{zz}^s \tag{8.14}$$

在上表面，可以写出与 $\sum \lambda_j \boldsymbol{b}_j$ 相关的速度分量和应力分量，而 x 相关性则被丢弃：

$$\sum \sigma_{xz}^s = M_{1,1} \lambda_1 + M_{1,2} \lambda_2 + M_{1,3} \lambda_3 \tag{8.15}$$

$$\sum \dot{u}_z^s = M_{2,1} \lambda_1 + M_{2,2} \lambda_2 + M_{2,3} \lambda_3 \tag{8.16}$$

$$\sum \dot{u}_z^f = M_{3,1} \lambda_1 + M_{3,2} \lambda_2 + M_{3,3} \lambda_3 \tag{8.17}$$

$$\sum \sigma_{zz}^f = M_{4,1} \lambda_1 + M_{4,2} \lambda_2 + M_{4,3} \lambda_3 \tag{8.18}$$

$$\sum \sigma_{zz}^s = M_{5,1} \lambda_1 + M_{5,2} \lambda_2 + M_{5,3} \lambda_3 \tag{8.19}$$

$$\sum \dot{u}_x^s = M_{6,1} \lambda_1 + M_{6,2} \lambda_2 + M_{6,3} \lambda_3 \tag{8.20}$$

系数 $M_{i,j}$ 在附录 8.A 中给出。对于入射平面波（见图 8.1a），系数 λ_j 与单位总压力场 p 在 $p^e = 1$ 时相关，可从式（8.11）~式（8.13）获得。将这些值代入式（8.10）中可以得出 v_z^e 和面阻抗 $Z_s(\xi/k_0) = p^e / v_z^e$；反射系数 $V(\xi/k_0)$ 为

$$V(\xi/k_0) = \frac{Z_s(\xi/k_0) - Z_0/\cos\theta}{Z_s(\xi/k_0) + Z_0/\cos\theta} \tag{8.21}$$

其中，Z_0 是自由空气中的特征阻抗，而 $\cos\theta = (1-(\xi/k_0)^2)^{1/2}$。法向总速度分量为 $\dot{U}_z^s = \sum \dot{u}_z^s, \dot{U}_z^f = \sum \dot{u}_z^f$，反射系数通过下面给出的参数 T_{ij} 得到：

$$T_{ij} = M_{i+1,j} - \frac{M_{1,j}}{M_{1,3}} M_{i+1,3} \tag{8.22}$$

$$i = 1,\ldots,5, \ j = 1,2$$

使用式（8.13）和式（8.15），式（8.18）~式（8.19）可以写为

$$\sum \sigma_{zz}^f = T_{31} \lambda_1 + T_{32} \lambda_2 \tag{8.23}$$

$$\sum \sigma_{zz}^s = T_{41} \lambda_1 + T_{42} \lambda_2 \tag{8.24}$$

从式（8.11）～式（8.12）可以得出 λ_2 / λ_1 如下：

$$\frac{\lambda_2}{\lambda_1} = s_1 = -\frac{\phi T_{41} - (1-\phi)T_{31}}{\phi T_{42} - (1-\phi)T_{32}} \tag{8.25}$$

系数 λ_1 是从式（8.23）获得的，其中，$\sum \sigma_{zz}^f = -\phi$。速度分量、面阻抗和反射系数由下面各式给出：

$$\dot{U}_z^s = (T_{11} + T_{12}s_1)\frac{-\phi T_{42} + (1-\phi)T_{32}}{T_{31}T_{42} - T_{32}T_{41}} \tag{8.26}$$

$$\dot{U}_x^s = (T_{21} + T_{22}s_1)\frac{-\phi T_{42} + (1-\phi)T_{32}}{T_{31}T_{42} - T_{32}T_{41}} \tag{8.27}$$

$$v_z^e = \frac{D_1}{T_{31}T_{42} - T_{32}T_{41}} \tag{8.28}$$

$$Z_s(\xi/k_0) = (T_{31}T_{42} - T_{32}T_{41})/D_1 \tag{8.29}$$

$$V(\xi/k_0) = \frac{-D_1 Z_0 + (T_{31}T_{42} - T_{32}T_{41})\cos\theta}{D_1 Z_0 + (T_{31}T_{42} - T_{32}T_{41})\cos\theta} \tag{8.30}$$

其中，D_1 由下式给出：

$$\begin{aligned} D_1 &= [-\phi T_{42} + (1-\phi)T_{32}][(1-\phi)T_{11} + \phi T_{21}] \\ &+ [\phi T_{22} + (1-\phi)T_{12}][\phi T_{41} - (1-\phi)T_{31}] \end{aligned} \tag{8.31}$$

当外部源为单位应力 $\tau_{zz}^s = \exp(-\mathrm{j}\xi x)$ 时，存在与前一种情况下反射波相似的平面波，且 z 依赖于 $\exp(\mathrm{j}zk_0\cos\theta)$。在自由空气中层的表面上，压力 p^e 和法向速度 v_z^e 的关系为

$$p^e = -v_z^e Z_0 / \cos\theta \tag{8.32}$$

使用式（8.10），式（8.32）可以写成

$$p^e = s_2\lambda_1 + s_3\lambda_2 \tag{8.33}$$

其中，s_2 和 s_3 由下式给出：

$$s_2 = -\frac{Z_0}{\cos\theta}[(1-\phi)T_{11} + \phi T_{21}] \tag{8.34}$$

$$s_3 = -\frac{Z_0}{\cos\theta}[(1-\phi)T_{12} + \phi T_{22}] \tag{8.35}$$

式（8.23）变为

$$(T_{31} + \phi s_2)\lambda_1 + (T_{32} + \phi s_3)\lambda_2 = 0 \tag{8.36}$$

当 $\tau_s = 1$ 时，式（8.24）变为

$$[T_{41} + (1-\phi)s_2]\lambda_1 + [T_{42} + (1-\phi)s_3]\lambda_2 = 1 \tag{8.37}$$

可以从这组方程中求得参数 λ_1 和 λ_2 的值。对于单位幅值的激励，层表面的骨架速度分量为

$$\dot{U}_z^s = [T_{11}(T_{32} + \phi s_3) - T_{12}(T_{31} + \phi s_2)]/D_2 \tag{8.38}$$

$$\dot{U}_x^s = [T_{51}(T_{32} + \phi s_3) - T_{52}(T_{31} + \phi s_2)]/D_2 \tag{8.39}$$

其中，D_2 由下式给出：

$$D_2 = [T_{41} + (1-\phi)s_2][T_{32} + \phi s_3] - [T_{42} + (1-\phi)s_3][T_{31} + \phi s_2] \qquad (8.40)$$

分母 D_1 和 D_2 的关系为

$$D_2 = T_{41}T_{32} - T_{31}T_{42} - D_1 \frac{Z_0}{\cos\theta} \qquad (8.41)$$

式（8.30）和式（8.41）的比较表明，速度分量 $\dot{U}_z^s$ 和 $\dot{U}_x^s$ 的奇异性与反射系数的奇异性位于相同的 x 波数分量 ξ。

在本章末，用空气中的平面场产生的骨架速度分量，预测空气中的点源引起的位移。通过机械激励获得的骨架速度分量随后用于不同几何形状的激励。

8.2.2　圆形面源和线源

设 $g(r)$ 是圆形面源 τ_s 的径向空间依赖性。使用直接 Hankel 变换和逆 Hankel 变换：

$$G(\xi) = \int_0^\infty r g(r) J_0(\xi r) \mathrm{d}r$$
$$g(r) = \int_0^\infty \xi G(\xi) J_0(\xi r) \mathrm{d}\xi \qquad (8.42)$$

轴对称源可以由具有贝塞尔函数 $J_0(r\xi)$ 给出的空间依赖性的激励叠加来代替。以下等价项［见式（7.3）～式（7.6）］和附录 8.B：

$$\int_0^\infty G(\xi) J_0(r\xi)\xi\mathrm{d}\xi = \frac{1}{2\pi} \int_{-\infty}^\infty \int_{-\infty}^\infty G(\xi)\exp(-\mathrm{j}(\xi_1 x + \xi_2 y))\mathrm{d}\xi_1\mathrm{d}\xi_2\xi$$
$$\xi = \sqrt{\xi_1^2 + \xi_2^2} \qquad (8.43)$$

证明，$J_0(\xi r)$ 可以用方向不同且径向波数 ξ 相同的单位场的叠加来代替。可以写出骨架 $\dot{\bar{U}}_z^s(r)$ 的总垂向速度（见附录 8.B）为

$$\dot{\bar{U}}_z^s(r) = \frac{1}{2\pi} \int_0^\infty \xi G(\xi) J_0(\xi) \dot{U}_z^s(\xi) \mathrm{d}\xi \qquad (8.44)$$

使用

$$J_1(u) = \frac{\mathrm{j}}{2\pi} \int_0^{2\pi} \exp(-\mathrm{j}u\cos\theta)\cos\theta\mathrm{d}\theta$$

（见附录 8.B）可以对径向分量 $\dot{\bar{U}}_r^s(r)$ 给出以下表达式：

$$\dot{\bar{U}}_r^s(r) = \frac{-\mathrm{j}}{2\pi} \int_0^\infty \xi J_1(r\xi) G(\xi) \dot{U}_x^s(\xi) \mathrm{d}\xi \qquad (8.45)$$

对于在 Y 方向上具有空间相关性 $h(x)$ 的线源，可以使用直接空间傅里叶变换和逆空间傅里叶变换：

$$H(\xi) = \int_{-\infty}^\infty h(x)\exp(\mathrm{j}\xi x)\mathrm{d}x$$
$$h(x) = \frac{1}{2\pi} \int_{-\infty}^\infty H(\xi)\exp(-\mathrm{j}\xi x)\mathrm{d}\xi \qquad (8.46)$$

现在，表面速度位移的 z 分量和 x 分量由下面两式给出：

$$\dot{\bar{U}}_z^s(x) = \frac{1}{2\pi}\int_{-\infty}^{\infty} H(\xi)\dot{U}_z^s(\xi)\exp(-\mathrm{j}\xi x)\mathrm{d}\xi \qquad (8.47)$$

$$\dot{\bar{U}}_x^s(x) = \frac{1}{2\pi}\int_{-\infty}^{\infty} H(\xi)\dot{U}_x^s(\xi)\exp(-\mathrm{j}\xi x)\mathrm{d}\xi \qquad (8.48)$$

8.3　半无限层——瑞利波

瑞利极点

Feng 和 Johnson（1983）表明，瑞利波是一种表面模式，可以在半无限的多孔骨架与轻质流体界面上通过实验检测到。在 Feng 和 Johnson（1983）中，没有考虑 Biot 理论所预测的不同损失。Allard 等（2002）对有损的空气饱和多孔吸声介质的瑞利波进行了描述，给出了表 8.1 中表示为材料 1 的多孔介质的图示。通过将式（8.7）～式（8.9）中的所有 r_{ij} 置为 0，可以获得半无限层的预测。先验地，由于部分解耦，瑞利波必须类似于在真空中可能存在于多孔骨架表面的瑞利波。对于处于真空状态的骨架，瑞利波的速度必须略小于剪切波的速度。对于材料 1，在 2 kHz 时，Biot 剪切波的波数 $k_3 = 230.6 - \mathrm{j}24.0\ \mathrm{m}^{-1}$。

对于多孔介质，使用 Victorov（1967）中的经验公式；对于弹性固体，瑞利波的波数 k_R 与剪切波的波数的关系为

$$k_R = k_3 \frac{1+v}{0.87+1.12v} \qquad (8.49)$$

得到 $k_R = 248 - \mathrm{j}25.9\ \mathrm{m}^{-1}$。对于式（8.38）～式（8.39）给出的 $\dot{U}_z^s$ 和 $\dot{U}_x^s$ 奇异点的位置没有明确的表达式，但可通过递归方法获得与预测 k_R 接近的 x 波数分量。

表 8.1　不同材料的参数

材料	骨架密度 ρ_1 (kg/m^3)	泊松比 v	剪切模量 N (kPa)	曲折度 α_∞	孔隙率 ϕ	流阻率 σ (Ns/m^4)	特征长度 Λ, Λ' (μm)
1	25	0.3	75+j15	1.4	0.98	50 000	50, 150
2	24.5	0.44	80+j12	2.2	0.97	22 100	39, 275

对于在多孔介质中振幅随 z 增大而减小的一组三个 Biot 波，在 $\xi_R = 249.1 - \mathrm{j}26.5\ \mathrm{m}^{-1}$ 和 $\xi_R = 247.7 - \mathrm{j}25.7\ \mathrm{m}^{-1}$ 处获得两个极点。多孔介质上方空气中的波动与由 $\exp(\mathrm{j}kz\cos\theta)$ 给出的 z 相关，第一个极点的 $\cos\theta = -0.73 - \mathrm{j}6.73$，第二个极点的 $\cos\theta = 0.71 + \mathrm{j}6.69$。第一个极点在物理黎曼叶上。两个 $\cos\theta$ 几乎相反，两个 $\sin\theta$ 几乎相等。

圆形面源的瑞利波贡献

最简单的源是法向周期点力 $F\exp(\mathrm{j}\omega t)\delta(x)\delta(y)$。可以用叠加的轴对称场替代：

$$F\delta(x)\delta(y) = \frac{F}{2\pi}\int_0^{\infty} J_0(\xi r)\xi\mathrm{d}\xi \qquad (8.50)$$

使用式（8.44），距源径向距离为 r 的垂向速度可以写成

$$\dot{U}_z^s(r) = \frac{F}{2\pi} \int_0^\infty J_0(\xi r)\dot{U}_z^s(\xi)\xi \mathrm{d}\xi \tag{8.51}$$

其中，$\dot{U}_z^s$ 由式（8.38）给出，且在 $\xi = \xi_R$ 处具有奇异性。使用关系式 $J_0(u) = 0.5(H_0^1(u) - H_0^1(-u))$ 可以将半个 ξ 实轴的积分替换为第 7 章中整个 ξ 轴的积分。可以使用不同的方式使积分路径变形，以切割瑞利极点。Allard 等（2004）给出了水-多孔弹性界面在不同路径上积分的例子。在图 8.2 中显示了空气中半无限层材料 1 的径向距离 $r = 25\ \mathrm{cm}$ ［使用式（8.51）和快速傅里叶变换］得出的预测。垂向力是一个以 2 kHz 为中心的脉冲。

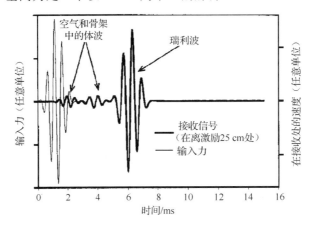

图 8.2　在 $r = 25\ \mathrm{cm}$ 处骨架表面的点力 $F(t)$ 和垂向速度 $\dot{U}_z^s(r)$（Allard 等　2002）

表示为"瑞利波"的信号部分几乎与物理黎曼叶中与瑞利极点相关的残差的贡献相同。附录 8.C 介绍了如何评估这一贡献。在不同的径向距离上进行的仿真测试，给出了在 2 kHz 时瑞利波的速度接近于 $\omega/\operatorname{Re}\xi_R \approx 52\ \mathrm{m/s}$。

已经进行了不同源、线源和半径约 5 mm 的圆形面源下的测量。Allard 等（2002）首次描述了开孔泡沫上瑞利波的速度和阻尼的测量。实验装置如图 8.3 所示。

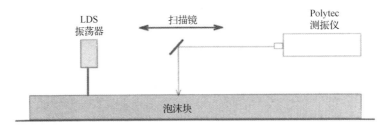

图 8.3　用于观察开孔泡沫表面波的实验装置（Allard 等　2002）

该层的厚度 $l = 10\ \mathrm{cm}$。用激光测振仪和扫描镜在光源几个不同距离处测量法向速度的幅值和相位。将一小片反光胶带粘贴到泡沫上以获得良好的信号。以 10～20 个周期的正弦脉冲作为激励，且让检测到的信号与激励互相关，以便获得运行时间。测量结果如图 8.4 所示。这些测量得出的相速度为 68 m/s，阻尼为 24 m^{-1}。

在图 8.2 中，两个骨架中传播波的贡献出现在瑞利波之前，其幅值要小得多。使用当前的测量设置无法检测到此影响。

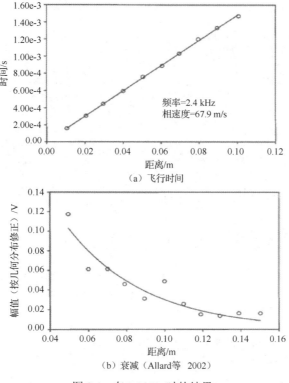

（a）飞行时间

（b）衰减（Allard 等　2002）

图 8.4　在 2.4 kHz 时的结果

8.4　有限厚度层——修正的瑞利波

当表面的距离等于 Biot 剪切波波长的 2 倍时，瑞利波的幅值才在该层中是明显的。表 8.1 给出的材料的系数 r_{ij} 对于大厚度可以忽略不计，但当厚度减小时，其模量增加，并且由于系数 $M_{i,j}$ 取决于系数 r_{ij} 相关的厚度，瑞利极点的位置也会改变。改变后的极点在物理黎曼叶 ξ 平面的位置如图 8.5 所示，它是材料 1 的层在 2 kHz 处（见表 8.1）厚度的函数。剪切 Biot 波的波长等于 2.73 cm。当厚度与波长同量级时，会出现明显的变化。

多孔吸声介质通常在厚度为 1~5 cm 的多孔层中可用。这限制了在低频情况下测量瑞利波的波速。另一个限制源于多孔骨架有大的结构阻尼。结果，只能在离源距离很小处检测到瑞利波。Geebelen 等（2008）证明，在距源小至 3 个瑞利波长距离处进行的测量，可以得到相速度的合理数量级。

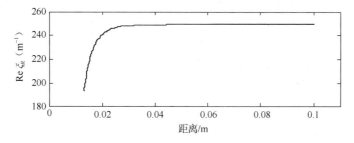

图 8.5　修正的瑞利波波数与材料 1 的厚度有关，频率固定为 2 kHz

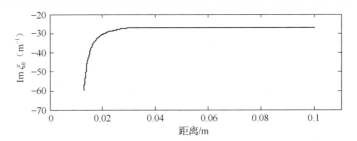

图 8.5　修正的瑞利波波数与材料 1 的厚度有关，频率固定为 2 kHz（续）

8.5　有限厚度层——模态与共振

8.5.1　弹性固体层和多孔弹性层的模态与共振

在一个有限厚度层中，两个面都是自由的，或黏结到刚性基底上，存在无限数量的骨架模态。由于是部分解耦的，空气或真空中的骨架模态必须以相同的频率参与，类似于骨架的变形场。

Boeckx 等（2005）研究了低频情况下的模态，对于柔软无损的弹性固体，其一面黏结在刚性基底上，另一面与真空接触。设 V_T 是横波速度，V_L 是压缩波速度，ξ 是沿 x 方向传播模态的 x 向波数分量，$p^2 = (\omega/V_L)^2 - \xi^2$，$q^2 = (\omega/V_T)^2 - \xi^2$。可以写出这些模态的频散方程：

$$-4\xi^2(\xi^2 - q^2) - \sin pl \sin ql \left[\frac{\xi^2}{pq}(\xi^2 - q^2)^2 + 4\xi^2 pq\right]$$
$$+\cos pl \cos ql [4\xi^4 + (\xi^2 - q^2)^2] = 0 \tag{8.52}$$

其中，l 是层的厚度。在图 8.6（a）中，显示了通过对式（8.52）的根进行数值检索而获得的频散曲线的示例。厚度为 $2l$ 的自由板常规兰姆频散曲线如图 8.6（b）所示。与自由板的主要区别在于不存在没有截止频率的模态且模态密度较小。根据式（8.52），截止频率由下式给出：

$$f_c = (2m+1)\frac{V_T}{4l} \ \text{或} f_c = (2m+1)\frac{V_L}{4l}, \quad m = 0,1,2\cdots \tag{8.53}$$

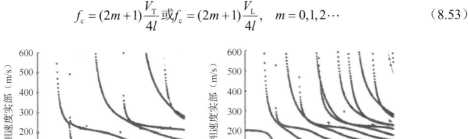

（a）在刚性基底上的一层厚度为 l 的弹性介质　　　　（b）厚度为 $2l$ 的自由层

图 8.6　相速度作为频率×厚度的函数，适用于：（a）在刚性基底上一层厚度为 l 的弹性介质，（b）厚度为 $2l$ 的自由层。材料密度为 $14\,\text{kg/m}^3$，$V_L = 222.\,\text{m/s}$，$V_R = 122.\,\text{m/s}$（Boeckx 等　2005）

在截止频率处，相速度是无限的，位移在整个自由表面上都是相同的。这些位移对应于

该层 $(2m+1)\lambda_{\mathrm{T}}/4$ 和 $(2m+1)\lambda_{\mathrm{L}}/4$ 的共振。对于泊松比小的介质，一阶共振是 $\lambda_{\mathrm{T}}/4$，然后接着一个 $\lambda_{\mathrm{L}}/4$ 共振。如果泊松比足够接近 0.5，则二阶共振为 $3\lambda_{\mathrm{T}}/4$ 共振。

Boeckx 等（2005）描述了黏结层情况下的实验装置，以及所述两个一阶模态中相速度的测量。

空气浸润的多孔骨架的主要不同源于大的损耗角。当频率趋于截止频率时，相速度不会趋于无穷大，而是呈现最大值。

8.5.2　空气中点源的共振激励

重的多孔骨架与周围空气中的声场不是强耦合。此外，一般的吸声多孔介质具有较大的损耗角；当前的量级只有 $1/10$。但是，空气中的点源在多孔层自由表面上产生的骨架速度可以使用激光测速仪测量，并且在速度分布中会出现大量的峰值。与一般的声阻抗测量相反，为骨架选择的边界条件很重要，如果将层黏结在刚性背衬上，则必须仔细黏结骨架。测量激励和骨架位移的实验装置如图 8.7 所示。由多孔骨架上单极场产生的速度分量 $\dot{U}_z^s$ 由下式给出：

$$\dot{U}_z^s(r) = -\mathrm{j}\int_0^\infty \frac{J_0(r\xi)}{\mu}[1 + V(\xi/k_0)]\dot{U}_z^s(\xi)\exp[\mathrm{j}\mu(z_1+z_2)]\xi\mathrm{d}\xi \tag{8.54}$$

其中，V 是 $\cos\theta = \mu/k_0$ 的反射系数，而 $\dot{U}_z^s$ 由式（8.38）给出。

使用

$$J_1(z) = \frac{\mathrm{j}}{2\pi}\int_0^{2\pi}\exp(-\mathrm{j}z\cos\theta)\cos\theta\mathrm{d}\theta$$

［见附录 8.B 中的式（8.B.12）］可获得径向分量的以下表达式：

$$\bar{U}_r^s(r) = -\int_0^\infty \frac{J_1(r\xi)}{\mu}[1 + V(\xi/k_0)]\dot{U}_x^s(\xi)\exp[\mathrm{j}\mu(z_1+z_2)]\xi\mathrm{d}\xi \tag{8.55}$$

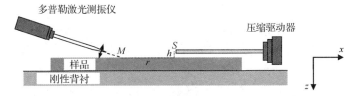

图 8.7　用于测量骨架位移的装置（Geebelen 等　2007）

在式（8.54）和式（8.55）中，$(1+V)\dot{U}_z^s$ 和 $(1+V)\dot{U}_x^s$ 可以分别写成

$$[1 + V(\xi/k_0)]\dot{U}_z^s(\xi) = 2\cos\theta\frac{T_{11}[(1-\phi)T_{32} - \phi T_{42}] + T_{12}[\phi T_{41} - (1-\phi)T_{31}]}{D_1 Z + (T_{31}T_{42} - T_{32}T_{41})\cos\theta} \tag{8.56}$$

$$[1 + V(\xi/k_0)]\dot{U}_x^s(\xi) = 2\cos\theta\frac{T_{21}[(1-\phi)T_{32} - \phi T_{42}] + T_{22}[\phi T_{41} - (1-\phi)T_{31}]}{D_1 Z + (T_{31}T_{42} - T_{32}T_{41})\cos\theta} \tag{8.57}$$

$[1 + V(\xi/k_0)]\dot{U}_z^s(\xi)$ 和 $[1 + V(\xi/k_0)]\dot{U}_x^s(\xi)$ 的奇异性与式（8.30）给出的 V 的奇异性相同。

关于它们的测量和预测在 Allard 等（2007）和 Geebelen 等（2007）中给出。用一个高度约为 5 cm 的光源将一束激光束垂直打到材料表面来测量法向速度，从光源到测量速度的点的径向距离为 1 cm 或 2 cm。径向速度的测量是在激光束的入射角大于 $60°$ 且径向距离大于 5 cm 的情况下进行的。因为式（8.45）中的贝塞尔函数 J_1，径向位移在 r 较小时可以忽略不计。在与压缩驱动器相对的一侧，将传声器安装在源的管中，并且在第一步中，使用传声器提供的压力信号对测得的速度进行归一化。在第二步中，相对于预测速度将测量的速度进行归一化，以更易于对比。

图 8.8 和图 8.9 中给出了预测和测量的结果。使用表 8.1 中材料 2 的声学参数进行预测，层的厚度为 $l = 2\,\text{cm}$。表征刚度的声学参数是泊松比和剪切模量，已对其进行调整以适合测量的分布。模态表现为速度分布上的宽峰。对于图 8.9 中的径向速度，最大值接近 Biot 剪切波 $\lambda/4$ 共振。可以注意到，与骨架 Biot 压缩波 $\lambda/4$ 共振相反，通常不能观察到剪切波 $\lambda/4$ 共振。对于法向速度，泊松比等于或小于 0.35 的材料的分布在此共振时达到峰值（Allard 等 2007，Geebelen 等 2007）。对于材料 2，泊松比很大，并且为测量装置选择了合适的几何形状，正态分布中的主峰出现在比 Biot 压缩波 $\lambda/4$ 共振频率低的频率处。对于软弹性介质的简单情况，已经研究了主峰的起源。在这种情况下，相似的峰值对应于与剪切波 $3\lambda/4$ 共振相关的模态的贡献。

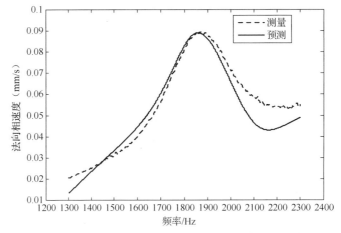

图 8.8　法向速度，$r = h = 3.5\,\text{cm}$，预测值与测量值

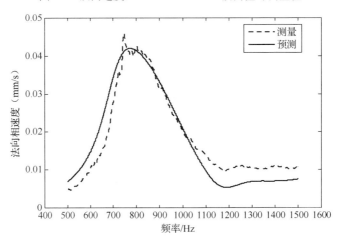

图 8.9　径向速度，$r = 16.5\,\text{cm}$，$h = 3.5\,\text{cm}$，预测值与测量值

如果增加声源的高度，或者，如果点声源被设置在多孔层上方 1 m 或几米处的扬声器代替，则压缩波 $\lambda/4$ 共振将提供更多的主导作用。

附录 8.A　系数 r_{ij} 和 $M_{i,j}$

系数 r_{ij} 用 $E = \alpha_1 \alpha_2 (\mu_1 - \mu_2)$、$F = \alpha_1 \xi (\mu_1 - \mu_3)$、$G = \alpha_2 \xi (\mu_2 - \mu_3)$、$L = \alpha_3 E + \xi (F - G)$、$H_{ij} = \exp(-\mathrm{j} l (\alpha_i + \alpha_j))$ 表示，由以下各式给出：

$$r_{11} = [\alpha_3 E + \xi (F + G)] \frac{H_{11}}{L} \tag{8.A.1}$$

$$r_{12} = -2\xi F \frac{H_{12}}{L} \tag{8.A.2}$$

$$r_{13} = -2\xi E \frac{H_{13}}{L} \tag{8.A.3}$$

$$r_{21} = 2\xi G \frac{H_{21}}{L} \tag{8.A.4}$$

$$r_{22} = [\alpha_3 E - \xi (F + G)] \frac{H_{22}}{L} \tag{8.A.5}$$

$$r_{23} = -2\xi E \frac{H_{23}}{L} \tag{8.A.6}$$

$$r_{31} = -2\alpha_3 G \frac{H_{31}}{L} \tag{8.A.7}$$

$$r_{32} = 2\alpha_3 F \frac{H_{32}}{L} \tag{8.A.8}$$

$$r_{33} = [\alpha_3 E - \xi (F - G)] \frac{H_{33}}{L} \tag{8.A.9}$$

系数 $M_{i,j}$ 用 $A_j = (\mathrm{j}/\omega)(Q + R\mu_j)k_j^2$、$B_j = (\mathrm{j}/\omega)[(P + Q\mu_j)k_j^2 - 2N\xi^2]$、$C_j = (\mathrm{j}/\omega)2N\alpha_j \xi$、$H = -(\mathrm{j}N/\omega)(\alpha_3^2 - \xi^2)$ 表示，由以下各式给出：

$$M_{1,1} = C_1 (1 - r_{11}) - C_2 r_{12} + H r_{13} \tag{8.A.10}$$

$$M_{1,2} = -C_1 r_{21} + C_2 (1 - r_{22}) + H r_{23} \tag{8.A.11}$$

$$M_{1,3} = -C_1 r_{31} - C_2 r_{32} + H (1 + r_{33}) \tag{8.A.12}$$

$$M_{2,1} = -\mathrm{j}\alpha_1 (1 - r_{11}) + \mathrm{j}\alpha_2 r_{12} - \mathrm{j}\xi r_{13} \tag{8.A.13}$$

$$M_{2,2} = -\mathrm{j}\alpha_2 (1 - r_{22}) + \mathrm{j}\alpha_1 r_{21} - \mathrm{j}\xi r_{23} \tag{8.A.14}$$

$$M_{2,3} = \mathrm{j}\alpha_1 r_{31} + \mathrm{j}\alpha_2 r_{32} - \mathrm{j}\xi (1 + r_{33}) \tag{8.A.15}$$

$$M_{3,1} = -\mathrm{j}\mu_1 \alpha_1 (1 - r_{11}) + \mathrm{j}\mu_2 \alpha_2 r_{12} - \mathrm{j}\mu_3 \xi r_{13} \tag{8.A.16}$$

$$M_{3,2} = -\mathrm{j}\mu_2 \alpha_2 (1 - r_{22}) + \mathrm{j}\mu_1 \alpha_1 r_{21} - \mathrm{j}\mu_3 \xi r_{23} \tag{8.A.17}$$

$$M_{3,3} = \mathrm{j}\mu_1\alpha_1 r_{31} + \mathrm{j}\mu_2\alpha_2 r_{32} - \mathrm{j}\mu_3\xi(1 + r_{33}) \tag{8.A.18}$$

$$M_{4,1} = A_1(1 + r_{11}) + A_2 r_{12} \tag{8.A.19}$$

$$M_{4,2} = A_2(1 + r_{22}) + A_1 r_{21} \tag{8.A.20}$$

$$M_{4,3} = A_1 r_{31} + A_2 r_{32} \tag{8.A.21}$$

$$M_{5,1} = B_1(1 + r_{11}) + B_2 r_{12} - C_3 r_{13} \tag{8.A.22}$$

$$M_{5,2} = B_2(1 + r_{22}) + B_1 r_{21} - C_3 r_{23} \tag{8.A.23}$$

$$M_{5,3} = C_3(1 - r_{33}) + B_1 r_{31} + B_2 r_{32} \tag{8.A.24}$$

$$M_{6,1} = -\mathrm{j}\xi(1 + r_{11} + r_{12}) - \mathrm{j}\alpha_3 r_{13} \tag{8.A.25}$$

$$M_{6,2} = -\mathrm{j}\xi(1 + r_{21} + r_{22}) - \mathrm{j}\alpha_3 r_{23} \tag{8.A.26}$$

$$M_{6,3} = \mathrm{j}\alpha_3(1 - r_{33}) - \mathrm{j}\xi(r_{31} + r_{32}) \tag{8.A.27}$$

附录 8.B　双傅里叶变换和 Hankel 变换

双傅里叶变换

$$f(x,y) = \frac{1}{4\pi^2} \int_{-\infty}^{\infty} \int_{-\infty}^{\infty} F(u,v)\exp[-\mathrm{j}(ux + vy)]\mathrm{d}u\mathrm{d}v \tag{8.B.1}$$

$$F(u,v) = \int_{-\infty}^{\infty} \int_{-\infty}^{\infty} f(x,y)\exp[\mathrm{j}(ux + vy)]\mathrm{d}x\mathrm{d}y \tag{8.B.2}$$

如果 f 仅取决于 $r = \sqrt{x^2 + y^2}$ ，则 F 仅取决于 $w = \sqrt{u^2 + v^2}$ 。

Hankel 变换

$$f(r) = \int_0^{\infty} w\overline{F}(w)J_0(rw)\mathrm{d}w \tag{8.B.3}$$

$$\overline{F}(w) = \int_0^{\infty} rf(r)J_0(rw)\mathrm{d}r \tag{8.B.4}$$

两种转换的关系

可以用极坐标 r、θ 代替 x、y，用 w、ψ 代替 u、w，重写式（8.B.1）和式（8.B.2）：

$$f(r) = \frac{1}{4\pi^2} \int_0^{\infty} F(w)w\mathrm{d}w \int_0^{2\pi} \exp[-\mathrm{j}(rw\cos(\psi - \varphi))]\mathrm{d}\psi \tag{8.B.5}$$

$$F(w) = \int_0^{\infty} f(r)r\mathrm{d}r \int_0^{2\pi} \exp[\mathrm{j}(rw\cos(\psi - \varphi))]\mathrm{d}\varphi \tag{8.B.6}$$

使用下式（Abramovitz 和 Stegun　1972）：

$$\int_0^{2\pi} \exp[\mathrm{j}u\cos(\psi - \varphi)]\mathrm{d}\psi = 2\pi J_0(u) \tag{8.B.7}$$

式（8.B.5）和式（8.B.6）可以分别写成

$$f(r) = \frac{1}{2\pi}\int_0^\infty F(w)wJ_0(wr)\mathrm{d}w \qquad (8.B.8)$$

$$F(w) = 2\pi\int_0^\infty f(r)rJ_0(wr)\mathrm{d}r \qquad (8.B.9)$$

函数 F 和 $\overline{F}$ 的关系是 $F = 2\pi\overline{F}$。

线性系统的响应

如果对激励 $\exp[-\mathrm{j}(ux+vy)]$ 的响应是 z 方向的分量，例如，u_z^s 或一个仅取决于 r 的标量，则系统对激励 $f(r)$ 的总响应 U_z 由下式给出：

$$U_z(r) = \frac{1}{4\pi^2}\int_0^\infty F(w)u_z(w)w\mathrm{d}w\int_0^{2\pi}\exp[\mathrm{j}(rw\cos(\psi-\varphi))]\mathrm{d}\psi \qquad (8.B.10)$$

可以重写为

$$U_z(r) = \frac{1}{2\pi}\int_0^\infty F(w)u_z(w)J_0(wr)w\mathrm{d}w \qquad (8.B.11)$$

其中，$F/2\pi$ 可以用 $\overline{F}$ 代替。

如果响应是仅取决于 r 而不取决于 θ 的径向分量，则 x 方向上的总响应可以通过在 x 方向上 xy 平面中不同激发方向的响应的投影得到。使用

$$J_1(u) = \frac{\mathrm{j}}{2\pi}\int_0^{2\pi}\exp(-\mathrm{j}u\cos\theta)\cos\theta\mathrm{d}\theta$$

（Abramovitz 和 Stegun 1972）得到

$$U_x(r) = \frac{-\mathrm{j}}{2\pi}\int_0^\infty F(w)u_r(w)\mathrm{J}_1(wr)w\mathrm{d}w \qquad (8.B.12)$$

附录 8.C 瑞利极点贡献

式（8.51）可以重写为 [见式（7.6）、式（7.7）]

$$\dot{U}_z^s(r) = -\frac{F}{4\pi}\int_{-\infty}^\infty H_0^1(-\xi r)\dot{U}_z^s(\xi)\xi\mathrm{d}\xi \qquad (8.C.1)$$

其中，$\dot{U}_z^s$ 由式（8.38）给出。由式（8.41）给出的 D_2 的 0 在 $\xi = \xi_R$ 处。

设 a 为由下式定义的参数：

$$a = \frac{\partial D_2}{\partial\xi}/_{\xi=\xi_R} \qquad (8.C.2)$$

瑞利波的贡献在频域中由下式给出：

$$\dot{U}_{Rz}^s(r) = -\frac{F}{4\pi}(-2\pi\mathrm{j})H_0^1(-\xi_R r)\frac{T_{11}(T_{32}+\phi s_3)-T_{12}(T_{31}+\phi s_2)/_{\xi=\xi_R}}{a} \qquad (8.C.3)$$

D_2 导数中的变量为 α_1、α_2、α_3 和 $\cos\theta$，这些参数的导数分别为 $\partial\alpha_i/\partial\xi = -\xi/\alpha_i$ 和 $\partial\cos\theta/\partial\xi = -\xi/k_0^2\cos\theta$。

参考文献

Abramowitz, M. and Stegun, I.A. (1972) *Handbook of Mathematical Functions*. National Bureau of Standards, Washington D. C.

Allard, J.F., Jansens, G., Vermeir, G. and Lauriks, W. (2002) Frame-borne surface wave in air-saturated porous media. *J. Acoust. Soc. Amer*. **111**, 690–696.

Allard, J.F., Henry, M., Glorieux, C., Lauriks, W. and Petillon, S. (2004) Laser induced surface modes at water-elastic and poroelastic solid interfaces, *J. Appl. Phys*. **95**, 528–535.

Allard, J.F., Brouard, B., Atalla, N. and Ginet, S. (2007) Excitation of soft porous frame resonances and evaluation of rigidity coefficients. *J. Acoust. Soc. Amer*. **121**, 78–84.

Boeckx, L., Leclaire, P., Khurana, P., Glorieux, C., Lauriks, W. and Allard, J.F. (2005) Investigation of the phase velocity of guided acoustic waves in soft porous layers. *J. Acoust. Soc. Amer*. **117**, 545–554.

Feng, S. and Johnson, D.L. (1983) High-frequency acoustic properties of a fluid/porous solid interface. I. New surface mode. II. The 2D Green's function. *J. Acoust. Soc. Amer*. **74**, 906–924.

Geebelen., N., Boeckx, L., Vermeir, G., Lauriks, W., Allard, J.F. and Dazel, O. (2007) Measurement of the rigidity coefficients of a melamine foam. *Acta Acustica* **93**, 783–788.

Geebelen N., Boeckx, L., Vermeir, G., Lauriks, W., Allard, J.F. and Dazel, O. (2008), Near field Rayleigh wave on soft porous layers. *J. Acoust. Soc. Amer*. **123**, 1241–1247.

Langlois, C., Panneton, R. and Atalla, N. (2001) Polynomial relations for quasi-static mechanical characterization of poroelastic materials. *J. Acoust. Soc. Amer*., **109**(6), 3032–3040.

Melon, M., Mariez, M., Ayrault, C. and Sahraoui, S. (1998) Acoustical and mechanical characterization of anisotropic open-cell foams. *J. Acoust. Soc. Amer*. **104**, 2622–2627.

Park, J. (2005) Measurement of the frame acoustic properties of porous and granular materials. *J. Acoust. Soc. Amer*. **118**, 3483–3490.

Pritz, T. (1986) Frequency dependence of frame dynamic characteristics of mineral and glass wool materials. *J. Sound Vib*. **106**, 161–169.

Pritz, T. (1994) Dynamic Young's modulus and loss factor of plastic foams for impact sound isolation. *J. Sound Vib*. **178**, 315–322.

Sfaoui, A. (1995a) On the viscosity of the polyurethane foam. *J. Acoust. Soc. Amer*. **97**, 1046–1052.

Sfaoui, A. (1995b), Erratum: On the viscosity of the polyurethane foam. *J. Acoust. Soc. Amer*. **98**, 665.

Tarnow, V. (2005) Dynamic measurements of the elastic constants of glass wool. *J. Acoust. Soc. Amer*. **118**, 3672–3678.

Victorov, I.A. (1967) *Rayleigh and Lamb Waves*. Plenum, New York.

第9章 带穿孔饰面的多孔材料

9.1 引言

带穿孔饰面的吸声多孔材料已使用多年，因为它们能在低频区呈现高的吸声系数。对于不同的构型，在法向入射和斜入射情况下对模型面阻抗和吸声系数的预测已获实现并得到检验（Bolt 1947；Zwikker 和 Kosten 1949；Ingard 和 Bolt 1951；Brillouin 1949；Callaway 和 Ramer 1952；Ingard 1954；Velizhanina 1968；Davern 1977；Byrne 1980；Guignouard 等 1991）。Ingard（1954）在法向入射下以简洁和直观的方式描述了穿孔面层的吸声效果。在本章中，Ingard（1954）的结果被推广到斜入射和各向异性分层多孔介质上。和先前所有的模型一样，假设多孔层的饰面和骨架是静止不动的。本章不研究非线性效应，与该主题相关的信息可在 Ingard 和 Labate（1950）、Ingard 和 Ising（1967）和 Ingard（1968，1970）等中找到。

9.2 惯性效应和流阻

9.2.1 惯性效应

在图 9.1 中，R 为穿孔半径，d 为饰面的厚度。

设 s 为穿孔开口面区域的部分，也称为开孔面积，如果 n 是单位面积的穿孔数，则它等于 $n\pi R^2$。假设穿孔半径 R 和饰面厚度 d 远小于空气中的波长 λ：

$$d \ll \lambda, \quad R \ll \lambda$$

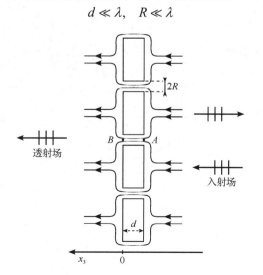

图 9.1 法向声场中的穿孔饰面

饰面使得在厚度通常小于穿孔直径的区域中的气流发生变形，这种流动的改变导致了动能的增加，这种影响类似于曲折度在多孔材料中的影响。如果平面波在面层的左边传播，即平行于 x_3 轴（见图 9.1），空气中的阻抗 p/v_3 等于特征阻抗 Z_c。在 B 点，在穿孔层前面的饰面边界处，如果不存在惯性效应，阻抗将等于 sZ_c。在 9.2.2 节中，对 Z_B 的计算表明，Z_B 是由下给出的：

$$Z_B = Z_c s + j\omega \varepsilon_e \rho_0 \tag{9.1}$$

其中，$\varepsilon_e \rho_0$ 是穿孔的单位面积的附加质量，ρ_0 是空气的密度，ε_e 是必须附加到 B 左边的圆柱形穿孔的长度，以产生与流动变形相同的效果。

9.2.2 附加质量和附加长度的计算

对于法向入射的情况，如果穿孔是方格布局，如图 9.2 所示（穿孔周期性地分布在两个方向上，空间周期 D 等于两个孔间的距离），在不改变声场的情况下，可以在具有方形截面的单独圆柱体中划分饰面周围的空间。

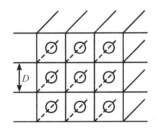

图 9.2 法向入射的正方形网格孔和相关分区

在两个圆柱体之间的边界处，由于网格的对称性，垂直于边界的速度分量等于 0，并且不同的圆柱体可以被刚性薄板分开（可以注意到这些薄板并不存在，不能考虑与薄板的黏性和热相互作用）。分区的基本单元如图 9.3 所示。在 $x_3 = 0$ 平面，可以使用极坐标（r,θ）和笛卡儿坐标（x_1, x_2）。在位于 $x_1 = \pm D/2, x_2 = \pm D/2$ 的平面上，x_1、x_2 方向的速度分量分别等于 0。分区中的一个简单的压力场是

$$p_{m,n}(x_1, x_2, x_3) = A_{m,n} \exp(-jk_{m,n}x_3)\cos\frac{2\pi m}{D}x_1 \cos\frac{2\pi n}{D}x_2 \tag{9.2}$$

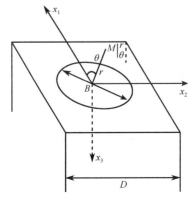

图 9.3 分区的基本单元。$x_3 = 0$ 处的圆弧是与图 9.1 左侧自由空气接触的孔的边界

式中，$k_{m,n}$ 由下式给出：

$$k_{m,n} = \left(k^2 - \frac{4\pi^2 m^2}{D^2} - \frac{4\pi^2 n^2}{D^2} \right)^{1/2} \tag{9.3}$$

其中，k 是自由空气中的波数。这些函数集的 m 和 n 取值为 $0,1,2,\cdots$，是圆柱体压力场的正交基。

圆柱体中的压力场可以写成

$$p(x_1,x_2,x_3) = \sum_{m,n} C_{m,n} \exp(-jk_{m,n}x_3) \cos\left(\frac{2\pi m}{D}x_1\right) \cos\left(\frac{2\pi n}{D}x_2\right) \tag{9.4}$$

如 Ingard（1953）指出的，位于 $x_3 = 0$ 处孔中速度的精确分布不是先验已知的。最简单的假设涉及考虑速度的 x_3 分量的均匀幅度 U，而更精细的模型提供类似的结果（Norris 和 Sheng 1989）。在 $x_3 = 0$ 平面上的速度分布可以写成

$$Y(R-r)U = \sum_{m,n} \frac{k_{m,n}C_{m,n}}{\omega\rho_0} \cos\frac{2\pi mx_1}{D} \cos\frac{2\pi nx_2}{D} \tag{9.5}$$

在这个式中，如果 $r < R$，则 $Y(R-r)$ 是等于 1 的单位步长；如果 $r > R$，则 $Y(R-r)$ 是 0。

通过将该式的两边乘以 $\cos\dfrac{2\pi mx_1}{D}\cos\dfrac{2\pi nx_2}{D}$ 并在孔径上积分，可得

$$v_{m,n}\int_0^{2\pi}\int_0^R U\cos\frac{2\pi mx_1}{D}\cos\frac{2\pi nx_2}{D}r\mathrm{d}r\mathrm{d}\theta = \frac{k_{m,n}C_{m,n}}{\omega\rho_0}\frac{D^2}{4} \tag{9.6}$$

其中，如果 $m \neq 0$，$n \neq 0$，则 $v_{m,n} = 1$；如果 $m = 0$，$n \neq 0$，或 $m \neq 0$，$n = 0$，则 $v_{m,n} = 1/2$；并且 $v_{0,0} = 1/4$。乘积 $\cos(2\pi mx_1/D)\cos(2\pi nx_2/D)$ 可以重写为（Ingard 1953）

$$\cos\frac{2\pi mr\cos\theta}{D}\cos\frac{2\pi nr\sin\theta}{D} = \frac{1}{2}\cos\left[2\pi r\left(\frac{m^2+n^2}{D^2}\right)^{1/2}\sin(\theta+\gamma)\right]$$
$$+\frac{1}{2}\cos\left[2\pi r\left(\frac{m^2+n^2}{D^2}\right)^{1/2}\sin(\theta-\gamma)\right] \tag{9.7}$$

其中，$\gamma = \arctan m/n$。

使用如下关系：

$$\int_0^{2\pi}\cos\left[2\pi\frac{r}{D}(m^2+n^2)^{1/2}\sin(\theta\pm\gamma)\right]\mathrm{d}\theta = 2\pi J_0\left[2\pi\frac{r}{D}(m^2+n^2)^{1/2}\right] \tag{9.8}$$

$$\int_0^{2\pi}J_0\left[2\pi\frac{r}{D}(m^2+n^2)^{1/2}\right]r\mathrm{d}r = J_1\left[2\pi\frac{R}{D}(m^2+n^2)^{1/2}\right]\frac{RD}{2\pi(m^2+n^2)^{1/2}} \tag{9.9}$$

式（9.6）可以写成

$$v_{m,n}\frac{URD}{(m^2+n^2)^{1/2}}J_1\left[2\pi\frac{R}{D}(m^2+n^2)^{1/2}\right] = \frac{k_{m,n}C_{m,n}}{\omega\rho_0}\frac{D^2}{4} \tag{9.10}$$

并且，$C_{m,n}$ 由下式给出：

$$C_{m,n} = \frac{4v_{m,n}UR\omega\rho_0 J_1\left[2\pi\dfrac{R}{D}(m^2+n^2)^{1/2}\right]}{D(m^2+n^2)^{1/2}k_{m,n}} \tag{9.11}$$

对于 $m=n=0$ 的情况，式（9.6）变为

$$C_{0,0} = \omega\rho_0 U_s/k = Z_c s U \tag{9.12}$$

其中，$s = \pi R^2/D^2$。

孔隙上的平均压力是

$$\bar{p} = \frac{1}{\pi R^2}\int_0^R\int_0^{2\pi}\sum_{m,n}C_{m,n}\cos\frac{2\pi m x_1}{D}\cos\frac{2\pi n x_2}{D}r\mathrm{d}r\mathrm{d}\theta \tag{9.13}$$

并且，阻抗 $\bar{p}/U$ 由下式给出：

$$\frac{\bar{p}}{U} = \frac{s\omega\rho_0}{k} + 4\sum_{m,n}{}'v_{m,n}\frac{J_1^2\left[2\pi\dfrac{R}{D}(m^2+n^2)^{1/2}\right]}{\pi(m^2+n^2)k_{m,n}}\omega\rho_0 \tag{9.14}$$

符号 $\sum{}'$ 上的撇号表示从求和中排除的项（$m=0$，$n=0$）。

对于远低于 c_0/D 的频率，由式（9.3）给出的 $k_{m,n}$ 差不多有如下公式：

$$k_{m,n} = -\mathrm{j}\frac{2\pi}{D}(m^2+n^2)^{1/2} \tag{9.15}$$

那么，式（9.14）变为

$$\frac{\bar{p}}{U} = Z_c s + \mathrm{j}\omega\rho_0\sum_{m,n}{}'v_{m,n}\frac{2DJ_1^2\left[2\pi\dfrac{R}{D}(m^2+n^2)^{1/2}\right]}{\pi(m^2+n^2)^{3/2}} \tag{9.16}$$

比较式（9.1）和式（9.16），得到附加长度的表达式：

$$\varepsilon_e = \sum_{m,n}{}'v_{m,n}\frac{2DJ_1^2\left[2\pi\dfrac{R}{D}(m^2+n^2)^{1/2}\right]}{\pi(m^2+n^2)^{3/2}} \tag{9.17}$$

附加长度 ε_e 对于 $s^{1/2}<0.4$ 可以近似为

$$\varepsilon_e = 0.48S^{1/2}(1-1.14s^{1/2}) \tag{9.18}$$

其中，S 是孔隙的面积。通过计算平面中单个孔隙的辐射阻抗，可以得到 $s=0$ 时的极限 $0.48S^{1/2}$。

9.2.3　流阻

由于孔隙和板表面的黏性耗散（在9.2.2节中忽略），出现阻抗 Z_B，而且还必须把流阻分量 R_B 加入到式（9.1）的 $Z_c s$ 中。Nielsen（1949）的计算给出了以下 R_B 表达式：

$$R_B = R_s \tag{9.19}$$

其中，R_s 是 Lord Rayleigh（1940）卷 II 第318页中定义的表面阻力：

$$R_s = \frac{1}{2}(2\eta\rho_0\omega)^{1/2} \tag{9.20}$$

Ingard（1953）指出，式（9.19）给出的 R_B 太小，用 $R_B = 2R_s$ 则可以更好地预测测量值。在 A 处，在饰面两侧，两个附加质量、两个附加黏性修正，以及质量和孔隙中流阻率必须考虑进来，并且 Z_A 由下式给出：

$$Z_A = \left(\frac{2d}{R} + 4\right)R_s + (2\varepsilon_e + d)\mathrm{j}\omega\rho_0 + Z_c s \quad (9.21)$$

在该式中，$(2d/R)R_s$ 是长度为 d 的圆孔的流阻。该项可以使用式（5.26）获得，其中 $\alpha_\infty = 1$，$\Lambda = R$。有效密度可以写成

$$\rho_0\bar{\alpha}(\omega) = \rho_0 + \rho_0\frac{\delta}{\Lambda} - \mathrm{j}\rho_0\frac{\delta}{\Lambda} \quad (9.22)$$

因为与通常穿孔的声频率下 ρ_0 相比非常小，所以项 $\rho_0\delta/\Lambda$ 可以忽略不计。密度 ρ_0 对应于式（9.21）中的项 $\mathrm{j}\omega d\rho_0$。以相同的方式，$-\mathrm{j}\rho_0\delta/\Lambda$ 将对应于式（9.21）中的 $\rho_0\delta\omega d/R$。通过该项中 $(2\eta/\rho_0\omega)^{1/2}$ 代替 δ 可以得到 $2dR_s/R$。可以注意到，当材料与多孔层接触时，与 $Z_c s$ 相比，黏性项 $(2d/R + 4)R_s$ 通常可以忽略。

9.2.4　有方形截面的孔

具有方形截面的孔的基本单元在图 9.4 中表示。正如在圆形截面的孔的情况下，孔中速度的幅值 U 被认为是均匀的。可以重写式（9.6）如下：

$$v_{m,n}\int_{-a/2}^{a/2}\int_{-a/2}^{a/2}U\cos\frac{2\pi m x_1}{D}\cos\frac{2\pi n x_2}{D}\mathrm{d}x_1\mathrm{d}x_2 = \frac{k_{m,n}C_{m,n}}{\omega\rho_0}\frac{D^2}{4} \quad (9.23)$$

并且，$C_{m,n}$ 由下式给出：

$$C_{m,n} = 4v_{m,n}U\frac{\omega\rho_0}{k_{m,n}}\frac{1}{\pi^2 mn}\sin\left(\frac{\pi ma}{D}\right)\sin\left(\frac{\pi na}{D}\right) \quad m\neq 0, n\neq 0 \quad (9.24)$$

$$C_{m,n} = 4\frac{v_{m,n}U\omega\rho_0}{Dk_{m,n}}\frac{a}{\pi n}\sin\left(\frac{\pi na}{D}\right) \quad m = 0, n\neq 0 \quad (9.25)$$

$$C_{m,n} = \frac{U\omega\rho_0 a^2}{D^2 k} \quad m = 0, n = 0 \quad (9.26)$$

孔上的平均压力是

$$\bar{p} = \frac{1}{a^2}\int_{-a/2}^{a/2}\int_{-a/2}^{a/2}\sum_{m,n}C_{m,n}\cos\frac{2\pi m x_1}{D}\cos\frac{2\pi n x_2}{D}\mathrm{d}x_1\mathrm{d}x_2 \quad (9.27)$$

上式可以重写成

$$\bar{p} = U\left[\frac{\omega\rho_0 s}{k} + 8\sum_{n=1}^{\infty}\frac{v_{0,n}\omega\rho_0}{k_{0,n}}\frac{1}{\pi^2 n^2}\sin^2\left(\frac{\pi na}{D}\right)\right.$$
$$\left. + \sum_{m=1}^{\infty}\sum_{n=1}^{\infty}4\frac{D^2}{a^2}v_{m,n}\frac{\omega\rho_0}{k_{m,n}}\frac{1}{\pi^4 m^2 n^2}\sin^2\left(\frac{\pi ma}{D}\right)\sin^2\left(\frac{\pi na}{D}\right)\right] \quad (9.28)$$

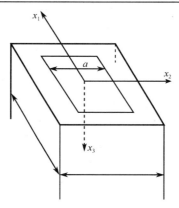

图 9.4　分区的基本单元。$x_3 = 0$ 处的方形是与自由空气接触的孔的边界

其中，$k_{m,n}$ 在足够低的频率下由下式给出：

$$k_{m,n} = -\mathrm{j}\frac{2\pi}{D}(m^2 + n^2)^{1/2} \tag{9.29}$$

比较式（9.1）和式（9.28）得

$$\begin{aligned}
\varepsilon_e &= \frac{4D}{\pi^3}\sum_{n=1}^{\infty}\frac{v_{0,n}}{n^3}\sin^2\left(\frac{\pi na}{D}\right) \\
&+ \frac{2D^3}{a^2\pi^5}\sum_{m=1}^{\infty}\sum_{n=1}^{\infty}\frac{v_{m,n}}{m^2 n^2(m^2+n^2)^{1/2}}\sin^2\left(\frac{\pi ma}{D}\right)\sin^2\left(\frac{\pi na}{D}\right)
\end{aligned} \tag{9.30}$$

Ingard（1953）指出，当 $s^{1/2} < 0.4$ 时，ε_e 可近似为

$$\varepsilon_e = 0.48(S)^{1/2}(1 - 1.25s^{1/2}) \tag{9.31}$$

其中，S 是孔径的面积。通过计算平面中单个方形孔的辐射阻抗，可以得到 $s = 0$ 时面积的极限 $0.48S^{1/2}$。圆形孔和方形孔的两个极限值是相同的。

9.3　由穿孔饰面覆盖的多孔材料法向入射时的阻抗——亥姆霍兹谐振器

9.3.1　圆形孔情况下阻抗的计算

由穿孔饰面覆盖的一层多孔材料如图 9.5 所示。可以通过以下方式计算靠近饰面的自由空气中的表面阻抗。首先，在 B 处，计算在多孔分层材料和饰面界面处的面阻抗。如 9.2 节所述，由于问题的对称性，只需取材料一部分即可。图 9.6 所示的基本单元是具有方形截面和圆形孔的圆柱体。

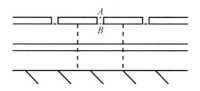

图 9.5　由穿孔饰面覆盖的一层多孔材料

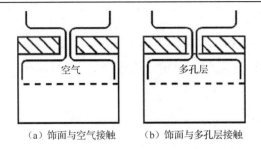

（a）饰面与空气接触　　　（b）饰面与多孔层接触

图 9.6　与问题对称性兼容部分的基本单元

Ingard（1954）考虑了两种不同的情况。对于最简单的情况，如图 9.6（a）所示，饰面与一层空气接触。在这种情况下，如果频率远低于截止频率 $f_c = c_0/D$，则与附加长度相关的高阶模态仅存在于空气层中。这些模态的效果与自由空气中的效果相同。此外，多孔层中的声场是平面的、均匀的，且垂直于该层传播。

A 处的阻抗值可以通过对式（9.21）做以下修改后得到。式（9.21）中的阻抗 Z_c 必须用分层材料（包括空气层）法向入射时 B 处的阻抗代替，其中饰面被移除。第二种情况如图 9.6（b）所示。多孔层与饰面接触。饰面下的流动变形现在位于多孔层中，并且这种变形不仅产生惯性效应，而且产生阻性效应。可以使用与 9.2 节中相同的流程来评估这些不同的效果。不同之处在于多孔层的存在、基本单元的有限长度，以及在每个介质中存在两个波，与波数矢量的 x_3 分量具有相反的值。

多孔材料的不同层如图 9.7 所示。

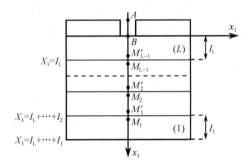

图 9.7　基本单元中分层材料的不同层

设 $k(1)$ 为第 1 层中的波数。这一层中的压力场可写为

$$p(x_1, x_2, x_3) = \sum_{m,n} A_{m,n}(1)[\exp(-jx_3 k_{m,n}(1)) + \exp(-j(2X_3 - x_3)k_{m,n}(1))]$$
$$\times \cos\frac{2m\pi x_1}{D} \cos\frac{2n\pi x_2}{D} \tag{9.32}$$

式中，$k_{m,n}(1)$ 由式（9.3）给出，可以重写为

$$k_{m,n}(1) = \left[k^2(1) - \frac{4m^2\pi^2}{D^2} - \frac{4m^2\pi^2}{D^2} \right]^{1/2} \tag{9.33}$$

X_3 是分层材料的总厚度。与不同集合(m,n)相关的模态在单元中独立传播。

与 (m,n) 模态相关的 x_3 速度分量的场 $v_{3,m,n}(x_1,x_2,x_3)$ 在层 1 与背衬接触表面处等于 0。设 M_1 和 M_1' 为靠近层 1 和 2 之间接触面的两个点：介质 1 中的 M_1 和介质 2 中的 M_1'。设 $p_{m,n}(M)$ 和 $v_{3,m,n}(M)$ 分别为 (m,n) 模态 M 处的压力和 x_3 速度分量。与 (m,n) 模态相关的 M_1 的阻抗由下式给出：

$$Z_{m,n}(M_1) = \frac{p_{m,n}(M_1)}{v_{3,m,n}(M_1)} = -\mathrm{j}Z_c(1)\frac{k(1)}{k_{m,n}(1)}\cot k_{m,n}(1)l_1 \tag{9.34}$$

其中，$Z_c(1)$ 是特征阻抗，l_1 是固定在刚性不透气壁上层 1 的厚度。设 $\phi(1)$ 和 $\phi(2)$ 分别为层 1 和层 2 的孔隙率。对于 (m,n) 模态，在 M_1 和 M_1' 的压力和 x_3 速度分量关系为

$$v_{3,m,n}(M_1') = \frac{\phi(2)}{\phi(1)}Z_{m,n}(M_1) \tag{9.35}$$

$$p_{m,n}(M_1') = p_{m,n}(M_1) \tag{9.36}$$

$Z_{m,n}(M_1')$ 和 $Z_{m,n}(M_1)$ 由下式关联：

$$Z_{m,n}(M_1') = \frac{\phi(2)}{\phi(1)}Z_{m,n}(M_1) \tag{9.37}$$

设 M_2 和 M_2' 为靠近层 3 和层 2 之间界面的两个点，M_2 在介质 2 中，M_2' 在介质 3 中。使用阻抗平移公式（3.36），M_2 处与模态 (m,n) 对应的的阻抗可以写为

$$Z_{m,n}(M_2) = \frac{Z_c(2)(k(2)/k_{m,n}(2))}{Z_{m,n}(M_2') - \mathrm{j}Z_c(2)(k(2)/k_{m,n}(2))\cot\mathrm{g}\,k_{m,n}(2)l_2} \tag{9.38}$$
$$\times [-\mathrm{j}Z_{m,n}(M_1')\cot\mathrm{g}\,k_{m,n}(2)l_2 + Z_c(2)(k(2)/k_{m,n}(2))]$$

在该式中，l_2 是厚度，$Z_c(2)$ 是第 2 层的特征阻抗，并且 $k_{m,n}(2)$ 和 $k(2)$ 通过式（3.4）相关。通过这种方式可以获得与每种模式相关的层的边界处的阻抗，直到第 L 层与饰面接触的 B 处。第 L 层中的压力场可以写成

$$p(x_1,x_2,x_3) = \sum_{m,n}[A_{m,n}(L)\exp(-\mathrm{j}k_{m,n}(L)x_3)$$
$$+ B_{m,n}(L)\exp(\mathrm{j}k_{m,n}(L)x_3)]\cos\frac{2\pi m x_1}{D}\cos\frac{2\pi n x_2}{D} \tag{9.39}$$

系数 $A_{m,n}(L)$ 和 $B_{m,n}(L)$ 与阻抗 $Z_{m,n}(B)$ 相关：

$$Z_{m,n}(B) = \left(\frac{A_{m,n}(L) + B_{m,n}(L)}{A_{m,n}(L) - B_{m,n}(L)}\right)\frac{Z_c(L)k(L)}{k_{m,n}(L)} \tag{9.40}$$

并且，$B_{m,n}(L)$ 和 $A_{m,n}(L)$ 相关：

$$B_{m,n}(L) = \beta_{m,n}A_{m,n}(L) \tag{9.41}$$

$$\beta_{m,n} = \frac{Z_{m,n}(B)k_{m,n}(L) - Z_c(L)k(L)}{Z_{m,n}(B)k_{m,n}(L) + Z_c(L)k(L)} \tag{9.42}$$

式（9.5）可以重写为

$$Y(R-r)\frac{U}{\phi(L)} = \sum_{m,n} k_{m,n}(L)\frac{A_{m,n}(L)(1-\beta_{m,n})}{Z_c(L)k(L)} \times \cos\frac{2\pi mx_1}{D}\cos\frac{2\pi nx_2}{D} \tag{9.43}$$

其中，$\phi(L)$ 是第 L 层介质中的孔隙率，并且式（9.11）对于 $n \neq 0$ 或 $m \neq 0$ 的情况有

$$A_{m,n}(L) = \frac{4v_{m,n}URZ_c(L)k(L)J_1[(2\pi R/D)(m^2+n^2)^{1/2}]}{\phi(L)D(m^2+n^2)^{1/2}k_{m,n}(L)(1-\beta_{m,n})} \tag{9.44}$$

$$v_{1,0} = v_{0,1} = 1/2, \quad 如果 n 和 m \neq 0, \quad v_{m,n} = 1$$

对于 $n=m=0$ 的情况，$A_{0,0}(L)$ 由下式给出：

$$A_{0,0}(L) = \frac{\pi R^2 U}{\phi(L)(1-\beta_{0,0})D^2}Z_c(L) = \frac{Z_c(L)sU}{\phi(L)(1-\beta_{0,0})} \tag{9.45}$$

设 B' 是靠近 B 的点，位于第 L 层上方的穿孔中。阻抗 $Z(B')$ 是 $\bar{p}/U$，其中，$\bar{p}$ 是孔隙上的平均压力：

$$\bar{p} = \frac{1}{\pi R^2}\int_0^R\int_0^{2\pi}\sum_{m,n}A_{m,n}(L)(1+\beta_{m,n})\cos\frac{2\pi mx_1}{D}\cos\frac{2\pi nx_2}{D}r\mathrm{d}r\mathrm{d}\theta \tag{9.46}$$

使用式（9.8）和式（9.9），$Z(B')$ 可写为

$$Z(B') = \frac{1}{\phi(L)}\left[sZ_c(L)\frac{1+\beta_{0,0}}{1-\beta_{0,0}}\right] + \frac{4}{\pi}\sum_{m,n}\frac{v_{m,n}}{\phi(L)}\frac{J_1^2\left[2\pi\dfrac{R}{D}(m^2+n^2)\right]}{(m^2+n^2)}$$

$$\times\left[\frac{Z_c(L)k(L)}{k_{m,n}(L)}\frac{1+\beta_{m,n}}{1-\beta_{m,n}}\right] \tag{9.47}$$

使用式（9.40），此式可以简化为

$$Z(B') = \frac{sZ_{0,0}(B)}{\phi(L)} + \frac{4}{\pi}\sum_{m,n}\cdot\frac{v_{m,n}}{\phi(L)}\frac{J_1^2\left[2\pi\dfrac{R}{D}(m^2+n^2)\right]Z_{m,n}(B)}{(m^2+n^2)} \tag{9.48}$$

必须考虑惯性项 $j(\varepsilon_e+d)\rho_0\omega$，其中 ε_e 由式（9.17）给出。但是，当评估 $Z(A)$ 时，可以忽略孔径和孔周围表面上黏性力的影响：

$$Z(A) = Z(B') + j(\varepsilon_e+d)\rho_0\omega \tag{9.49}$$

最后，靠近面层的自由空气中的阻抗 Z 是

$$Z = Z(A)/s \tag{9.50}$$

如果多孔材料是横向各向同性的，具有对称轴 Ox_3，就像第 3 章中描述的玻璃纤维一样，那么两个波数 $k(i)$ 和 $k_p(i)$，以及 x_3 方向中的两个特征阻抗 $Z_c(i)$ 的方向，$Z_p(i)$ 和平行于平面 x_1Ox_2 的方向。先前的描述始终有效，但 $k_{m,n}(i)$ 重新给出：

$$k_{m,n}(i) = k(i)\left[1-\left(\frac{2\pi m}{D}\right)^2\frac{1}{k_p^2(i)}-\left(\frac{2\pi n}{D}\right)^2\frac{1}{k_p^2(i)}\right]^{1/2} \tag{9.51}$$

注意到，式（9.48）和式（9.14）可以用简单的方式相关。式（9.14）可重写为

$$\frac{\overline{p}}{U} = sZ_c + 4\sum_{m,n}{}' v_{m,n} \frac{J_1^2\left[2\pi \frac{R}{D}(m^2+n^2)^{1/2}\right]}{\pi(m^2+n^2)}\frac{kZ_c}{k_{m,n}} \tag{9.52}$$

使用 $Z_{m,n}(B)/\phi(L)$ 代替 $Z_c k/k_{m,n}$，式（9.48）可从式（9.52）中得到［比率 $k/k_{0,0}$ 和 $k(L)/k_{0,0}(L)$ 不会显式出现］。 $Z_{m,n}(B)/\phi(L)$ 和 $Z_c k/k_{m,n}$ 的物理意义相同，因为对于半无限空气层而言， $Z_{m,n}(B)/\phi(L)$ 等于 $Z_c k/k_{m,n}$。

9.3.2   方形孔情况下法向入射时阻抗的计算

从式（9.28）得，对于方形孔和半无限空气层，阻抗 $Z(B)$ 可以重写为

$$Z(B) = sZ_c + 8\sum_{n=1}^{\infty} v_{0,n}\frac{\sin^2\left(\frac{\pi na}{D}\right)}{\pi^2 n^2}\frac{kZ_c}{k_{0,n}}$$
$$+ \frac{4D^2}{a^2}\sum_{m=1}^{\infty}\sum_{n=1}^{\infty} v_{m,n}\frac{\sin^2\left(\frac{\pi ma}{D}\right)\sin^2\left(\frac{\pi na}{D}\right)}{\pi^4 m^2 n^2}\frac{kZ_c}{k_{m,n}} \tag{9.53}$$

当多孔分层材料被半无限大的空气层取代时，先前定义的代换可用于计算 $Z(B)$。式（9.53）变为

$$Z(B') = \frac{s}{\phi(L)}Z_{0,0}(B) + \frac{8}{\phi(L)}\sum_{n=1}^{\infty} v_{0,n}\frac{\sin^2\left(\frac{\pi na}{D}\right)}{\pi^2 n^2}Z_{0,n}(B)$$
$$+ \frac{4}{\phi(L)}\frac{D^2}{a^2}\sum_{m=1}^{\infty}\sum_{n=1}^{\infty} v_{m,n}\frac{\sin^2\left(\frac{\pi ma}{D}\right)\sin^2\left(\frac{\pi na}{D}\right)}{\pi^4 m^2 n^2}Z_{m,n}(B) \tag{9.54}$$

与圆形孔的情况一样，必须考虑惯性项 $j(\varepsilon_e+d)\rho_0\omega$，其中， ε_e 现在由式（9.30）给出。但是，当计算 $Z(A)$ 时，孔周围和孔周围饰面中黏性力的影响可以忽略：

$$Z(A) = Z(B') + j(\varepsilon_e+d)\rho_0\omega \tag{9.55}$$

阻抗 Z 在接近面层的自由空气中为

$$Z = Z(A)/s \tag{9.56}$$

9.3.3   实例

通过比较不同构型在法向入射下阻抗的预测和测量来验证类似模型的有效性（Bolt 1947；Zwikker 和 Kosten 1949；Ingard 和 Bolt 1951；Brillouin 1949；Callaway 和 Ramer 1952；Ingard 1954；Velizhanina 1968；Davern 1977；Byrne 1980）。模型预测的趋势在测量的阻抗中清楚地显示出来。由具有圆形孔的穿孔饰面覆盖的分层介质简单构型如下，显示了开孔面积比、孔的直径、与饰面层接触的材料流阻率的影响。对于第一个例子，从式（9.50）计算的归一化阻抗和吸声系数，表示为图 9.8 和图 9.9 中以不同开孔面积比作为频率函数。设置在刚性不透气壁上的各向同性多孔材料在其上表面与饰面接触。多孔材料特征参数如下：厚

度 $e = 2\,\text{cm}$ ，流阻率 $\sigma = 50000\,\text{Nm}^{-4}\,\text{s}$ ，特征长度 $\Lambda = 0.034\,\text{mm}$ 、 $\Lambda' = 0.13\,\text{mm}$ ，孔隙率 $\phi = 0.98$ ，曲折度 $\alpha_\infty = 1.5$ 。Johnson 等的模型用于计算有效密度，Champoux 和 Allard 模型用于计算体积模量（见第 5 章）。饰面厚度 $d = 1\,\text{mm}$ ，圆孔径半径 $R = 0.5\,\text{mm}$ ，开孔面积比采用下面的值：0.4、0.1、0.025和0.005 。

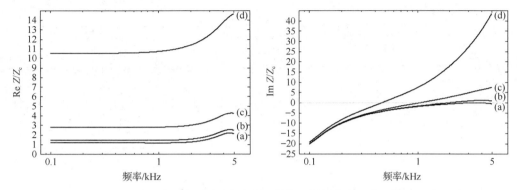

图 9.8 开孔面积比对由饰面覆盖的各向同性多孔材料的归一化阻抗 Z/Z_c 的影响

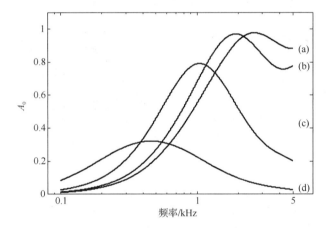

图 9.9 开孔面积比对由饰面覆盖的各向同性多孔材料的吸声系数 A_0 的影响。具有和图 9.8 相同的材料和相同的饰面

由于靠近饰面的多孔材料中的阻性效应，当开孔面积比减小时，阻抗的实部急剧增加。当开孔面积比减小时，虚部部分也增加，这是由于面层两侧附加质量乘以了 $1/s$ 。吸声系数 A_0 在低频时增加、在高频时减小；同时， A_0 的最大值减小，因为阻抗的实部变得远大于 Z_c 。

在第二个例子中，一个空气层和膜依次插入到饰面和多孔材料之间。这三种构型如图 9.10 所示。

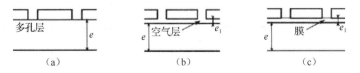

图 9.10 三种不同的构型。（a）饰面层+多孔层，（b）饰面层+空气层+多孔层，（c）饰面层+阻性膜+多孔层

对于这三种构型，多孔层的多孔材料与第一个实例中的相同。在这些构型中，多孔层的厚度 e 在构型（a）中等于 $2\,\text{cm}$ ，在构型（b）和（c）中等于 $1.9\,\text{cm}$ 。构型（b）中空气层的

厚度 e_1 和构型（c）中阻性膜的厚度等于 1 mm。膜是各向同性的，具有以下参数：$\sigma = 0.5 \times 10^6$ Nm^{-4} s，$\alpha_\infty = 1.5$，$\phi = 0.95$，$\Lambda = 0.013$ mm，$\Lambda' = 0.05$ mm，孔的半径 R 和穿孔的面积比的值分别等于 0.5 mm 和 0.1。对于三种构型，预测的归一化阻抗和吸声系数如图 9.11 和图 9.12 所示。

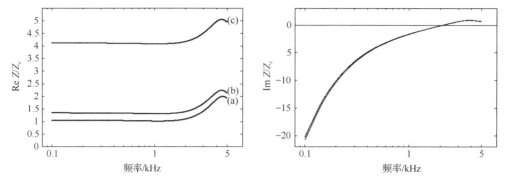

图 9.11　图 9.10 所示三种构型的归一化阻抗 Z/Z_c。（a）多孔层，（b）多孔层+空气层，（c）多孔层+阻性膜（对声抗的影响可以忽略不计）

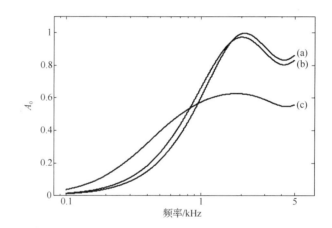

图 9.12　图 9.10 所示三种构型的吸声系数 A_0。（a）多孔层，（b）多孔层+空气层，（c）多孔层+阻性膜

　　阻抗的实部很大程度上取决于与饰面接触的材料的流阻率，因为构型（c）中阻性膜的宏观分子轨迹的平均长度以及构型（b）中空气层的平均长度比厚度大得多。注意到，饰面层的惯性效应不依赖于与饰面接触的材料的流阻率。三种构型的阻抗的虚部几乎相等。使用阻性膜获得低频时的最大吸声系数 A_0，阻抗的实部对于 A_0 来说太大而不能接近于 1。

　　第三个实例中，使用与第一个实例中相同的多孔材料且被厚度 $d=1$ mm 的饰面层覆盖，用半径为 R 的圆孔进行穿孔，开孔面积比 $s=0.1$。对于半径 R 等于 0.5 mm、1 mm、2 mm 和 4 mm 的情况，在图 9.13 和图 9.14 中显示的是其归一化阻抗和吸声系数。如果 s 恒定，则孔之间的距离 D 随 R 增加，并且多孔材料中的阻性效应也增加。因此，阻抗的实部随 R 急剧增加。与惯性效应相关的阻抗的虚部也随 R 增加，因为式（9.18）给出的增加长度与 R 成正比。效果是在低的频率时，增加的长度对阻抗虚部的贡献等于 $\varepsilon_e \rho_0 \omega / s$。

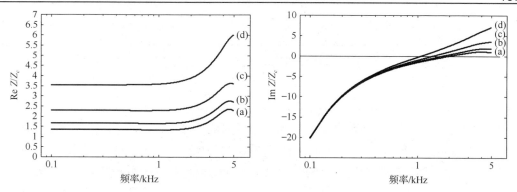

图 9.13 孔的半径对归一化阻抗 Z / Z_c 的影响。构型与图 9.10（a）相同，$s = 0.1$。不同的曲线对应于：
(a) $R = 0.5$ mm, (b) $R = 1$ mm, (c) $R = 2$ mm, (d) $R = 4$ mm

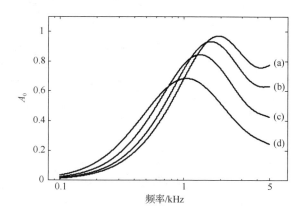

图 9.14 孔的半径对吸声系数的影响。构型与图 9.10（a）相同，$s = 0.1$。不同的曲线对应于：
(a) $R = 0.5$ mm, (b) $R = 1$ mm, (c) $R = 2$ mm, (d) $R = 4$ mm

9.3.4 由穿孔饰面层覆盖的分层多孔材料设计

从前面的例子中可以注意到一些趋势。对于开孔面积比大于 0.2 的情况，多孔层的表面阻抗仅略微变化。对于较小的开孔面积比值，可以获得低频情况下吸声系数的增加，但吸声系数在高频情况下减小。更确切地说，阻抗的实部随着孔的半径和靠近面层的材料的流阻率减小而增加，其中速度场是变形的。当开孔面积比减小时，阻抗的实部增加。阻抗的虚部在低频处不依赖于孔的半径和靠近饰面的流阻率。当开孔面积比减小时，阻抗的虚部增加。为了增加低频吸声系数，阻抗的虚部很大且是负的，通过选择较小的开孔面积比和高流阻率的多孔层，可以将其设定为接近于 0。阻抗的实部的值接近于空气的特征阻抗，可以用较小的 R 值和在高流阻率的多孔层和饰面之间插入一层薄的低流阻率材料来获得。这个低流阻率的薄层和小的 R 值对于保证阻抗的实部不致太大是必要的。

图 9.17 和图 9.18 展示了一层由穿孔饰面覆盖的多孔材料在法向入射和斜入射时预测的面阻抗和吸声系数。该材料由两层组成，一层为低流阻率薄层 M_1 与饰面接触，一个大流阻率的厚层 M_2 背衬不透气的刚性壁面。表 9.1 给出了两个层的特征参数。饰面的厚度 $d=1$ mm，每个孔的半径 $R=0.5$ mm，穿孔率 $s=0.005$。

表 9.1　层 M_1 和 M_2 的特征参数。层 M_1 与饰面接触，层 M_2 与具有刚性不透气壁接触

材料	流阻率 $\sigma(\mathrm{Ns/m^4})$	黏性尺寸 $\Lambda(\mathrm{mm})$	热尺寸 $\Lambda'(\mathrm{mm})$	曲折度 α_∞	孔隙率 ϕ	厚度 $e(\mathrm{cm})$
M_1	5000	0.12	0.27	1.1	0.99	0.1
M_2	50000	0.034	0.13	1.5	0.98	1.9

吸声系数 A_0 在 500 Hz 附近达到接近于 1 的最大值。这一特性在对应高频下 A_0 为低值。可以注意到，Bolt（1947）设计了一种在低频情况下具有大吸声的材料，它具有相似的特性，即小孔、小开孔面积比，以及比不带饰面的高频设计构型具有较低的流阻率。

9.3.5　亥姆霍兹谐振器

如果其侧面边界是不透气刚性壁，则图 9.6 所示的单元称为亥姆霍兹谐振器。亥姆霍兹谐振器是带孔洞的体积腔。可以使用不同的体积腔和孔形状；Ingard（1953）研究了这些谐振器的声学特性。在实际情况中，由于体积的横向尺寸黏性趋肤深度大得多，因此可以忽略空体积中的黏性力，黏性力的影响只要在谐振器的颈部考虑。可以指出，多孔介质存在于谐振器中时，式（9.21）中的项 $(4+2d/R)R_s$ 通常远小于阻抗 $Z(B)$ 的实部。如果谐振器中没有多孔材料，则该项不能忽略。亥姆霍兹谐振器通常设计用于吸收低频声音。亥姆霍兹谐振器阵列如图 9.15 所示。

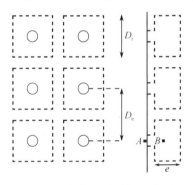

图 9.15　亥姆霍兹谐振器阵列

与 9.3.4 节中描述的材料的情况一样，当谐振器阵列的阻抗的虚部等于 0 时，该谐振器阵列在称为共振频率的频率处，吸声系数呈现最大值。

如果谐振器是具有方形截面的圆柱体，则可以通过使用前面章节的结果来计算阻抗的频率依赖性和谐振器阵列的吸声系数。作为例子，我们考虑谐振器中没有多孔材料的情况。阻抗 $Z(B')$ 可以通过式（9.54）计算，其中，$\phi(L)=1$，且用 D_i 代替式（9.3）和式（9.54）中的 D。阻抗 $Z_{0,0}(B)$ 由下式给出：

$$Z_{0,0}(B) = -\mathrm{j}Z_\mathrm{c}\cot ke \qquad (9.57)$$

其中，e 为圆柱体的长度。对于远低于 c_0/D_i 的频率，如果在式（9.40）中可以忽略 $B_{m,n}$，则可以通过增加长度效应 $\mathrm{j}\omega\rho_0\varepsilon_i$ 来替代与高阶模态相关的项，这里，如果孔是圆的，ε_i 可以通过式（9.18）来计算。

应该指出，B 处的开孔面积比 s_i 是孔的面积 S 与"内部"基本单元截面面积的比值，即 D_i^2 和内部附加长度 ε_i 由下式给出：

$$\varepsilon_i = 0.48S^{1/2}(1.0 - 1.14s_i) \tag{9.58}$$

其中，

$$s_i = (S/D_i^2)^{1/2} \tag{9.59}$$

并且，$Z(B)$ 由下式给出：

$$Z(B) = -\mathrm{j}s_i Z_c \cot ke + \mathrm{j}\varepsilon_i \rho_0 \omega \tag{9.60}$$

在 A 处，"外部"基本单元的面积为 D_e^2，并且 A 处的开孔面积比 s_e 和附加长度由下式给出：

$$s_e = (S/D_e^2)^{1/2} \tag{9.61}$$

$$\varepsilon_e = 0.48S^{1/2}(1.0 - 1.14s_e) \tag{9.62}$$

式（9.49）可重写为

$$Z = \frac{1}{s_e}\left[-\mathrm{j}s_i Z_c \cot g\, ke + \mathrm{j}(\varepsilon_i + \varepsilon_e + d)\omega\rho_0 + \left(\frac{2d}{R} + 4\right)R_s\right] \tag{9.63}$$

共振频率 f_0 隐式定义为 $\mathrm{Im}Z=0$：

$$\cot g\,\frac{2\pi f_0 e}{c_0} = \frac{1}{s_i c_0}[\varepsilon_i + \varepsilon_e + d]2\pi f_0 \tag{9.64}$$

在 s 足够小、余切值在远小于 1 的情况下，此式被证明，并且共振频率 f_0 由下式给出：

$$f_0 = \frac{c_0}{2\pi}\left(\frac{s_i}{e(\varepsilon_i + \varepsilon_e + d)}\right)^{1/2} \tag{9.65}$$

将平方根中的分子和分母乘以 D_i^2 可得出

$$f_0 = \frac{c_0}{2\pi}\left(\frac{S}{V(\varepsilon_i + \varepsilon_e + d)}\right)^{1/2} \tag{9.66}$$

其中，V 是谐振器的体积。式（9.66）可用于不同形状的谐振器。在 Ingard（1953）中，针对孔的不同位置和形状以及谐振器的不同形状，计算了附加长度。

9.4 由圆形穿孔饰面覆盖的分层多孔材料斜入射时的阻抗

9.4.1 饰面与材料边界面处孔的阻抗的计算

在前面的章节中，在法向入射时，多孔介质中的压力场是 x_1 方向上的波数分量 $k_1 = 2m\pi/D$ 和 x_2 方向上 $k_2 = 2n\pi/D$ 的不同波的总和，n 和 m 在 $-\infty$ 到 ∞ 之间变化。使用 Floquet 定理［见 Collin（1960）第 371 页和第 465 页］，可以将这些波视为在法向入射时具有空间周期 D 的双周期穿孔膜传输的不同模式。该定理将在这里用于计算斜入射时的阻抗。平面波以 $\theta \neq 0$ 的角度入射到饰面表面，如图 9.16 所示。入射平面为 $x_3 O x_2$，并且圆形穿孔在两个方向 Ox_1 和 Ox_2 上周期性分布，其空间周期 D 等于两孔之间的距离。其模态通过双周期膜在多孔介质中的传播具有空间依赖性 $g(x_1, x_2)$，如下式：

$$g(x_1, x_2) = \exp\left\{ j\left[\frac{2\pi m x_1}{D} + \left(\frac{2\pi m}{D} - k_0 \sin\theta \right) x_1 \right] \right\} \qquad (9.67)$$

其中，$m = 0, \pm1, \pm2, \cdots, n = 0, \pm1, \pm2, \cdots$。对于法向入射的情况，具有相反 m 的模态可以与余弦相关联，从而将对依赖于 x_2 和 x_3 的公共空间进行分解。与饰面接触的 L 层中的压力场可以写为

$$p(x_1, x_2, x_3) = \sum_{m=0}^{\infty} \sum_{n=-\infty}^{\infty} \cos\left(\frac{2\pi m x_1}{D} \right) \exp(j(2\pi n/D - k_0 \sin\theta)x_2) \qquad (9.68)$$
$$\times \{ A_{m,n}(L)\exp(-jk_{m,n}(L)x_3) + B_{m,n}(L)\exp(jk_{m,n}(L)x_3) \}$$

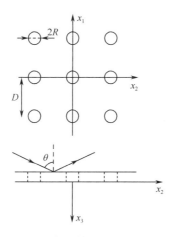

图 9.16　斜入射的穿孔饰面表面

由于问题的对称性，在 $x_1 = \pm D/2$ 处，速度的 x_1 分量等于 0。x_3 方向的波数分量 $k_{m,n}(L)$ 由下式给出：

$$k_{m,n}(L) = \left(k^2(L) - \left(\frac{2\pi m}{D} \right)^2 - (2\pi n/D - k_0 \sin\theta)^2 \right)^{1/2} \qquad (9.69)$$

与法向入射的情况一样，(m,n) 传播模式在层状材料的不同介质中具有相同的波矢量分量，与 $B_{m,n}(L)$ 和 $A_{m,n}(L)$ 有关的式（9.41）和式（9.42）可以通过与上一节相同的方式获得，一个修改是将 $2\pi n/D - k_0 \sin\theta$ 替换为 $2\pi n/D$。

与 (m,n) 传播模式有关的压力场可以写在面向

$$p(x_1, x_2, 0) = \sum_{m=0}^{\infty} \sum_{n=-\infty}^{\infty} \cos\frac{2\pi m x_1}{D} \exp\left(j\left(\frac{2\pi n}{D} - k_0 \sin\theta \right) x_2 \right) \times A_{m,n}(L)(1 + \beta_{m,n}) \qquad (9.70)$$

的接触面上。速度场的 x_3 分量由下式给出：

$$v_3(x_1, x_2, 0) = \sum_{m=0}^{\infty} \sum_{n=-\infty}^{\infty} \cos\frac{2\pi m x_1}{D} \exp\left(j\left(\frac{2\pi n}{D} - k_0 \sin\theta \right) x_2 \right)$$
$$\times A_{m,n}(L)(1 - \beta_{m,n})\frac{k_{m,n}(L)}{Z_c(L)k(L)} \qquad (9.71)$$

与法向入射的情况一样，假定每个孔中的速度振幅均等。设 U_0 为孔径 C_0 的速度，在与饰

面接触的孔隙率为 $\phi(L)$ 的多孔材料中，该速度必须乘以 $1/\phi(L)$。将式（9.71）的左侧乘以 $\cos(2\pi m x_1/D)\exp(-\mathrm{j}[(2\pi n/D)-k_0\sin\theta]x_2)$ 并在孔径 C_0 上积分：

$$I = \frac{U_0}{\phi(L)}\left[\int_0^R\int_0^{2\pi}\exp\left(-\mathrm{j}\left(\frac{2\pi n}{D}-k_0\sin\theta\right)x_2\right)\cos\left(\frac{2\pi m x_1}{D}\right)r\mathrm{d}r\mathrm{d}\theta\right] \tag{9.72}$$

在积分中，指数函数可以用具有相同自变量的余弦代替，因为指数分解中的正弦是 x_2 的奇数函数，对积分无贡献。使用式（9.7）～式（9.9）得

$$\int_0^R\int_0^{2\pi}\exp\left(-\mathrm{j}\left(\frac{2\pi n}{D}-k_0\sin\theta\right)x_2\right)\cos\left(\frac{2\pi m x_1}{D}\right)r\mathrm{d}r\mathrm{d}\theta$$
$$= J_1\left[2\pi R\left(\frac{m^2}{D^2}+\left(\frac{n}{D}-\frac{k_0\sin\theta}{2\pi}\right)^2\right)^{1/2}\right]\frac{R}{\left(\frac{m^2}{D^2}+\left(\frac{n}{D}-\frac{k_0\sin\theta}{2\pi}\right)^2\right)} \tag{9.73}$$

还可以将式（9.71）的右侧乘以 $\cos(2\pi m x_1/D)\exp(-\mathrm{j}(2\pi n/D-k_0\sin(\theta))x_2)$ 并在孔径上积分来计算量 I。对 I 的这两个计算进行等值化得

$$A_{m,n}(L) = \frac{2U_0}{\phi(L)}\frac{Z_c(L)k(L)}{k_{m,n}(L)}\frac{1}{1-\beta_{m,n}(L)}v_m'$$
$$\times\frac{R}{\left(\frac{m^2}{D^2}+\left(\frac{n}{D}-\frac{k_0\sin\theta}{2\pi}\right)^2\right)^{1/2}}J_1\left[2\pi R\left(\frac{m^2}{D^2}+\left(\frac{n}{D}-\frac{k_0\sin\theta}{2\pi}\right)^2\right)^{1/2}\right] \tag{9.74}$$

其中，当 $m=0$ 时，$v_m'=1/2$；当 $m\neq0$ 时，$v_m'=1$。与法向入射的情况一样，阻抗 $Z(B')$ 用下式计算：

$$Z(B') = \frac{\int_0^R\int_0^{2\pi}p(x_1,x_2,0)r\mathrm{d}r\mathrm{d}\theta}{\pi R^2 U_0} \tag{9.75}$$

用式（9.70）替换 $p(x_1,x_2,0)$ 并使用式（9.73）得

$$Z(B') = \sum_{m=0}^{\infty}\sum_{n=0,+1,+2,\cdots}\frac{A_{m,n}(L)}{\pi R^2 U_0}(1+\beta_{m,n})$$
$$\times J_1\left[2\pi R\left(\frac{m^2}{D^2}+\left(\frac{n}{D}-\frac{k_0\sin\theta}{2\pi}\right)^2\right)^{1/2}\right]\frac{R}{\left(\frac{m^2}{D^2}+\left(\frac{n}{D}-\frac{k_0\sin\theta}{2\pi}\right)^2\right)^{1/2}} \tag{9.76}$$

使用式（9.74）和式（9.40），可将该式重写为

$$Z(B') = \frac{2}{\pi\phi(L)}\sum_{m=0}^{\infty}\sum_{n=0,\pm1,\pm2,\cdots}v_m'Z_{m,n}(B)\frac{J_1^2\left(2\pi R\left(\frac{m^2}{D^2}+\left(\frac{n}{D}-\frac{k_0\sin\theta}{2\pi}\right)^2\right)^{1/2}\right)}{\left(m^2+\left(n-\frac{k_0 D\sin\theta}{2\pi}\right)^2\right)^{1/2}} \tag{9.77}$$

该式类似于式（9.48）。在式（9.77）中，(0,0)模式对 $Z(B')$ 的贡献为

$$Z^{0,0}(B') = Z_{0,0}(B)\frac{J_1^2(Rk_0\sin\theta)}{\pi\phi(L)\left(\dfrac{k_0D\sin\theta}{2\pi}\right)^2}\qquad(9.78)$$

对于一阶近似，该方程可以重写为

$$Z^{0,0}(B') = \frac{s}{\phi(L)}Z_{0,0}(B)\qquad(9.79)$$

这个模式下的分量 k_1 和 k_2 分别为 $k_1 = 0$ 和 $k_2 = k\sin\theta$。如果没有饰面，阻抗 $Z_{0,0}(B)/\phi(L)$ 将是 B 处的阻抗。

9.4.2　斜入射时外部附加长度的计算

斜入射时的附加长度 ε_e 可通过下式计算：

$$\mathrm{j}\omega\rho_0\varepsilon_e = \frac{2}{\pi}\sum_{m,n}{}''\, v_m'\frac{Z_c k}{k_{m,n}}\frac{J_1^2\left(2\pi R\left(\dfrac{m^2}{D^2}+\left(\dfrac{n}{D}-\dfrac{k_0\sin\theta}{2\pi}\right)^2\right)^{1/2}\right)}{\left(m^2+\left(n-\dfrac{k_0D\sin\theta}{2\pi}\right)^2\right)}\qquad(9.80)$$

符号 Σ 上的双撇号表示排除了项 $m=0$，$n=0$：

$$\sum_{m,n}{}'' = \sum_{m=1}^{\infty}\sum_{n=0,\pm1,\pm2,\cdots} + \sum_{m=0,n=\pm1,\pm2,\cdots}\qquad(9.81)$$

该式的右侧是式（9.77）的右侧，其中已消除(0,0)模式的贡献，且阻抗 $Z_{m,n}(B)$ 与半无限空气层有关而不是多孔层。然后，Z_c 是空气的特征阻抗，而频率远低于 c_0/D 的 $k_{m,n}$，为

$$k_{m,n} = -\mathrm{j}\left(\frac{4\pi^2m^2}{D^2}+\left(\frac{2\pi n}{D}-k_0\sin\theta\right)^2\right)^{1/2}\qquad(9.82)$$

由式（9.80）和式（9.82）得出以下关于附加长度的表达式：

$$\varepsilon_e = \frac{D}{\pi^2}\sum_{m,n}{}''\, v_m'\frac{J_1^2\left(2\pi R\left(\dfrac{m^2}{D^2}+\left(\dfrac{n}{D}-\dfrac{k_0\sin\theta}{2\pi}\right)^2\right)^{1/2}\right)}{\left(m^2+\left(n-\dfrac{k_0D\sin\theta}{2\pi}\right)^2\right)^{3/2}}\qquad(9.83)$$

可以看出，当 θ 趋于 0 时，式（9.83）与式（9.17）在法向入射时的 ε_e 相同。式（9.17）中的因子 2 在式（9.83）中不存在，因为 n 在该公式中可以为正或为负，而在式（9.14）中始终为正。对 θ 变化达 80° 的计算表明，ε_e 对 θ 的依赖性较弱，式（9.18）也可用于斜入射。

9.4.3　斜入射时带饰面多孔层的阻抗的计算

与法向入射的情况一样，式（9.55）和式（9.56）可用于计算靠近饰面自由空气中的阻抗 Z：

$$Z = Z(A)/s = \frac{Z(B')}{s} + \mathrm{j}\frac{(\varepsilon_e + d)\rho_0\omega}{s} \qquad (9.84)$$

阻抗 $Z(B')$ 现在由式（9.77）给出。例如，图 9.17 和图 9.18 给出 9.3.4 节的饰面材料在三个不同入射角 $\theta = 0$、$\theta = \pi/6$、$\theta = \pi/3$ 时的阻抗和吸声系数。由于层 $\mathrm{M_2}$ 的高流阻（它比层 $\mathrm{M_1}$ 厚得多），阻抗和吸声系数对入射角的依赖性小。

　　这个模型使用 Guignouard 等（1991）的测量结果对不同构型在斜入射时的结果进行了验证，并且与法向入射一样，模型预测的趋势也出现在测量结果中。孔的中心设置在与 Ox_2 方向平行的轴上，该轴由入射平面和面的交点定义。对斜入射的测量表明，当 Ox_2 轴的方向被修改时，表面阻抗不会发生明显变化。

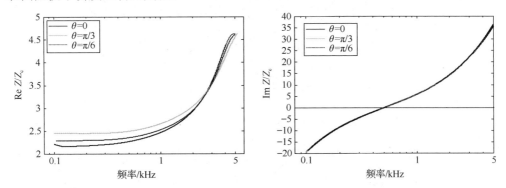

图 9.17　由表 9.1 的两种多孔材料构成的分层材料的入射角 $\theta = 0$、$\theta = \pi/6$、$\theta = \pi/3$ 时的归一化阻抗 Z/Z_c，表层厚度 $d = 1\,\mathrm{mm}$，开孔面积比 $s = 0.005$，半径 $R = 0.5\,\mathrm{mm}$ 的圆孔

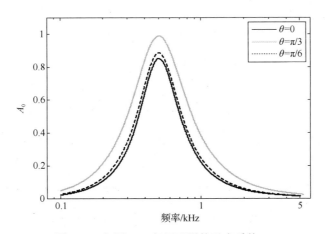

图 9.18　与图 9.17 相同配置的吸声系数 A_0

9.4.4　方形孔情况下斜入射时表面阻抗的计算

　　斜入射时，式（9.54）变为

$$Z(B') = \frac{1}{\phi(L)} \sum_{\pi = 0, \pm 1, \pm 2} \frac{\sin^2\left(\dfrac{\pi n a}{D} - \dfrac{k_0 \sin\theta}{2}\right)}{\left(\pi n - \dfrac{k_0 D}{2}\sin\theta\right)^2} Z_{0,n}(B)$$

$$+ \frac{2D^2}{\phi(L)a^2} \sum_{m=1}^{\infty} \sum_{n=0,\pm1,\pm2} \frac{\sin^2\left(\dfrac{\pi m a}{D}\right)\sin^2\left(\dfrac{\pi n a}{D} - k_0\dfrac{a}{2}\sin\theta\right)}{\pi^4 m^2 \left(n - \dfrac{k_0 D \sin\theta}{2\pi}\right)^2} Z_{m,n}(B) \qquad (9.85)$$

可以用与圆形孔相同的方式估算增加的外部长度 ε_e 。可以忽略对 ε_e 入射角的依赖性，在斜入射时使用式（9.31）。靠近饰面自由空气中的阻抗 Z 由下式给出：

$$Z = \frac{1}{s}[Z(B') + \mathrm{j}\omega\rho_0(\varepsilon_e + d)] \qquad (9.86)$$

参考文献

Bolt, R.H. (1947) On the design of perforated facings for acoustic materials. *J. Acoust. Soc. Amer.*, **19**, 917–21.

Brillouin, J. (1949) Théorie de l'absorption du son par les structures à panneaux perforés. *Cahiers du Centre Scientifique et Technique du Bâtiment*, **31**, 1–15.

Byrne, K.P. (1980) Calculation of the specific normal impedance of perforated facing–porous backing constructions. *Applied Acoustics*, **13**, 43–55.

Callaway, D.B. and Ramer, L.G. (1952) The use of perforated facings in designing low frequency resonant absorbers. *J. Acoust. Soc. Amer.*, **24**, 309–12.

Collin, B. (1960) *Field Theory of Guided Waves*, McGraw-Hill, New York

Davern, W.A. (1977) Perforated facings backed with porous materials as sound absorbers-An experimental study. *Applied Acoustics*, **10**, 85–112.

Guignouard, P., Meisser, M., Allard, J.F., Rebillard, P. and Depollier, C. (1991) Prediction and measurement of the acoustical impedance and absorption coefficient at oblique incidence of porous layers with perforated facings. *Noise Control Eng. J.*, **36**, 129–35.

Ingard, U. (1953) On the theory and design of acoustic resonators. *J. Acoust. Soc. Amer.*, **25**, 1037–61.

Ingard, U. (1954) Perforated facing and sound absorption. *J. Acoust. Soc. Amer.*, **26**, 151–4.

Ingard, U. (1968) Absorption characteristics of non linear acoustic resonators. *J. Acoust. Soc. Amer.*, **44**, 1155–6.

Ingard, U. (1970) Non linear distorsion of sound transmitted through an orifice. *J. Acoust. Soc. Amer.*, **48**, 32–3.

Ingard, U. and Bolt, R.H. (1951) Absorption characteristics of acoustic material with perforated facing. *J. Acoust. Soc. Amer.*, **23**, 533–40.

Ingard, U. and Ising, H. (1967) Acoustic nonlinearity of an orifice. *J. Acoust. Soc. Amer.*, **42**, 6–17.

Ingard, U. and Labate, S. (1950) Acoustic circulation effects and the non linear impedance of orifices. *J. Acoust. Soc. Amer.*, **22**, 211–18.

Nielsen, A.K. (1949) *Trans Danish Acad. Tech. Sci. No. 10*.

Norris, A.N. and Sheng, I.C. (1989) Acoustic radiation from a circular pipe with infinite flange. *J. Sound Vib.*, **135**, 85–93.

Rayleigh, J.W.S. (1940) *Theory of Sound*. MacMillan, London, Vol. II, p. 318.

Velizhanina, K.A. (1968) Design calculation of sound absorbers comprising a porous material with a perforated facing. *Soviet Physics-Acoustics*, **14**, 37–41.

Zwikker, C. and Kosten, C.W. (1949) *Sound Absorbing Materials*. Elsevier, New York.

第 10 章　横向各向同性多孔弹性介质

10.1　引言

　　纤维介质、玻璃纤维和岩棉是强的各向异性的材料。目前，由于制造工艺，它们可被视为横向各向同性介质（Tarnow 2005），其对称轴垂直于材料层的表面。Melon 等（1998）表明，多孔泡沫也可以呈现出一种明显的各向异性，这种各向异性更为复杂，但在第一种方法中，真空中的骨架可视为一种横向各向同性弹性介质。Liu 和 Liu（2004）给出了一个更精确的描述，但它不容易测量在描述中使用的众多参数。在各向异性介质中，不同波的波数取决于传播方向，例如，取决于介质表面的波数矢量分量。源通常可以通过介质表面的波数分量谱来定义，波数分量或慢速分量的最后特征简化了诱导位移场的预测。在 10.2 节到 10.5 节，横向传播各向同性介质的描述方法与 Sharma 和 Gogna（1991）及 Vashishth 和 Khurana（2004）的方法类似，其中为表面上给定的波数分量定义了不同的波，并且对称轴垂直于表面。10.5 节到 10.6 节涉及空气中声源和机械激励所产生的场，以及刚性骨架介质。在 10.7 节，考虑了横向各向同性多孔介质，其对称轴的方向与表面的法线不同。10.8 节描述平行于对称轴和垂直于对称轴的瑞利表面波。10.9 节给出横向各向同性多孔层的矩阵表示。

10.2　真空中的骨架

应力-应变关系

　　假设 z 轴为材料旋转对称轴。设 x 和 y 为对称平面中的两个正交轴。$\boldsymbol{u}^s$ 是固体位移矢量，应变分量定义为 $e_{ij} = 1/2(\partial u_i^s/\partial x_j + \partial u_j^s/\partial x_i)$。真空中骨架的应力-应变关系可以写成

$$\hat{\sigma}_{xx} = (2G + A)e_{xx} + Ae_{yy} + Fe_{zz} \tag{10.1}$$

$$\hat{\sigma}_{yy} = Ae_{xx} + (2G + A)e_{yy} + Fe_{zz} \tag{10.2}$$

$$\hat{\sigma}_{zz} = Fe_{xx} + Fe_{yy} + Ce_{zz} \tag{10.3}$$

$$\hat{\sigma}_{yz} = 2G'e_{yz} \tag{10.4}$$

$$\hat{\sigma}_{xz} = 2G'e_{xz} \tag{10.5}$$

$$\hat{\sigma}_{xy} = 2Ge_{xy} \tag{10.6}$$

其中，A、F、G、C 和 G' 是刚度系数［对于各向同性情况的比较，见式（1.23），其中，$G = G'$，$F = A$，$C = A + 2G$］。使用工程表示法，如 Cheng（1997）的工作，杨氏模量表示为

E_x、E_y、E_z，它可以重写为 $E_x = E_y = E$、$E_z = E'$。泊松比表示为 v_{yx}、v_{zy} 和 v_{zx}，并满足关系式 $v_{yx} = v$、$v_{zy} = v_{zx} = v'$。系数 A、F、C 和 G 与下面的新的系数有关：

$$A = \frac{E(E'v + Ev'^2)}{(1+v)(E' - E'v - 2Ev'^2)} \tag{10.7}$$

$$F = \frac{EE'v'}{E' - E'v - 2Ev'^2} \tag{10.8}$$

$$C = \frac{E'^2(1+v)}{E' - E'v - 2Ev'^2} \tag{10.9}$$

$$G = \frac{E}{2(1+v)} \tag{10.10}$$

横向各向同性弹性介质中的波

对于各向同性多孔介质，如果波长远大于代表基本体积的特征长度，则可以用具有相同刚度系数的均质弹性介质替换真空中的弹性骨架。Royer 和 Dieulesaint（1996）描述了在横向各向同性弹性层中传播的平面波。子午面包含 z 轴和波数矢量。设 x 轴为子午面中垂直于 z 轴的矢量，使用 Vashishth 和 Khurana（2004）的符号，时空相关性是

$$\exp\left[j\omega\left(t - \frac{x}{c} - qz \right) \right]$$

这些波在 x 方向上具有给定的慢度分量 $1/c$。符号 q 用于表示 z 慢度矢量的分量。这不应与第 5 章中定义的动态黏性渗透率产生任何混淆，除了在表 10.1 中，它在本章中没有出现。存在两种在子午面具有极化的波，即伪压缩波（伪 P 波）和伪剪切波（伪 SV 波）。慢度矢量的分量必须满足该关系（见 Royer 和 Dieulesaint 1996 的式 4.49）：

$$2\rho_1 = G'\left(q^2 + \frac{1}{c^2} \right) + \frac{2G + A}{c^2} + Cq^2$$

$$\pm \left[\left(\frac{2G + A - G'}{c^2} + (G' - C)q^2 \right)^2 + 4(F + G')^2 \frac{q}{c} \right]^{1/2} \tag{10.11}$$

其中，ρ_1 是多孔骨架的密度。最慢的波是伪 SV 波。

垂直于子午面极化的横向波（SH 波）也可以传播慢度矢量的分量，满足如下关系 [见 Royer 和 Dieulesaint 1996 的式 (4.47)]：

$$\rho_1 = \frac{G}{c^2} + G'q^2 \tag{10.12}$$

当波数矢量平行于对称轴或垂直于对称轴时，伪横向波是纯横向的，伪压缩波在相同条件下是纯压缩的。可以推测，如果骨架比空气重得多，则三个类似于 P 波、SV 波和 SH 波的骨架传播波必须在空气浸润的多孔介质中传播，再加上一个类似于在空气浸润的静止骨架中传播的空气传播波。

10.3　横向各向同性多孔弹性层

10.3.1　应力-应变方程

体积模量和与体积模量有关的声学参数、热特征长度和黏性渗透率都为标量。在第 6 章，材料的骨架假设为不可压缩，浸润空气的应力-应变关系由式（6.3）给出，Q 由式（6.25）给出，R 由式（6.26）给出：

$$\sigma_{ij}^f = -\phi p \delta_{ij} = K_f [\phi \theta_f + (1-\phi)\theta_s] \tag{10.13}$$

其中，θ_f 是空气膨胀，θ_s 是骨架膨胀。使用了 Biot 理论的第二个公式（见附录 6.A）。在这种表示中，使用了作用于多孔介质的压力和总应力张量。总应力张量是三个张量的总和：真空中骨架的应力张量被视为弹性实体，其分量 $\hat{\sigma}_{ij}^s$ 由式（10.1）～式（10.6）给出；应力张量分量 $\sigma_{ij}^f = -\phi p \delta_{ij}$；应力分量 $-p(1-\phi)\delta_{ij} = (1-\phi)\sigma_{ij}^f/\phi$ 通过将压力传递到骨架中而添加到骨架应力张量中。将分量 $[1+(1-\phi)/\phi]\sigma_{ij}^f = -p\delta_{ij}$ 添加到真空中骨架的应力张量中，以获得总应力张量。骨架位移矢量 $\boldsymbol{u}^s$ 和流体排放位移矢量 $\boldsymbol{w} = \phi(\boldsymbol{u}^f - \boldsymbol{u}^s)$，其中 $\boldsymbol{u}^f$ 是流体位移矢量。使用 $\zeta = -\nabla.\boldsymbol{w}$，总的应力分量和压力由以下各式给出：

$$\sigma_{xx}^t = (2G+A)e_{xx} + Ae_{yy} + Fe_{zz} + \frac{\theta_s - \zeta}{\phi}K_f \tag{10.14}$$

$$\sigma_{yy}^t = Ae_{xx} + (2G+A)e_{yy} + Fe_{zz} + \frac{\theta_s - \zeta}{\phi}K_f \tag{10.15}$$

$$\sigma_{zz}^t = Fe_{xx} + Fe_{yy} + Ce_{zz} + \frac{\theta_s - \zeta}{\phi}K_f \tag{10.16}$$

$$\sigma_{yz}^t = 2G'e_{yz} \tag{10.17}$$

$$\sigma_{xz}^t = 2G'e_{xz} \tag{10.18}$$

$$\sigma_{xy}^t = 2Ge_{xy} \tag{10.19}$$

$$-p = K_f \frac{(\theta_s - \zeta)}{\phi} \tag{10.20}$$

其中，K_f 是浸润空气的体积模量。式（10.14）～式（10.20）可以重写为

$$\sigma_{xx}^t = (2B_1 + B_2)e_{xx} + B_2 e_{yy} + B_3 e_{zz} + B_6 \zeta \tag{10.21}$$

$$\sigma_{yy}^t = B_2 e_{xx} + (2B_1 + B_2)e_{yy} + B_3 e_{zz} + B_6 \zeta \tag{10.22}$$

$$\sigma_{zz}^t = B_3 e_{xx} + B_3 e_{yy} + B_4 e_{zz} + B_7 \zeta \tag{10.23}$$

$$\sigma_{xz}^t = 2B_5 e_{xz} \tag{10.24}$$

$$\sigma_{yz}^t = 2B_5 e_{yz} \tag{10.25}$$

$$\sigma^t_{xy} = 2B_1 e_{xy} \qquad (10.26)$$

$$p = B_6 e_{xx} + B_6 e_{yy} + B_7 e_{zz} + B_8 \zeta \qquad (10.27)$$

其中，

$$B_1 = G, \ B_2 = A + K_f/\phi, \ B_3 = F + K_f/\phi, \ B_4 = C + K_f/\phi$$
$$B_5 = G', \ B_6 = B_7 = -B_8 = -K_f/\phi$$

10.3.2 波动方程

Sanchez-Palencia（1980）表明，对于各向异性多孔介质，动态黏性渗透率（或动态曲折度）是二阶对称张量。对于描述两个相之间的黏性、惯性相互作用的不同参数也是如此。这些张量在三个正交方向上是对角线的。对于横向各向同性介质，这些方向之一是对称轴 z。对称平面中的任意一对正交轴 x 和 y 都可以完成设置。上标 i（$i=x, y, z$）将用来定义对角元素 σ^i、Λ^i、α^i_∞、$\tilde{\rho}^i_{12}$ 和 $\tilde{\rho}^i_{22}$。当速度平行于参数对角线的方向时，两个相之间的黏性和惯性相互作用，与参数等于对角线元素的各向同性介质相同。可以写出 Biot 理论的第一个公式的波动方程：

$$\frac{\partial \sigma^s_{xi}}{\partial x} + \frac{\partial \sigma^s_{yi}}{\partial y} + \frac{\partial \sigma^s_{zi}}{\partial z} = -\omega^2(\tilde{\rho}^i_{11} u^s_i + \tilde{\rho}^i_{12} u^f_i) \qquad (10.28)$$

$$\frac{\partial \sigma^f_{xi}}{\partial x} + \frac{\partial \sigma^f_{yi}}{\partial y} + \frac{\partial \sigma^f_{zi}}{\partial z} = -\omega^2(\tilde{\rho}^i_{22} u^f_i + \tilde{\rho}^i_{12} u^s_i) \qquad (10.29)$$

$$i = x, y, z$$

其中，

$$\tilde{\rho}^i_{22} = \phi \rho_0 - \tilde{\rho}^i_{12} \qquad (10.30)$$

$$\tilde{\rho}^i_{11} = \rho_1 - \tilde{\rho}^i_{12} \qquad (10.31)$$

在这些表达式中，ρ_0 是空气密度，ϕ 是孔隙率，$\tilde{\rho}_{12}$ 的定义和第 6 章相似。将式（10.28）～式（10.29）与第二种表达形式的应力和应变结合使用，可以得到以下波动方程（为了简化这种表达形式，我们使用等效表示法：$\sigma_{ij,k} = \partial\sigma_{ij}/\partial x_k, i, j, k = 1 \to x, 2 \to y, 3 \to z$）

$$\sigma^t_{1i,1} + \sigma^t_{2i,2} + \sigma^t_{3i,3} = -\omega^2(\rho u^s_i + \rho_0 w_i) \qquad (10.32)$$

其中，$\rho = \rho_1 + \phi\rho_0$，且

$$-p_{,i} = -\omega^2\left[\rho_0 u^s_i + \frac{\tilde{\rho}^i_{22}}{\phi_2} w_i\right] \qquad (10.33)$$

使用式（5.50），该式可重写为

$$-p_{,i} = -\omega^2\left[\rho_0 u^s_i + C_i w_i\right] \qquad (10.34)$$

其中，

$$C_i = \rho_0 \frac{\alpha^i_\infty}{\phi} + \sigma_i \frac{G_i(\omega)}{j\omega}$$

与方向 i 上的有效密度有关，$C_i = \rho^i_{ef}/\phi$。

10.4　对称平面上有给定慢度分量的波

10.4.1　常规方程

子午面平面的定义与 10.2 节中的定义相同，它包含 z 轴和波数矢量，在这个平面上垂直于 z 轴，用 x 表示。用 Vashishth 和 Khurana（2004）的符号描述了在 x 方向具有慢度分量 $1/c$、在子午面上具有极化的平面谐波。骨架的位移分量和排出位移分量写为

$$u_x^s = a_1 \exp\left[j\omega\left(t - \frac{x}{c} - qz \right) \right] \tag{10.35}$$

$$u_y^s = a_2 \exp\left[j\omega\left(t - \frac{x}{c} - qz \right) \right] \tag{10.36}$$

$$u_z^s = a_3 \exp\left[j\omega\left(t - \frac{x}{c} - qz \right) \right] \tag{10.37}$$

$$w_x = b_1 \exp\left[j\omega\left(t - \frac{x}{c} - qz \right) \right] \tag{10.38}$$

$$w_y = b_2 \exp\left[j\omega\left(t - \frac{x}{c} - qz \right) \right] \tag{10.39}$$

$$w_z = b_2 \exp\left[j\omega\left(t - \frac{x}{c} - qz \right) \right] \tag{10.40}$$

$$u_x^f = d_1 \exp\left[j\omega\left(t - \frac{x}{c} - qz \right) \right] \tag{10.41}$$

$$u_y^f = d_2 \exp\left[j\omega\left(t - \frac{x}{c} - qz \right) \right] \tag{10.42}$$

$$u_z^f = d_3 \exp\left[j\omega\left(t - \frac{x}{c} - qz \right) \right] \tag{10.43}$$

其中，$d_k = a_k + b_k / \phi$，$k = 1,2,3$。符号 q 用于表示 z 慢度矢量的分量。位移分量 u_y 和 w_y 及方向 y 上的波数分量等于 0。位移分量是 6 个方程系统的解，可以写成

$$
\begin{bmatrix}
\rho - B_5 q^2 - \dfrac{2B_1 + B_2}{c^2} & -(B_3 + B_5)\dfrac{q}{c} & \dfrac{B_6}{c^2} + \rho_0 & B_6 \dfrac{q}{c} \\[2mm]
-(B_3 + B_5)\dfrac{q}{c} & \rho - B_4 q^2 - \dfrac{B_5}{c^2} & B_7 \dfrac{q}{c} & \rho_0 + B_7 q^2 \\[2mm]
\dfrac{B_6}{c^2} + \rho_0 & B_7 \dfrac{q}{c} & -\dfrac{B_8}{c^2} + C_1 & -B_8 \dfrac{q}{c} \\[2mm]
B_6 \dfrac{q}{c} & \rho_0 + B_7 q^2 & -B_8 \dfrac{q}{c} & -B_8 q^2 + C_3
\end{bmatrix}
\begin{bmatrix}
a_1 \\ a_3 \\ b_1 \\ b_3
\end{bmatrix}
=
\begin{bmatrix}
0 \\ 0 \\ 0 \\ 0
\end{bmatrix}
\tag{10.44}
$$

$$\left[\begin{pmatrix} \dfrac{B_1}{c^2} + q^2 B_5 - \rho \end{pmatrix} \quad -\rho_0 \\ \rho_0 \quad\quad\quad\quad C_1 \right]\begin{bmatrix} a_2 \\ b_2 \end{bmatrix} = 0 \tag{10.45}$$

a_2 和 b_2 对 a_1、a_3、b_1 和 b_3 的不相关性，显示了在 y 方向上极化的伪 SH 波和在子午面中极化的波的解耦。

10.4.2　在子午面中极化的波

如果式（10.44）的方阵的行列式等于 0，则存在非平凡解。行列式的展开给出了 q^2 的三次多项式方程，可以用 Vashishth 和 Khurana（2004）的符号写为

$$T_0 q^6 + T_1 q^4 + T_2 q^2 + T_3 = 0 \tag{10.46}$$

系数 T_i 由附录 10.A 给出。对于给定的 x 慢度分量 $1/c$，式（10.46）给出三个不同的 q^2，每个 q^2 与一个随 $\mathrm{Re}\,q > 0$ 时朝向 z 增大的波和一个朝向 z 减小的波相关。对应于 a_1、a_3、b_1、b_3 的各个幅值，可以通过该组式（10.44）求得。例如，这些波可以用系数 $N = a_3 + b_3$，该系数为位移分量 $(1-\phi)u_z^s + \phi u_z^f$ 的幅值，进行归一化。位移分量是以下方程的解：

$$\left\{ \rho - B_5 q^2 - \frac{2(B_1 + B_2)}{c^2} \right\} a_1 - \left\{ (B_3 + B_5 + B_6)\frac{q}{c} \right\} a_3 + \left\{ \frac{B_6}{c^2} + \rho_0 \right\} b_1 = -B_6 \frac{q}{c} N \tag{10.47}$$

$$\left\{ -(B_3 + B_5)\frac{q}{c} \right\} a_1 + \left\{ \rho - \rho_0 - (B_4 + B_7)q^2 - \frac{B_5}{c^2} \right\} a_3 + \left\{ B_7 \frac{q}{c} \right\} b_1 = -N(\rho_0 + B_7 q^2) \tag{10.48}$$

$$\left\{ \frac{B_6}{c^2} + \rho_0 \right\} a_1 + \left\{ (B_7 + B_8)\frac{q}{c} \right\} a_3 + \left\{ -\frac{B_8}{c^2} + C_1 \right\} b_1 = B_8 \frac{q}{c} N \tag{10.49}$$

$$b_3 = N - a_3 \tag{10.50}$$

10.4.3　垂直于子午面极化的波

如果方阵的行列式等于 0 且 q^2 由下式给出，则存在式（10.45）的非平凡解：

$$q^2 = \left(\rho - \frac{\rho_0^2}{C_1} - \frac{B_1}{c^2} \right) / B_5 \tag{10.51}$$

例如，这些波可以用 $a_2 = N$ 进行归一化。位移分量 b_2 由下式给出：

$$b_2 = -N\rho_0 / C_1 \tag{10.52}$$

10.4.4　不同波的本质

对于骨架比空气重得多的多孔介质，部分解耦对各向异性和各向同性介质具有相同的结果。对于各向同性介质，存在两种类型的 Biot 波：与真空中在骨架中传播的波相似的两个骨架传播波，与充盈在刚性骨架中空气传播波类似的空气声波。由于骨架和空气之间的相互作用不同，两种波同时在骨架和空气中传播，但空气传播的波主要在空气中传播。对于骨架比空气重得多的各向异性多孔介质，Biot 波是同一类。更准确地说，在子午面中极化的两个波

是骨架传播的波，而第三种波是类似于在刚性骨架多孔介质中传播的空气声波，如 10.5.3 节所述。在垂直于子午面方向上极化的波是第三骨架传播波。部分解耦的另一个结果在 10.8 节中给出：普通玻璃纤维的瑞利波的相速度非常接近真空中骨架的相速度。

10.4.5　图解说明

对于在子午面中极化的波，在图 10.1 和图 10.2 中给出了慢度与传播方向和对称轴 z 之间真实角度 θ 的关系，在图 10.3 中，是垂直于子午面极化的波。多孔介质由表 10.1 的参数描述。类似的参数可以描述玻璃纤维。Lafarge 模型［见式（5.35）］用于体积模量，Johnson 等的模型［见式（5.36）］用于有效密度。频率为 0.5 kHz 。所有慢度波分量 q、$1/c$ 与慢度 s、实数角 θ 有关。

$$s\sin\theta = 1/c \tag{10.53}$$

$$s\cos\theta = q \tag{10.54}$$

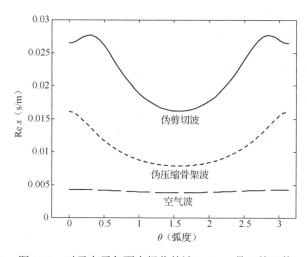

图 10.1　对于在子午面中极化的波，$\operatorname{Re} s$ 是 θ 的函数

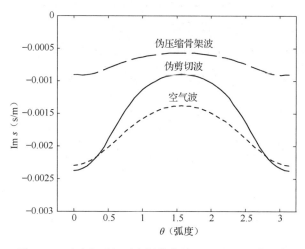

图 10.2　对于在子午面中极化的波，$\operatorname{Im} s$ 是 θ 的函数

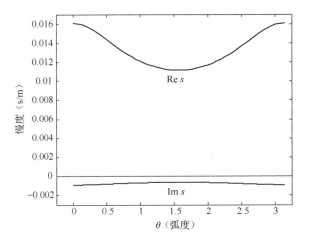

图 10.3　对于垂直于子午面的极化，波的慢度 s 是 θ 的函数

表 10.1　典型玻纤维棉的声学参数和力学参数。曲折度在 x 和 z 方向上是相同的，且 F=A=0（泊松比等于 0）

流阻率 $\sigma^x(\mathrm{Ns/m^4})$	4000
流阻率 $\sigma^z(\mathrm{Ns/m^4})$	8000
孔隙率 ϕ	0.98
曲折度 α_∞	1.1
热渗透率 $q_0'(\mathrm{m^2})$	6×10^{-9}
黏性长度 $\Lambda^x(\mu\mathrm{m})$	200
黏性长度 $\Lambda^z(\mu\mathrm{m})$	140
热长度 $\Lambda'(\mu\mathrm{m})$	500
密度 $\rho_1(\mathrm{kg/m^3})$	32
刚度 $G(\mathrm{kPa})$	260(1+0.1j)
刚度 $G'(\mathrm{kPa})$	125(1+0.1j)
刚度 $C(\mathrm{kPa})$	46(1+0.1j)

由式（10.46）和式（10.A.1）至式（10.A.4）可导出

$$s^6[T_0\cos^6\theta + T_{12}\sin^2\theta\cos^4\theta + T_{23}\sin^4\theta\cos^2\theta + T_{34}\sin^6\theta]$$
$$+s^4[T_{11}\cos^4\theta + T_{22}\cos^2\theta\sin^2\theta + T_{33}\sin^4\theta] \qquad (10.55)$$
$$+s^2[T_{21}\cos^2\theta + T_{32}\sin^2\theta] + T_{31} = 0$$

式（10.51）可导出

$$s^2[B_5\cos^2\theta + B_1\sin^2\theta] = \rho - \frac{\rho_0^2}{C_1} \qquad (10.56)$$

对于在子午面极化的三个波，慢度 s 的实部（与相速度成反比）在图 10.1 中表示为 θ 的函数，图 10.2 给出了 s 的虚部。对于垂直于子午面极化的波，图 10.3 给出了 s 的实部和虚部。

10.5　有限厚度层上方空气中的声源

10.5.1　问题描述

玻璃纤维和岩棉可以是横向各向同性的，这些材料大的那个面的法线通常平行于对称轴。对于横向有足够大延伸的情况，在计算中可以用无限大的横向尺寸替换该层。如果平面波以入射角 θ 入射到该层（见图 10.4），入射平面可以表示为平面 xz，x 方向的慢度分量为 $1/c = k_0 \sin\theta/\omega$，其中，$k_0$ 是自由空气中的波数。

由于问题的对称性，该层中仅存在子午面极化的波。第一步，预测由平面波产生的骨架位移和层的反射系数。如果空气中的源是点源，平面波下的结果可以用第 8 章中的索末菲表达式得到。

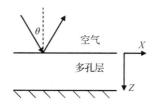

图 10.4　空气中的平面波以入射角 θ 入射到固定在刚性不透气背衬上的多孔层。对称轴平行于该层表面的法向 z

10.5.2　空气中的平面场

层的厚度是有限的，并黏结在刚性不透气背衬上（见图 10.4）。边界条件为

$$\sum u_x^s = \sum u_z^s = \sum w_z = 0 \tag{10.57}$$

求和是在黏结面上的所有波上进行的。在下面的内容中，上标+表示向背衬传播的波，上标-表示向自由表面传播的波。在该层的自由表面上，$z=0$（见图 10.4）和归一化因子 $N=1$ 位移分量不同的波表示为 $a_1^\pm(i)$、$a_3^\pm(i)$、$b_1^\pm(i)$、$b_3^\pm(i)$，$i=1,2,3$。慢度的相关 z 分量为 $q^\pm(i) = \pm q(i)$。与第 8 章一样，为避免方程组庞大，从自由表面传播到背衬的每个波都与三个向上传播的波相关联，以满足与背衬接触的表面的边界条件。与各向同性介质相似，向上方向波的归一化因子与每个向下方向波的归一化因子 $N=1$ 相关，表示为 r_{ik}，其中，i 定义一个向下方向波，而 k 定义三个相关的向上方向波之一。系数 r_{ik} 满足以下关系：

$$a_3^+(i) + \sum_{k=1,3} r_{ik} a_3^-(k) \exp[j\omega l(q(i)+q(k))] = 0 \tag{10.58}$$

$$a_1^+(i) + \sum_{k=1,3} r_{ik} a_1^-(k) \exp[j\omega l(q(i)+q(k))] = 0 \tag{10.59}$$

$$b_3^+(i) + \sum_{k=1,3} r_{ik} b_3^-(k) \exp[j\omega l(q(i)+q(k))] = 0 \tag{10.60}$$

其中，l 是层的厚度。三个向下方向波的任何叠加（每个都与其三个向上方向波相关联）都满足结合面的边界条件。在与空气接触的表面上，边界条件可以写成

$$v_z^e = j\omega[\sum u_z^s + \sum w_z] \tag{10.61}$$

$$\sum \sigma_{xz}^t = 0 \tag{10.62}$$

$$p^e = \sum p \tag{10.63}$$

$$-p^e = \sum \sigma_{zz}^t \tag{10.64}$$

其中，v_z^e 和 p^e 表示自由空气中与多孔层接触表面的 z 速度分量和自由空气中的压力。满足单位压力的最后三个边界条件的系数 N_i 是以下方程组的解：

$$\sum_{i=1,2,3} N_i \left\{ q(i)a_1^+(i) + \frac{1}{c}a_3^+(i) - \sum_{k=1,2,3} \left(q(k)a_1^-(k) - \frac{1}{c}a_3^-(k) \right) r_{ik} \right\} = 0 \tag{10.65}$$

$$\begin{aligned}
\sum_{i=1,2,3} N_i &\left\{ \frac{1}{c}B_6 a_1^+(i) + B_7 q(i)a_3^+ - B_8\left(\frac{1}{c}b_1^+(i) + q(i)b_3^+(i) \right) \right. \\
&+ \sum_{k=1,2,3} r_{ik}\left[\frac{1}{c}B_6 a_1^-(k) - B_7 q(k)a_3^-(k) \right. \\
&\left. \left. - B_8\left(\frac{1}{c}b_1^-(k) - q(k)b_3^-(k) \right) \right] \right\} = -1/j\omega
\end{aligned} \tag{10.66}$$

$$\begin{aligned}
\sum_{i=1,2,3} N_i &\left\{ \frac{1}{c}B_3 a_1^+(i) + B_4 q(i)a_3^+ - B_7\left(\frac{1}{c}b_1^+(i) + q(i)b_3^+(i) \right) \right. \\
&+ \sum_{k=1,2,3} r_{ik}\left[\frac{1}{c}B_3 a_1^-(k) - B_4 q(k)a_3^-(k) \right. \\
&\left. \left. - B_7\left(\frac{1}{c}b_1^-(k) - q(k)b_3^-(k) \right) \right] \right\} = 1/j\omega
\end{aligned} \tag{10.67}$$

系数 N_1、N_2、N_3 从式（10.65）～式（10.67）获得。由式 $\boldsymbol{u}^s + \boldsymbol{w} = (1-\phi)\boldsymbol{u}^s + \phi\boldsymbol{u}^f$，自由空气中的 z 速度分量由下式给出：

$$v_z^f = j\omega \sum_i N_i \left\{ (a_3^+(i) + b_3^+(i)) + \sum_k (a_3^-(k) + b_3^-(k))r_{ik} \right\} \tag{10.68}$$

面阻抗由下式给出：

$$Z_s = \frac{p^e}{v_z^e} = 1/\left[j\omega \sum_i N_i \left\{ (a_3^+(i) + b_3^+(i)) + \sum_k (a_3^-(k) + b_3^-(k))_{ik} \right\} \right] \tag{10.69}$$

对于单位压力，层表面的骨架的 z 速度分量 v_z^s 和 x 速度分量 v_x^s 由下式给出：

$$v_z^s = j\omega \sum_{i=1,2,3} N_i \left\{ a_3^+(i) + \sum_{k=1,2,3} a_3^-(k)r_{ik} \right\} \tag{10.70}$$

$$v_x^s = j\omega \sum_{i=1,2,3} N_i \left\{ a_1^+(i) + \sum_{k=1,2,3} a_1^-(k)r_{ik} \right\} \tag{10.71}$$

对于单位入射波，与空气接触表面处的声压场乘以 $(1+V)$，V 是下式给出的反射系数：

$$V = \left(\frac{Z_s \cos\theta}{Z_0} - 1 \right) \Big/ \left(\frac{Z_s \cos\theta}{Z_0} + 1 \right) \tag{10.72}$$

并且由式（10.70）和式（10.71）给出的速度分量也必须乘以 $(1+V)$。表 10.1 的材料层的自由表面上骨架的垂直速度模量在图 10.5 中给出，它是频率的函数。Lafarge 模型［见式（5.35）］用于体积模量，Johnson 等（2000）的模型的 C_i 作为有效密度的评估［见式（5.36）］。层的厚度 $l = 10$ cm，入射场是法向入射时的单位压力场。

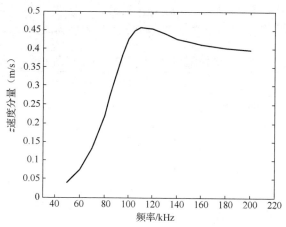

图 10.5　由入射单位压力场激励的法线表面骨架速度

速度分布中有一个峰值接近于 110 Hz，该峰值归因于骨架的压缩 $\lambda/4$ 谐振。对于真空中的骨架，沿对称轴方向传播的压缩波的速度等于 $1/\operatorname{Re}(\rho_1/C)^{1/2}$，接近于 120 m/s。骨架 Biot 压缩波在 z 方向上的速度非常接近此值。峰值移向高频，因为与共振无关，单位场感应的垂直速度随频率强烈增加。

对于点源，可以像第 8 章中那样使用索末菲表达式来预测骨架位移分量。

10.5.3　空气波解耦

在一阶近似中，由源在空气中引起的骨架位移与空气位移相比可忽略不计。式（10.44）可重写为

$$\begin{bmatrix} -\dfrac{B_8}{c^2} + C_1 & -B_8\dfrac{q}{c} \\[2mm] -B_8\dfrac{q}{c} & -B_8 q^2 + C_3 \end{bmatrix} \begin{bmatrix} b_1 \\ b_3 \end{bmatrix} = 0 \tag{10.73}$$

其中，b_1 和 b_3 可以用 ϕd_1 和 ϕd_3 代替。如果下式成立，则存在一个非平凡解：

$$q^2 = \frac{C_3}{B_8} - \frac{1}{c^2}\frac{C_3}{C_1} \tag{10.74}$$

对于给定的 x 慢度分量 $1/c$，有两个相反的 z 慢度分量。用 k_p 表示在 x 方向传播的波的波数，用 k_N 表示在 z 方向传播的波的波数（$k_N^2 = \omega^2 C_3/B_8,\ k_p^2 = \omega^2 C_1/B_8$），通过 k_x 和 ωq、k_z，式（10.74）可重写为

$$k_z^2 = k_N^2 \left(1 - \frac{k_x^2}{k_p^2}\right) \tag{10.75}$$

式（10.27）可重写为

$$p = jB_8 \phi(u_1^f k_x + u_3^f k_z) \tag{10.76}$$

式（10.58）～式（10.59）的系统被下式代替：

$$r_{11} = \exp(-2jk_z l) \tag{10.77}$$

面阻抗 Z_s 可重写为

$$\frac{p^e}{v_z^e} = \frac{j\phi B_8 (d_1 k_x + d_3 k_z)(1 + \exp(-2jk_z l))}{j\omega \phi d_3 (1 - \exp(-2jk_z l))} \tag{10.78}$$

从式（10.73）可得 $d_1 k_x / (d_3 k_z)$ 的比：

$$\frac{d_1 k_x}{d_3 k_z} = \frac{B_8 / c^2}{C_1 - B_8 / c^2} \tag{10.79}$$

这使得

$$k_z \left(1 + \frac{d_1 k_x}{d_3 k_z}\right) = \frac{k_N}{\left(1 + \dfrac{k_x^2}{k_P^2}\right)^{1/2}} \tag{10.80}$$

面阻抗 Z_s 可重写为

$$Z_c = \frac{(\rho_{ef}^z K^f)^{1/2}}{j\phi[1 - (k_x/k_P)^{1/2}]} \cot jl k_z \tag{10.81}$$

式（10.75）可重写为 ［见式（3.54）］

$$\frac{k_z^2}{k_N^2} + \frac{k_x^2}{k_p^2} = 1 \tag{10.82}$$

设 θ_1 为分量 k_x 和 k_z 的波数矢量 $\boldsymbol{k}_1$ 与 z 轴的夹角。角度 θ_1 和波数矢量的模量满足以下关系：

$$\frac{k_1^2 \cos^2 \theta_1}{k_N^2} + \frac{k_1^2 \sin^2 \theta_1}{k_P^2} = 1 \tag{10.83}$$

在高频情况下使用有效密度的渐近极限，给出了曲折度 $\alpha_\infty(\theta_1)$ 的如下角度依赖性：

$$\frac{\cos^2 \theta_1}{\alpha_\infty^P} + \frac{\sin^2 \theta_1}{\alpha_\infty^N} = \frac{1}{\alpha_\infty(\theta_1)} \tag{10.84}$$

其中，α_∞^P 是平面（x, y）上的曲折度，而 α_∞^N 是沿 z 方向的曲折度。由 Castagnede 等（1998）在超声频率上进行的曲折度测量与这种角度依赖性有很好的一致性。利用有效密度在低频情况下的渐近极限，给出表观流阻率的相同关系：

$$\frac{\cos^2 \theta_1}{\sigma_P} + \frac{\sin^2 \theta_1}{\sigma_N} = \frac{1}{\sigma(\theta_1)} \tag{10.85}$$

10.6　多孔层表面的力学激励

激励是一个单位应力场 τ_{zz}，其应用于具有空间依赖性 $\exp(-j\omega x/c)$ 的层的自由表面。自由表面的边界条件由式（10.61）～式（10.63）给出，式（10.64）被替换为

$$-p^e + \tau_{zz} = \sum \sigma_{zz}^t \tag{10.86}$$

单位应力在空气中产生具有空间依赖性 $\exp[-j(\omega x/c - k_0 z\cos\theta)]$ 的平面波，其中，k_0 是自由空气中的波数，$\cos\theta$ 由下式给出：

$$\cos\theta = \pm \frac{\sqrt{(k_0/\omega)^2 - (1/c)^2}}{k_0/\omega} \tag{10.87}$$

物理黎曼叶中的选择对应于 $\operatorname{Im}\cos\theta \leqslant 0$。压力 p^e 和速度分量 v_z^e 相关：

$$p^e = -v_z^e Z_0/\cos\theta \tag{10.88}$$

其中，Z_0 是自由空气中的特征阻抗。用于确定系数 N_i 的新的方程集为

$$\sum_{i=1,2,3} N_i \left\{ q(i)a_1^+(i) + \frac{1}{c}a_3^+(i) - \sum_{k=1,2,3}\left(q(k)a_1^-(k) - \frac{1}{c}a_3^-(k)\right)r_{ik}\right\} = 0 \tag{10.89}$$

$$\begin{aligned}
&\sum_{i=1,2,3} N_i \left\{ \frac{1}{c}B_6 a_1^+(i) + B_7 q(i)a_3^+(i) - B_8\left(\frac{1}{c}b_1^+(i) + q(i)b_3^+(i)\right)\right.\\
&\left. + \sum_{k=1,2,3} r_{ik}\left[\frac{1}{c}B_6 a_1^-(k) - B_7 q(k)a_3^-(k)\right.\right.\\
&\left.\left. - B_8\left(\frac{1}{c}b_1^-(k) - q(k)b_3^-(k)\right)\right]\right\} = \frac{Z_0}{\cos\theta}\\
&\times \sum_i N_i \left\{ (a_3^+(i) + b_3^+(i)) + \sum_k (a_3^-(k) + b_3^-(k))r_{ik}\right\}
\end{aligned} \tag{10.90}$$

$$\begin{aligned}
&\sum_{i=1,2,3} N_i \left\{ \frac{1}{c}B_3 a_1^+(i) + B_4 q(i)a_3^+(i) - B_7\left(\frac{1}{c}b_1^+(i) + q(i)b_3^+(i)\right)\right.\\
&\left. + \sum_{k=1,2,3} r_{ik}\left[\frac{1}{c}B_3 a_1^-(k) - B_4 q(k)a_3^-(k)\right.\right.\\
&\left.\left. - B_7\left(\frac{1}{c}b_1^-(k) - q(k)b_3^-(k)\right)\right]\right\} = -\frac{1}{j\omega} - \frac{Z_0}{\cos\theta}\sum_i N_i \left\{ (a_3^+(i) + b_3^+(i))\right.\\
&\left. + \sum_k (a_3^-(k) + b_3^-(k))r_{ik}\right\}
\end{aligned} \tag{10.91}$$

位移分量 a_i 和 b_i 由式（10.47）～式（10.50）给出，骨架在自由边界上的位移分量由式（10.70）和式（10.71）给出。由圆形场或线性场引起的速度分量可以用和第 8 章相同的表达式得到。

10.7 对称轴不是曲面法线的情况

10.7.1 不同波的慢度矢量分量预测

波由多孔层自由表面的慢度矢量分量 q_x 和 q_y 定义。设 z 是与曲面垂直的轴，z' 为对称轴。轴 y 选择为垂直于 z 和 z'。没有通用性损失，因为在前面章节中定义的 y 慢度矢量分量不等于 0。两组轴分别为 xyz 和 $x'y'z'$（见图 10.6）。应力-应变方程式（10.13）～式（10.27）和波动方程式（10.28）～式（10.34）始终有效，但是坐标 (x, y, z) 必须替换为 (x', y', z')，并且必须修改 10.5 节的公式。

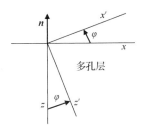

图 10.6 对称 z' 轴和表面内垂直于层表面的新轴 x'、y 和 y' 轴垂直于图形

z 和 z' 之间的角度是 φ。与前面的章节一样，在层表面的 xy 平面中通过给定的慢度矢量来表征波。该平面中的慢度矢量分量为 $q_x = 1/c$ 和 q_y。两组轴中的慢度矢量分量之间的关系为

$$q_{x'} = q_x \cos\varphi - q_z \sin\varphi \tag{10.92}$$

$$q_{y'} = q_y \tag{10.93}$$

$$q_{z'} = q_z \cos\varphi + q_x \sin\varphi \tag{10.94}$$

$$q_{x'} = \frac{q_x}{\cos\varphi} - q_{z'} \tan\varphi \tag{10.95}$$

分量 q_x 和 q_y 定义为在对空气中或地面上源的描述。在 $x'y'z'$ 中，y' 与 y 相同时的慢度矢量由三个分量 $q_{x'}$、$q_{y'}$ 和 $q_{z'}$ 定义。新的子午面由 z' 轴定义，在平面 $x'y'$ 中，由分量 $q_{x'}$ 和 $q_{y'}$ 组成的矢量 $\boldsymbol{q}_{p'}$ 定义（见图 10.7）。

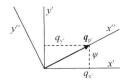

图 10.7 平面 $x'y'$ 中的矢量 $\boldsymbol{q}_{p'}$

$\boldsymbol{q}_{p'}$ 的平方模量由下式给出：

$$q_{P'}^2 = q_y^2 + \frac{q_x^2}{\cos^2\varphi} - 2q_x \frac{\sin\varphi}{\cos^2\varphi} q_{z'} + q_{z'}^2 \tan^2\varphi \tag{10.96}$$

设 x'' 为平行于 $\boldsymbol{q}_{p'}$ 的轴，y'' 为垂直于 x'' 和 z' 的轴。对于在新子午面 z'、x'' 中极化的波，式（10.42）始终有效，$1/c = q_x$ 被 $q_{x''} = q_{p'}$ 替换，而 $q = q_z$ 替换为 $q_{z'}$。使用该代换，式（10.46）可以重写为

$$A_6 q_{z'}^6 + A_5 q_{z'}^5 + A_4 q_{z'}^4 + A_3 q_{z'}^3 + A_2 q_{z'}^2 + A_1 q_{z'} + A_0 = 0 \qquad （10.97）$$

系数 A_i 由附录 10.B 给出。对于在 y'' 方向上极化的波，式（10.45）、式（10.51）在相同的替换下始终有效，即 $1/c$ 用 $q_{p'}$、q 用 $q_{z'}$ 代替。

现在，慢度分量 $q_{z'}$ 由下式给出：

$$
\begin{aligned}
& q_{z'}^2 (B_5 + B_1 \tan^2 \varphi) - 2 q_{z'} B_1 q_x \frac{\sin \varphi}{\cos^2 \varphi} \\
& + \left[B_1 \left(q_y^2 + \frac{q_x^2}{\cos^2 \varphi} \right) - \left(\rho - \frac{\rho_0^2}{C_1} \right) \right] = 0
\end{aligned}
\qquad （10.98）
$$

10.7.2　对称轴平行于表面时的慢度矢量

先前的模型已无法使用。选择表面中的 x 轴且平行于对称轴 z'。已知表面中的慢度分量 $q_z = q_x$ 和 q_y，垂直于对称轴 z' 的新矢量 $\boldsymbol{q}_{p'}$ 的分量为 q_y 和 q_z。式（10.46）可以重写为

$$S_0 q_{P'}^6 + S_1 q_{P'}^4 + S_2 q_{P'}^2 + S_3 = 0 \qquad （10.99）$$

$$
\begin{aligned}
S_0 &= T_{34} \\
S_1 &= T_{23} q_x^2 + T_{33} \\
S_2 &= T_{12} q_x^4 + T_{22} q_x^2 + T_{32} \\
S_3 &= T_0 q_x^6 + T_{11} q_x^4 + T_{21} q_x^2 + T_{31}
\end{aligned}
\qquad （10.100）
$$

分量 q_z 由下式给出：

$$q_z = \pm (q_{P'}^2 - q_y^2)^{1/2} \qquad （10.101）$$

对于垂直于子午面的极化波，式（10.51）可重写为

$$q_{P'}^2 B_1 + q_{z'}^2 B_5 = \rho - \frac{\rho_0^2}{C_x} \qquad （10.102）$$

10.7.3　不同波的描述

设 a_i'' 和 b_i''，$i = 1,2,3$，在系统 x''、y''、z' 中等同于系统 x、y、z 中的 a_i 和 b_i。例如，$u_{x''} = a_1'' \exp[j\omega(t - q_{x''} x'' - q_{z'} z')]$，其中，$u_{x''}$ 是在 x'' 方向上的位移分量。a_i'' 和 b_i'' 可以使用与系统 x、y、z 中相同的归一化，垂直于平面 $z'x''$ 方向上的波数分量等于 0。式（10.47）~式（10.50）和式（10.52）可以与平面 $x''z'$ 中的慢度分量一起使用。每个波都与轴 x''、y''、z' 的特定系统关联，并且使用在系统 x、y、z 中表示的边界条件。系数 N_j 的选择必须满足边界条件。第一步，在系统 x'、y'、z' 中为每个波预测位移分量 a_i' 和 b_i'。设 ψ 为 x'' 和 x' 之间的角度（见图 10.7）。角度 ψ 定义为

$$\cos\psi = q_{x'}/q_{P'}$$
$$\sin\psi = q_{y'}/q_{P'}$$

（10.103）

系统 x'、y'、z' 和 x''、y''、z' 的位移分量之间的关系为

$$a_1' = a_1''\cos\psi - a_2''\sin\psi$$
$$a_2' = a_1''\sin\psi + a_2''\cos\psi$$
$$a_3' = a_3''$$

（10.104）

分量 b_i' 和 b_i'' 满足相同的关系。可以通过式（10.21）～式（10.27）根据位移分量 a_i'、b_i' 和慢度矢量分量，在系统 x'、y'、z' 中评估应力分量。在最后一步中，使用以下关系式评估每个波对总速度的贡献 a_i 和 b_i：

$$a_1 = a_1'\cos\varphi + a_3'\sin\varphi$$
$$a_2 = a_2'$$
$$a_3 = -a_1'\sin\varphi + a_3'\cos\varphi$$

（10.105）

b_i 和 b_i' 具有相同的关系。对于每个波，系统 x、y、z 和系统 x'、y'、z' 中的总应力分量之间的关系如下：

$$\sigma_{zz}^t = \sigma_{x'x'}^t\sin^2\varphi - 2\sigma_{x'z'}^t\sin\varphi\cos\varphi + \sigma_{z'z'}^t\cos^2\varphi$$

（10.106）

$$\sigma_{zx}^t = -\sigma_{x'x'}^t\sin\varphi\cos\varphi + \sigma_{z'x'}^t(\cos^2\varphi - \sin^2\varphi) + \sigma_{z'z'}^t\sin\varphi\cos\varphi$$

（10.107）

$$\sigma_{zy}^t = -\sigma_{x'z'}^t\sin\varphi + \sigma_{x'y'}^t\cos\varphi$$

（10.108）

在层的自由表面上，施加在骨架上的单位应力 $\tau_{zz} = \exp(-j\omega(q_x x + q_y y))$ 在空气中产生平面波，其空间依赖性为 $\exp[-j(\omega q_x x + \omega q_y y - k_0 z\cos\theta)]$，其中，

$$\cos\theta = \pm\frac{\sqrt{(k_0/\omega)^2 - q_x^2 - q_y^2}}{k_0/\omega}$$

（10.109）

物理黎曼面中的选择对应于 $\mathrm{Im}\cos\theta \leqslant 0$。压力 p^e 和速度分量 v_z^e 的关系如下：

$$p^e = -v_z^e Z_0/\cos\theta$$

（10.110）

其中，Z_0 是自由空气中的特征阻抗。如果预测仅限于半无限层的情况，则不存在向上的波，并且仅考虑其他 4 个波在多孔介质中的贡献。设 $p(i)$、$v_z(i)$、$\sigma_{xz}^t(i)$、$\sigma_{yz}^t(i)$（$i=1,2,3$）是归一化因子 $N_i = 1$ 的 4 个波的层表面对压力、法向速度和相关的总应力分量的贡献。4 个归一化系数从下式获得：

$$-p^e + \tau_{zz} = \sum_{i=1,2,3,4} N_i\sigma_{zz}^t(i)$$

（10.111）

其中，

$$p^e = -j\omega\sum_{i=1,2,3,4} N_i(u_z(i) + w_z(i))Z_0/\cos\theta$$
$$\sum_{i=1,2,3,4} N_i\sigma_{xz}^t(i) = 0$$

（10.112）

$$\sum_{i=1,2,3,4} N_i \sigma'_{yz}(i) = 0 \tag{10.113}$$

$$-j\omega \sum_{i-1,2,3,4} N_i(u_z(i) + w_z(i))Z_0 / \cos\theta = \sum_{i-1,2,3,4} N_i p(i) \tag{10.114}$$

骨架的垂直位移分量为 $\sum N_i u_z(i)$。

10.8　瑞利极点和瑞利波

当对称轴 z' 和垂直于表面的轴 z 平行时，多孔层在绕 z 轴旋转的情况下不变。Hankel 变换可用于圆形激励，而索末菲表达式可用于空气中的点源。当 z 轴和 z' 轴不平行时，不变性消失，式（7.5）无法用索末菲积分代替。由于类似的原因，Hankel 变换不能用于圆激励。线源的激励可用来产生在垂直于线源的方向上传播的瑞利波。源可以是在沿法线方向移动的轴 Δ 上的多孔表面上黏结的细杆（叶片）。源的粗略模型是应用到骨架的法向应力分布，其中心为 Δ，并由下式给出：

$$\tau_{zz}(y,t) = g(r)h(t) \tag{10.115}$$

其中，r 是到线源的距离。应力场可重写为

$$\tau_{zz}(r,t) = \frac{1}{4\pi^2} \int_{-\infty}^{\infty} \int_{-\infty}^{\infty} \tilde{h}(\omega)\tilde{g}(q_r) \exp(j\omega(t - q_r r)) \omega \mathrm{d}q_\tau \mathrm{d}\omega \tag{10.116}$$

其中，$\tilde{h}$ 和 $\tilde{g}$ 为傅里叶变换，由下式给出：

$$\tilde{h}(\omega) = \int_{-\infty}^{\infty} h(t) \exp(-j\omega t) \mathrm{d}t \tag{10.117}$$

$$\tilde{g}(q_\tau) = \int_{-\infty}^{\infty} g(r) \exp(j\omega q_r) \mathrm{d}r \tag{10.118}$$

x 轴、y 轴可用 Δ 上的原点来选定。设 τ 为 y 和 Δ 的夹角，在式（10.116）中可用 $q_x x + q_y y$ 代替 $q_r r$，其中，$q_x = q_r \cos\tau$，$q_y = q_r \sin\tau$。式（10.116）变为

$$\tau_{zz}(r,t) = \frac{1}{4\pi^2} \int_{-\infty}^{\infty} \int_{-\infty}^{\infty} \tilde{h}(\omega)\tilde{g}(q_r) \exp(j\omega(t - q_x x - q_y y)) \omega \mathrm{d}q_r \mathrm{d}\omega \tag{10.119}$$

给定方向源 Δ 的垂直位移是与激励有关的基本位移的叠加，且与时空 $\exp(j\omega(t - q_x x - q_y y))$ 有关。对于给定的 ω，设 q_R 为瑞利极点处的慢度，当 $q_r \to q_R$ 时，基本位移趋于 ∞。迭代方法可以得到平面 xy 中相关的慢度分量。存在许多极点，并且迭代必须从真正的瑞利极点开始。对于比空气重得多的通常吸声材料的多孔骨架，在真空中，瑞利极点接近骨架的瑞利极点。作为一个例子，慢度 q_R 被预测为图 10.8 的三个几何形状。对于这些几何形状，真空中骨架的 q_R 是 q_R^{-2} 中多项式的根。

在图 10.8（a）中，线源 L 位于垂直于对称轴 z' 的水平表面，瑞利波在该表面传播。在图 10.8（b）中，瑞利波在垂直于 z' 的子午面上传播，在图 10.8（c）中，瑞利波在平行于 z' 的子午面上传播。瑞利波在自由表面上传播的慢度分量 q_R 是多项式的根［关于 Royer 和 Dieulesaint 1996 中自由表面的定义，见式（5.61）和图 5.1］，可以用以下表示法重写：

情况（a）：

$$G[(2G+A)-q_R^{-2}\rho_1](q_R^{-2}\rho_1)^2 - C(G'-q_R^{-2}\rho_1)$$

$$\left[(2G+A)-\frac{F^2}{C}-q_R^{-2}\rho_1\right]^2 = 0 \tag{10.120}$$

情况（b）：

$$G[(2G+A)-q_R^{-2}\rho_1](q_R^{-2}\rho_1)^2 - (2G+A)(G-q_R^{-2}\rho_1)$$

$$\left[(2G+A)-\frac{A^2}{2G+A}-q_R^{-2}\rho_1\right]^2 = 0 \tag{10.121}$$

情况（c）：

$$G'[C-q_R^{-2}\rho_1](q_R^{-2}\rho_1)^2 - (2G+A)(G'-q_R^{-2}\rho_1)$$

$$\left[C-\frac{F^2}{2G+A}-q_R^{-2}\rho_1\right]^2 = 0 \tag{10.122}$$

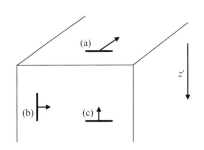

图 10.8　垂直于 z'［图中（a）］的自由表面和平行于 z'［图中（b）和（c）］的自由表面上的线源（粗线）（箭头指示在自由表面上的传播方向）

如果刚度系数是实数，则慢度分量 q_R 是实数，并且位于以下间隔中：

情况（a）：

$$0 < q_R^{-2} < G,(2G+A)-\frac{F^2}{C} \tag{10.123}$$

情况（b）：

$$0 < q_R^{-2} < G,(2G+A)-\frac{A^2}{2G+A} \tag{10.124}$$

情况（c）：

$$0 < q_R^{-2} < G',C-\frac{F^2}{2G+A} \tag{10.125}$$

10.8.1　实例

材料是玻璃纤维，参数描述如表 10.1 所示。Tarnow（2005）研究了类似的材料。表 10.2 针对图 10.8 中定义的三种情况，给出瑞利波的相速度 $1/\mathrm{Re}\,q_R$ 和阻尼 $\mathrm{Im}\,q_R$ 的预测，其中，真空中骨架的公式为式（10.120）～式（10.122）。

瑞利波相速度和阻尼在图 10.9 和图 10.10 中表示为真空中多孔介质和骨架的频率的函数。

表 10.2　图 10.8 的几何形状（a）、（b）和（c）中，真空中骨架的瑞利波相速度和阻尼

几何形状	真空中骨架的相速度：$1/\operatorname{Re} q_R$(m/s)	真空中骨架的阻尼：$\operatorname{Im} q_R$(s/m)
a	51	-0.97×10^{-3}
b	79	-0.63×10^{-3}
c	36	-1.4×10^{-3}

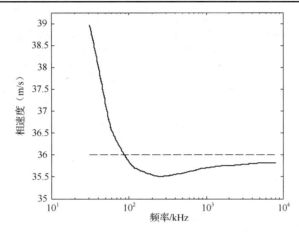

图 10.9　在情况（c）中，分别在多孔介质中（实线）和真空中骨架
（虚线）的瑞利波相速度 $1/\operatorname{Re} q_R$（作为频率的函数）

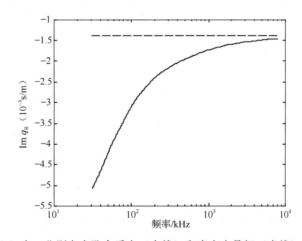

图 10.10　在情况（c）中，分别在多孔介质中（实线）和真空中骨架（虚线）的瑞利波阻尼 $\operatorname{Im} q_R$

　　对于各向同性介质，真空中的骨架处在整个可听声频率范围内，这些极（pole）与 Biot 理论相近。对于情况（a）和情况（b）可以观察到相同的趋势。轴对称多孔弹性介质的瑞利波的一般性质，与 Royer 和 Dieulesaint（1996）报道的轴对称弹性介质的一般性质相同。对于各向同性多孔介质，其特定性能与多孔吸声介质的多孔骨架大的结构阻尼和较小刚度有关。相速度的数量级为 50 m/s。在接近声源的情况下，以 5 cm 或更小的距离在声频上测量速度。厚度大于 3 cm 的层通常可用于高频范围内的相速度测量，如 8.4 节的各向同性介质所示。

10.9　横向各向同性多孔弹性介质的传递矩阵表示

仅考虑对称轴平行于面法线且垂直于子午面极化的波没有贡献的情况。Vashishth 和 Khurana（2004）进行了具有不同归一化的传递矩阵表示。Khurana 等（2009）用 Biot 理论的 Dazel 表达式获得另一个矩阵表示（见附录 6.A）。

传递矩阵

位移场和应力场由下式定义的列矢量 $V(z)$ 描述：

$$V(z) = [u_x^s, u_z^s, w_z, \sigma_{zz}^t, \sigma_{zx}^t, p]^T \tag{10.126}$$

向下方向传播的三个波的归一化因子 N 表示为 N_i^+，$i=1,2,3$，向上方向传播的三个波的归一化因子表示为 N_i^-，$i=1,2,3$。列矢量 A 定义为

$$A = [N_1^+ + N_1^-, N_1^+ - N_1^-, N_2^+ + N_2^-, N_2^+ - N_2^-, N_3^+ + N_3^-, N_3^+ - N_3^-]^T \tag{10.127}$$

矢量 V 和 A 的关系如下：

$$V(z) = [\Gamma(z)]A \tag{10.128}$$

假设 $q(1)$、$q(2)$ 和 $q(3)$ 是式（10.46）的实数部分为正的三个解。设 $a_1^\pm(i)$、$a_3^\pm(i)$、$b_1^\pm(i)$、$b_3^\pm(i)$ 是式（10.47）～式（10.50）在 $N=1$ 和 $q=\pm q(i)$，$i=1,2,3$ 时的解。如果 $q(i) \to -q(i)$、$a_1^+ = a_1^-$、$b_1^+ = b_1^-$、$a_3^+ = a_3^-$ 和 $b_3^+ = b_3^-$，则 N 仍然等于 1。矩阵元素 Γ_{kl} 由以下各式给出：

$$\Gamma_{1,2i-1} = -j a_1^+(i) \sin \omega q(i) z \tag{10.129}$$

$$\Gamma_{1,2i} = a_1^+(i) \cos \omega q(i) z \tag{10.130}$$

$$\Gamma_{2,2i-1} = a_3^+(i) \cos \omega q(i) z \tag{10.131}$$

$$\Gamma_{2,2i-1} = -j a_3^+(i) \sin \omega q(i) z \tag{10.132}$$

$$\Gamma_{3,2i-1} = b_3^+(i) \cos \omega q(i) z \tag{10.133}$$

$$\Gamma_{3,2i-1} = -j b_3^+(i) \sin \omega q(i) z. \tag{10.134}$$

$$
\begin{aligned}
\Gamma_{4,2i-1} = {} & -B_7 j \frac{\omega}{c} b_1^+(i) \sin \omega q(i) z + B_4 j \omega q(i) a_3^+(i) \sin \omega q(i) z \\
& - B_7 \omega q(i) b_3^+(i) j \sin \omega q(i) z + B_3 \frac{\omega}{c} a_1^+(i) \sin \omega q(i) z
\end{aligned} \tag{10.135}
$$

$$
\begin{aligned}
\Gamma_{4,2i} = {} & B_7 j \frac{\omega}{c} b_1^+(i) \cos \omega q(i) z - B_4 j \omega q(i) a_3^+(i) \cos \omega q(i) z \\
& + B_7 j \omega q(i) b_3^+(i) \cos \omega q(i) z - B_3 j \frac{\omega}{c} a_1^+(i) \cos \omega q(i) z
\end{aligned} \tag{10.136}
$$

$$\Gamma_{5,2i-1} = -B_5 \left[\frac{j\omega}{c} a_3^+(i) + j \omega q a_1^+(i) \right] \cos \omega q(i) z \tag{10.137}$$

$$\Gamma_{5.2i} = B_5 \left[\frac{j\omega}{c} a_3^+(i) + j\omega q a_1^+(i) \right] \sin \omega q(i)z \tag{10.138}$$

$$\Gamma_{6.2i-1} = -B_8 j \frac{\omega}{c} b_1^+(i) \sin \omega q(i)z + B_7 j\omega q(i) a_3^+(i) \sin \omega q(i)z$$
$$- B_8 j\omega q(i) b_3^+(i) \sin \omega q(i)z + B_6 j \frac{\omega}{c} a_1^+(i) \sin \omega q(i)z \tag{10.139}$$

$$\Gamma_{6.2i} = B_8 j \frac{\omega}{c} b_1^+(i) \cos \omega q(i)z - B_7 j\omega q(i) a_3^+(i) \cos \omega q(i)z$$
$$+ B_8 j\omega q(i) b_3^+(i) \cos \omega q(i)z - B_6 j \frac{\omega}{c} a_1^+(i) \cos \omega q(i)z \tag{10.140}$$

上表面的矢量 $V(l)$ 与厚度为 l 的层的下表面的矢量 $V(0)$ 相关：

$$V(l) = [\Gamma(l)][\Gamma(0)]^{-1} V(0) \tag{10.141}$$

在 Biot 的第二个公式中，多孔层的传递矩阵为 $[T] = [\Gamma(l)][\Gamma(0)]^{-1}$。在黏结在一起的骨架的两个多孔层之间边界的每一侧，V 的所有分量均相等，并且层状介质的传递矩阵是每一层传递矩阵的乘积。

多孔介质层的面阻抗 Z_s

多孔介质被黏结到刚性不透气层上。$V(l)$ 的三个分量等于 u_x、u_z 和 w_z。在靠近上表面的自由空气中，空气速度的 z 分量 v_z 和压力有关，$p = Z_s v_z$，其中，$v_z = (w_z + u_z)j\omega$，总应力分量 $\sigma_{zz}^t = -p$，$\sigma_{zx}^t = 0$。等于 0 的三个分量分别与上表面的 V 的分量相关：

$$0 = t_{11} u_x^s + (t_{12} - t_{13}) u_z^s + \left(t_{13} \frac{1}{j\omega Z_s} - t_{14} + t_{16} \right) p \tag{10.142}$$

$$0 = t_{21} u_x^s + (t_{22} - t_{23}) u_z^s + \left(t_{23} \frac{1}{j\omega Z_s} - t_{24} + t_{26} \right) p \tag{10.143}$$

$$0 = t_{31} u_x^s + (t_{32} - t_{33}) u_z^s + \left(t_{33} \frac{1}{j\omega Z_s} - t_{34} + t_{36} \right) p \tag{10.144}$$

仅当先前系统的三个方程组的行列式等于 0 时，分量 u_x^s、u_z^s 和 p 才不为 0。最终，

$$Z_s = -\frac{\Delta_2}{j\omega \Delta_1} \tag{10.145}$$

其中，

$$\Delta_1 = \begin{vmatrix} t_{11} & t_{12} - t_{13} & t_{16} - t_{14} \\ t_{21} & t_{22} - t_{23} & t_{26} - t_{24} \\ t_{31} & t_{32} - t_{33} & t_{36} - t_{34} \end{vmatrix} \tag{10.146}$$

$$\Delta_2 = \begin{vmatrix} t_{11} & t_{12} - t_{13} & t_{13} \\ t_{21} & t_{22} - t_{23} & t_{23} \\ t_{31} & t_{32} - t_{33} & t_{33} \end{vmatrix} \tag{10.147}$$

附录 10.A 式（10.46）中的系数 T_i

Vashishth 和 Khurana（2004）的工作给出了相似的系数：

$$T_0 = C_1 B_5 (B_7^2 - B_4 B_8) \tag{10.A.1}$$

$$T_1 = T_{11} + T_{12}/c^2 \tag{10.A.2}$$

$$T_2 = T_{21} + T_{22}/c^2 + T_{23}/c^4 \tag{10.A.3}$$

$$T_3 = T_{31} + T_{32}/c^2 + T_{33}/c^4 + T_{34}/c^6 \tag{10.A.4}$$

$$T_{11} = C_1 (B_4 B_8 - B_7^2)\rho + C_1 \rho B_5 B_8 + 2C_1 \rho_0 B_5 B_7 + C_1 C_3 B_4 B_5 - \rho_0^2 (B_4 B_8 - B_7^2) \tag{10.A.5}$$

$$\begin{aligned} T_{12} = {} & C_1(2B_1 + B_2)(B_7^2 - B_4 B_8) - C_3 B_4 B_5 B_8 + C_3 B_5 B_7^2 \\ & + C_1(B_3^2 B_8 + 2B_3 B_5 B_8) - C_1 B_6(2B_3 B_7 + 2B_5 B_7 - B_4 B_6) \end{aligned} \tag{10.A.6}$$

$$T_{21} = -C_1 \rho^2 B_8 - 2C_1 \rho \rho_0 B_7 - C_3 C_1 \rho (B_4 + B_5) + C_1 \rho_0^2 B_5 + C_3 \rho_0^2 B_4 + \rho \rho_0^2 B_8 + 2B_7 \rho_0^3 \tag{10.A.7}$$

$$\begin{aligned} T_{22} = {} & \rho(C_1 B_5 B_8 + C_3 B_4 B_8) + \rho C_1(2B_1 + B_2)B_8 \\ & + 2C_1 B_7 \rho_0(2B_1 + B_2) - C_3 \rho B_7^2 + C_1 C_3 B_4(2B_1 + B_2) \\ & + (C_3 \rho - 4\rho_0^2)B_5 B_8 - 2\rho_0(B_3 + B_5)(C_1 B_6 + C_3 B_7) - 2\rho_0^2 B_3 B_8 \\ & - C_1 C_3(B_3^2 + 2B_3 B_5) + 2C_3 \rho_0 B_4 B_6 + 2\rho_0^2 B_6 B_7 - C_1 \rho B_6^2 \end{aligned} \tag{10.A.8}$$

$$\begin{aligned} T_{23} = {} & C_3[-(B_3 + B_5)\{2B_6 B_7 - B_8(B_3 + B_5)\} + B_6^2 B_4 - B_8 B_5^2 \\ & + (2B_1 + B_2)(B_7^2 - B_8 B_4)] - C_1[(2B_1 + B_2)B_5 B_8 - B_5 B_6^2] \end{aligned} \tag{10.A.9}$$

$$T_{31} = \rho^2 C_1 C_3 - \rho \rho_0^2 (C_1 + C_3) + \rho_0^4 \tag{10.A.10}$$

$$\begin{aligned} T_{33} = {} & \rho C_3 B_8(B_5 + 2B_1 + B_2) + C_3 C_1 B_5(2B_1 + B_2) \\ & + \rho_0^2[B_6^2 - B_8(2B_1 + B_2)] + C_3 B_6(2\rho_0 B_5 - \rho B_6) \end{aligned} \tag{10.A.11}$$

$$T_{32} = (\rho_0^2 - C_3 \rho)[\rho B_8 + (2B_1 + B_2)C_1 + 2\rho_0 B_6] + B_5 C_3(\rho_0^2 - \rho C_1) \tag{10.A.12}$$

$$T_{34} = C_3 B_5[B_6^2 - B_8(2B_1 + B_2)] \tag{10.A.13}$$

附录 10.B 式（10.97）中的系数 A_i

使用以下符号：

$$G = q_y^2 + \frac{q_x^2}{\cos^2 \varphi}$$

$$H = -2q_x \frac{\sin \varphi}{\cos^2 \varphi} \tag{10.B.1}$$

$$I = \tan^2 \varphi$$

式（10.96）可重写为

$$q_{P'}^2 = G + Hq_{z'} + Iq_{z'}^2 \tag{10.B.2}$$

使用以下符号：

$$\begin{aligned} J &= G^2 \\ K &= 2GH \\ L &= H^2 + 2G \\ M &= 2HI \\ N &= I^2 \end{aligned} \tag{10.B.3}$$

$q_{P'}^4$ 由下式给出：

$$q_{P'}^4 = J + Kq_{z'} + Lq_{z'}^2 + Mq_{z'}^3 + Nq_{z'}^4 \tag{10.B.4}$$

使用以下符号：

$$\begin{aligned} Pa &= G^3 \\ Pb &= 3HG^2 \\ Pc &= 3GH^2 + 3G^2I \\ Pd &= 6GHI + H^3 \\ Pe &= 3GI^2 + 3H^2I \\ Pf &= 3HI^2 \\ Pg &= I^3 \end{aligned} \tag{10.B.5}$$

$q_{P'}^6$ 可写成

$$q_{P'}^6 = Pa + q_{z'}Pb + q_{z'}^2Pc + q_{z'}^3Pd + q_{z'}^4Pe + q_{z'}^5Pf + q_{z'}^6Pg \tag{10.B.6}$$

参数 T_1、T_2 和 T_3 由以下各式给出：

$$T_1 = T_{11} + T_{12}q_{P'}^2 \tag{10.B.7}$$

$$T_2 = T_{21} + T_{22}q_{P'}^2 + T_{23}q_{P'}^4 \tag{10.B.8}$$

$$T_3 = T_{31} + T_{32}q_{P'}^2 + T_{33}q_{P'}^4 + T_{34}q_{P'}^6 \tag{10.B.9}$$

慢度分量 q_z 满足下式：

$$A_6q_{z'}^6 + A_5q_{z'}^6 + A_4q_{z'}^4 + A_3q_{z'}^3 + A_2q_{z'}^2 + A_1q_{z'} + A_0 = 0 \tag{10.B.10}$$

其中，

$$A_6 = T_0 + T_{12}I + T_{23}N + T_{34}Pg \tag{10.B.11}$$

$$A_5 = T_{12}H + T_{23}M + T_{34}Pf \tag{10.B.12}$$

$$A_4 = T_{11} + T_{22}I + T_{33}N + T_{12}G + T_{23}L + T_{34}Pe \tag{10.B.13}$$

$$A_3 = T_{22}H + T_{33}M + T_{23}K + T_{34}Pd \tag{10.B.14}$$

$$A_2 = T_{21} + T_{32}I + T_{22}G + T_{33}L + T_{23}J + T_{34}Pc \tag{10.B.15}$$

$$A_1 = T_{32}H + T_{33}K + T_{34}Pb \tag{10.B.16}$$

$$A_0 = T_1 + T_{32}G + T_{33}J + T_{34}Pa \tag{10.B.17}$$

参考文献

Biot, M. A. (1962) Generalized theory of acoustic propagation in porous dissipative media. *J. Acoust. Soc. Amer*. **34**, 1254–1264.

Castagnede, B., Aknine, A., Melon, M. and Depollier, C. (1998) Ultrasonic characterization of the anisotropic behavior of air-saturated porous materials. *Ultrasonics* **36**, 323–343.

Cheng, A. H. D. (1997) Material coefficients of anisotropic poroelasticity. *Int. J. Rock Mech. Min. Sci*. **34**, 199–205.

Khurana, P., Boeckx L., Lauriks, W., Leclaire, P., Dazel, O. and Allard, J. F. (2009) A description of transversely isotropic sound absorbing porous materials by transfer matrices *J. Acoust. Soc. Amer*. **125**, 915–921.

Liu, K. and Liu, Y. (2004) Propagation characteristic of Rayleigh waves in orthotropic fluid-saturated porous media. *J. Sound Vib*. **271**, 1–13.

Melon, M., Mariez, E., Ayrault, C. and Sahraoui, S. (1998) Acoustical and mechanical characterization of anisotropic open-cell foams. *J. Acoust. Soc. Amer* **104**, 2622–2627.

Royer, D. and Dieulesaint, E. (1996) *Ondes Elastiques dans les Solides, Tome 1, Masson, Paris*.

Sanchez-Palencia, E. (1980) *Non-homogeneous Media and Vibration Theory*. Springer-Verlag (1980) p.151.

Sharma, M. D. and Gogna, M. L. (1991) Wave propagation in anisotropic liquid-saturated porous solids. *J. Acoust. Soc. Amer* **90**, 1068–1073.

Tarnow, V. (2005) Dynamic measurements of the elastic constants of glass wool. *J. Acoust. Soc. Amer* **118**, 3672–3678.

Vashishth, A., K. and Khurana, P. (2004) Waves in stratified anisotropic poroelastic media: a transfer matrix approach. *J. Sound Vib*. **277**, 239–275.

第11章 用传递矩阵法对多孔材料多层系统建模

11.1 引言

对多孔层中声场的描述并不简单，因为存在剪切波和向前传播、向后传播的两个压缩波。在有多孔材料的分层介质中，对弹性固体层和流体层的完整描述可能变得非常复杂。本章采用类似于 Brekhovskikh（1960）、Folds 和 Loggins（1977）、Scharnhorst（1983）、Brouard（1995）所用的声传播矩阵表示法描述，并且用于在分层介质中模拟平面声场。假设分层介质为横向无限的，它们可具有不同的性质：弹性固体、薄板、流体、刚性多孔、柔性多孔和多孔弹性。所提出的模型基本上基于传递矩阵在不同介质中平面波传播的表示。第10章已经描述了横向各向同性多孔介质的传递矩阵。但是，本章假设不同的介质是同质的和各向同性的。从某种意义上说，该建模是通用的，它可以自动处理分层介质的任意结构。首先回顾传递矩阵法的理论背景。然后给出不同类型层的传递和耦合矩阵，以及关于求解问题的声学指标的算法。最后，给出基本的应用实例。第12章将讨论高级应用的扩展和实例。

11.2 传递矩阵法

11.2.1 方法的原理

图 11.1 给出了平面声波以入射角 θ 照射在厚度为 h 的材料上。这个问题在几何上是二维的，在垂直于 (x_1, x_3) 的平面内。各种类型的波可根据其性质在材料中传播。在有限介质中传播的每个波的波数的 x_1 分量，等于自由空气中入射波 k_t 在 x_1 方向的分量：

$$k_t = k \sin \theta \tag{11.1}$$

其中，k 是自由空气中的波数。层中的声传播用传递矩阵 $[T]$ 表示：

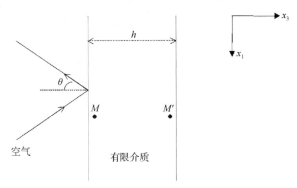

图 11.1 平面波入射在厚度为 h 的区域

$$V(M) = [T]V(M') \tag{11.2}$$

其中，M 和 M' 分别靠近面层的前面和后面，并且矢量 $V(M)$ 的分量描述介质在点 M 处的声场变量。矩阵 $[T]$ 取决于每种介质的厚度 h 和物理性质。

11.3　经典介质的矩阵表示

11.3.1　流体层

流体介质中的声场在每个点 M 处用矢量完全定义：

$$V^f(M) = [p(M), v_3^f(M)]^{\mathrm{T}} \tag{11.3}$$

其中，p 和 v_3^f 分别为压力和流体速度在 x_3 方向的分量。上标 T 表示转置，$V^f(M)$ 是一个列矢量。

设 ρ 和 k 分别为流体介质中的密度和波数；设 k_3 为流体中波数矢量在 x_3 方向的分量，等于 $(k^2 - k^2 \sin^2 \theta)^{1/2}$。移除 x_1 和时间的相关性，在流体中 p 和 v_3 可以写为

$$p(x_3) = A_1 \exp(-jk_3x_3) + A_2 \exp(jk_3x_3) \tag{11.4}$$

$$v_3^f(x_3) = \frac{k_3}{\omega\rho}[A_1 \exp(-jk_3x_3) - A_2 \exp(jk_3x_3)] \tag{11.5}$$

通过在 M' 处任意设置坐标 x_3 等于 0，式（11.4）和式（11.5）可重写为

$$p(M') = A_1 + A_2 \tag{11.6}$$

$$v_3(M') = \frac{k_3}{\omega\rho}[A_1 - A_2] \tag{11.7}$$

用 h 表示层的厚度，在 $x_3 = -h$ 处，式（11.4）和式（11.5）可重写为

$$V^f(M) = [T]V^f(M') \tag{11.8}$$

其中，2×2 的传递矩阵 $[T]$ 由下式给出：

$$[T] = \begin{bmatrix} \cos(k_3h) & j\dfrac{\omega\rho}{k_3}\sin(k_3h) \\ j\dfrac{k_3}{\omega\rho}\sin(k_3h) & \cos(k_3h) \end{bmatrix} \tag{11.9}$$

11.3.2　固体层

在由弹性固体组成的层中，入射和反射的纵波和剪切波可以传播。可以使用这些波的 4 个振幅完全描述材料中的声场。相关的位移势可分别写为

$$\varphi = \exp(j\omega t - jk_1x_1)[A_1 \exp(-jk_{13}x_3) + A_2 \exp(jk_{13}x_3)] \tag{11.10}$$

$$\psi = \exp(j\omega t - jk_1x_1)[A_3 \exp(-jk_{33}x_3) + A_4 \exp(jk_{33}x_3)] \tag{11.11}$$

其中，波数矢量在 x_3 方向的分量 k_{13} 和 k_{33} 为

$$\begin{cases} k_{13} = (\delta_1^2 - k_t^2)^{1/2} \\ k_{33} = (\delta_3^2 - k_t^2)^{1/2} \end{cases} \tag{11.12}$$

在式（11.12）中，δ_1^2 和 δ_3^2 分别是弹性固体层中纵波和剪切波的波数的平方，由下式给出：

$$\begin{cases} \delta_1^2 = \dfrac{\omega^2 \rho}{\lambda + 2\mu} \\ \delta_3^2 = \dfrac{\omega^2 \rho}{\mu} \end{cases} \tag{11.13}$$

其中，ρ 表示弹性固体的密度，λ 和 μ 分别是第一和第二拉梅（Lamé）系数。常数 A_1、A_2、A_3 和 A_4 表示可以在层中传播的 4 个波（入射和反射）的振幅。如果已知这 4 个振幅，则可以预测弹性固体层中的声场。代替这些参数，可以选择 4 个机械变量来表示介质中各处的声传播。但是，可以选择不同组的 4 个独立量。追随 Folds 和 Loggins（1977）的研究，选择的 4 个量是 v_1、v_3、σ_{33} 和 σ_{13}。设 V^s 为矢量：

$$V^s(M) = [v_1^s(M) \quad v_3^s(M) \quad \sigma_{33}^s(M) \quad \sigma_{13}^s(M)]^{\mathrm{T}} \tag{11.14}$$

式中，v_1^s 和 v_3^s 分别是 M 点的速度在 x_1 和 x_3 方向的分量，σ_{33}^s 和 σ_{13}^s 是 M 点的法向和切向应力。这些速度和应力可以写成

$$\begin{cases} v_1^s = \mathrm{j}\omega\left(\dfrac{\partial \varphi}{\partial x_1} - \dfrac{\partial \psi}{\partial x_3} \right) \\ v_3^s = \mathrm{j}\omega\left(\dfrac{\partial \varphi}{\partial x_3} + \dfrac{\partial \psi}{\partial x_1} \right) \end{cases} \tag{11.15}$$

$$\begin{cases} \sigma_{33}^s = \lambda\left(\dfrac{\partial^2 \varphi}{\partial x_1^2} + \dfrac{\partial^2 \varphi}{\partial x_3^2} \right) + 2\mu\left(\dfrac{\partial^2 \varphi}{\partial x_3^2} + \dfrac{\partial^2 \psi}{\partial x_1 \partial x_3} \right) \\ \sigma_{13}^s = \mu\left(2\dfrac{\partial^2 \varphi}{\partial x_1 \partial x_3} + \dfrac{\partial^2 \psi}{\partial x_1^2} - \dfrac{\partial^2 \psi}{\partial x_3^2} \right) \end{cases} \tag{11.16}$$

为了获得弹性固体层的 4×4 传递矩阵 $[T]$，矢量 $V^s(M)$ 首先通过矩阵 $[\Gamma(x_3)]$ 按关系式 $V^s(M) = [\Gamma(x_3)]\mathbf{A}$ 将其关联到矢量 $A = [(A_1 + A_2), (A_1 - A_2)(A_3 + A_4), (A_3 - A_4)]$。式（11.15）和式（11.16）可用于计算 $[\Gamma(x_3)]$：

$$[\Gamma(x_3)]$$
$$= \begin{bmatrix} \omega k_1 \cos(k_{13}x_3) & -\mathrm{j}\omega k_1 \sin(k_{13}x_3) & \mathrm{j}\omega k_{33}\sin(k_{33}x_3) & -\omega k_{33}\cos(k_{33}x_3) \\ -\mathrm{j}\omega k_{13}\sin(k_{13}x_3) & \omega k_{13}\cos(k_{13}x_3) & \omega k_1\cos(k_{33}x_3) & -\mathrm{j}\omega k_1\sin(k_{33}x_3) \\ -D_1\cos(k_{13}x_3) & \mathrm{j}D_1\sin(k_{13}x_3) & \mathrm{j}D_2 k_{33}\sin(k_{33}x_3) & -D_2 k_{33}\cos(k_{33}x_3) \\ \mathrm{j}D_2 k_{13}\sin(k_{13}x_3) & -D_2 k_{13}\cos(k_{13}x_3) & D_1\cos(k_{33}x_3) & -\mathrm{j}D_1\sin(k_{33}x_3) \end{bmatrix} \tag{11.17}$$

其中，$D_1 = \lambda(k_0^2 + k_{13}^2) + 2\mu k_{13}^2 = \mu(k_{13}^2 - k_0^2)$，且 $D_2 = 2\mu k_0$。如果 x_3 轴的原点固定在 M 点，则矢量 $V^s(M)$ 和 $V^s(M')$ 表示为

$$\begin{cases} V^s(M) = [\Gamma(0)]A \\ V^s(M') = [\Gamma(h)]A \end{cases} \tag{11.18}$$

然后，与 $V^s(M)$ 和 $V^s(M')$ 相关的传递矩阵 $[T] = [\Gamma(0)][\Gamma(h)]^{-1}$。为了减小矩阵 $[\Gamma(h)]$ 求逆时可能产生的不稳定性，x_3 轴的原点被固定在 M' 点，传递矩阵可写成

$$[T^s] = [\Gamma(-h)][\Gamma(0)]^{-1} \tag{11.19}$$

通过分析，计算矩阵 $[\Gamma(0)]$ 的逆矩阵为

$$[\Gamma(0)]^{-1} = \begin{bmatrix} \dfrac{2k_1}{\omega\delta_3^2} & 0 & -\dfrac{1}{\mu\delta_3^2} & 0 \\[3mm] 0 & \dfrac{k_{33}^2 - k_1^2}{\omega k_{13}\delta_3^2} & 0 & -\dfrac{k_1}{\mu k_{13}\delta_3^2} \\[3mm] 0 & \dfrac{k_1}{\omega\delta_3^2} & 0 & \dfrac{1}{\mu\delta_3^2} \\[3mm] \dfrac{k_{33}^2 - k_1^2}{\omega k_{33}\delta_3^2} & 0 & -\dfrac{k_1}{\mu k_{33}\delta_3^2} & 0 \end{bmatrix} \tag{11.20}$$

11.3.3　多孔弹性层

多孔材料层中的声场

在 Biot 理论的背景下，三种波可以在多孔介质中传播：两个压缩波和一个剪切波（见第 6 章）。我们用 k_1、k_2、k_3 和 k_1'、k_2'、k_3' 表示压缩波（下标 1、2）和剪切波（下标 3）的波数矢量。不带撇号的矢量对应于向前传播的波，而带撇号的矢量对应于向后传播的波。设 δ_1^2、δ_2^2 和 δ_3^2 是两个压缩波和剪切波的平方波数。这些量由式（6.67）、式（6.68）和式（6.83）给出。波数矢量在 x_3 方向的分量为

$$\begin{cases} k_{i3} = (\delta_i^2 - k_t^2)^{1/2}, & i = 1,2,3 \\ k_{i3}' = -k_{i3}, & i = 1,2,3 \end{cases} \tag{11.21}$$

这个平方根符号 $()^{1/2}$ 表示产生一个正实部的根，在复数表示中，压缩波的骨架位移势可写成

$$\varphi_i^s = A_i \exp(\mathrm{j}(\omega t - k_{i3}x_3 - k_t x_1)) + A_i \exp(\mathrm{j}(\omega t + k_{i3}x_3 - k_t x_1)) \quad i = 1,2 \tag{11.22}$$

旋转波引起的位移与 $x_1 o x_3$ 平面平行，只有矢量势在 x_2 方向的分量不为 0。该分量为

$$\psi_2^s = A_3 \exp(\mathrm{j}(\omega t - k_{33}x_3 - k_t x_1)) + A_3' \exp(\mathrm{j}(\omega t + k_{33}x_3 - k_t x_1)) \tag{11.23}$$

空气位移势与骨架位移势用下式进行关联：

$$\varphi_i^f = \mu_i \varphi_i^s \quad i = 1,2 \tag{11.24}$$

$$\psi_2^f = \mu_3 \psi_2^s \tag{11.25}$$

分别用式（6.71）和式（6.84）给出两个压缩波的空气速度与骨架速度的比 μ_i 和剪切波的这个速度比 μ_3。如果已知 A_1、A_2、A_3、A_1'、A_2' 和 A_3'，则骨架和空气的位移场是完全已知的，

而应力可以通过式（6.2）和式（6.3）计算。

矩阵表示

多孔层中的声场由 6 个波组成，可以用式（11.22）和式（11.22）来描述。如果 6 个幅值 A_1、A_2、A_3、A_1'、A_2' 和 A_3' 是已知的，则可以在任何地方预测多孔层中的声场。然而，可以选择 6 个独立的声学量，而不是这些参数。已选择的 6 个声学量是三个速度分量和三个应力张量元素：骨架的两个速度分量 v_1^s 和 v_3^s，流体的速度分量 v_3^f，骨架应力张量的两个分量 σ_{33}^s 和 σ_{13}^s，以及流体中的 σ_{33}^f。如果这 6 个量在层中的 M 点已知，则可在层中的任何位置预测声场。此外，层中任何位置的这些量的值线性地取决于 M 点处这些量的值。设 $V^p(M)$ 为矢量：

$$V^p(M) = [v_1^s(M) \quad v_3^s(M) \quad v_3^f(M) \quad \sigma_{33}^s(M) \quad \sigma_{13}^s(M) \quad \sigma_{33}^f(M)]^T \tag{11.26}$$

上标 T 表示转置，$V(M)$ 为列矢量。这 6 个量表示如下：

$$\begin{cases} v_1^s = j\omega\left(\dfrac{\partial \varphi_1^s}{\partial x_1} + \dfrac{\partial \varphi_2^s}{\partial x_1} - \dfrac{\partial \psi_2^s}{\partial x_3}\right) \\[2mm] v_3^s = j\omega\left(\dfrac{\partial \varphi_1^s}{\partial x_3} + \dfrac{\partial \varphi_2^s}{\partial x_3} + \dfrac{\partial \psi_2^s}{\partial x_1}\right) \\[2mm] v_3^f = j\omega\left(\dfrac{\partial \varphi_1^f}{\partial x_3} + \dfrac{\partial \varphi_2^f}{\partial x_3} - \dfrac{\partial \psi_2^f}{\partial x_1}\right) \end{cases} \tag{11.27}$$

$$\begin{cases} \sigma_{33}^s = (P-2N)\left(\dfrac{\partial^2(\varphi_1^s+\varphi_2^s)}{\partial x_1^2} + \dfrac{\partial^2(\varphi_1^s+\varphi_2^s)}{\partial x_3^2}\right) \\[2mm] \quad +Q\left(\dfrac{\partial^2(\varphi_1^f+\varphi_2^f)}{\partial x_1^2} + \dfrac{\partial^2(\varphi_1^f+\varphi_2^f)}{\partial x_3^2}\right) + 2N\left(\dfrac{\partial^2(\varphi_1^s+\varphi_2^s)}{\partial x_3^2} + \dfrac{\partial^2\psi_2^s}{\partial x_1\partial x_3}\right) \\[2mm] \sigma_{13}^s = N\left(2\dfrac{\partial^2(\varphi_1^s+\varphi_2^s)}{\partial x_1\partial x_3} + \dfrac{\partial^2\psi_2^s}{\partial x_1^2} - \dfrac{\partial^2\psi_2^s}{\partial x_3^2}\right) \\[2mm] \sigma_{33}^f = R\left(\dfrac{\partial^2(\varphi_1^f+\varphi_2^f)}{\partial x_1^2} + \dfrac{\partial^2(\varphi_1^f+\varphi_2^f)}{\partial x_3^2}\right) + Q\left(\dfrac{\partial^2(\varphi_1^s+\varphi_2^s)}{\partial x_1^2} + \dfrac{\partial^2(\varphi_1^s+\varphi_2^s)}{\partial x_3^2}\right) \end{cases} \tag{11.28}$$

其中，N 为材料的剪切模量，P、Q、R 是在第 6 章定义的 Biot 弹性系数。如果 M 和 M' 分别靠近层的前面和后面，则矩阵 $[T^p]$ 取决于材料的厚度 h，而材料物理属性 $V^p(M)$ 与 $V^p(M')$ 的关系为

$$V^p(M) = [T^p]V^p(M') \tag{11.29}$$

矩阵元素 T_{ij} 是由 Depollier（1989）以下列方式计算的。设 A 为列矢量：

$$A = [(A_1+A_1'),(A_1-A_1'),(A_2+A_2'),(A_2-A_2'),(A_3+A_3'),(A_3-A_3')]^T \tag{11.30}$$

并设 $[\Gamma(x_3)]$ 成为 $V^p(M)$ 在 x_3 上连接到 A 的矩阵：

$$V^p(M) = [\Gamma(0)]A, \quad V^p(M') = [\Gamma(h)]A \tag{11.31}$$

矢量 $V^p(M)$ 与 $V^p(M')$ 关系为

$$V^{\mathrm{p}}(M) = [\Gamma(0)][\Gamma(h)]^{-1}V^{\mathrm{p}}(M') \tag{11.32}$$

所以 $[T^{\mathrm{p}}]$ 为

$$[T^{\mathrm{p}}] = [\Gamma(0)][\Gamma(h)]^{-1} \tag{11.33}$$

为了避免矩阵求逆，可以改变 x_3 轴的原点，且可以使用下式：

$$[T^{\mathrm{p}}] = [\Gamma(h)][\Gamma(0)]^{-1} \tag{11.34}$$

对矩阵 $[\Gamma(0)]^{-1}$ 进行解析计算。

矩阵 $[\Gamma]$ 和 $[T^{\mathrm{p}}]$ 的计算

为了计算 $[\Gamma(h)]^{-1}$ 中的元素，v_1^s、v_3^s、v_3^f、σ_{13}^s、σ_{33}^s 和 σ_{33}^f 必须通过势 φ_1^s、φ_2^s 和 ψ^s 来计算。完整起见，还要计算速度分量 v_1^f。使用式（11.22）、式（11.22）和式（11.27）给出的 φ_1^s、φ_2^s 和 ψ^s，得到速度分量 v_1^s 和 v_3^s：

$$v_1^s = \mathrm{j}\omega\left[\sum_{i=1,2}\{-\mathrm{j}k_t(A_i+A_i')\cos k_{i3}x_3 - k_t(A_i-A_i')\sin k_{i3}x_3\} \right. \left. + k_{33}(A_3+A_3')\sin k_{33}x_3 + \mathrm{j}k_{33}(A_3-A_3')\cos k_{33}x_3\right] \tag{11.35}$$

$$v_3^s = \mathrm{j}\omega\left[\sum_{i=1,2}\{-k_{i3}(A_i+A_i')\sin k_{i3}x_3 - \mathrm{j}k_{i3}(A_i-A_i')\cos k_{i3}x_3\} \right. \left. - \mathrm{j}k_t(A_3+A_3')\cos k_{33}x_3 - k_t(A_3-A_3')\sin k_{33}x_3\right] \tag{11.36}$$

在这些方程中，已经消除了对时间和 x_1 的依赖性。速度 v_1^f 和 v_3^f 可以用位移势 φ_1^f、φ_2^f 和 ψ^f 进行评估，它们通过式（11.27）与 φ_1^s、φ_2^s 和 ψ^s 相关联：

$$v_1^f = \mathrm{j}\omega\left[\sum_{i=1,2}\{-\mathrm{j}k_t\mu_i(A_i+A_i)\cos k_{i3}x_3 - k_t\mu_i(A_i-A_i)\sin k_{i3}x_3\} \right. \left. + k_{33}\mu_3(A_3+A_3')\sin k_{33}x_3 + \mathrm{j}k_{33}\mu_3(A_3-A_3')\cos k_{33}x_3\right] \tag{11.37}$$

$$v_3^f = \mathrm{j}\omega\left[\sum_{i=1,2}\{-k_{i3}\mu_i(A_i+A_i')\sin k_{i3}x_3 - \mathrm{j}k_{i3}\mu_i(A_i-A_i')\cos k_{i3}x_3\} \right. \left. - \mathrm{j}k_t\mu_3(A_3+A_3')\cos k_{33}x_3 - k_t\mu_3(A_3-A_3')\sin k_{33}x_3\right] \tag{11.38}$$

骨架的应力张量的两个分量 σ_{33}^s 和 σ_{13}^s，以及在流体中的分量 σ_{33}^f，可用式（6.2）和式（6.3）计算：

$$\sigma_{33}^s = (P-2N)\nabla\cdot\boldsymbol{u}^s + Q\nabla\cdot\boldsymbol{u}^f + 2N\frac{\partial u_3^s}{\partial x_3} \tag{11.39}$$

$$\sigma_{13}^s = N\left(\frac{\partial u_1^s}{\partial x_3} + \frac{\partial u_3^s}{\partial x_1}\right) \tag{11.40}$$

$$\sigma_{33}^f = R\nabla\cdot\boldsymbol{u}^f + Q\nabla\cdot\boldsymbol{u}^s \tag{11.41}$$

位移势可用来表示式（11.39）～式（11.41）中 $\boldsymbol{u}^f$ 和 $\boldsymbol{u}^s$ 空间导数的 x_3 分量和 x_1 分量：

$$\nabla \cdot \boldsymbol{u}^{\mathbf{s}} = \frac{\partial^2}{\partial x_1^2}(\varphi_1^s + \varphi_2^s) + \frac{\partial^2}{\partial x_3^2}(\varphi_1^s + \varphi_2^s) \tag{11.42}$$

$$\nabla \cdot \boldsymbol{u}^{\mathbf{f}} = \frac{\partial^2}{\partial x_1^2}(\mu_1\varphi_1^s + \mu_2\varphi_2^s) + \frac{\partial^2}{\partial x_3^2}(\mu_1\varphi_1^s + \mu_2\varphi_2^s) \tag{11.43}$$

$$\frac{\partial u_3^s}{\partial x_3} = \frac{\partial^2}{\partial x_3^2}(\varphi_1^s + \varphi_2^s) + \frac{\partial^2 \psi_2}{\partial x_1 \partial x_3} \tag{11.44}$$

$$\frac{\partial u_1^s}{\partial x_3} + \frac{\partial u_3^s}{\partial x_1} = 2\frac{\partial^2(\varphi_1^s + \varphi_2^s)}{\partial x_1 \partial x_3} + \left(\frac{\partial^2 \psi_2}{\partial x_1^2} - \frac{\partial^2 \psi_2}{\partial x_3^2}\right) \tag{11.45}$$

而式（11.39）～式（11.41）可重写为

$$\sigma_{13}^s = N\left[2k_t \sum_{i=1,2} k_{i3}\{j(A_i + A_i)\sin k_{i3}x_3 - (A_i - A_i')\cos k_{i3}x_3\} \right. \tag{11.46}$$
$$\left. + (k_{33}^2 - k_t^2)[(A_3 + A_3')\cos k_{33}x_3 - j(A_3 - A_3')\sin k_{33}x_3] \right]$$

$$\sigma_{33}^s = \sum_{i=1,2}\{[-(P + Q\mu_i)(k_t^2 + k_{i3}^2) + 2Nk_t^2](A_i + A_i')\sin k_{i3}x_3 \tag{11.47}$$
$$+ j[(P + Q\mu_i)(k_t^2 + k_{i3}^2) - 2Nk_t^2](A_i - A_i')\sin k_{i3}x_3\}$$
$$+ 2jNk_tk_{33}(A_3 + A_3')\sin k_{33}x_3 - 2Nk_tk_{33}(A_3 - A_3')\cos k_{33}x_3$$

$$\sigma_{33}^f = \sum_{i=1,2}(Q + R\mu_i)(k_t^2 + k_{i3}^2)\{-(A_i - A_i')\cos k_{i3}x_3 + j(A_i - A_i')\sin k_{i3}x_3\} \tag{11.48}$$

式（11.37）、式（11.38）和式（11.46）～式（11.48）中的项 $(A_1 \pm A_1')$、$(A_2 \pm A_2')$ 和 $(A_3 \pm A_3')$ 的系数是矩阵元素 $\Gamma_{ij}(x_3)$，如表 11.1 所示。在该表中，D_i 和 E_i 由以下各式给出：

$$D_i = (P + Q\mu_i)(k_t^2 + k_{i3}^2) - 2Nk_t^2 \quad i = 1,2 \tag{11.49}$$

$$E_i = (R\mu_i + Q)(k_t^2 + k_{i3}^2) \quad i = 1,2 \tag{11.50}$$

矩阵 $[T^p] = [\Gamma(0)][\Gamma(h)]^{-1}$ 在附录 11.A 中给出。

表 11.1　系数 $\Gamma_{ij}(x_3)$

（a）[Γ] 的前三列		
$\omega k_t \cos k_{i3}x_3$	$-j\omega k_t \sin k_t x_3$	$\omega k_t \cos k_{23}x_3$
$-j\omega k_{i3} \sin k_{i3}x_3$	$\omega k_{i3} \cos k_{i3}x_3$	$-j\omega k_{23} \sin k_{23}x_3$
$-j\omega k_{i3}\mu_1 \sin k_{i3}x_3$	$\omega\mu_1 k_{i3} \cos k_{i3}x_3$	$-j\omega k_{23}\mu_2 \sin k_{23}x_3$
$-D_1 \cos k_{i3}x_3$	$jD_1 \sin k_{i3}x_3$	$-D_2 \cos k_{23}x_3$
$2jNk_tk_{i3} \sin k_{i3}x_3$	$-2jNk_tk_{i3} \cos k_{i3}x_3$	$2jNk_tk_{23} \sin k_{23}x_3$
$-E_1 \cos k_{i3}x_3$	$jE_1 \sin k_{i3}x_3$	$-E_2 \cos k_{23}x_3$
（b）[Γ] 的后三列		
$-j\omega k_t \sin k_{23}x_3$	$j\omega k_{33} \sin k_{33}x_3$	$-\omega k_{33} \cos k_{33}x_3$
$\omega k_{23} \cos k_{23}x_3$	$\omega k_t \cos k_{33}x_3$	$-j\omega k_t \sin k_{33}x_3$
$\omega\mu_2 k_{23} \cos k_{23}x_3$	$\omega k_t\mu_3 \cos k_{33}x_3$	$-j\omega k_t\mu_3 \sin k_{33}x_3$
$jD_2 \sin k_{23}x_3$	$2jNk_{33}k_t \sin k_{33}x_3$	$-2Nk_{33}k_t \cos k_{33}x_3$
$-2Nk_tk_{23} \cos k_{23}x_3$	$N(k_{33}^2 - k_t^2) \cos k_{33}x_3$	$-jN(k_{33}^2 - k_t^2) \sin k_{33}x_3$
$jE_2 \sin k_{23}x_3$	0	0

11.3.4　刚性和柔性骨架假设

刚性骨架假设描述了骨架不动时材料的动态行为。第 5 章介绍的这种简化可用于高于解耦频率 $F_d = \sigma \times \phi^2/(2\pi\rho_1)$ 的情形。在该频域中，固相和流体相之间的黏惯性耦合足够弱，使得在流体相中传播的声波不会施加足以在固相中产生振动的力。在刚性骨架假设中，动态行为用等效流体波动方程形式表示（见 5.7 节）：

$$\Delta p + \frac{\tilde{\rho}_{eq}}{\tilde{K}_{eq}} \omega^2 \rho = 0 \tag{11.51}$$

其中，$\tilde{\rho}_{eq} = \tilde{\rho}_f/\phi$ 和 $\tilde{K}_{eq} = \tilde{K}_f/\phi$ 分别为刚性骨架等效流体介质的有效密度和有效体积模量。使用这些有效性质，在刚性骨架假设下矩阵表示由式（11.9）给出，波数为 $\omega\sqrt{\tilde{\rho}_{eq}/\tilde{K}_{eq}}$。

等效流体表示也可用于柔性材料，例如，航空级玻璃纤维（密度约为 0.3～0.5 pcf）。然而，重要的是在其动态行为的建模中考虑骨架的惯性。假设骨架的刚度可忽略不计，柔性模型可以从 Biot 理论推导出来。以下文献提出了各种模型：Beranek（1947），Ingard（1994），Katragadda 等（1995），Panneton（2007）。这里给出一种直接的方法来校正这种效应的等效流体方程。可以从附录 6.A［见式（6A.22）］中得出混合压力-位移公式：

$$\begin{cases} \operatorname{div}\hat{\sigma}^s(\boldsymbol{u}^s) + \omega^2 \tilde{\rho}\boldsymbol{u} + \hat{\gamma}\operatorname{grad} p = 0 \\ \Delta p + \omega^2 \dfrac{\tilde{\rho}_{eq}}{\tilde{K}_{eq}} p - \omega^2 \tilde{\rho}_{eq}\hat{\gamma}\operatorname{div}\boldsymbol{u}^s = 0 \end{cases} \tag{11.52}$$

其中，$\hat{\sigma}^s$ 是真空中固相的应力张量，$\tilde{\gamma} = \phi(\tilde{\rho}_{12}/\tilde{\rho}_{22} - \tilde{Q}/\tilde{R})$，$\tilde{\rho} = \tilde{\rho}_{11} - (\tilde{\rho}_{12})^2/\tilde{\rho}_{22}$，系数 $\tilde{\rho}_{eq}$ 和 $\tilde{K}_{eq}$ 在式（6A.22）中通过 $\tilde{\rho}_{22} = \phi^2\tilde{\rho}_{eq}$ 和 $\tilde{R} = \phi^2\tilde{K}_{eq}$ 与 $\tilde{\rho}_{22}$ 和 $\tilde{R}$ 相关。假设骨架为柔性，真空中的固相应力张量被忽略（$\hat{\sigma}^s \approx 0$），而式（11.52）中的第一个方程 $\omega^2\tilde{\rho}\operatorname{div}\boldsymbol{u} = -\tilde{\gamma}\Delta p$。将该式代入式（11.52）的第二个等式，得到柔性材料的等效流体方程：

$$\Delta p + \frac{\tilde{\rho}_{\mathrm{limp}}}{\tilde{K}_{eq}} \omega^2 p = 0 \tag{11.53}$$

其中，$\tilde{\rho}_{\mathrm{limp}}$ 是考虑骨架惯性的等效有效密度：

$$\tilde{\rho}_{\mathrm{limp}} = \frac{\tilde{\rho}\tilde{\rho}_{eq}}{\tilde{\rho} + \tilde{\rho}_{eq}\tilde{\gamma}^2} \tag{11.54}$$

假设骨架的弹性材料体积模量远大于骨架的体积模量（即 $K_b \ll K_s$），对大多数多孔材料有效，Panneton（2007）推导出柔性材料有效密度的近似表达式如下：

$$\tilde{\rho}_{\mathrm{limp}} \approx \frac{\rho_t\tilde{\rho}_{eq} - \rho_0^2}{\rho_t + \tilde{\rho}_{eq} - 2\rho_0} \tag{11.55}$$

其中，$\rho_t = \rho_1 + \phi\rho_0$ 是等效流体柔性介质的表观总密度。同样，使用这些有效特性，柔性骨架限制的矩阵表示由式（11.9）给出。从式（11.55）观察到，当骨架很重时，恢复刚性模型。此外，在低频处，$\lim\limits_{\omega\to 0}\tilde{\rho}_{\mathrm{limp}} = \rho_t$，与刚性骨架模型相反。有关密度的低频和高频极限见第 5 章；

特别是式（5.37）给出了低频极限 $\lim\limits_{\omega \to 0}\tilde{\rho}_{eq}=\sigma/(j\omega)$。因此，这两种模型之间的差异在低频情况下很重要。对于表 11.2 的材料，上述内容在图 11.2 中给出。

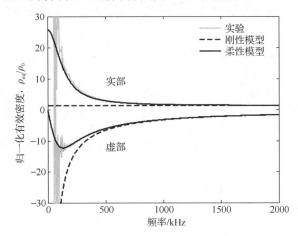

图 11.2　软纤维材料的归一化有效密度（见表 11.2）；使用柔性骨架和刚性骨架模型进行预测的比较。由 Panneton（2007）使用 Utsuno 等（1989）的方法进行测量

表 11.2　用于预测图 11.2 中材料有效密度的参数

材料	厚度 h（mm）	ϕ	σ（Ns/m^4）	α_∞	Λ（μm）	Λ'（μm）	ρ_1（kg/m^3）
软纤维	50	0.98	25×10^3	1.02	90	180	30

注意到，刚性骨架模型不产生材料的刚体运动。这很重要，例如，在材料不受约束（自由移动）的应用中，这种影响主要是在低频情况下重要。在这些应用中，优先选用柔性模型。在用阻抗管测试时，通过面阻抗或传播常数（尤其是使用透射测量）的测量来推导材料的声学特性，这一点很关键。

无论是由于材料的性质（如轻玻璃纤维）还是由于材料的安装或激励（如由支撑板的薄气隙分开的轻质泡沫的传输损失），柔性模型都非常适合用在骨架的弹性被忽略的场合。根据经验，当材料黏结到振动结构上时，不应使用刚性骨架模型。另一方面，当真空中骨架的体积模量远小于孔洞中流体的体积模量时，可以使用柔性模型。Beranek（1947）建议满足 $|K_c/K_f|<0.05$ 的多孔材料使用柔性近似，其中，K_c 和 K_f 分别是真空中骨架的体积模量和孔隙中流体的体积模量。Doutres 等（2007）使用数值方法研究比较完整的多孔弹性模型和柔性模型，以得出使用后者的标准。使用两种配置：①由刚性壁支撑的多孔层的吸声，②来自由振动壁支撑的多孔层的声辐射。在这两种情况下，材料都是无限延伸的。该标准称为骨架结构相互作用（FSI），它是由压缩的骨架波和空气波的位移比得出的［见式（6.71）］：$\text{FSI}=(\tilde{\rho}_{\text{limp}}/\tilde{\rho}_c)K_c/K_f$，其中 $\tilde{\rho}_c=\rho_1-\tilde{\rho}_{12}/\phi$。使用这种频率依赖标准，将 Beranek 标准的有效范围放宽到 $|K_c/K_f|<0.2$。通过其在空气中的等温值来近似，$K_f \approx P_0(101.3\text{ kPa})$，后一标准规定柔性模型适用于体积模量低于 20 kPa 的材料。但是，这个标准没有说明边界条件和安装效果的影响。综上所述，柔性模型可用于在各种特定配置中具有较大体积模量的材料。例如，用于与振动结构的气隙分离的薄且轻的泡沫。

11.3.5　弹性薄板

在弯曲的弹性薄板（弯曲刚度为 D、厚度为 h、单位面积质量为 m）情形中，运动方程的谐波形式由下式给出：

$$Z_s(\omega)v_3(M') = \sigma_{33}(M') - \sigma_{33}(M) \tag{11.56}$$

其中，

$$Z_s(\omega) = j\omega m\left(1 - \frac{Dk_t^4}{\omega^2 m}\right)$$

是板的机械阻抗，$k_t = k\sin\theta$，k 是自由空气中的波数。$\sigma_{33}(M)$ 和 $\sigma_{33}(M')$ 分别是恰好位于板前面和板后面的法向应力，v_3 是薄板的法向速度，$v_3 = v_3(M) = v_3(M')$。使用矢量 $V(M) = [\sigma_{33}(M)v_{33}(M)]$ 来表示板的 M 点处的机械场，从式（11.56）直接推导出与 $V(M)$ 和 $V(M')$ 相关的传递矩阵 $[T^i]$：

$$[T] = \begin{bmatrix} 1 & -Z_s(\omega) \\ 0 & 1 \end{bmatrix} \tag{11.57}$$

注意，板的机械阻抗可用等效的形式写出如下：

$$Z_s(\omega) = j\omega m\left[1 - \left(\frac{\omega}{\omega_c}\right)^2 \sin^4\theta\right] \tag{11.58}$$

其中，

$$\omega_c = c^2\sqrt{\frac{m}{D}}$$

是板的临界频率。可以用杨氏模量的复数值来解释板中的阻尼。

11.3.6　不透气膜

不透气膜通常用于覆盖或保护声学材料，它们对传递矩阵法建模的使用方式取决于它们的安装方式。可以自由移动时，也就是膜两侧都有空气时，可以简单地建模为具有可忽略刚度的薄板，式（11.57）中的机械阻抗减小到 $Z(\omega) = j\omega m$。当黏结到多孔材料上时，建模时需要考虑界面力。

设 M 和 M' 两个点分别靠近机械接触的膜的前面和后面。假设膜具有灵活性且具有不可忽略的弯曲刚度，牛顿定律适用于膜，可得

$$j\omega mv_3(M') = \sigma_{33}^s(M') - \sigma_{33}^s(M) - D\frac{\partial^4 v_3(M')}{j\omega\partial x_1^4} \tag{11.59}$$

$$j\omega mv_1(M') = \sigma_{13}^s(M') - \sigma_{13}^s(M) - S\frac{\partial^2 v_1(M')}{j\omega\partial x_1^2} \tag{11.60}$$

式中，v_1^s 和 v_3^s 分别是 M 点速度的 x_1 分量和 x_3 分量，σ_{33}^s 和 σ_{13}^s 是 M 点的法向应力和切向应力。其中，m、D 和 S 分别是膜的单位面积质量、弯曲刚度和膜刚度。

算符 $\partial^2/\partial x_1^2$ 和 $\partial^4/\partial x_1^4$ 可以分别用 $-k_t^2$ 和 k_t^4 代替。在结果中，膜控制的方程如下：

$$j\omega m\left(1-\frac{Dk_t^4}{m\omega^2}\right)v_3^s(M')=\sigma_{33}^s(M')-\sigma_{33}^s(M) \tag{11.61}$$

$$j\omega m\left(1-\frac{Sk_t^2}{m\omega^2}\right)v_1^s(M')=\sigma_{13}^s(M')-\sigma_{13}^s(M) \tag{11.62}$$

在两个面上,膜的速度 $v(M)$ 相同。使用矢量 $\boldsymbol{V}^s(M)=[v_1^s(M)\quad v_3^s(M)\quad \sigma_{33}^s(M)\quad \sigma_{13}^s(M)]^{\mathrm{T}}$ 描述膜的变量,式(11.61)和式(11.62)在 M 和 M' 处的速度矢量相等,得到以下 4×4 传递矩阵:

$$[T]=\begin{bmatrix} 1 & 0 & 0 & 0 \\ 0 & 1 & 0 & 0 \\ 0 & -Z_s(\omega) & 1 & 0 \\ -Z_s'(\omega) & 0 & 0 & 1 \end{bmatrix} \tag{11.63}$$

其中, $Z_s(\omega)=j\omega m(1-Dk_t^4/m\omega^2)$, $Z_s'(\omega)=j\omega m(1-Sk_t^2/m\omega^2)$ 。

当膜与多孔介质或流体介质接触时,可以用 11.4.2 节中描述的固体层的界面条件。

在可忽略刚度的不透气膜情况下,后者可以被建模为柔性膜。在这种情况下,式(11.59)被替换为

$$j\omega m v_3(M')=\sigma_{33}^s(M')-\sigma_{33}^s(M)-I\frac{\partial^2 v_3(M')}{j\omega\partial x_1^2} \tag{11.64}$$

并且在结果中,式(11.62)中的阻抗 Z 可以用 $Z_s''(\omega)=j\omega m(1-Ik_t^2/m\omega^2)$ 代替,其中, I 是膜的张力。

11.3.7　多孔膜和穿孔板

对于微多孔膜,必须使用更精细的模型来考虑附加阻力(与膜的流阻力成比例)。对于穿孔板,还有一个重要的声抗项(见第 9 章)。在这两种情况下,当膜不是处在机械接触中时,可以使用等效的流体模型(刚性或柔性)。当它处于接触中时,应使用多孔弹性模型或精细膜模型(使用 4 个变量)(Ingard 1994;Atalla 和 Sgard 2007)。

11.3.8　其他介质

传递矩阵法可以推广到其他类型,如厚板、正交各向异性板、复合材料和夹层板、横向各向同性多孔材料等。在这些情形中,传递矩阵是根据在 (x_1x_3) 平面上的波的方向(传播方向)确定的。第 12 章讨论厚的正交各向异性面板的例子。

11.4　耦合传递矩阵

前一节评估了各种类型层的传递矩阵。本节致力于讨论不同性质的两个相邻层之间的连续性条件。图 11.3 展示了一个分层介质,其中两个点 M_{2k} 和 M_{2k+1} ($k=1,n-1$)在层 (k) 和 $(k+1)$ 之间边界的每一侧彼此接近。必须使用取决于两层性质的界面矩阵将声场矢量 $\boldsymbol{V}^{(k)}(M_{2k})$ 和 $\boldsymbol{V}^{(k+1)}(M_{2k+1})$ 相关联。为简单起见,界面矩阵是针对图 11.3 的两个第一层导出的。

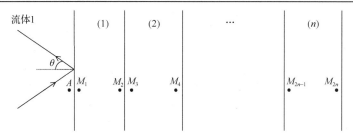

图 11.3　平面波入射到多层结构

11.4.1　相同性质的两个层

如果两个相邻层具有相同的性质，则可利用连续性条件来建立全局传递矩阵，以描述 M_1 到 M_4 的声传播。如果这两个层都不是多孔的，则全局传递矩阵简单地等于两层的传递矩阵的乘积。但是，如果两层是多孔的，则连续性条件受到层的孔隙率的影响：

$$v_1^s(M_2) = v_1^s(M_3)$$
$$v_3^s(M_2) = v_3^s(M_3)$$
$$\phi_1(v_3^f(M_2) - v_3^s(M_2)) = \phi_2(v_3^f(M_3) - v_3^s(M_3))$$
$$\sigma_{33}^s(M_2) + \sigma_{33}^f(M_2) = \sigma_{33}^s(M_3) + \sigma_{33}^f(M_3) \qquad （11.65）$$
$$\sigma_{13}^s(M_2) = \sigma_{13}^s(M_3)$$
$$\frac{\sigma_{33}^f(M_2)}{\phi_1} = \frac{\sigma_{33}^f(M_3)}{\phi_2}$$

在这种情况下，全局传递矩阵 $[T^p]$ 写为

$$[T^p] = [T_1^p][I_{pp}][T_2^p] \qquad （11.66）$$

其中，$[T_1^p]$ 和 $[T_2^p]$ 是两个多孔层的传递矩阵，$[I_{pp}]$ 是一个由式（11.65）构建的 6×6 界面矩阵：

$$[I_{pp}] = \begin{bmatrix} 1 & 0 & 0 & 0 & 0 & 0 \\ 0 & 1 & 0 & 0 & 0 & 0 \\ 0 & \left(1-\dfrac{\phi_2}{\phi_1}\right) & \dfrac{\phi_2}{\phi_1} & 0 & 0 & 0 \\ 0 & 0 & 0 & 1 & 0 & \left(1-\dfrac{\phi_1}{\phi_2}\right) \\ 0 & 0 & 0 & 0 & 1 & 0 \\ 0 & 0 & 0 & 0 & 0 & \dfrac{\phi_1}{\phi_2} \end{bmatrix} \qquad （11.67）$$

可以看出，如果两层材料具有相同的孔隙率，则该界面矩阵等于 6×6 的单位矩阵。

在横向各向同性介质情况下，使用 Biot 的第二个公式（见附录 6.A）的多孔层的传递矩阵，在第 10 章的 10.9 节中给出。各向同性介质的矩阵是一种特殊情况。在该公式中，分量 $V(z) = [u_x^s, u_z^s, w_z, \sigma_{zz}^t, \sigma_{zx}^t, p]^T$ 在两个多孔层之间的边界的每一侧是相等的，其中，骨架结合在一起。界面矩阵是该公式中的单位矩阵，并且分层多孔介质的传递矩阵是每层的传递矩阵的乘积。

11.4.2　不同性质层之间的界面

当相邻层具有不同性质时，连续性方程可用于两个界面矩阵$[I_{12}]$和$[J_{12}]$建立M_1和M_2点处的场变量矢量的关联：

$$[I_{12}]V^{(1)}(M_2)+[J_{12}]V^{(2)}(M_3)=0 \qquad (11.68)$$

矩阵$[I_{12}]$和$[J_{12}]$取决于两个界面层的性质。两矩阵的行数等于界面处连续性方程的数量。这些界面矩阵通过式（11.68）建立M_2和M_3点处的场矢量关联。由于$V^{(2)}(M_3)=[T^{(2)}]V^{(2)}(M_4)$，其中$[T^{(2)}]$是第二层的传递矩阵，因此$M_2$和$M_4$点之间的声传播由下式表示：

$$[I_{12}]V^{(1)}(M_2)+[J_{12}][T^{(2)}]V^{(2)}(M_4)=0 \qquad (11.69)$$

以下给出各种不同界面的界面矩阵。

固体-流体界面

连续性条件由下式给出：

$$\begin{aligned} v_3^s(M_2) &= v_3^f(M_3) \\ \sigma_{33}^s(M_2) &= -p(M_3) \\ \sigma_{13}^s(M_2) &= 0 \end{aligned} \qquad (11.70)$$

这些方程可以改写为$[I_{sf}]V^s(M_2)+(J_{sf})V^f(M_3)=0$，其中，

$$[I_{sf}]=\begin{bmatrix} 0 & 1 & 0 & 0 \\ 0 & 0 & 1 & 0 \\ 0 & 0 & 0 & 1 \end{bmatrix}, \quad [J_{sf}]=\begin{bmatrix} 0 & -1 \\ 1 & 0 \\ 0 & 0 \end{bmatrix} \qquad (11.71)$$

矩阵$[I]$和$[J]$必须互换以获得流体-固体界面。相同的矩阵可用于固体-薄板界面。

多孔层-流体界面

连续性条件由下式给出：

$$\begin{aligned} (1-\phi)v_3^s(M_2)+\phi v_3^f(M_2) &= v_3^f(M_3) \\ \sigma_{33}^s(M_2) &= -(1-\phi)p(M_3) \\ \sigma_{13}^s(M_2) &= 0 \\ \sigma_{33}^f(M_2) &- \phi p(M_3) \end{aligned} \qquad (11.72)$$

其中，ϕ为多孔层的孔隙率。这些方程可以重写为$[I_{pf}]V^p(M_2)+[J_{pf}]V^f(M_3)=0$的形式，其中，

$$[I_{pf}]=\begin{bmatrix} 0 & (1-\phi) & \phi & 0 & 0 & 0 \\ 0 & 0 & 0 & 1 & 0 & 0 \\ 0 & 0 & 0 & 0 & 1 & 0 \\ 0 & 0 & 0 & 0 & 0 & 1 \end{bmatrix}, \quad [J_{pf}]=\begin{bmatrix} 0 & -1 \\ (1-\phi) & 0 \\ 0 & 0 \\ \phi & 0 \end{bmatrix} \qquad (11.73)$$

对于流体-多孔层界面，矩阵$[I]$和$[J]$必须互换。

固体-多孔层界面

连续性条件由下式给出：

$$v_1^s(M_2) = v_1^s(M_3)$$
$$v_3^s(M_2) = v_3^s(M_3)$$
$$v_3^s(M_2) = v_3^f(M_3)$$
$$\sigma_{33}^s(M_2) = \sigma_{33}^s(M_3) + \sigma_{33}^f(M_3)$$
$$\sigma_{13}^s(M_2) = \sigma_{13}^s(M_3)$$

$$(11.74)$$

这些方程可以重写为 $[I_{sp}]V^s(M_2) + [J_{sp}]V^p(M_3) = 0$ 的形式，其中，

$$[I_{sp}] = \begin{bmatrix} 1 & 0 & 0 & 0 \\ 0 & 1 & 0 & 0 \\ 0 & 1 & 0 & 0 \\ 0 & 0 & 1 & 0 \\ 0 & 0 & 0 & 1 \end{bmatrix}, \quad [J_{sp}] = \begin{bmatrix} 1 & 0 & 0 & 0 & 0 & 0 \\ 0 & 1 & 0 & 0 & 0 & 0 \\ 0 & 0 & 1 & 0 & 0 & 0 \\ 0 & 0 & 0 & 1 & 0 & 1 \\ 0 & 0 & 0 & 0 & 1 & 0 \end{bmatrix} \quad (11.75)$$

对于多孔层-固体界面，矩阵 $[I]$ 和 $[J]$ 必须互换。注意，这些矩阵可用于在机械接触中连接防渗膜。

薄板-多孔层界面

对于与多孔层接触的薄板，其连续性条件是

$$v_3^s(M_2) = v_3(M_3)$$
$$v_3^f(M_2) = v_3(M_3)$$
$$\sigma_{33}^s(M_2) + \sigma_{33}^f(M_3) = -p(M_3)$$
$$\sigma_{13}^s(M_2) = 0$$

$$(11.76)$$

其中，$p = -\sigma_{33}$ 为薄板与多孔介质界面处的压力。这些条件可以改写为 $[I_{pi}]V^p(M_2) + [J_{pi}]V^i(M_3) = 0$，且有

$$[I_{pi}] = \begin{bmatrix} 0 & 1 & 0 & 0 & 0 & 0 \\ 0 & 0 & 1 & 0 & 0 & 0 \\ 0 & 0 & 0 & 1 & 0 & 1 \\ 0 & 0 & 0 & 0 & 1 & 0 \end{bmatrix}, \quad [J_{pi}] = \begin{bmatrix} 0 & -1 \\ 0 & -1 \\ 1 & 0 \\ 0 & 0 \end{bmatrix} \quad (11.77)$$

11.5　总体传递矩阵的组装

传递矩阵和界面矩阵的简单乘积通常不能用于计算分层介质的总体传递矩阵，因为大多数界面矩阵不是方阵。另外，式（11.69）涉及与分层介质中相邻层右侧边界处的声场矢量相关。对于图 11.3 所示的介质，该式推得以下关系：

$$[I_{f1}]V^f(A) + [J_{f1}][T^{(1)}]V^{(1)}(M_2) = 0$$
$$[I_{(k)(k+1)}]V^{(k)}(M_{2k}) + [J_{(k)(k+1)}][T^{(k+1)}]V^{(k)}(M_{2(k+1)}) = 0, k = 1, \cdots, n-1$$

$$(11.78)$$

这组方程可以在表中重写 $[D_0]V_0 = 0$，其中，

$$[D_0] = \begin{bmatrix} [I_{f1}] & [J_{f1}][T^{(1)}] & [0] & \cdots & [0] & [0] \\ [0] & [I_{12}] & [J_{12}][T^{(2)}] & \cdots & [0] & [0] \\ \vdots & \vdots & \vdots & & \vdots & \vdots \\ [0] & [0] & [0] & \cdots & [J_{(n-2)(n-1)}][T^{(n-1)}] & [0] \\ [0] & [0] & [0] & \cdots & [I_{(n-1)(n)}] & [J_{(n-1)(n)}][T^{(n)}] \end{bmatrix} \quad (11.79)$$

$$\boldsymbol{v}_0 = [v^f(A) \quad v^{(1)}(M_2) \quad v^2(M_4) \quad \cdots \quad v^{(n-1)}(M_{2n-2}) \quad v^{(n)}(M_{2n})]^T \quad (11.80)$$

矩阵 $[D_0]$ 是"长方形"的。然而，总体传递矩阵必须是方阵，因为物理问题很完备。在激励侧，缺少将压力与法向速度联系起来的阻抗方程。在终端侧，缺少与场变量相关的阻抗条件。这些阻抗条件对于多孔层有三个，对于固体层有两个，而对于流体层、薄板层或防渗层有一个。因此，如果 N 是 V_0 的维度，那么，最后一层是多孔层时，$[D_0]$ 有（$N-4$）行，是弹性固体层时，有（$N-3$）行，是流体（或等效流体）层时，对于薄板或防渗膜有（$N-2$）。终端侧的阻抗条件依赖于终端的性质：硬壁（hard wall）或半无限流体域。

11.5.1　硬壁终端条件

如果多层是由硬壁支撑的（见图 11.4），且场矢量 $V^{(n)}(M_{2n})$ 的分量是速度，那么该分量等于 0（无限阻抗）。这些条件可以用 $[Y^{(n)}]V^{(n)}(M_{2n}) = 0$ 的形式写入，其中，$[Y^{(n)}]$ 和 $V^{(n)}$ 根据第 n 层的性质定义：

$$[Y^p] = \begin{bmatrix} 1 & 0 & 0 & 0 & 0 & 0 \\ 0 & 1 & 0 & 0 & 0 & 0 \\ 0 & 0 & 1 & 0 & 0 & 0 \end{bmatrix}, \quad [Y^s] = \begin{bmatrix} 1 & 0 & 0 & 0 \\ 0 & 1 & 0 & 0 \end{bmatrix}, \quad [Y^f] = [0 \quad 1] \quad (11.81)$$

其中，上标指与壁面接触的层的性质：p 表示多孔，s 表示弹性固体，f 表示流体、等效流体、薄板或防渗膜。否则，矢量 $V^{(n)}$ 是与壁面接触的层的场变量矢量。

将新方程添加到先前系统中，$[D_0]V_0 = 0$，得到一个新系统，其矩阵 $[D]$ 有（$N-1$）行和 N 列：

$$[D]V = 0 : [D] = \begin{bmatrix} \text{--------}[D_0]\text{--------} \\ [0] \quad \cdots \quad [0] \quad [Y^{(n)}] \end{bmatrix}, \quad V = V_0 \quad (11.82)$$

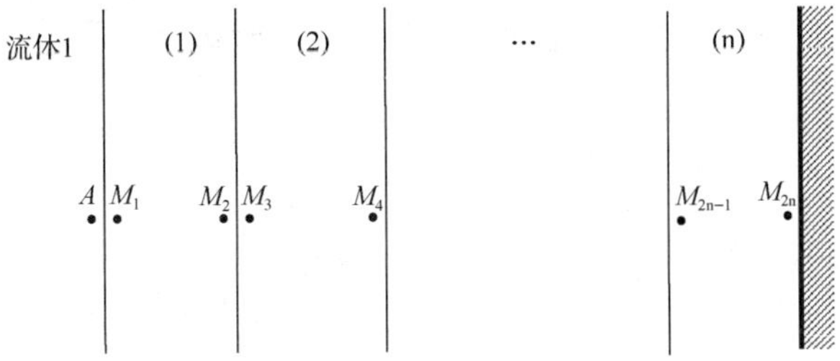

图 11.4　由硬壁支撑的多层域

11.5.2　半无限流体终端条件

如果多层结构是以半无限流体层终止的（见图 11.5），则可以写入连续性条件以将矢量

$V^{(n)}(M_{2n})$ 和半无限流体矢量 $V^f(B)$ 相关联，其中，B 是半无限介质中的一个点，靠近边界。这些条件表示为

$$[I_{(n)f}]V^{(n)}(M_{2n}) + [J_{(n)f}]V^f(B) = 0 \qquad (11.83)$$

其中，$V^f(B) = [p(B)\, v_3^f(B)]^T$ 和 $[I_{(n)f}]$ 和 $[J_{(n)f}]$ 是界面矩阵，它取决于最后一层（n）的性质。此外，如果 Z_B 是半无限流体的特征阻抗，则 B 点的阻抗由 $Z_B/\cos\theta = p(B)/v_3^f(B)$ 给出，或

$$[-1 \quad Z_B/\cos\theta]V^f(B) = 0 \qquad (11.84)$$

式（11.83）和式（11.84）产生新的矩阵系统：

$$[D]V = 0 : [D] = \left[\begin{array}{ccc|cc}
 & & & & [0] \\
 & [D_0] & & & \vdots \\
 & & & & [0] \\
\hline
[0] & \cdots & [0] & [I_{(n)f}] & [J_{(n)f}] \\
0 & \cdots & 0 & -1 & Z_B/\cos\theta
\end{array} \right],$$

$$V = \left[\begin{array}{c} V_0 \\ \hline V^f(B) \end{array} \right] = \begin{bmatrix} V^f(A) \\ V^{(1)}(M_2) \\ V^{(2)}(M_4) \\ \vdots \\ V^{(n-1)}(M_{2n-2}) \\ V^{(n)}(M_{2n}) \\ V^f(B) \end{bmatrix} \qquad (11.85)$$

统计添加的方程和变量，矩阵 $[D]$ 现在有（N+1）行和（N+2）列。总之，对于两种终止条件，仍然需要一个等式，将该等式添加到矩阵 $[D]$ 中可计算得出问题的声学指标。

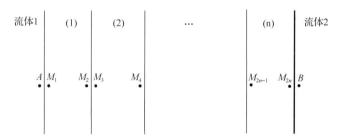

图 11.5 由半无限流体支撑的多层域

11.6 声学指标的计算

11.6.1 面阻抗、反射和吸声系数

如果平面声波入射到图 11.4（吸声问题）或图 11.5（传输问题）所示的分层介质上，在入射角为 θ 时，介质的面阻抗 Z_s 可以写为 $Z_s = p(A)/v_3^f(A)$，或者

$$[-1 \quad Z_s]V^f(A) = 0 \tag{11.86}$$

将这个新的表达式添加到式（11.82）或式（11.85），形成新的方阵：

$$\begin{bmatrix} -1 & Z_s & 0 & \cdots & 0 \\ \hline & & [D] & & \end{bmatrix}V = 0 \tag{11.87}$$

该矩阵的行列式等于 0，因此 Z_s 可用下式计算：

$$Z_s = \frac{\det[D_1]}{\det[D_2]} \tag{11.88}$$

其中，$\det[D_1]$（$\det[D_2]$）是移除矩阵 $[D]$ 的第一列（第二列）之后的行列式。反射系数 R 和吸声系数 α 由下列经典公式给出：

$$R = \frac{Z_s \cos\theta - Z_0}{Z_s \cos\theta + Z_0} \tag{11.89}$$

$$\alpha(\theta) = 1 - |R|^2 \tag{11.90}$$

在扩散场激励中，吸声系数由下式定义：

$$\alpha_{\mathrm{d}} = \frac{\int_{\theta_{\min}}^{\theta_{\max}} \alpha(\theta)\cos\theta\sin\theta\mathrm{d}\theta}{\int_{\theta_{\min}}^{\theta_{\max}} \cos\theta\sin\theta\mathrm{d}\theta} \tag{11.91}$$

其中，$\alpha(\theta)$ 是前面定义的入射角为 θ 的吸声系数，$\theta_{\min}$ 和 $\theta_{\max}$ 是扩散场积分的上限和下限，通常为 $0°$ 和 $90°$。

11.6.2　传输系数和传输损失

当多层系统由半无限流体介质扩展时，传输系数 T 和反射系数 R 的关系为

$$\frac{p(A)}{1+R} - \frac{p(B)}{T} = 0 \tag{11.92}$$

将这个新的表达式添加到式（11.85）中，生成新的系统为 $(N+2) \times (N+2)$ 的方阵。

$$\begin{bmatrix} T & 0 & \cdots & -(1+R) & 0 \\ \hline & & [D] & & \end{bmatrix}V = 0 \tag{11.93}$$

该矩阵分行列式等于 0，所以 T 由下式计算：

$$T = -(1+R)\frac{\det[D_{N+1}]}{\det[D_1]} \tag{11.94}$$

其中，$\det[D_{N+1}]$ 是从矩阵 $[D]$ 中移除第（$N+1$）列后的行列式。

对于入射角为 θ 的平面波，传输损失由下式定义：

$$\mathrm{TL} = -10\log\tau(\theta) \tag{11.95}$$

其中，$\tau(\theta) = |T^2(\theta)|$ 是入射角为 θ 的传输系数。在扩散场激励中，传输系数由下式定义：

$$\mathrm{TL}_d = -10\log_{10}\left[\frac{\int_{\theta_{\min}}^{\theta_{\max}} |\tau(\theta)|^2 \cos\theta\sin\theta \mathrm{d}\theta}{\int_{\theta_{\min}}^{\theta_{\max}} \cos\theta\sin\theta \mathrm{d}\theta}\right] \qquad (11.96)$$

其中，$\tau(\theta)$ 是给定入射角为 θ 的传输系数，θ 的值从 $\theta_{\min}$ 到 $\theta_{\max}$ 变动。

在数值实现方法中，扩散场积分是通过数值计算实现的。可以使用 21 点高斯-克朗罗德规则。此外，在层的传递矩阵取决于 (x_1, x_3) 平面中波的方向的情况下（如正交各向异性），需要考虑方向上的积分。第 12 章中给出了一个示例，其中研究了尺寸效应。

前一节描述的求解过程依赖于每个频率或入射角下三个行列式的数值。对于少量的层，除非需要在其中执行数值积分的扩散场指标，否则计算时间不是问题。这可能特别复杂，尤其是在高频情形中。此外，行列式的评估可能对矩阵的病态敏感。一种变通的解决方法是将入射压力的幅值固定为 1。考虑到给出的式（11.87）或式（11.93），在这两种情况下，设 $(N+1)\times(N+1)$ 方阵是移除矩阵 $[D]$ 第一列的结果，记为 $[D_1]$。用 F 表示将消除的第一列乘以 -1 而得的矢量。最后，设 V_1 表示变量矢量减去它的第一个输入。$(N+1)\times(N+1)$ 线性系统 $[D_1]V_1 = F$ 的解允许计算声学指标（取决于目前的问题）：

$$Z_s = \frac{1}{V_1(1)} \qquad (11.97)$$

$$T = (1+R)V_1(N) \qquad (11.98)$$

此求解过程很简单，仅需在每个频率或入射角处求解线性系统。

11.6.3　活塞激励

从传递矩阵的角度看，活塞（piston）相当于一块具有固定法向速度的平板。变量矢量由 $V^p(A) = [p(A), v_3^f(A)]^{\mathrm{T}}$ 给出，其中，速度为固定值。11.4 节讨论了激励（活塞）和第一层之间的连续性条件。使用这些界面条件，求解方法保持不变。这里给出半无限流体终端的示例来说明这一点。由于活塞的速度是给定的，因此第二列消除式（11.85）给出的矩阵 $[D]$，得到由 $[D_2]$ 表示的方阵。假设 F 表示通过将消除的第一列乘以-1 而获得的矢量，并设 V_2 表示变量矢量减去其第二个输入。求解过程如下。

首先，$(N+1)\times(N+1)$ 线性系统 $[D_2]V_2 = F$ 用于求解矢量 V_2。接下来，计算声学变量：

$$\begin{aligned} p(A) &= V_2(1) \\ p(B) &= V_2(N-1) \\ v(B) &= V_2(N) \end{aligned} \qquad (11.99)$$

使用这些变量，可以计算各种振动声学指标。例如，力学到声学指标的转换系数，定义为接收区域中辐射功率与输入功率之比，由下式给出：

$$\mathrm{TL} = -10\log_{10}\left[\frac{\Pi_{\mathrm{radiated,free\,face}}}{\Pi_{\mathrm{input}}}\right] \qquad (11.100)$$

其中，$\Pi_{\mathrm{radiated,free\,face}} = 1/2\,\mathrm{Re}\,(p(\mathrm{B})v^*(\mathrm{B}))$，$\Pi_{\mathrm{input}} = 1/2\,\mathrm{Re}\,(p(\mathrm{A})v^*(\mathrm{A}))$。

由输入机械功率和传输到接收区域的功率之差定义的功耗百分比为

$$DP = -10\log_{10}\left[\frac{\Pi_{\text{dissipated}}}{\Pi_{\text{input}}}\right] \quad (11.101)$$

其中，$\Pi_{\text{dissipated}} = \Pi_{\text{input}} - \Pi_{\text{radiated}}$。

最后，由自由面振动水平与施加速度之比定义的振动传递率由下式给出：

$$VT = -10\log_{10}\left[\frac{\langle v^2\rangle_{\text{piston}}}{\langle v^2\rangle_{\text{free-face}}}\right] \quad (11.102)$$

注意，第 12 章讨论点负载激励情形中使用传递矩阵法，也简要讨论点源激励的情况。

11.7　应用

本节介绍传递矩阵法在预测声学包吸收和传输损失方面的应用示例。第 12 章将进一步讨论考虑到尺寸效应、力学激励或更复杂结构的例子。下面的预测是使用计算机程序计算的，该程序实现了上述传递矩阵的方法。第 5 章和第 6 章的所有示例都可以使用传递矩阵法轻松复做，此处不再重复。

11.7.1　带多孔膜的材料

多孔膜是一个多孔材料的薄层，其厚度约为 1 mm 或更小。本节将对两种带有多孔膜的材料的面阻抗进行的测量与使用 TMM 的预测结果进行比较。薄的多孔膜经常用于吸声材料的表面或内部。它们可以增加很小的吸声材料厚度来改善吸收。如果膜是各向同性的多孔材料，则可以将其建模为各向同性的多孔材料层，并用传递矩阵表示。如果膜是各向异性的，则可以使用声传播的近似描述。

尽管可能进行了简化，但这些描述仍很复杂，有许多参数难以测量。至于在 6.5.4 节研究的玻璃纤维，通常可以在法向入射时将各向异性多孔膜建模为等效的各向同性材料。本节的例子仅限于法向入射。Rebillard 等（1992）和 Lauriks（1989）给出了斜入射情形的例子。

图 11.6 所示的第一种材料是塑料的多孔泡沫，上面覆盖着一层玻璃纤维。多孔泡沫和片材的参数在表 11.3 中给出。

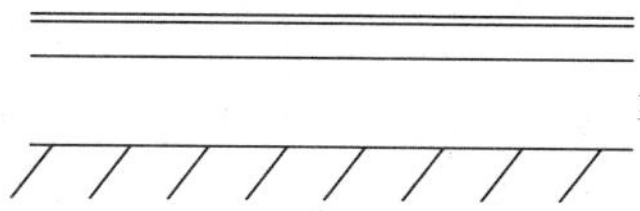

片材
多孔泡沫

图 11.6　一种多孔材料，由一块玻璃纤维黏结在一层塑料多孔泡沫上组成。该材料被黏结到刚性不透气壁上

表 11.3　用于预测图 11.6 中材料面阻抗的参数

材料	厚度 h（mm）	ϕ	σ（Ns/m^4）	α_∞	Λ（μm）	Λ'（μm）	ρ_1（kg/m^3）	E（Pa）	v	η_s
多孔泡沫	38	0.98	5×10^3	1.1	150	216	33	130×10^3	0.3	0.1
玻璃纤维	0.45	0.7	1.1×10^6	1	10	20	660	2.6×10^6	0.3	0.1

5.8 节总结的 Johnson-Champoux-Allard 模型用于这两种材料。玻璃纤维的特征长度 $\Lambda' = 2\Lambda$，如 5.3.4 节的模型所预测。薄板骨架的静态体积模量大，约为 1 MPa，在法向入射

时，薄板由于厚度小，可以认为是刚性骨架材料。动态杨氏模量 E 尚未测量，但已选择为足够大，以使片材在法向入射时具有刚性骨架材料的作用。

图 11.7 中显示了泡沫的面阻抗，图 11.8 中显示了黏结到泡沫上的薄片的面阻抗。Rebillard 等（1992）介绍了测得的面阻抗。泡沫和泡沫加上面层的吸声系数如图 11.9 所示。对于所考虑的材料，由于饰面的吸收增加在低频情况下非常大。面层在中频情况下的主要作用是使泡沫阻抗的实部增加，接近于面层的流动阻力 σh。这种效果很容易解释。片层的密度非常大，并且惯性力几乎无法固定膜。空气的速度由于其厚度较小而从一张片材的一个面到另一个面没有明显变化。因此，片材两侧之间的压力差 $\Delta p = \sigma h v$，v 是片材上方的空气速度。阻抗的增量为 $\Delta p / v$，等于片材的流动阻力 σh。但是，对于具有较低密度的多孔膜，该膜并不是一成不变的，因此必须使用多孔弹性或柔性模型来预测该膜的面阻抗。

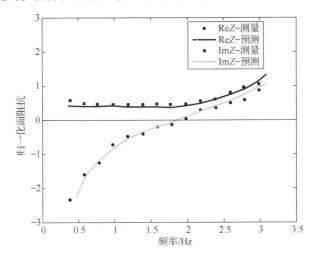

图 11.7　表 11.3 所述多孔泡沫法向入射时的面阻抗 Z。测量数据复制自 Rebillard 等（1992）

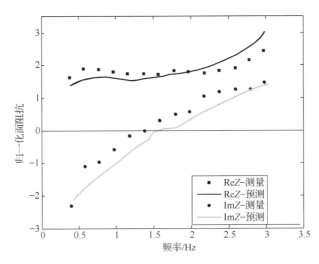

图 11.8　如图 11.6 所示法向入射的分层材料的面阻抗 Z。测量结果复制自 Rebillard 等（1992）

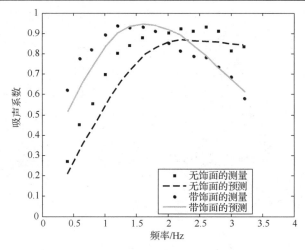

图 11.9　带饰面和无饰面的泡沫的吸声系数。表 11.3 给出了泡沫
和饰面的参数。测量结果复制 Rebillard 等（1992）

带多孔膜材料的第二个示例如图 11.10 所示。在泡沫 3 和毡面之间，存在一层高流动阻力的薄层，其由毡面黏结到泡沫 3 上产生。表 11.4 列出了不同多孔层的参数。对于第一种材料，膜的体积模量大，并且由于其较小的厚度，膜可以认为是刚性骨架材料。膜的杨氏模量尚未测量，但已设置得足够大，以使膜在法向入射时表现为刚性骨架材料。其他三层被建模为多孔弹性层。Johnson-Champoux-Allard 模型用于材料的所有层。法向入射时的面阻抗如图 11.11 所示，该测量结果摘自 Allard 等（1987）。去膜的材料预测面阻抗如图 11.11 所示。没有与该预测相关的测量，因为膜在材料内部，并且在拆卸膜时材料被损坏。对于这种材料，与第一种材料的膜相比，膜的密度较小，并且其流动阻力较大，并且在测量的频率范围内，膜不受惯性力和骨架刚度的约束。此外，膜层设置在两个多孔层之间，其对面阻抗的影响不像先前的材料那么简单。这两个预测阻抗之间的差异无法通过简单模型计算得出，该模型对于第一种分层材料是有效的。带膜和去膜的第二种材料的吸声系数如图 11.12 所示。在第一种材料的情况下，在低频情况中，由膜引起的吸收的预计增加很重要。

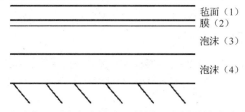

图 11.10　包括毡面、膜及两种泡沫的分层材料。该材料被黏结在刚性不透气壁上

表 11.4　用于预测图 11.10 所示材料面阻抗的参数

材料	厚度 h（mm）	ϕ	σ（Ns/m⁴）	α_∞	Λ（μm）	Λ'（μm）	ρ_1（kg/m³）	E（Pa）	v	η_s
毡面（1）	4	0.98	34×10^3	1.18	60	86	41	286×10^3	0.3	0.015
膜（2）	0.8	0.8	3.2×10^6	2.56	6	24	125	2.6×10^6	0.3	0.1
泡沫（3）	5	0.97	87×10^3	2.52	36	118	31	143×10^6	0.3	0.055
泡沫（4）	16	0.99	65×10^3	1.98	37	120	16	46.8×10^6	0.3	0.1

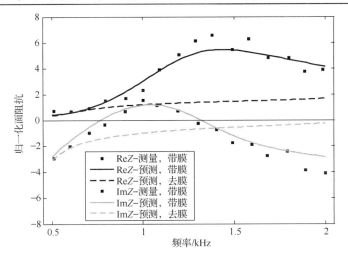

图 11.11   如图 11.10 所示分层材料在法向入射时的面阻抗 Z。测量结果源自 Allard 等（1987）

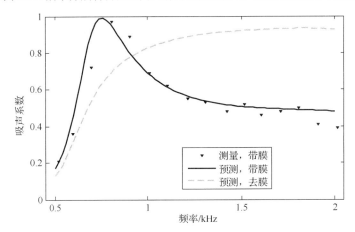

图 11.12   如图 11.10 所示材料的吸声系数。表 11.4 给出了不同层的参数。测量结果源自 Allard 等（1987）

最后一个示例由插入在泡沫和毡面之间中等厚度的阻性膜组成。材料的性能在表 11.5 中给出。将系统的法向入射吸收与图 11.13 中泡沫在刚性壁上黏结情形中的模拟进行比较。所有泡沫和毡面材料都建模为柔性多孔材料。

表 11.5   用于预测毡面-膜-泡沫系统吸声的参数

材料	厚度 h（mm）	ϕ	σ（Ns/m^4）	α_∞	Λ（μm）	Λ'（μm）	ρ_1（kg/m^3）
毡面（1）	19	0.99	23×10^3	1.4	64	131	66
膜（2）	0.47	0.08	137×10^3	model	model	model	
泡沫（3）	27	0.99	10.9×10^3	1.02	100	130	8.8

由 Johnson-Champoux-Allard 模型，用刚性多孔材料对膜进行建模。正如 Atalla 和 Sgard（2007）所解释的，膜的特征长度是根据 $\Lambda = \Lambda' = r = \sqrt{8\eta/\phi\sigma}$ 的测量流阻得出的。测量了膜的流阻率和孔隙率（或开孔面积百分比），曲折度 $\alpha_\infty(\omega) = 1 + (\varepsilon_e/d)(\tilde\alpha_{Felt} + \tilde\alpha_{Foam})$，其中，$\tilde\alpha_{Felt}$ 和 $\tilde\alpha_{Foam}$ 分别为毡面和泡沫的曲折度。d 是膜的厚度，ε_e 等于 $0.48\sqrt{\pi r^2}(1-1.47\sqrt{\phi}+0.47\sqrt{\phi^3})$。Atalla 和 Sgard（2007）证明，该模型很好地捕捉了与多孔材料接触的多孔膜和多孔板的行为。由于其厚度

较小，因此忽略了膜的刚度和质量。图 11.13 的结果证实了该假设以及特征长度和曲折度所用模型的有效性。顺便指出，第 9 章的方法也可以在 TMM 框架中使用，以解决涉及穿孔膜的问题。

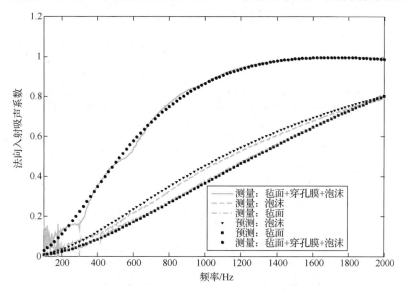

图 11.13　毡面–膜–泡沫系统的吸声系数，测量和预测之间的比较。
测量结果源自 Atalla 和 Sgard（2007）

11.7.2　带不透气膜的材料

Zwikker 和 Kosten（1942）研究了法向入射条件下带不透气膜饰面多孔层的面阻抗。Bolton（1987）使用 Biot 理论预测这些材料在斜入射时的面阻抗。Lauriks 等（1990）使用传递矩阵进行了类似工作。这些矩阵的使用为该方法提供了更大的灵活性，因为分层的多孔材料可以由传递矩阵仅以一个多孔层相同的方式来表示。

图 11.14 表示带不透气膜的塑料泡沫。膜被建模为完全柔性膜，由 4×4 传递矩阵表示，以考虑泡沫的剪切。系统的面阻抗如图 11.15 所示。表 11.6 介绍了泡沫特性的参数。膜厚度等于 25 μm，单位面积质量的值为 0.02 kg/m²。弯曲刚度和与面积增加有关的刚度已被忽略，而黏性力和泡沫中空气的体积弹性模量的频率相关性已用 5.9.2 节的模型进行了计算。

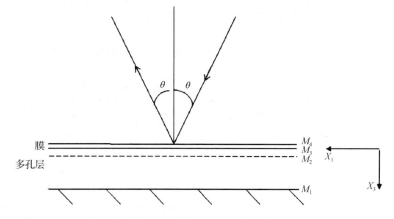

图 11.14　一种多孔材料，表面带有不透气膜并黏结在不透气刚性壁上

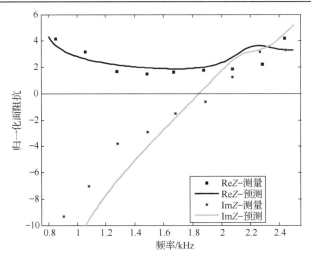

图 11.15　入射角 $\theta = 30°$ 且有不透气膜的泡沫的面阻抗 Z。膜黏结在不透气刚性壁上

表 11.6　用于预测如图 11.14 所示材料面阻抗的参数

材料	厚度 h（mm）	ϕ	σ（Ns/m⁴）	α_∞	Λ（μm）	Λ'（μm）	ρ_1（kg/m³）	E（Pa）	v	η_s
泡沫	20	0.98	22×10^3	1.9	87	146	30	294×10^3	0.2	0.18

预测和测量之间的一致性不是很好。然而，预测和测量的阻抗表现出相似的行为。谐振出现在 2000 Hz 附近，并且阻抗的虚部随频率快速增加。可能会注意到，很难在远离共振的地方进行测量，此处反射系数非常接近于 1。

接下来给出一种由几个多孔层组成的多孔材料的例子，该多孔层具有嵌入的不透气膜，结构如图 11.16 所示。它由地毯，不透气的膜和纤维层组成。地毯被建模为由两个层组成的多孔材料，因为纤维被分成固定在下表面的不透气膜的小束，并且更规则地分布在上表面。膜厚度为 3 mm，表面密度为 6 kg/m²。由于膜的质量密度和厚度，它是由薄板制成的，其刚度可以忽略不计。材料参数在表 11.7 中给出。

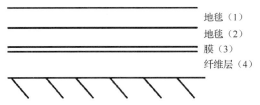

图 11.16　一种多孔材料，它由具有内部不透气膜的几个多孔层组成，并黏结在不透气刚性壁上

表 11.7　用于预测图 11.6 所示材料面阻抗的参数

材料	厚度 h（mm）	ϕ	σ（Ns/m⁴）	α_∞	Λ（μm）	Λ'（μm）	ρ_1（kg/m³）	E（Pa）	v	η_s
地毯（1）	3.5	0.99	5×10^3	1	23	28	60	20×10^3	0	0.5
地毯（2）	3.5	0.99	5×10^3	1	23	28	60	20×10^3	0	0.5
膜（3）	3						2000			
纤维层（4）	1.25	0.98	33×10^3	1.1	50	110	60	100×10^3	0	0.88

图 11.17 显示了源自 Brouard 等（1994）的测量结果之间的比较，以及法向入射时的面阻抗预测，还显示了使用有限元法（FEM）进行的预测。FEM 模型基于第 13 章描述的混合压力公式。为了建模无限范围的材料，在材料平面中使用一个具有滑动边界条件的四元组元素。选择贯穿厚度的元素数量以实现收敛。对于 TMM 和 FE 预测，多孔弹性模型用于地毯和纤维层，而隔膜模型（质量层）用于不透气膜。在两个模型和测量之间观察到良好的一致性。

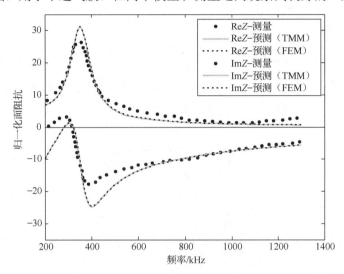

图 11.17　一个黏结在不透气刚性防渗壁上的多层声学包在入射角 $\theta = 0°$ 时的面阻抗 Z。测量结果源自 Brouard 等（1994）

11.7.3　通过板-多孔系统的法向入射声传输

在 6.5.4 节中研究的一层厚度为 5 cm 的玻璃纤维，被黏结在厚度为 1 mm 的铝板上。如 6.5.4 节所述，玻璃纤维是各向异性的，并且使用表 11.8 的特性计算法向入射时的透射率。在法向入射时，板没有弯曲变形，仅用厚度和密度值即可表征板（透射受质量定律的控制）。法向入射时的透射系数 τ 表示在图 11.18 中，并与通过板的透射（除去玻璃纤维）进行了比较。当存在玻璃纤维，似乎在两个频率间隔中透射率更大。玻璃纤维的骨架和板可以通过在玻璃纤维和板之间插入空气间隙来分离，气隙用流体层模拟。新预测的传输损失如图 11.18 所示。透射的增强明显减少。

可能已经注意到，先前由 Shiau 等（1988）指出的解耦效应。对于不同的配置，由 Roland 和 Guilbert（1990）观察到，相同的玻璃纤维黏结在由混凝土制成的板上。

表 11.8　用于预测图 11.18 结果的参数

材料	厚度 h（mm）	ϕ	σ（Ns/m^4）	α_∞	Λ（μm）	Λ'（μm）	ρ_1（kg/m^3）	E（Pa）	v	η_s
玻璃纤维	3.8	0.94	40×10^3	1.06	56	110	130	4.4×10^6	0	0.1
板	1						2800	$7. \times 10^{10}$	0.3	0.007

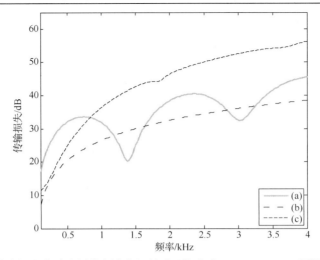

图 11.18　（a）黏结在板上的玻璃纤维在法向入射时下按公式 $TL = -10\log_{10}\tau$ 预测的传输损失系数；
　　　　　（b）板的传输损失；（c）板和材料通过气隙分离时的传输损失

11.7.4　板-泡沫系统的扩散场传输

　　该材料是一块厚度为 $h = 2.54$ cm 的泡沫黏结在 0.6 mm 铝板上。泡沫和板的参数在表 11.9 中给出。使用传递矩阵法预测传输损失。积分通常在小于 90° 的角度进行（Mulholland 等 1967），并且积分的上限选择为 78°。图 11.19 将预测与测量进行了比较。尽管材料尺寸有限（0.8×0.8 m^2），但预测和测量之间的一致性还是很好的。第 12 章呈现了对尺寸效应的修正及其实验验证。

表 11.9　用于预测图 11.19 结果的参数

材料	厚度 h（mm）	ϕ	σ（Ns/m^4）	α_∞	Λ (μm)	Λ' (μm)	ρ_1（kg/m^3）	E（Pa）	v	η_s
泡沫	25.4	0.98	6.6×10^3	1.03	200	380	11.2	2.93×10^5	0.2	0.06
板	1						2800	7.2×10^{10}	0.3	0.007

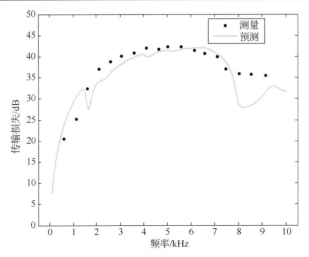

图 11.19　在扩散场中，黏结在板上的泡沫的传输损失

已验证了相反方向上的传输损失（TL′），以匹配初始方向上的传输损失（TL）。在相反方向上，TL 的测量值与传输损失系数 TL′ 之间的差在 50～4000 Hz 范围内小于 2.5 dB。TL 和 TL′ 的一致性可以通过使用 Allard（1993）中描述的方法来证明。

第 12 章将讨论其他几个传输损失示例，以及考虑尺寸效应的扩散场吸收。

附录 11.A　传递矩阵[刀]的元素 T_{ij}

$$T_{11} = \frac{2N\beta^2(p_2D_1 - p_1D_2) - (p_3(C_1D_2 - C_2D_1))}{\Delta} \tag{11.A.1}$$

$$T_{12} = j\beta \frac{\begin{array}{c}\alpha_2q_1[\mu_2(\alpha_3^2 - \beta^2) + 2\beta^2\mu_3] - \alpha_1q_2[\mu_1(\alpha_3^2 - \beta^2) + 2\beta^2\mu_3] \\ + 2\alpha_3q_3\alpha_1\alpha_2(\mu_1 - \mu_2)\end{array}}{\alpha_1\alpha_2(\mu_1 - \mu_2)(\beta^2 + \alpha_3^2)} \tag{11.A.2}$$

$$T_{13} = j\beta \frac{(\alpha_1q_2 - \alpha_2q_1)}{\alpha_1\alpha_2(\mu_1 - \mu_2)} \tag{11.A.3}$$

$$T_{14} = \beta\omega \frac{[p_1D_2 - p_2D_1 - p_3(D_2 - D_1)]}{\Delta} \tag{11.A.4}$$

$$T_{15} = \frac{j\omega}{N(\beta^2 + \alpha_3^2)} \left(\frac{\beta^2q_1(\mu_2 - \mu_3)}{\alpha_1(\mu_2 - \mu_1)} + \frac{\beta^2q_2(\mu_1 - \mu_3)}{\alpha_2(\mu_1 - \mu_2)} + \alpha_3q_3 \right) \tag{11.A.5}$$

$$T_{16} = \beta\omega \left(\frac{p_2C_1 - p_1C_2 - p_3(C_1 - C_2) + 2N\beta^2(p_2 - p_1)}{\Delta} \right) \tag{11.A.6}$$

$$T_{21} = \frac{j\beta}{\Delta} \left(2N(\alpha_1q_1D_2 - \alpha_2q_2D_1) - \frac{q_3}{\alpha_3}(C_1D_2 - C_2D_1) \right) \tag{11.A.7}$$

$$T_{22} = \frac{\begin{array}{c}p_2[\mu_1(\alpha_3^2 - \beta^2) + 2\beta^2\mu_3] - p_1[\mu_2(\alpha_3^2 - \beta^2) + 2\beta^2\mu_3] \\ + 2\beta^2p_3(\mu_1 - \mu_2)\end{array}}{(\mu_1 - \mu_2)(\beta^2 + \alpha_3^2)} \tag{11.A.8}$$

$$T_{23} = \frac{p_1 - p_3}{\mu_1 - \mu_2} \tag{11.A.9}$$

$$T_{24} = -\frac{j\omega}{\Delta} \left(\alpha_1q_1D_2 - \alpha_2q_2D_1 + \frac{\beta^2q_3}{\alpha_3}(D_2 - D_1) \right) \tag{11.A.10}$$

$$T_{25} = \frac{\omega\beta}{N(\beta^2 + \alpha_3^2)} \left(p_1\frac{\mu_2 - \mu_3}{\mu_2 - \mu_1} + p_2\frac{\mu_1 - \mu_3}{\mu_1 - \mu_2} - p_3 \right) \tag{11.A.11}$$

$$T_{26} = \frac{j\omega}{\Delta} \left(\alpha_1q_1(C_2 + 2N\beta^2) - \alpha_2q_2(C_1 + 2N\beta^2) - \frac{q_3\beta^2}{\alpha_3}(C_1 - C_2) \right) \tag{11.A.12}$$

$$T_{31} = \frac{j\beta}{\Delta} \left(2N(\alpha_1\mu_1q_1D_2 - \alpha_2\mu_2q_2D_1) - \frac{\mu_3q_3}{\alpha_3}(C_1D_2 - C_2D_1) \right) \tag{11.A.13}$$

$$T_{32} = \frac{\begin{array}{c}-\mu_1p_1[\mu_2(\alpha_3^2 - \beta^2) + 2\beta^2\mu_3] + \mu_2p_2[\mu_1(\alpha_3^2 - \beta^2) + 2\beta^2\mu_3] \\ + 2\beta^2\mu_3p_3(\mu_1 - \mu_2)\end{array}}{(\mu_1 - \mu_2)(\alpha_3^2 + \beta^2)} \tag{11.A.14}$$

$$T_{33} = \frac{\mu_1p_1 - \mu_2p_2}{\mu_1 - \mu_2} \tag{11.A.15}$$

$$T_{34} = \frac{j\omega}{\Delta}\left(-\alpha_1\mu_1q_1D_2 + \alpha_2\mu_2q_2D_1 + \frac{\beta^2\mu_3q_3}{\alpha_3}(D_1 - D_2)\right) \tag{11.A.16}$$

$$T_{35} = \frac{-\beta\omega}{N(\alpha_3^2 + \beta^2)}\left(p_1\mu_1\frac{\mu_2 - \mu_3}{\mu_2 - \mu_1} + p_2\mu_2\frac{\mu_1 - \mu_3}{\mu_1 - \mu_2} - p_3\mu_3\right) \tag{11.A.17}$$

$$T_{36} = \frac{j\omega}{\Delta}\left(\mu_1\alpha_1q_1(C_2 + 2N\beta^2) - \mu_2\alpha_2q_2(C_1 + 2N\beta^2) - \frac{\beta^2}{\alpha_3}\mu_3q_3(C_1 - C_2)\right) \tag{11.A.18}$$

$$T_{41} = \frac{2N\beta}{\omega\Delta}[C_1p_1D_2 - C_2p_2D_1 - p_3(C_1D_2 - C_2D_1)] \tag{11.A.19}$$

$$T_{42} = -j\,\frac{\begin{array}{c}C_1q_1\alpha_2[\mu_2(\alpha_3^2 - \beta^2) + 2\beta^2\mu_3] - C_2q_2\alpha_1[\mu_1(\alpha_3^2 - \beta^2) + 2\beta^2\mu_3]\\ - 4N\alpha_3\beta^2\alpha_1\alpha_2(\mu_1 - \mu_2)q_3\end{array}}{\alpha_1\alpha_2\omega(\beta^2 + \alpha_3^2)(\mu_1 - \mu_2)} \tag{11.A.20}$$

$$T_{43} = j\frac{\alpha_2C_1q_1 - \alpha_1C_2q_2}{\omega\alpha_1\alpha_2(\mu_1 - \mu_2)} \tag{11.A.21}$$

$$T_{44} = \frac{-p_1C_1D_2 + p_2C_2D_1 - 2N\beta^2p_3(D_2 - D_1)}{\Delta} \tag{11.A.22}$$

$$T_{45} = \frac{-j\beta}{\beta^2 + \alpha_3^2}\left(\frac{C_1q_1}{N\alpha_1}\frac{\mu_2 - \mu_3}{\mu_2 - \mu_1} + \frac{C_2q_2}{N\alpha_2}\frac{\mu_1 - \mu_3}{\mu_1 - \mu_2} - 2q_3\alpha_3\right) \tag{11.A.23}$$

$$T_{46} = \frac{p_1C_1(C_2 + 2N\beta^2) - p_2C_2(C_1 + 2N\beta^2) - 2N\beta^2p_3(C_1 - C_2)}{\Delta} \tag{11.A.24}$$

$$T_{51} = \frac{jN\beta^2}{\Delta\omega}\left(4N\alpha_1q_1D_2 - 4N\alpha_2q_2D_1 - q_3\frac{\alpha_3^2 - \beta^2}{\beta^2\alpha_3}(C_1D_2 - C_2D_1)\right) \tag{11.A.25}$$

$$T_{52} = \frac{\begin{array}{c}2N\beta p_1[\mu_2(\alpha_3^2 - \beta^2) + 2\beta^2\mu_3] - 2N\beta p_2[\mu_1(\alpha_3^2 - \beta^2) + 2\beta^2\mu_3]\\ + 2N\beta p_3(\alpha_3^2 - \beta^2)(\mu_1 - \mu_2)\end{array}}{\omega(\mu_1 - \mu_2)(\beta^2 + \alpha_3^2)} \tag{11.A.26}$$

$$T_{53} = \frac{-2N\beta}{\omega(\mu_1 - \mu_2)}(p_1 - p_2) \tag{11.A.27}$$

$$T_{54} = \frac{2jN\beta}{\Delta}\left(\alpha_1q_1D_2 - \alpha_2q_2D_1 - \frac{q_3}{2}\frac{\alpha_3^2 - \beta^2}{\alpha_3}(D_2 - D_1)\right) \tag{11.A.28}$$

$$T_{55} = \frac{2\beta^2}{\beta^2 + \alpha_3^2}\left(p_1\frac{\mu_2 - \mu_3}{\mu_2 - \mu_1} + p_2\frac{\mu_1 - \mu_3}{\mu_1 - \mu_2} + p_3\frac{\alpha_3^2 - \beta^2}{2\beta^2}\right) \tag{11.A.29}$$

$$T_{56} = \frac{-2jN\beta}{\Delta}\left[\alpha_1q_1(C_2 + 2N\beta^2) - \alpha_2q_2(C_1 + 2N\beta^2)\right. $$
$$\left. + \frac{q_3}{2}\frac{\alpha_3^2 - \beta^2}{\alpha_3}(C_1 - C_2)\right] \tag{11.A.30}$$

$$T_{61} = \frac{2N\beta D_1D_2}{\omega\Delta}(p_1 - p_2) \tag{11.A.31}$$

$$T_{62} = -\frac{j}{\omega}\frac{\alpha_2q_1D_1[\mu_2(\alpha_3^2 - \beta^2) + 2\beta^2\mu_3] - \alpha_1q_2D_2[\mu_1(\alpha_3^2 - \beta^2) + 2\beta^2\mu_3]}{\alpha_1\alpha_2(\mu_1 - \mu_2)(\beta^2 + \alpha_3^2)} \tag{11.A.32}$$

$$T_{63} = \frac{j}{\omega(\mu_1 - \mu_2)}\left(\frac{q_1 D_1}{\alpha_1} - \frac{q_2 D_2}{\alpha_2}\right) \tag{11.A.33}$$

$$T_{64} = \frac{-D_1 D_2}{\Delta}(p_1 - p_2) \tag{11.A.34}$$

$$T_{65} = -\frac{j\beta}{N(\beta^2 + \alpha_3^2)}\left(\frac{q_1 D_1}{\alpha_1}\frac{\mu_2 - \mu_3}{\mu_2 - \mu_1} + \frac{q_2 D_2}{\alpha_2}\frac{\mu_1 - \mu_3}{\mu_1 - \mu_2}\right) \tag{11.A.35}$$

$$T_{66} = \frac{p_1 D_1(C_2 + 2N\beta^2) - p_2 D_2(C_1 + 2N\beta^2)}{\Delta} \tag{11.A.36}$$

在这些表达式中，参量 α_i、β、C_i、D_i、p_i、q_i 和 Δ 分别如下：

$$\alpha_i = k_{i3} \qquad i = 1, 2, 3 \tag{11.A.37}$$

$$\beta = k_t \tag{11.A.38}$$

$$C_i = (P + Q\mu_i)(\beta^2 + \alpha_i^2) - 2N\beta^2 \qquad i = 1, 2 \tag{11.A.39}$$

$$D_i = (R\mu_i + Q)(\beta^2 + \alpha_i^2) \qquad i = 1, 2 \tag{11.A.40}$$

$$p_i = \cos k_{i3}h \qquad i = 1, 2, 3 \tag{11.A.41}$$

$$q_i = \sin k_{i3}h \qquad i = 1, 2, 3 \tag{11.A.42}$$

$$\Delta = D_1(2N\beta^2 + C_2) - D_2(2N\beta^2 + C_1) \tag{11.A.43}$$

注：

元素 T_{ij} 的表达式不简单，或许通过使用来自 $[\Gamma(0)]$ 和 $[\Gamma(h)]^{-1}$ 的式（11.33）来计算 $[T]$，比在程序中编写显式表达式（11.A.1）～式（11.A.36）更容易。为避免对矩阵求逆，可以改变 x_3 轴的原点，并使用下式：

$$[T] = [\Gamma(-h)][\Gamma(0)]^{-1} \tag{11.A.44}$$

$[\Gamma(0)]^{-1}$ 中的矩阵元素在 Lauriks 等（1990）中给出。

参考文献

Allard, J.F., Champoux, Y. and Depollier, C. (1987) Modelization of layered sound absorbing materials with transfer matrices. *J. Acoust. Soc. Amer*. **82**, 1792–6.

Allard, J.F. (1993) *Propagation of sound in Porous media. Modeling sound absorbing materials*. Chapter 11, Elsevier Applied Science, London.

Atalla, N. and Sgard, F. (2007) Modeling of perforated plates and screens using rigid frame porous models. *J. Sound Vib*. **303**(1-2), 195–208.

Beranek, L.L. (1947) Acoustical properties of homogeneous isotropic rigid tiles and flexible blankets. *J. Acoust. Soc. Amer*. **19**, 556–68.

Bolton, J.S. (1987) Optimal use of noise control foams. *J. Acoust. Soc. Amer*. **82**, suppl. 1, 10.

Brekhovskikh, L.M. (1960) *Waves in Layered Media*. Academic Press, New York.

Brouard B., Lafarge, D. and Allard, J.F. (1994) Measurement and prediction of the surface impedance of a resonant sound absorbing structure. *Acta Acustica* **2**, 301–306.

Brouard, B., Lafarge, D. and Allard, J.F. (1995) A general method of modeling sound propagation in layered media. *J. Sound Vib*. **183** (1), 129–142.

Depollier, C. (1989) *Théorie de Biot et prédiction des propriétés acoustiques des matériaux poreux. Propagation dans les milieux acoustiques désordonnés*. Thesis, Université du Maine, France.

Doutres O., Dauchez, N., Geneveaux, J.M. and Dazel, 0. (2007) Validity of the limp model for porous materials: A creterion based on Biot theory. *J. Acoust. Soc. Amer*. **122**(4), 2038–2048.

Folds, D. and Loggins, C.D. (1977) Transmission and reflection of ultrasonic waves in layered media. *J. Acoust. Soc. Amer*. **62**, 1102–9.

Ingard K.U. (1994) *Notes on Sound Absorption Technology*. Noise Control Foundation. Arlington Branch Poughkeepsie, NY.

Katragadda, S., Lai, H.Y. and Bolton, J.S. (1995) A model for sound absorption by and sound transmission through limp fibrous layers. *J. Acoust. Soc. Amer*. **98**, 2977.

Lauriks, W. (1989) *Onderzoek van de akoestische eigenschappen van gelaagde poreuze materialen*. Thesis, Katholieke Universiteit Leuven, Belgium.

Lauriks, W., Cops, A., Allard, J.F., Depollier, C. and Rebillard, P. (1990) Modelization at oblique incidence of layered porous materials with impervious screens. *J. Acoust. Soc. Amer*. **87**, 1200–6.

Mulholland, K.A., Parbroo, H.D., and Cummings, A. (1967) The transmission loss of double panels, *J. Sound Vib*., **6**, 324–34.

Panneton, R. (2007) Comments on the limp frame equivalent fluid model for porous media, *J. Acoust. Soc. Amer*. **122**(6), EL 217–222.

Roland, J. and Guilbert, G. (1990) L'amélioration acoustique d'un produit du bâtiment. *CSTB Magazine* **33**, 11–12.

Rebillard, P. *et al*., (1992) The effect of a porous facing on the impedance and the absorption coefficient of a layer of porous material. *J. Sound Vib*. **156**, 541–55.

Shiau, J.M., Bolton, J.S. and Ufford, D.A. (1988) Random incidence sound transmission through foam-lined panels. *J. Acoust. Soc. Amer* **84**, suppl. 1, 96.

Scharnhorst, K.P. (1983) Properties of acoustic and electromagnetic transmission coefficients and transfer matrices of multilayered plates. *J. Acoust. Soc. Amer*., **74**, 1883–6.

Utsuno H., Tanaka T. and Fujikawa T. (1989) Transfer function method for measuring characteristic impedance and propagation constant of porous materials. *J. Acoust. Soc. Amer*. **86**, 637–643.

Zwikker, C. and Kosten, C.W. (1949) *Sound Absorbing Materials*. Elsevier, New York.

第12章 传递矩阵法的扩展

12.1 引言

本章将讨论传递矩阵法（TMM）的各种扩展和应用。首先，通过验证示例介绍解决吸收和传输损失问题中对尺寸影响的修正。其次，讨论该方法在带附加声音包的面板上受点载荷激励下的应用。

12.2 传输问题的有限尺寸修正

经典的传递矩阵法采用无限范围的结构。对于传输损失的应用，该方法与大范围平板的中高频实验有很好的相关性。然而，在低频情况下观察到差异，特别是对于小尺寸的面板。本节介绍一种简单的几何修正方法，以解决这种"几何"有限尺寸效应（Ghinet 和 Atalla 2002）。方法背后的原理是用等效折流窗（baffled window）的辐射效率代替接收域的辐射效率。因此，该方法对于平面结构严格有效。

12.2.1 传输功率

考虑一个面积为 S 的折流板（baffled panel）受方向角为 (θ,ϕ) 的平面入射波激励：

$$\hat{p}_i(M) = \exp[-jk_0(\cos\phi\sin\theta x + \sin\phi\sin\theta y + \cos z)] \tag{12.1}$$

在接收域，声压为

$$\hat{p}(M) = \hat{p}_{\text{ray}}(M) \tag{12.2}$$

由于面板是折流的，辐射压力由下式给出：

$$\hat{p}_{\text{ray}}(M) = -\int_S \frac{\partial\hat{p}(M_0)}{\partial n} G(M, M_0) \mathrm{d}S(M_0) \tag{12.3}$$

其中，$G(M, M_0) = \exp[-jk_0 R]/(2\pi R)$，$R = \sqrt{(x-x_0)^2 + (y-y_0)^2}$ 和 n 表示指向接收域的辐射面 S 的外法线。

设 v_n 表示法向表面速度，辐射（传输）功率由下式给出：

$$
\begin{aligned}
\Pi_t &= \frac{1}{2}\operatorname{Re}\left(\int_S \hat{p}_{ray}(M) v_n^*(M) \mathrm{d}S(M)\right) \\
&= \frac{1}{2}\operatorname{Re}\iint_S \frac{j}{\omega\rho_0}\frac{\partial\hat{p}}{\partial n}(M_0) G(M, M_0)\frac{\partial\hat{p}^*}{\partial n}(M_0) \mathrm{d}S(M_0)\mathrm{d}S(M)
\end{aligned}
\tag{12.4}
$$

与传统的 TMM 实施方式一样，假设来自辐射面的表面阻抗 Z_m 受平面波假设支配，因此

可由 $\rho_0 c / \cos\theta$ 给出。使用关系式 $\partial \hat{p} / \partial n + jk\beta\hat{p} = 0$ 和 $\beta = \rho_0 c / Z_m = \cos\theta$，可得传输功率如下：

$$\Pi_t = \frac{1}{2}\frac{S\cos^2\theta}{\rho_0 c}\mathrm{Re}\left(\frac{jk_0}{S}\iint_S \hat{p}(M_0)G(M,M_0)\hat{p}^*(M)\mathrm{d}S(M_0)\mathrm{d}S(M)\right) \tag{12.5}$$

接收侧的壁面压力通过压力传输系数 $\hat{p} = T_\infty \hat{p}_i$ 与入射压力相关。在此，使用 TMM 计算 T_∞，因此在整个表面上保持恒定。下标 ∞ 用于表示假定面板是无限范围的，并且其辐射阻抗由平面波近似给出。定义能量传输系数 $\tau_\infty = |T_\infty|^2$，则传输功率变为

$$\Pi_t = \left(\frac{1}{2}\frac{S\cos\theta\tau_\infty}{\rho_0 c}\right)\cos\theta\,\mathrm{Re}\left(\frac{jk_0}{S}\iint_S \hat{p}_i(M_0)G(M,M_0)\hat{p}_i^*(M)\mathrm{d}S(M_0)\mathrm{d}S(M)\right) \tag{12.6}$$

式（12.6）的第一项表示传输功率的经典表达式，假定结构为无穷大。第二项表示考虑到有限尺寸效应的几何修正。它由入射平面波强制有限结构辐射器的辐射效率 σ_R 与无限结构的辐射效率 σ_∞ 的比得出：

$$\frac{\sigma_R}{\sigma_\infty} = \sigma_R\cos\theta = \cos\theta\,\mathrm{Re}\left(\frac{jk_0}{S}\iint_S \hat{p}_i(M_0)G(M,M_0)\hat{p}_i^*(M)\mathrm{d}S(M_0)\mathrm{d}S(M)\right) \tag{12.7}$$

事实上，考虑一个平面的折流板，它被入射平面波强迫振动：

$$v(x,y) = |v|\exp[-jk_0(\cos\phi\sin\theta x + \sin\phi\sin\theta y)] \tag{12.8}$$

假设 $|v|$ 在表面上恒定，其辐射功率由下式给出：

$$\begin{aligned}\Pi_{rad} &= \frac{1}{2}\mathrm{Re}\left[j\rho_0\omega\int_S\int_S v(M_0)G(M,M_0)v^*(M)\mathrm{d}S(M_0)\mathrm{d}S(M)\right]\\&= \frac{|v|^2}{2}\mathrm{Re}\left[j\rho_0\omega\int_S\int_S \exp[-jk\sin\theta(\cos\phi x_0 + \sin\phi y_0)]G(M,M_0)\right.\\&\qquad\left.\exp[-jk_0\sin\theta(\cos\phi x + \sin\phi y)]\mathrm{d}x\,\mathrm{d}y\,\mathrm{d}x_0\,\mathrm{d}y_0\right]\end{aligned} \tag{12.9}$$

因此，其辐射效率为

$$\sigma_R = \frac{\Pi_{rad}}{\rho_0 cS\langle V^2\rangle} = \frac{\mathrm{Re}(Z_R)}{\rho_0 c} \tag{12.10}$$

其中，

$$\begin{aligned}Z_R &= \frac{j\rho_0\omega}{S}\int_S\int_S \hat{p}_i(M_0)G(M,M_0)\hat{p}_i^*(M)\mathrm{d}S(M_0)\mathrm{d}S(M)\\&= \frac{j\rho_0\omega}{S}\int_S\int_S \exp[-jk_t(\cos\phi x_0 + \sin\phi y_0)]G(M,M_0)\\&\quad\times\exp[jk_t(\cos\phi x + \sin\phi y)]\mathrm{d}x\mathrm{d}y\mathrm{d}x_0\mathrm{d}y_0\end{aligned} \tag{12.11}$$

其中，$k_t = k_0\sin\theta$。注意，辐射阻抗 Z_R 仅取决于板的几何形状及入射角 θ 和 ϕ。

使用该修正，传输功率变为

$$\Pi_t = \frac{1}{2}\frac{S\cos\theta\tau_\infty}{\rho_0 c}\sigma_R(k_t,\varphi)\cos\theta \tag{12.12}$$

因为无限大尺寸板的发射功率由下式得到：

$$\Pi_{t,\infty} = \frac{1}{2}\frac{S\cos\theta}{\rho_0 c}\tau_\infty \tag{12.13}$$

因此可得

$$\Pi_t = \Pi_{t,\infty}\sigma_R(k_t,\varphi)\cos\theta \tag{12.14}$$

图 12.1 绘制了航向平均几何辐射效率的表达式:

$$\bar{\sigma}_R(\theta) = \frac{1}{2\pi}\int_0^{2\pi}\sigma_R(k_t(\theta),\varphi)\mathrm{d}\varphi = \frac{1}{2\pi}\int_0^{2\pi}\frac{\mathrm{Re}(Z_R)}{\rho_0 cS}\mathrm{d}\varphi \tag{12.15}$$

对于不同的频率,它是入射角 θ 的函数;还表示了无限板对应的辐射效率。可以清楚地看到,该修正对于低频和接近掠射角至关重要。结果,可以修改计算算法以选择性地应用该修正。附录 12.A 给出了估算 Z_R 的数值算法。

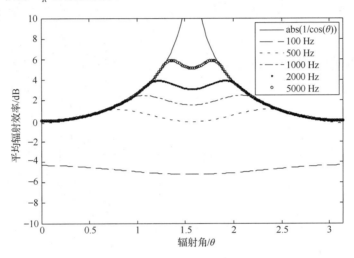

图 12.1　对于 1.0 m×0.8 m 矩形窗口,航向平均几何辐射效率随入射角在选定频率上的变化

Villot 等(2001)给出了另一种有限尺寸修正。它基于相同的假设,并在波数域中得出,在文献中将其称为"窗口修正"。得出修正因子的以下表达式:

$$\begin{aligned}\sigma_R(k_t,\varphi) = \frac{S}{\pi^2}\int_0^{k_0}\int_0^{2\pi}&\frac{1-\cos((k_r\cos\psi - k_t\cos\varphi)L_x)}{[(k_r\cos\psi - k_t\cos\varphi)L_x]^2}\\ \times&\frac{1-\cos((k_r\sin\psi - k_t\sin\varphi)L_y)}{[(k_r\sin\psi - k_t\sin\varphi)L_y]^2}\times\frac{k_0 k_r}{\sqrt{k_0^2 - k_r^2}}\mathrm{d}\psi\mathrm{d}k_r\end{aligned} \tag{12.16}$$

使用两种方法对式(12.15)进行数值评估比较,得出相似的结果。但是,这里提出的方法因计算效率而是优选的。

在用给定结构的弯曲波数代替迹线波数 $k_t = k_0\sin\theta$ 的特殊情况下,式(12.10)和式(12.11)导致该结构对该特定波的辐射效率。例如,图 12.2 给出了一个 5 mm 厚、简单支撑的矩形铝板的示例,该板的尺寸为 1.0 m×0.8 m,临界频率为 2350 Hz。在这种情况下,$k_t = (\sqrt{\omega}\sqrt[4]{m/D})$,其中,$D$ 为弯曲刚度,m 为表面质量密度。将得到的辐射效率与使用 Leppington 渐近公式得到的估计进行比较(Leppington 等 1982)。两种方法直接观察得到良好的相关性。

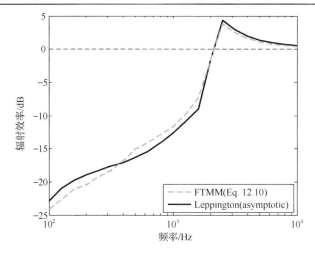

图 12.2　弯曲板的辐射效率。Leppington 渐近公式与式（12.10）之间的比较，其中式（12.11）
　　　　　中的 k_t 被板的弯曲波数代替

12.2.2　传输系数

通过与无限情况的类比，传输功率方程（12.12）写为

$$\Pi_t = \frac{1}{2}\frac{S\cos\theta}{\rho_0 c}\tau_f$$

其中，$\tau_f = \left|T_f\right|^2$，功率传输系数考虑了有限尺寸效应。它与经典系数 τ_∞ 有关：

$$\tau_f = \tau_\infty(\sigma_R\cos\theta) \tag{12.17}$$

相关的扩散场传输系数为

$$\tau_{f\_diff} = \frac{\int_0^{2\pi}\int_0^{2\pi}\tau_f(\theta,\phi)\sin\theta\cos\theta\mathrm{d}\theta}{\int_0^{2\pi}\int_0^{2\pi}\sin\theta\cos\theta\mathrm{d}\phi\mathrm{d}\theta} \tag{12.18}$$

Villot 等（2001）建议使用同样大小的修正来处理入射功率，从而得出：

$$\tau_f = \tau_\infty(\sigma_R\cos\theta)^2 \tag{12.19}$$

但是，这与传输系数的定义矛盾，因为入射功率与输入功率相反，独立于边缘效应。在此建议仅将修正应用于传输功率。此外，这与 TL 测量非常相关。但是，仍可能需要进行修正以解决入射场的扩散问题。

12.3　吸声问题的有限尺寸修正

与传输损失问题类似，提出了一种修正统计吸声系数（对于无限范围的材料获得）的简单方法，以使数值和混响室实验结果更好地匹配。这个公式与 Thomasson（1980）中的公式相似，使用了前一节介绍的几何辐射阻抗。

12.3.1　表面压力

对于方位角为（θ,ϕ）的平面入射波，发射（源）域中的声压为

$$\hat{p}(M) = \hat{p}_b(M) + \hat{p}_{\text{ray}}(M) \tag{12.20}$$

其中，$\hat{p}_b(M)$ 是阻塞压力由下式给出：

$$\begin{aligned}\hat{p}_b(M) = {}& \exp[-jk_0(\cos\phi\sin\theta x + \sin\phi\sin\theta y + \cos\theta z)] \\ &+ \exp[-jk_0(\cos\phi\sin\theta x + \sin\phi\sin\theta y - \cos\theta z)]\end{aligned} \tag{12.21}$$

在表面 $S(z=0)$ 上，$\partial\hat{p}_b(x,y,0)/\partial z = 0$ 且 $\hat{p}_b(x,y,0) = 2\hat{p}_i(x,y,0)$。

假设材料具有与空间无关的归一化导纳 $\beta = \rho_0 c/Z_m$，其中，Z_m 是材料的面阻抗，则面阻抗的条件为 $\partial\hat{p}/\partial n_{in} = -jk\beta\hat{p}$，$n_{in}$ 是指向材料的表面法线矢量。用向外的法线指向发射介质重写此关系，式（12.3）给出的辐射压力变为

$$\hat{p}_{\text{ray}}(M) = -jk\beta\int_S \hat{p}(M_0)G(M,M_0)\mathrm{d}S(M_0) \tag{12.22}$$

可以发现，在材料的表面有

$$\hat{p}(M) = 2\hat{p}_i(M) - jk\beta\int_S \hat{p}(M_0)G(M,M_0)\mathrm{d}S(M_0) \tag{12.23}$$

表面压力可用以下形式表示：$\hat{p} = \hat{B}\hat{p}_i = (1+V_f)\hat{p}_i$，其中，$\hat{B}$ 假定在表面上是恒定的。V_f 是考虑样品有限尺寸的等效反射系数。与经典的"无穷大"反射系数 V_∞ 相比，这里用下标 f 表示。

考虑 $\delta\hat{p} = \hat{p}_i\delta\hat{B}$ 是顶腔壁压力场的容许变化。将这个变量的复共轭乘以式（12.33）并在材料区域上积分，得

$$\begin{aligned}\int_S \hat{p}(M)\delta\hat{p}^*(M)\mathrm{d}S(M) = {}& \int_S 2\hat{p}_i(M)\delta\hat{p}^*(M)\mathrm{d}S(M) \\ & - jk\beta\int_S\int_S \hat{p}(M_0)G(M,M_0)\delta\hat{p}^*(M)\mathrm{d}S(M_0)\mathrm{d}S(M)\end{aligned} \tag{12.24}$$

即

$$\begin{aligned}\int_S \hat{B}_i\hat{p}(M)\hat{p}_i^*(M)\delta\hat{B}^*\mathrm{d}S(M) = {}& \int_S 2\hat{p}_i(M)\hat{p}_i^*(M)\delta\hat{B}^*\mathrm{d}S(M) \\ & - jk\beta\int_S\int_S \hat{B}_{\hat{p}i}(M_0)G(M,M_0)\hat{p}_i^*(M)\delta\hat{B}^*\mathrm{d}S(M_0)\mathrm{d}S(M)\end{aligned} \tag{12.25}$$

$\delta\hat{B}^*$ 是任意的，由上式得

$$\hat{B} = \frac{\int_S 2\hat{p}_i(M)\hat{p}_i^*(M)\mathrm{d}S(M)}{\int_S \hat{p}_i(M)\hat{p}_i^*(M)\mathrm{d}S(M) + jk\beta\int_S\int_S \hat{p}_i(M_0)G(M,M_0)\hat{p}_i^*(M)\mathrm{d}S(M_0)\mathrm{d}S(M)} \tag{12.26}$$

使用 $|\hat{p}_i| = 1$ 的因子（任意归一化）：

$$\hat{B} = \frac{2S}{S + Z_R\beta S} \tag{12.27}$$

其中，S 代表材料的面积，Z_R 代表从式（12.11）获得的归一化辐射阻抗，而那里的符号 Z_R 代表非归一化阻抗。

最后，使用 $\hat{p} = \hat{B}\hat{p}_i = (1+V_f)\hat{p}_i$，表面压力与入射压力的关系由下式给出：

$$\hat{p}(x,y,0) = \frac{2\hat{p}_i(x,y,0)}{1 + Z_R\beta} = \frac{2\hat{p}_i(x,y,0)Z_A}{Z_A + Z_R} \tag{12.28}$$

其中，$Z_A = 1/\beta$ 为材料归一化面阻抗。

在材料范围无限大的情况下，归一化辐射阻抗 $Z_R = 1/\cos\theta$ 和腔壁压力的经典公式可以恢复为

$$\hat{p}(x,y,0) = \frac{2\hat{p}_i(x,y,0)Z_A}{Z_A + \dfrac{1}{\cos\theta}} \tag{12.29}$$

12.3.2 吸声系数

入射角 (θ, ϕ) 的吸收功率为

$$\Pi_{\text{abs},f}(\theta,\phi) = \frac{1}{2}\text{Re}\left[\int_S \hat{p}\hat{v}_n^* \mathrm{d}S\right] = \frac{1}{2\rho_0 c}\text{Re}\left[\int_S \hat{p}\frac{\hat{p}^*}{Z_A^*}\mathrm{d}S\right] \tag{12.30}$$

由式（12.28）：

$$\Pi_{\text{abs},f}(\theta,\phi) = \frac{1}{2}\frac{\left|\hat{p}_i\right|^2 S}{\rho_0 c}\frac{4\,\text{Re}\,Z_A}{\left|Z_A + Z_R\right|^2} \tag{12.31}$$

另一方面，入射功率为

$$\Pi_{\text{inc}}(\theta,\phi) = \frac{1}{2}\frac{\left|\hat{p}_i\right|^2 S}{\rho_0 c}\cos\theta \tag{12.32}$$

结果，入射角为（θ, φ）的吸声系数为

$$\alpha_f(\theta,\phi) = \frac{\Pi_{\text{abs},f}}{\Pi_{\text{inc}}} = \frac{1}{\cos\theta}\frac{4\,\text{Re}\,Z_A}{\left|Z_A + Z_R\right|^2} \tag{12.33}$$

对于无限范围的材料 $Z_R(\theta,\phi) = \dfrac{1}{\cos\theta}$，经典的入射吸收公式被恢复：

$$\alpha_\infty(\theta) = \frac{4\,\text{Re}\,Z_A\cos\theta}{\left|Z_A\cos\theta + 1\right|^2} \tag{12.34}$$

扩散场入射功率和吸收功率由下式给出：

$$\Pi_{\text{inc}}^d = \int_0^{2\pi}\int_0^{\pi/2}\Pi_{\text{inc}}(\theta)\sin\theta\mathrm{d}\theta\mathrm{d}\phi \tag{12.35}$$

$$\Pi_{\text{abs},f}^d = \int_0^{2\pi}\int_0^{\pi/2}\Pi_{\text{abs},f}(\theta)\sin\theta\mathrm{d}\theta\mathrm{d}\phi \tag{12.36}$$

相应的能量吸收系数为

$$\alpha_{\text{f,st}} = \frac{\Pi_{\text{abs},f}^d}{\Pi_{\text{inc}}^d} = \frac{\displaystyle\int_0^{2\pi}\int_0^{\pi/2}\frac{4\,\text{Re}\,Z_A}{\left|Z_A + Z_R\right|^2}\sin\theta\mathrm{d}\theta\mathrm{d}\phi}{\displaystyle\int_0^{2\pi}\int_0^{\pi/2}\cos\theta\sin\theta\mathrm{d}\theta\mathrm{d}\phi} \tag{12.37}$$

降低该式数值计算成本的一种实际近似方法是，对给定的 θ，用它的平均航向角 ϕ 代替辐

射阻抗 $Z_R(\theta,\phi)$：

$$Z_{R,\text{avg}}(\theta) = \frac{1}{2\pi} \int_0^{2\pi} Z_R(\theta,\phi)\mathrm{d}\phi \tag{12.38}$$

相应的吸声系数变为

$$\alpha_{f,\text{st,avg}} = \frac{\displaystyle\int_0^{\pi/2} \frac{4\,\text{Re}\,Z_A}{\left|Z_A + Z_{R,\text{avg}}\right|^2} \sin\theta\mathrm{d}\theta}{\displaystyle\int_0^{\pi/2} \cos\theta\sin\theta\mathrm{d}\theta} \tag{12.39}$$

注意，对于大样本或高频情形（见图 12.1），$Z_{R,\text{avg}}(\theta) = 1/\cos\theta$，并且经典场入射吸收公式再次写为

$$\alpha_{\text{inf,st}} = \frac{\displaystyle\int_0^{\pi/2} \frac{4\,\text{Re}\,Z_A\cos\theta}{\left|Z_A\cos\theta + 1\right|^2} \cos\theta\sin\theta\mathrm{d}\theta}{\displaystyle\int_0^{\pi/2} \cos\theta\sin\theta\mathrm{d}\theta} \tag{12.40}$$

注意，也可以通过考虑入射功率的大小效应来获得"真"吸声系数。此处使用"真"的含义是其值始终小于 1。这个想法是用输入功率代替入射功率，以解释入射波"看到"的几何阻抗：

$$\alpha_{f,\text{true}} = \frac{\Pi_{\text{abs},f}^d}{\Pi_{\text{inc},f}^d} = \frac{\displaystyle\int_0^{2\pi}\int_0^{\pi/2} \frac{4\,\text{Re}\,Z_A}{\left|Z_A + Z_R\right|^2} \sin\theta\mathrm{d}\theta\mathrm{d}\phi}{\displaystyle\int_0^{2\pi}\int_0^{\pi/2} \frac{4\cos\theta}{\left|1 + Z_R\cos\theta\right|^2} \sin\theta\mathrm{d}\theta\mathrm{d}\phi} \tag{12.41}$$

与统计系数比较，我们得到以下修正因子：

$$\frac{\alpha_{f,\text{true}}}{\alpha_{f,\text{st}}} = \frac{\displaystyle\int_0^{2\pi}\int_0^{\pi/2} \cos\theta\sin\theta\mathrm{d}\theta\mathrm{d}\phi}{\displaystyle\int_0^{2\pi}\int_0^{\pi/2} \frac{4\cos\theta}{\left|1 + Z_R\cos\theta\right|^2} \sin\theta\mathrm{d}\theta\mathrm{d}\phi} = \frac{\pi}{\displaystyle\int_0^{2\pi}\int_0^{\pi/2} \frac{4\cos\theta}{\left|1 + Z_R\cos\theta\right|^2} \sin\theta\mathrm{d}\theta\mathrm{d}\phi} \tag{12.42}$$

根据航向平均辐射阻抗，可得

$$\frac{\alpha_{f,\text{true}}}{\alpha_{f,\text{st}}} = \frac{1}{\displaystyle\int_0^{\frac{\pi}{2}} \frac{8\cos\theta}{\left|1 + Z_{R,\text{avg}}\cos\theta\right|^2} \sin\theta\mathrm{d}\theta} \tag{12.43}$$

12.3.3 实例

板-泡沫系统的传输损失问题

第一个例子考虑了铝板，铝板与附加泡沫在混响室内被扩散场激励。板的大小为 $1.37\,\text{m} \times 1.64\,\text{m}$，厚度为 1 mm。使用双面胶带将厚度为 5.08 cm 的泡沫沿其边缘黏结到板上。表 12.1 列出了所用材料的参数。首先，在图 12.3 中将裸板的 TL 与使用传统 TMM 及有限尺寸修正（FTMM）的仿真进行比较。可以清楚地看到，FTMM 显著改善了低频预测。接下来，

图 12.4 显示了添加泡沫的情况比较，同样，在尺寸控制 TL 的低频段结果比较一致。注意，对于较小的面板，面板的刚度将控制低频情况下（高至面板的第一共振）的 TL，这在当前的尺寸修正中并未考虑。

表 12.1　板-泡沫系统的参数

材料	厚度 h(mm)	ϕ	σ (Ns/m^4)	α_∞	Λ(μm)	Λ'(μm)	ρ_1 (kg/m^3)	E(Pa)	ν	η_s
板	1						2742	6.9×10^{10}	0.3	0.007
泡沫 1	可变	0.99	10.9×10^3	1.02	100	130	8.8	80×10^3	0.35	0.14

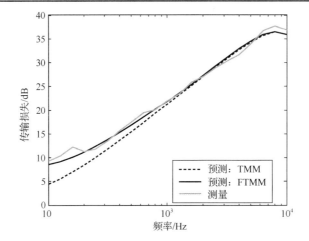

图 12.3　板系统的传输损失；尺寸修正的效果

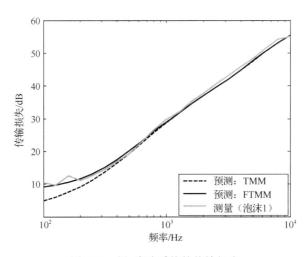

图 12.4　板-泡沫系统的传输损失

板-纤维-板系统的传输损失

第二个例子来自 Villot（2001）等，包括由钢板、矿物纤维和层压板组成的双壁系统的传输损失。该系统尺寸为 $1.3\,m \times 1.3\,m$，由扩散声场激励。矿物纤维建模为多孔弹性层，面板建模为薄板弯曲。表 12.2 给出了这三个层的参数。测量和预测之间的比较如图 12.5 所示。观察到它们良好的一致性，尤其是在低频情况下，尺寸效应很重要。

表 12.2　钢纤维-层压板系统的参数

材料	厚度 h(mm)	ϕ	σ(Ns/m⁴)	α_∞	Λ(μm)	Λ'(μm)	ρ_1 (kg/m³)	E(Pa)	v	η_s
钢板	0.75						7850	2.1×10^{11}	0.3	0.03
矿物纤维	30	0.95	34×10^3	1	40	80	90	40×10^3	0	0.18
层压板	3						1360	6×10^8	0.15	0.15

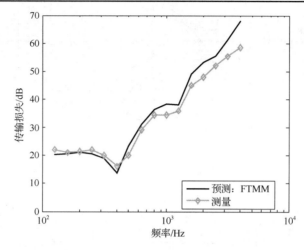

图 12.5　双壁系统的传输损失；实验数据取自 Villot 等（2001）

正交各向异性板的传输损失

下一个传输损失示例说明了 TMM 在正交各向异性板中的使用情况。在这种情况下，材料的特性以及结构波数和传输系数都取决于航向。该示例取自 Leppington 等（2002），考虑一个 $1.4\,\text{m}\times0.9\,\text{m}$ 的正交各向异性板，由扩散场激励。表 12.3 给出板的参数。请注意，这些物理属性是从以下参数派生的：$D_{11}=21.34$ Nm，$D_{12}+2D_{66}=27.78$ Nm，$D_{22}=330.84$ N，$m=4.87\,\text{kg/m}^2$，$\eta=0.01$。图 12.6 给出了 FTMM、实验测量结果和 Leppington 等提供的解析模型预测之间的对比。在 FTMM 中，面板被建模为正交各向异性厚板（该模型包括剪切效应；Ghinet 和 Atalla 2006）。观察到预测和测量之间极好的一致性。尤其是，FTMM 可以很好地捕获面板的质量和临界频率控制区域。

表 12.3　正交各向异性板的参数

参　　数	来自 Leppington 的材料参数
沿方向 1 的杨氏模量 E_1(Pa)	2.0237×10^{12}
沿方向 2 的杨氏模量 E_2(Pa)	3.1375×10^{13}
在方向 1,2 的剪切模量 G_{12}(Pa)	8.8879×10^{11}
在方向 2,3 的剪切模量 G_{23}(Pa)	8.8879×10^{11}
在方向 1,3 的剪切模量 G_{13}(Pa)	8.8879×10^{11}
在方向 1,2 的泊松比 v_{12}	0.028
在方向 2,3 的泊松比 v_{23}	0.434
在方向 1,3 的泊松比 v_{13}	0
质量密度 ρ (kg/m³)	9740
材料的结构损失因子 η	0.01

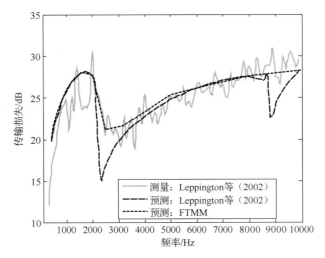

图 12.6　复合板的传输损失；实验数据来自 Leppington 等（2002）

泡沫的混响吸声系数

本示例考虑了表 12.1 中给出的泡沫的混响（赛宾）吸声系数的预测。该测试是在渥太华的加拿大国家研究中心实验室（NRC）进行的。实验室容积为 250 m³。遵循 ASTM C423 的安装方式 A 来安装泡沫。测试了两种厚度：3 英寸（7.64 cm）和 4 英寸（11.34 cm）。材料建模为柔性材料。图 12.7 显示了测试与有限尺寸修正（FTMM）之间的对比，还显示了理想的随机入射吸声（省略了有限尺寸效应）。两种厚度都观察到总体良好的一致性。相同的泡沫材料在加拿大舍布鲁克大学的较小混响室中进行了测试（容积为 143 m³）。泡沫测试面积为 6 英尺×6 英尺（1.829 m×1.829 m）。再次测试了两种厚度：2 英寸（5.04 cm）和 3 英寸（7.62 cm）。结果如图 12.8 所示。同样可以看出，FTMM 能够捕获所测吸收曲线的总体趋势。

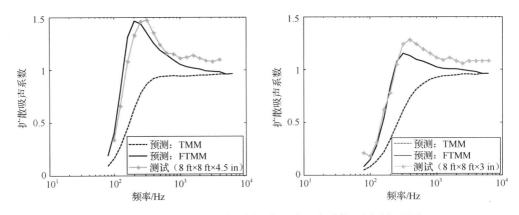

图 12.7　8 英尺×8 英尺泡沫样品的混响吸声系数；测试与预测

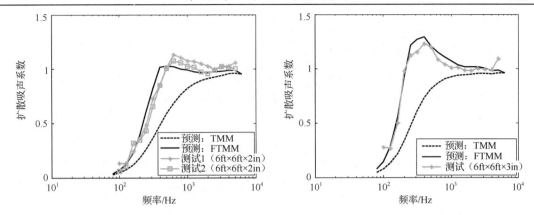

图 12.8　6 英尺×6 英尺泡沫样品的混响吸声系数；测试与预测

12.4　点载荷激励

12.4.1　公式

本节将讨论 TMM 在结构激励中的使用方法。第 7 章介绍了计算多孔弹性材料对机械或点源激励的响应的方法，第 8 章针对各向同性材料，而第 10 章则针对横向各向同性材料。在这里，我们仅限于介绍弹性板带噪声处理层时响应的预测，并且机械载荷作用在随机位置（rain on the roof）。假定板嵌在分隔两个半无限流体的刚性折流板中。此外，假定机械激励和结构的响应为谐波。按照第 7 章和第 8 章的方法，可以使用二维傅里叶变换将载荷 $f(x,y)$ 表示为平面波的叠加：

$$\begin{cases} f(x,y)=\dfrac{1}{4\pi^2}\int_{-\infty}^{+\infty}\int_{-\infty}^{+\infty}F(\xi_1,\xi_2)\exp[-\mathrm{j}(\xi_1 x+\xi_2)]\mathrm{d}\xi_1\mathrm{d}\xi_2 \\ F(\xi_1,\xi_2)=\int_{-\infty}^{+\infty}\int_{-\infty}^{+\infty}f(x,y)\exp[\mathrm{j}(\xi_1 x+\xi_2)]\mathrm{d}x\mathrm{d}y \end{cases} \quad (12.44)$$

对于每个波数分量 (ξ_1,ξ_2)，首先使用传递矩阵法（第 11 章）求解系统的各种振动指标和声学指标（压力、速度、面阻抗、反射系数、辐射功率等）。接下来，使用式（12.44）中的第一个等式来计算结构的整体响应。例如，考虑一块带有附加分层材料的折流板矩形面板（尺寸为 $L_x \times L_y$，面积为 $S = L_x \times L_y$）。激发面板的空间平均二次速度采用以下形式：

$$\langle v^2 \rangle = \frac{1}{2S}\int_0^{L_x}\int_0^{L_y}|v(x,y)|^2\,\mathrm{d}x\mathrm{d}y \quad (12.45)$$

由于板被遮挡了，因此可写出下式：

$$\langle v^2 \rangle = \frac{1}{2S}\int_{-\infty}^{\infty}\int_{-\infty}^{\infty}|v(x,y)|^2\,\mathrm{d}x\mathrm{d}y \quad (12.46)$$

其中，$S = L_x L_y$ 为板的表面积。使用式（12.44）中的第一个等式，可得

$$\langle v^2 \rangle = \frac{1}{8\pi^2 S}\int_{-\infty}^{\infty}\int_{-\infty}^{\infty}v(x,y)\left(\int_{-\infty}^{\infty}\int_{-\infty}^{\infty}v^*(\xi_1,\xi_2)\exp[\mathrm{j}(\xi_1 x+\xi_2 y)]\mathrm{d}\xi_1\mathrm{d}\xi_2\right)\mathrm{d}x\mathrm{d}y \quad (12.47)$$

通过积分顺序置换并用到式（12.44）中第二个等式，可得

$$\langle v^2 \rangle = \frac{\langle F^2 \rangle}{8\pi^2 S} \int_{-\infty}^{+\infty} \int_{-\infty}^{+\infty} |v(\xi_1,\xi_2)|^2 \mathrm{d}\xi_1 \mathrm{d}\xi_2 \qquad (12.48)$$

用 $\langle F^2 \rangle$ 表示的激发功率谱和 $v(\xi_1,\xi_2)$，由具有分层材料的等效无限扩展面板的平面波法向（单位）速度近似。

使用相同的方法，面板辐射到源域的声功率由下式给出：

$$\Pi_{\mathrm{rad}} = \frac{\langle F^2 \rangle}{8\pi^2} \int_0^{2\pi} \int_0^{k_0} |v(\xi,\psi)|^2 \operatorname{Re} Z_{B,\infty}(\xi,\psi)\xi\mathrm{d}\xi\mathrm{d}\psi \qquad (12.49)$$

在这里，使用由 $\xi_1 = \xi\cos\psi$ 和 $\xi_2 = \xi\sin\psi$ 定义的极坐标中的积分，并且

$$Z_{B,\infty}(\xi_1,\xi_2) = \frac{k_0 Z_0}{\sqrt{k_0^2 - (\xi_1^2 + \xi_2^2)}} \qquad (12.50)$$

是面板在空气中（源域）的辐射阻抗，k_0 是声波数。可以使用相同的方法计算其他指标，如辐射到接收域的功率。在主结构的临界频率以下，式（12.49）将带来较差的结果。但是，如前几节所述，可以很容易地扩展传递矩阵法，以考虑面板的尺寸，从而修正低频情况下的辐射效率。FTMM 在辐射功率计算中的应用将式（12.49）转换为

$$\Pi_{\mathrm{rad}} = \frac{\langle F^2 \rangle}{8\pi^2} \int_0^{2\pi} \int_0^{\infty} \frac{Z_0 \sigma_R(k_r,\varphi)}{\left| Z_{B,\infty}(\xi,\psi) + Z_{S,\mathrm{TMM}}(\xi,\psi) \right|^2} \xi\mathrm{d}\xi\mathrm{d}\psi \qquad (12.51)$$

"有限尺寸"辐射效率 $\sigma_R(k_r,\phi)$ 由式（12.10）和式（12.11）定义。$Z_{S,\mathrm{TMM}}$ 是分层材料无限大面板的阻抗。

12.4.2　TMM、SEA 法和模态法

TMM 也可以与其他方法结合使用以说明声学包的效果。例如，结合点负载激励基础结构的统计能量分析（SEA）模型，可以假定结构与声学包之间存在弱耦合。因此，声学包的效果将由等效阻尼 η_{NCT} 和附加的质量修正简单地表示。在给定的频率下，求解裸板（板材料、实心材料、复合材料等）的色散方程，以计算传播的波数，将后者施加到声学包的受激面上，并在背面该处释放压力。然后求解关联的 TMM 系统，以计算输入功率和耗散功率，进而计算出等效的附加阻尼 η_{NCT}。使用系统的总阻尼 $\eta_{\mathrm{Tot}} = \eta_s + \eta_{\mathrm{NCT}} + \eta_{\mathrm{rad}}$，其中，$\eta_{\mathrm{rad}}$ 为面板的辐射阻尼，η_s 为结构阻尼，处理过的面板的响应最终可以从裸板的 SEA 响应中恢复。

可以结合使用相同的方法对裸板（bare panel）的响应进行模态表示。主体结构的响应可以用其模式来表示，并且声学包对每个模式 (m,n) 的影响都可以用模态阻抗 $Z_{mn,\mathrm{NCT}}$ 代替，该模态阻抗是使用具有跟踪波数 $k_{t_{mn}}$ 的 TMM 计算得出的，由面板的模态波数给出。再一次地，在该计算中假设多层的接收器表面是压力释放表面。总模态阻抗为

$$Z_{mn,T} = Z_{mn(\mathrm{Bare\ panel})} + Z_{mn,\mathrm{NCT}} \qquad (12.52)$$

此处，$Z_{mn(\mathrm{Bare\ panel})}$ 是裸板的模态阻抗，$Z_{mn,\mathrm{NCT}}$ 是通过求解面板分层材料界面处的界面压力 $P_{\mathrm{interface}}$ 来计算的：

$$Z_{mn(\text{Bare panel})} v_{mn} = F_{mn} - \int_S P_{\text{interface}}(x, y)\varphi_{mn}(x, y)\mathrm{d}x\mathrm{d}y \tag{12.53}$$

其中，$\varphi_{mn}(x, y)$、v_{mn}、F_{mn} 分别是裸板的模态形状、模态速度和相关的模态力。模态阻抗 $Z_{mn,\text{NCT}}$ 通过以下方式与 $P_{\text{interface}}$ 相关：

$$Z_{mn,\text{NCT}} V_{mn} = \int_S P_{\text{interface}}\phi_{mn}(x, y)\mathrm{d}x\mathrm{d}y \tag{12.54}$$

在模态基础上，$P_{\text{interface}}$ 可以写成以下形式：

$$P_{\text{interface}} = \sum_{m,n} P_{mn}\phi_{mn}(x, y) \tag{12.55}$$

由于模态是正交的，所以可以简化为

$$Z_{mn,\text{NCT}} = \frac{P_{mn}}{v_{mn}} N_{mn} \tag{12.56}$$

其中，N_{mn} 是板模态的归一化：

$$N_{mn} = \int_S \phi_{mn}^2(x, y)\mathrm{d}x\mathrm{d}y \tag{12.57}$$

比值 P_{mn}/v_{mn} 根据第 11 章的方法从分层材料的传递矩阵中获得。

12.4.3 实例

在下文中，带有附带声学包的平板（flat plate）示例用于演示前一节所描述方法的性能。声学包由一层纤维或泡沫组成，有盖板或无盖板。对测试性能与有限元法进行对比。在 FE 预测中，板是用 Cquad4 单元建模的，而纤维和泡沫则是用 brick8 多孔单元建模的（见第 13 章）。假定这些板用于遮挡声辐射。为了比较各辐射功率下的计算值，可以使用以下公式进行计算：（1）波动法中的几何修正（FTMM），（2）Leppington 等（1982）在 SEA 法和模态法中开发的辐射效率的渐近法，（3）有限元法中的瑞利积分法。由于有限元计算的成本，结果是使用 5 个随机选择的点力位置求平均值的，以接近 rain-on-the-roof 类型的激励。另外，由于所用方法的特点，结果是使用三分之一倍频程频段平均的频段。在模态法和 FEM 中，都假定板是简单支撑的。

第一个例子考虑 1 m×1 m×3 mm 铝板。板的参数在表 12.4 中给出。图 12.9 和图 12.10 给出了使用三种方法和 FEM 计算的裸板空间平均二次速度和辐射功率的比较。使用这三种方法和有限元法，可以观察到二次速度的极佳一致性。有限元法和模态法都描述了较低频率下的模态波动（再次提醒，数据是在三分之一倍频程中呈现的）。图 12.10 显示了辐射功率的经典 TMM（无限面板辐射效率）和 FTMM（具有尺寸修正的无限面板辐射效率表达式）的结果。正如预期的那样，TMM 主要是正确地捕获高于临界频率的辐射功率。但是，使用 FTMM，可以在整个频率范围内观察到良好的一致性。在这种简单的情况下（裸板），可以预期在三种方法与 FEM 之间观察到良好的一致性。与经典的 Leppington 渐近法和瑞利积分法相比，该结果仍然证实了 FTMM 在估计平板辐射效率方面的有效性。

表 12.4　板-纤维系统的参数

材料	厚度 h(mm)	ϕ	σ (Ns/m^4)	α_∞	Λ(μm)	Λ'(μm)	ρ_1 (kg/m^3)	E(Pa)	V	η_s
板	3						2742	6.9×10^{10}	0.3	0.01
柔性泡沫	30	0.99	10.9×10^3	1.02	100	130	8.8			

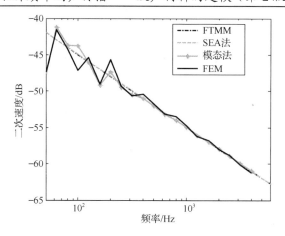

图 12.9　点力激发的面板的二次速度

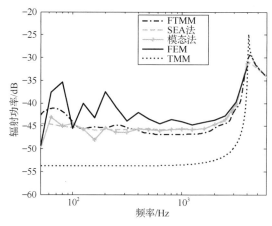

图 12.10　点力激发的板的辐射功率

接下来，研究同一块板带柔性多孔层的情况。表 12.4 中给出了层的参数。在有限元预测中，使用 brick8 等效流体单元对柔性层进行建模（有关多孔介质的有限元建模，见第 13 章）。图 12.11 和图 12.12 分别显示了使用提出的三种方法和有限元法计算出的二次速度和辐射到源极侧的功率的比较。三种方法之间观察到良好的一致性，并且在高频情况下与有限元法计算的相关性很好。考虑到对不同方法的假设，以及用于估计辐射效应的不同方法，所提出的方法和有限元法之间的比较结果是可以接受的。

最后一个示例考虑了一个 0.9 m×0.6 m 的双层板系统，该系统由夹在钢板和柔性厚层之间的泡沫组成。考虑两种情况：柔性泡沫和弹性泡沫。第一种情况描述了两个面板之间的弱耦合，第二种情况涉及更强的耦合。这三个层的性质和厚度在表 12.5 中给出。将这三种方法与有限元法进行了比较。在后者中，使用第 13 章描述的公式对泡沫进行建模。图 12.13 和图 12.14 显示了有限元法和 FTMM 对两个板辐射的二次速度和辐射功率的比较，分别是柔性泡沫和弹性泡沫。注意，如上所述，SEA 法和模态法不能用于估计接收端的速度和辐射功率。其结果未显示，但已发现它们可以正确捕获柔性泡沫和弹性泡沫的振动响应和受激板的辐射功率。模态法导致与 FEM 的最佳相关性（均假设简单支持的面板）。在接收端，在两种情况下，尤其是在较高频率情况下，在 FTMM 和 FEM 之间进行比较是可以接受的。泡沫情况的差异更大；主要趋势仍然被抓住了。

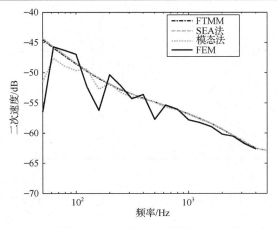

图 12.11　点力激发的板-柔性泡沫系统的空间平均二次速度

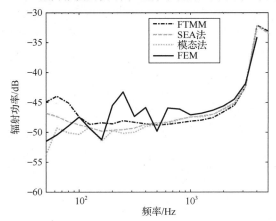

图 12.12　点力激发的板-柔性泡沫系统的辐射功率

表 12.5　板-纤维系统的参数

材料	厚度 h(mm)	ϕ	σ (Ns/m⁴)	α_∞	Λ(μm)	Λ'(μm)	ρ_1 (kg/m³)	E(Pa)	V	η_s
板	3						7800	2.1×10^{10}	0.3	0.007
柔性软泡沫	25.4	0.9	20000	1.6	12	24	30	1300	0	0.4
泡沫	25.4	0.99	10.9×10^3	1.02	100	130	8.8	80×10^3	0.35	0.14
重层（PVC）	1						1000			

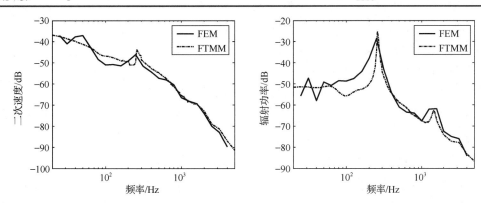

图 12.13　点力激发的板-柔性泡沫-板系统的接收板的空间平均二次速度和辐射功率

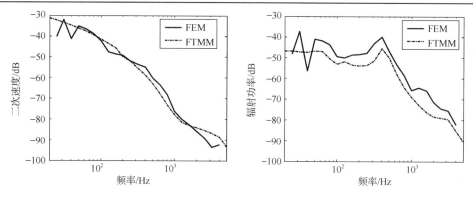

图 12.14　板-泡沫-板系统受点力激发的空间平均二次速度和接收板的辐射功率

FEM 和 FTMM 之间的这种相关关系在质量上是可以接受的，并且可以用来估计声学包的插入损失。图 12.15 显示了使用 FTMM 对裸板的两个阻尼值进行的板-泡沫-板系统的结构插入损失（SBIL）的比较：$\eta_1 = 0.007$ 和 $\eta_1 = 0.3$。高阻尼板可以代表诸如金属聚合物夹心板（层压钢）等材料。此外，还显示了使用相同方法计算的空气声插入损失（ABIL）。SBIL 是通过计算有无材料时获得的声学-机械转换效率之比得出的（或以 db 为单位，取差值）：

$$\text{SBIL} = 10\log_{10}\left(\frac{\Pi_{\text{input}}}{\Pi_{\text{radiated}}}\right)_{\text{带NCT}} - 10\log_{10}\left(\frac{\Pi_{\text{input}}}{\Pi_{\text{radiated}}}\right)_{\text{裸板}} \qquad （12.58）$$

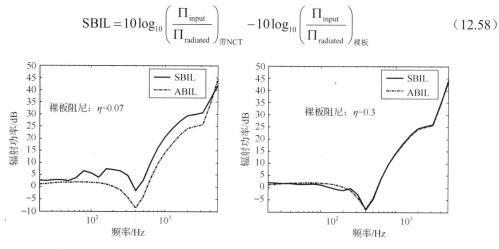

图 12.15　板-泡沫-板系统的空气传播（ABIL）与结构传播（SBIL）相比，裸板具有两个阻尼值

声学-机械转换效率是通过取声辐射功率与机械输入功率之比来定义的：$\Pi_{\text{radiated}} / \Pi_{\text{input}}$。后者由激发点的力和速度计算得出。重要的是使用复数的实部，它代表输入能量（有效功率）。SBIL 的定义类似于通过从覆盖有装饰材料的同一块面板的 TL 中减去裸面板的传输损失（TL）而获得的经典 ABIL：

$$\text{ABIL} = \text{TL}_{\text{带NCT}} - \text{TL}_{\text{裸板}} \qquad （12.59）$$

空气传播的插入损失仅基于声激发（扩散声场），而结构传播的插入损失则基于随机放置在面板上的点载荷激发。图 12.15 显示，SBIL 的行为与 ABIL 相同。对于轻阻尼面板，它高于 ABIL；对于高阻尼面板，它高于 ABIL。两者之间的差异在低频和系统的双壁共振附近尤其重要。这种差异随着主体结构的阻尼（包括声学包增加的阻尼）而减小。这与 ABIL 和 SBIL 在阻尼系统上的实验观察到的相似性一致（Nelisse 等　2003）。这在某种程度上也证明了当前的 SEA 做法是合理的，该做法使用 ABIL 来修正在各种激励下具有附加声学包的面板中的共振和非共振传输路径。

12.5　点源激励

使用第 7 章和第 8 章的方法，在点源激励情况下，TMM 的应用并不复杂。首先，使用索末菲表达式将入射压力分解为平面波［见式（7.2）和图 7.1］：

$$p(R) = \frac{-\mathrm{j}}{2\pi} \int_{-\infty}^{\infty} \int_{-\infty}^{\infty} \frac{\exp[-\mathrm{j}(\xi_1 x + \xi_2 y + \mu|z_2 - z_1|)]}{\mu} \mathrm{d}\xi_1 \mathrm{d}\xi_2 \qquad (12.60)$$
$$\mu = \sqrt{k_0^2 - \xi_1^2 - \xi_2^2}, \quad \mathrm{Im}\,\mu \leqslant 0, \quad \mathrm{Re}\,\mu \geqslant 0$$

接下来，使用针对点载荷描述的方法计算各种振动声学指标。例如，考虑具有各向同性分层材料的各向同性板。设 $V(\xi_1, \xi_2)$ 和 $Z(\xi_1, \xi_2)$ 分别为受激励面板自由面上的平面波反射系数和法向阻抗。使用对称性，这两个量仅取决于 $\xi = (\xi_1^2 + \xi_2^2)^{1/2}$，并且法向速度 v 为（见 7.1 节）

$$v(r) = -\mathrm{j} \int_0^{\infty} \frac{1 + V(\xi/k_0)}{Z(\xi/k_0)\mu} \mathrm{J}_0(r\xi) \exp[\mathrm{j}\mu z_1] \xi \mathrm{d}\xi \qquad (12.61)$$

观测者位置的压力（见图 7.1）由下式给出：

$$p(r) = -\mathrm{j} \int_0^{\infty} \frac{1 + V(\xi/k_0)}{\mu} \mathrm{J}_0(r\xi) \exp[\mathrm{j}\mu(z_1 + z_2)] \xi \mathrm{d}\xi \qquad (12.62)$$

在第 7 章，在由点源激发的多孔层的背景下，讨论了评估式（12.61）和式（12.62）的方法。

12.6　其他应用

如前几节所展示的，传递矩阵法可用于计算实用意义的振动声指标，例如，空气传播的插入损失、结构传播的插入损失和声学包所增加的阻尼。反过来，这些具有扩散场吸收和传输损失的指标，可以在 SEA 框架内用于说明声学包在诸如汽车或飞机等完整系统配置中的效果（Pope 等 1983；Atalla 等 2004）。假设饰面（声学包）覆盖面板的 A_t 区域，而剩余区域 $A_b = A - A_t$ 裸露，则面板的降噪量为

$$\mathrm{NR} = 10\log_{10}\left(\frac{\bar{\alpha} A_t + \left[\tau_f + \tau_r \dfrac{\bar{\eta}}{\eta_{\mathrm{rad}}} \right] A_b}{\tau_t \tau_b A_t + \tau_b A_b} \right) \qquad (12.63)$$

其中，$\bar{\eta}$ 是面板的空间和频带平均辐射损失因子 η_{rad} 与其平均结构损失因子 η_s 之和；τ_f 是场入射非谐振传输系数（质量控制），τ_r 是扩散场共振传输系数，$\tau_b = \tau_f + \tau_r$，τ_t 是噪声处理的传输系数，最后的 $\bar{\alpha}$ 是随机入射修剪吸声系数。使用 TMM 以数值方式估算出 $\bar{\alpha}$、τ_t 和噪声处理的贡献 $\bar{\eta}_2$。对于弧形面板，声学包只是简单地"展开"，而 TMM 用于计算声学包的吸声、传输损失、插入损失、吸收和附加阻尼。这是目前该方法的一个局限性。将其推广到弯曲的声学包仍然是一个未解决的问题。最近的有限元法和实验研究表明，在计算声学包的插入损

失时应考虑曲率（Duval 等　2008）。然而，人们可以说，曲率效应主要在面板的环频率之前。这解释了为什么使用平板假设足以满足飞机应用的需要。对于高度弯曲的面板，如汽车中的轮罩，应使用准确的方法。与前一节的 TMM 模态讨论类似，一个可能的结果是将 FEM 和 SEA 结合起来，以近似处理修正结构（使用有限元建模）和流体子系统之间的能量交换（耦合损失因子）（使用 SEA 建模）。

附录 12.A　一种评估几何辐射阻抗的算法

从几何辐射阻抗的表达式开始：

$$Z = \frac{j\rho_0\omega}{S}\int_0^{L_x}\int_0^{L_y}\int_0^{L_x}\int_0^{L_y}\left(\begin{array}{c}\exp[-jk_t(x\cos\varphi+y\sin\varphi)]G(x,y,x',y')\\\exp[jk_t(x'\cos\varphi+y'\sin\varphi)]\end{array}\right)dxdydx'dy' \quad （12.A.1）$$

其中，$k_t = k_0\sin\theta$，k_0 是声波数，ρ_0 是流体的密度，L_x 和 L_y 分别是结构的长度和宽度。

使用变量的变化量 $\alpha = \frac{2x}{L_x}, \beta = \frac{2y}{L_y}$

$$R = \frac{L_x}{2}\left[(\alpha-\alpha')^2 + \frac{1}{r^2}(\beta-\beta')^2\right]^{1/2} \quad （12.A.2）$$

其中，r 定义为 $r = L_x/L_y$，并且

$$Z = j\rho_0\omega\frac{L_y}{16\pi}\int_0^2\int_0^2\int_0^2\int_0^2 F_n(\alpha,\beta,\alpha',\beta')K(\alpha,\beta,\alpha',\beta')d\alpha d\beta d\alpha'd\beta' \quad （12.A.3）$$

其中，

$$K(\alpha,\beta,\alpha',\beta') = \frac{\exp[-jk_0R]}{\left[(\alpha-\alpha')^2 + \frac{(\beta-\beta')^2}{r^2}\right]^{1/2}} \quad （12.A.4）$$

并且

$$F_n(\alpha,\beta,\alpha',\beta') = \exp\left[-j\frac{k_tL_x}{2}\left[(\alpha-\alpha')\cos\varphi + \frac{1}{r}(\beta-\beta')\sin\varphi\right]\right] \quad （12.A.5）$$

为减少积分的阶数，使用以下变量的变化量：

$$\begin{cases}u=\alpha-\alpha'\\v=\alpha'\end{cases} \quad 和 \quad \begin{cases}u'=\beta-\beta'\\v'=\beta'\end{cases} \quad （12.A.6）$$

考虑变量 α（可以为 β 写相同的公式），该变量的变化量的符号化形式为

$$\int_0^2\int_0^2 d\alpha d\alpha' \rightarrow \int_0^2 du\int_0^{2-u} dv + \int_{-2}^0 du\int_{-u}^0 dv \quad （12.A.7）$$

如果 K 和 F_n 用 u 和 u' 重写为

$$K(u,u') = \frac{\exp\left[\mathrm{j}\dfrac{k_0 L_x}{2}\left(u^2 + \dfrac{u'^2}{r^2} \right)^{1/2} \right]}{\left[u^2 + \dfrac{u'^2}{r^2} \right]^{1/2}} ; \quad F_n(u,u') = \exp\left[-\mathrm{j}\dfrac{k_t L_x}{2}\left(u\cos\varphi + \dfrac{u'}{r}\sin\varphi \right) \right] \quad (12.\text{A}.8)$$

则由式（12.A.6）得到

$$\int_0^2 \left(\int_0^{2-u} \mathrm{d}v \right) \mathrm{K}(u,u')\mathrm{d}u + \int_{-2}^0 \left(\int_{-u}^0 \mathrm{d}v \right) \mathrm{K}(u,u')\mathrm{d}u = 2\int_0^2 (2-u)\mathrm{K}(u,u')\mathrm{d}u \quad (12.\text{A}.9)$$

使用这些变换，辐射阻抗变为

$$Z = \mathrm{j}\rho_0 \omega \frac{L_y}{4\pi} \int_0^2 \int_0^2 (2-u)(2-u')\mathrm{K}(u,u')F_n(u,u')\mathrm{d}u\mathrm{d}u' \quad (12.\text{A}.10)$$

最后，利用变量 $u \rightarrow u+1$ 和 $u' \rightarrow u'+1$ 的变换将积分域转换为 $[-1,1]$：

$$Z = \mathrm{j}\rho_0 \omega \frac{L_y}{4\pi} \int_{-1}^1 \int_{-1}^1 (1-u)(1-u')\mathrm{K}(u+1,u^{+1'})F_n(u+1,u'+1)\mathrm{d}u\mathrm{d}u' \quad (12.\text{A}.11)$$

最后一个积分可以通过数值方法来计算。

参考文献

Atalla, N., Ghinet, S. and Haisam, O. (2004) Transmission loss of curved sandwich composite panels. *18th ICA*, Kyoto.

Duval, A., Dejaeger, L., Baratier, J. and Rondeau, J-F (2008) Structureborne and airborne Insertion Loss simulation of trimmed curved and flat panels using Rayon-VTM-TL: implications for the 3D design of insulators. *Automobile and Railroad Comfort* – November 19–20, Le Mans, France.

Ghinet, S. and Atalla, N. (2002) Vibro-acoustic behaviour of multi-layer orthotropic panels. *Canadian Acoustics* **30**(3), 72–73.

Ghinet, S. and Atalla, N. (2006) Vibro-acoustic behaviours of flat sandwich composite panels. *Transactions of Canadian Soc. Mech. Eng J.* **30**(4).

Leppington, F.G., Broadbent, E.G., & Heron, K.H. (1982) The acoustic radiation efficiency from rectangular panels. Proc. R. Soc. London. **382**, 245.

Leppington, F. G, Heron, K. H. & Broadbent, E. G. (2002) Resonant and non-resonant noise through complex plates. *Proc. R. Soc. Lond*. **458**, 683–704.

Nelisse, H., Onsay, T. and Atalla, N. (2003) Structure borne insertion loss of sound package components. *Society of Automotive Engineers*, SAE paper 03NVC-185, Traverse City, Michigan.

Pope, L.D., Wilby, E.G., Willis, C.M. and Mayes, W.H. (1983) Aircraft Interior Noise Models: Sidewall trim, stiffened structures, and Cabin Acoustics with floor partition. *J. Sound Vib.* **89**(3), 371–417.

Thomasson, S. I. (1980) On the absorption coefficient. *Acustica* **44**, 265–273.

Villot, M., Guigou, C. and Gagliardini, L. (2001) Predicting the acoustical radiation of finite size multi-layered structures by applying spatial windowing on infinite structures. *J. Sound Vib*., **245**(3), 433–455.

第13章　多孔弹性材料的有限元建模

13.1　引言

包含多孔弹性材料的有限多层系统的振动声学性能，对汽车、飞机和其他一些工程应用中的噪声控制至关重要。在没有吸声材料的情况下，采用有限元法和边界元法对复杂多层结构的声振响应进行经典建模。考虑到吸收介质，已经开发了用于吸声材料的有限元公式，它们的范围从使用等效流体模型的简单方法（Craggs 1978；Beranek 和 Ver 1992；Panneton 等 1995），到基于 Biot 理论的复杂方法（Kang 和 Bolton 1995；Johansen 等 1995；Coyette 和 Wynendaele 1995；Panneton 和 Atalla 1996、1997；Atalla 等 1998、2001a）。后一种方法主要基于 Biot 多孔弹性方程的经典位移 $(\boldsymbol{u}^s, \boldsymbol{u}^f)$ 公式（第6章），或基于混合位移-压力 $(\boldsymbol{u}^s, p)$ 的公式（附录 6.A）。然而，有结果表明，尽管精确，但这些公式的缺点是，对于大型有限元模型和谱分析，需要烦琐的计算。为了减轻这些困难，研究了替代的数值实现方法。本章回顾用于多孔弹性材料建模的各种有限元公式，重点是混合压力-位移公式。尽管并不全面，但旨在使读者对该主题有一个总体了解。感兴趣的一般问题涉及由弹性、多孔弹性和声介质组成的多层结构的振动声学响应（动态和声响应）的预测。多孔弹性材料可以结合或不结合到结构上。经典假设涉及线性声波、弹性波和多孔弹性波传播，而且，包含在多孔介质中的空气是静止的。演示将限于时间谐波行为 $[\exp(\mathrm{j}\omega t)]$。

13.2　基于位移的公式

耦合的多孔弹性方程式（6.54）~式（6.56）可以用紧凑形式重写为

$$\begin{cases} \operatorname{div} \sigma^s(\boldsymbol{u}^s, \boldsymbol{u}^f) + \omega^2 \tilde{\rho}_{11} \boldsymbol{u}^s + \omega^2 \tilde{\rho}_{12} \boldsymbol{u}^f = 0 \\ \operatorname{div} \sigma^f(\boldsymbol{u}^s, \boldsymbol{u}^f) + \omega^2 \tilde{\rho}_{22} \boldsymbol{u}^f + \omega^2 \tilde{\rho}_{12} \boldsymbol{u}^s = 0 \end{cases} \tag{13.1}$$

使用固体和流体位移矢量 $(\boldsymbol{u}^s, \boldsymbol{u}^f)$ 作为主要变量，多孔洞弹性方程的弱积分形式为

$$\begin{aligned} & \int_{\Omega} (\sigma_{ij}^s(\boldsymbol{u}^s, \boldsymbol{u}^f) \mathrm{e}_{ij}^s(\delta \boldsymbol{u}^s) - \tilde{\rho}_{11} \omega^2 u_i^s \delta u_i^s - \tilde{\rho}_{12} \omega^2 u_i^f \delta u_i^s) \mathrm{d}\Omega - \\ & \qquad\qquad\qquad \int_{\Gamma} \sigma_{ij}^s(\boldsymbol{u}^s, \boldsymbol{u}^f) n_j \delta u_i^s \mathrm{d}S = 0 \\ & \int_{\Omega} (\sigma_{ij}^f(\boldsymbol{u}^s, \boldsymbol{u}^f) \mathrm{e}_{ij}^f(\delta \boldsymbol{u}^f) - \tilde{\rho}_{22} \omega^2 u_i^f \delta u_i^f - \tilde{\rho}_{12} \omega^2 u_i^s \delta u_i^f) \mathrm{d}\Omega - \\ & \qquad\qquad\qquad \int_{\Gamma} \sigma_{ij}^f(\boldsymbol{u}^s, \boldsymbol{u}^f) n_j \delta u_i^f \mathrm{d}S = 0 \\ & \qquad\qquad\qquad\qquad \forall (\delta \boldsymbol{u}^s, \delta \boldsymbol{u}^f) \end{aligned} \tag{13.2}$$

其中，$\delta \boldsymbol{u}^s$ 和 $\delta \boldsymbol{u}^f$ 分别表示 $\boldsymbol{u}^s$ 和 $\boldsymbol{u}^f$ 的容许变化，以及用 Ω 和 Γ 表示（多孔弹性）介质域及其边界的位置（见图 13.1）。对于式（13.2）的有限元法实现，使用了三维弹性固体单元的类比；但是，这次每个节点需要 6 个自由度：固相的 3 个位移分量和液相的 3 个位移分量。此外，由于黏性和散热机制，系统矩阵与频率有关。因此，对于大型 3D 多层结构，此公式的缺点是，对于大型有限元模型和光谱分析，需要烦琐的计算。为了减轻这些困难，开发了混合位移-压力公式（见附录 6.A）。值得注意的是，式（13.1）的类似变体已经在有限元环境中使用固相位移 $\boldsymbol{u}^s$ 和位移通量 $\boldsymbol{w}=\phi(\boldsymbol{u}^f-\boldsymbol{u}^s)$ 进行了开发和实现（Coyette 和 Pelerin 1994；Coyette 和 Wynendaele 1995；Johansen 等 1995；Dazel 2005）。与经典 $(\boldsymbol{u}^s,\boldsymbol{u}^f)$ 公式相比，位移通量的使用简化了某些耦合条件，但是它们的数值性能相似。

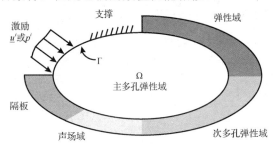

图 13.1 具有典型边界和加载条件的多孔弹性域

13.3 混合位移-压力公式

回顾式（6.A.22）：

$$\begin{cases} \operatorname{div} \hat{\sigma}^s(\boldsymbol{u}^s) + \omega^2 \tilde{\rho} \boldsymbol{u}^s + \tilde{\gamma}\,\mathbf{grad}\, p = 0 \\ \Delta p + \omega^2 \dfrac{\tilde{\rho}_{22}}{\tilde{R}} p - \omega^2 \dfrac{\tilde{\rho}_{22}}{\phi^2} \tilde{\gamma}\, \operatorname{div} \boldsymbol{u}^s = 0 \end{cases} \tag{13.3}$$

Atalla 等（1998）给出了与式（13.3）相关的弱积分方程：

$$\int_\Omega \hat{\sigma}^s_{ij}(\boldsymbol{u}^s) e^s_{ij}(\delta\boldsymbol{u}^s)\mathrm{d}\Omega - \omega^2\int_\Omega \tilde{\rho} u^s_i \delta u^s_i \mathrm{d}\Omega - \int_\Omega \tilde{\gamma}\frac{\partial p}{\partial x_i}\delta u^s_i \mathrm{d}\Omega - \int_\Gamma \sigma^s_{ij}(\boldsymbol{u}^s)n_j \delta u^s_i \mathrm{d}S = 0$$

$$\int_\Omega \left[\frac{\phi^2}{\omega^2 \tilde{\rho}_{22}}\frac{\partial p}{\partial x_i}\frac{\partial(\delta p)}{\partial x_i} - \frac{\phi^2}{\tilde{R}} p\delta p \right]\mathrm{d}\Omega - \int_\Omega \tilde{\gamma}\frac{\partial(\delta p)}{\partial x_i}u^s_i \mathrm{d}\Omega$$

$$+ \int_\Gamma \left[\tilde{\gamma}u_n - \frac{\phi^2}{\tilde{\rho}_{22}\omega^2}\frac{\partial p}{\partial n} \right]\delta p\,\mathrm{d}S = 0 \quad \forall(\delta\boldsymbol{u}^s,\delta p) \tag{13.4}$$

此处，Ω 和 Γ 指的是多孔弹性域及其边界表面（见图 13.1）；$\delta\boldsymbol{u}^s$ 和 δp 分别是固相位移矢量和多孔弹性介质的间隙流体压力的容许变化；n 是围绕边界表面 Γ 的单位外法向矢量，下标 n 表示矢量的法向分量。为了简化公式及其与弹性、多孔和声学介质的耦合，Atalla 等（1998）利用了这样一个事实，即，对于声学中使用的大多数多孔材料，与制造骨架的材料的体积模量相比，多孔材料的体积模量可以忽略不计：$K_b/K_S \ll 1$，因此，$\phi(1+\tilde{Q}/\tilde{R})=1-K_b/K_s \cong 1$。使用该假设，$(\boldsymbol{u}^s,p)$ 公式中弹性、声学和多孔弹性介质的耦合变得简单。这些耦合条件的详细推导和讨论由 Debergue 等（1999）给出。结果表明，在该公式中，多孔弹性介质与声学介质、多孔弹性介质自然耦合，并通过经典流体-结构耦合矩阵与弹性介质耦合（固体、隔板等）。Atalla 等（2001a）提出了该公式的一种变形，消除了求助于 $K_b/K_s \ll 1$ 的可能性，并且自然地与弹性介质和多孔弹性介质耦合，从而使数值实现更精确、更容易。使用式（6.A.14）、式（6.A.19）和式（6.A.20），式（13.4）可以重写为

$$
\int_{\Omega} \hat{\sigma}_{ij}^s(\boldsymbol{u}^s) e_{ij}^s(\delta\boldsymbol{u}^s)\mathrm{d}\Omega - \omega^2 \int_{\Omega} \tilde{\rho} u_i^s \delta u_i^s \mathrm{d}\Omega - \int_{\Omega} \tilde{\gamma} \frac{\partial p}{\partial x_i} \delta u_i^s \mathrm{d}\Omega - \int_{\Gamma} \sigma_{ij}^t(\boldsymbol{u}^s, p) n_j \delta u_i^s \mathrm{d}S
$$
$$
- \int_{\Gamma} \phi \left(1 + \frac{\tilde{Q}}{\tilde{R}}\right) p \delta u_n^s \mathrm{d}S = 0
$$
$$
\int_{\Omega} \left[\frac{\phi^2}{\omega^2 \tilde{\rho}_{22}} \frac{\partial p}{\partial x_i} \frac{\partial(\delta p)}{\partial x_i} - \frac{\phi^2}{\tilde{R}} p \delta p \right] \mathrm{d}\Omega - \int_{\Omega} \tilde{\gamma} \frac{\partial(\delta p)}{\partial x_i} u_i^s \mathrm{d}\Omega - \int_{\Gamma} \phi(u_n^f - u_n^s) \delta p \mathrm{d}S
$$
$$
- \int_{\Gamma} \phi \left(1 + \frac{\tilde{Q}}{\tilde{R}}\right) u_n^s \delta p \mathrm{d}S = 0 \quad \forall (\delta\boldsymbol{u}^s, \delta p) \tag{13.5}
$$

其中，$\sigma_{ij}^t = \sigma_{ij}^s - \phi p \delta_{ij}$ 是附录 6.A 中定义的总应力的分量。假设介质为均质的，则使用矢量恒等式 $\nabla \cdot (\beta b) = \nabla \cdot b + \nabla(\beta \cdot b)$ 将散度定理应用于式（13.5）的最后一个面积分，得到以下方程组：

$$
\int_{\Omega} \hat{\sigma}_{ij}^s(\boldsymbol{u}^s) e_{ij}^s(\delta\boldsymbol{u}^s)\mathrm{d}\Omega - \omega^2 \int_{\Omega} \tilde{\rho} u_i^s \delta u_i^s \mathrm{d}\Omega - \int_{\Omega} \left(\tilde{\gamma} + \phi\left(1 + \frac{\tilde{Q}}{\tilde{R}}\right)\right) \frac{\partial p}{\partial x_i} \delta u_i^s \mathrm{d}\Omega
$$
$$
- \int_{\Omega} \phi \left(1 + \frac{\tilde{Q}}{\tilde{R}}\right) p \delta u_{i,i}^s \mathrm{d}S - \int_{\Gamma} \sigma_{ij}^t(\boldsymbol{u}^s, p) n_j \delta u_i^s \mathrm{d}S = 0
$$
$$
\int_{\Omega} \left[\frac{\phi^2}{\omega^2 \tilde{\rho}_{22}} \frac{\partial p}{\partial x_i} \frac{\partial(\delta p)}{\partial x_i} - \frac{\phi^2}{\tilde{R}} p \delta p \right] \mathrm{d}\Omega - \int_{\Omega} \left(\tilde{\gamma} + \phi\left(1 + \frac{\tilde{Q}}{\tilde{R}}\right)\right) \frac{\partial(\delta p)}{\partial x_i} u_i^s \mathrm{d}\Omega
$$
$$
- \int_{\Omega} \phi \left(1 + \frac{\tilde{Q}}{\tilde{R}}\right) \delta p u_{i,i}^s \mathrm{d}S - \int_{\Gamma} \phi(u_n^f - u_n^s) \delta p \mathrm{d}S = 0 \quad \forall (\delta\boldsymbol{u}^s, \delta p) \tag{13.6}
$$

注意到 $\tilde{\gamma} + \phi(1 + \tilde{Q}/\tilde{R}) = \phi/\tilde{\alpha}$ 且 $\tilde{\rho}_{22} = \tilde{\alpha}\rho_0$（其中 $\tilde{\alpha}$ 是动态曲折度），并且将前面的两个方程相加，得出 $(\boldsymbol{u}^s, p)$ 公式的较弱形式（应力分量的位移和压力相关性被消除，以减轻这种表现）：

$$
\int_{\Omega} [\hat{\sigma}_{ij}^s \delta e_{ij}^s - \omega^2 \tilde{\rho} u_i^s \delta u_i^s] \mathrm{d}\Omega + \int_{\Omega} \left[\frac{\phi^2}{\tilde{\alpha}\rho_0 \omega^2} \frac{\partial p}{\partial x_i} \frac{\partial(\delta p)}{\partial x_i} - \frac{\phi^2}{\tilde{R}} p \delta p \right] \mathrm{d}\Omega
$$
$$
- \int_{\Omega} \frac{\phi}{\tilde{\alpha}} \delta\left(\frac{\partial p}{\partial x_i} u_i^s\right) \mathrm{d}\Omega - \int_{\Omega} \phi\left(1 + \frac{\tilde{Q}}{\tilde{R}}\right) \delta(p u_{i,i}^s) \mathrm{d}\Omega \tag{13.7}
$$
$$
- \int_{\Gamma} \sigma_{ij}^t n_j \delta u_i^s \mathrm{d}S - \int_{\Gamma} \phi(u_n^f - u_n^s) \delta p \mathrm{d}S = 0 \quad \forall (\delta\boldsymbol{u}^s, \delta p)
$$

这种形式表明，两个相之间的耦合是在体积上的，具有两种性质：（1）运动的（惯性）$\int_{\Omega}(\phi/\tilde{\alpha})\delta(u_i^s \partial p/\partial x_i)\mathrm{d}\Omega$，（2）势能的（弹性）$\int_{\Omega} \phi(1 + \tilde{Q}/\tilde{R})\delta(p u_{i,i}^s)\mathrm{d}\Omega$。下一节内容显示，这个新的公式自然地与弹性介质和多孔介质结合在一起。

13.4　耦合条件

考虑图 13.1 描述的一般问题，施加在边界表面 Γ 上的耦合条件有 4 种类型：（1）多孔弹性-弹性，（2）多孔弹性-声学，（3）多孔弹性-多孔弹性，（4）多孔弹性-隔板。在式（13.7）的弱表达式中，多孔介质通过以下边界条件耦合到其他介质：

$$I^p = -\int_\Gamma \sigma_{ij}^t n_j \delta u_i^s \mathrm{d}S - \int_\Gamma \phi(u_n^f - u_n^s)\delta p \, \mathrm{d}S \tag{13.8}$$

本节使用 $(\underline{u}, p)$ 公式表示各种介质界面的耦合条件以及施加的两个载荷条件，即强迫表面压力和强迫表面位移。最后，考虑了多孔弹性介质插入到波导中的情况。

13.4.1　多孔弹性-弹性耦合条件

弹性介质根据其位移矢量 $\boldsymbol{u}^e$ 来描述。假设 Ω^e 和 Γ^e 表示其体积和边界。在线性弹性动力学和简谐振动假设下，以位移为结构变量，结构控制方程的弱积分形式为

$$\int_{\Omega^e}[\sigma_{ij}^e \delta e_{ij}^e - \omega^2 \tilde{\rho} u_i^e \delta u_i^e]\mathrm{d}\Omega - \int_{\Gamma^e}\delta_{ij}^e n_j \delta u_i^e \mathrm{d}S = 0 \quad \forall \delta u_i^e \tag{13.9}$$

其中，σ_{ij}^e 和 e_{ij}^e 是结构应力和应变张量的分量，ρ_e 是结构密度，n_i 是表面外法向矢量的分量，而 δu_i^e 是 u_i^e 的任意容许变化。表面积分为

$$I^e = -\int_{\Gamma^e} \sigma_{ij}^e n_j \delta u_i^e \mathrm{d}S \tag{13.10}$$

表示通过施加在结构域表面上的外力完成的虚功。

当多孔弹性介质的弱公式与弹性介质的弱公式相结合时，可以改写装配的边界积分如下：

$$I^p + I^e = -\int_\Gamma \sigma_{ij}^t n_j \delta u_i^s \mathrm{d}S - \int_\Gamma \phi(u_n^f - u_n^s)\delta p \, \mathrm{d}S + \int_\Gamma \sigma_{ij}^e n_j \delta u_i^e \mathrm{d}S \tag{13.11}$$

第三项的正号是由于法向矢量 $\boldsymbol{n}$ 的方向朝向弹性介质。界面 Γ 的耦合条件由式（11.74）给出：

$$\begin{cases} \sigma_{ij}^t n_j = \sigma_{ij}^e n_j \\ u_n^f - u_n^s = 0 \\ u_i^s = u_i^e \end{cases} \tag{13.12}$$

第一个等式确保了界面处总法向应力的连续性。第二个等式表达了一个事实，即，在不透气界面上没有相对的质量通量。第三个等式确保了固体位移矢量的连续性。将式（13.12）代入式（13.11），可得 $I^p + I^e = 0$；该式表明，多孔弹性介质和弹性介质之间的耦合是自然的。只有运动学边界条件 $\boldsymbol{u}^s = \boldsymbol{u}^e$ 才必须显式地施加在 Γ 上。在有限元法实现中，这可以通过在多孔介质的固相与弹性介质之间进行装配来自动完成。

13.4.2　多孔弹性-声学耦合条件

根据其压力场 p^a 来描述声介质。设 Ω^a 和 Γ^a 表示其体积和边界。使用压力作为流体变量并假设谐波振荡，流体系统的弱积分形式为

$$\int_{\Omega^a}\left(\frac{1}{\rho_0\omega^2}\frac{\partial p^a}{\partial x_i}\frac{\partial(\delta p^a)}{\partial x_i}-\frac{1}{\rho_0 c_0^2}p^a\delta p^a\right)\mathrm{d}\Omega-\frac{1}{\rho_0\omega^2}\int_{\Gamma^a}\frac{\partial p^a}{\partial n}\delta p^a\mathrm{d}S=0 \quad \forall\delta p^a \tag{13.13}$$

其中，δp^a 是 p^a 的任意容许变化，ρ_0 是声域中的密度，c_0 是声介质中的声速，$\partial/\partial n$ 是正态导数。面积分

$$I^a=-\frac{1}{\rho_0\omega^2}\int_{\Gamma^a}\frac{\partial p^a}{\partial n}\delta p^a\mathrm{d}S \tag{13.14}$$

表示由于在声域表面施加的运动而在声域边界处的内部压力完成的虚功。

结合多孔弹性介质和声学介质的弱积分公式，可以重写边界积分如下：

$$I^p+I^a=-\int_{\Gamma}\sigma_{ij}^t n_j\delta u_i^s\mathrm{d}S-\int_{\Gamma}\phi(u_n^f-u_n^s)\delta p\mathrm{d}S+\int_{\Gamma}\frac{1}{\rho_0\omega^2}\frac{\partial p^a}{\partial n}\delta p^a\mathrm{d}S \tag{13.15}$$

I^p+I^a 的最后一项的正号是由于法向矢量 $\boldsymbol{n}$ 向内朝向声学介质的方向。界面 Γ 处的耦合条件由式（11.72）给出：

$$\begin{cases}\sigma_{ij}^t n_j=-p^a n_j\\[2mm]\dfrac{1}{\rho_0\omega^2}\dfrac{\partial p^a}{\partial n}=(1-\phi)u_n^s+\phi u_n^f=u_n^s+\phi(u_n^f-u_n^s)\\[2mm]p=p^a\end{cases} \tag{13.16}$$

第一个等式可确保 Γ 上的正应力的连续性。第二个等式保证了声波位移与多孔弹性总位移之间的连续性。第三个等式则保证压力在边界上的连续性。将式（13.16）代入式（13.15）可得

$$I^p+I^a=\int_{\Gamma}\delta(p^a u_s^n)\mathrm{d}S \tag{13.17}$$

该式表明，多孔弹性介质将通过经典的结构-空腔耦合项耦合到声介质。另外，运动边界条件 $p=p^a$ 需要显式地施加在 Γ 上。同样，在有限元法实现中，后一条件是通过装配自动实施的。

13.4.3　多孔弹性-多孔弹性耦合条件

下标 1 和 2 分别表示主和次多孔弹性介质。这两种介质都是用它们的固相位移矢量 $\boldsymbol{u}$ 和多孔流体压力 p 来描述的。结合两种多孔弹性介质的弱积分公式，可以改写边界积分为

$$\begin{aligned}I_1^p+I_2^p=&-\int_{\Gamma}\sigma_{1ij}^t n_j\delta u_{1i}^s\mathrm{d}S-\int_{\Gamma}\phi_1(u_{1n}^f-u_{1n}^s)\delta p_1\mathrm{d}S\\&+\int_{\Gamma}\sigma_{2ij}^t n_j\delta u_{2i}^s\mathrm{d}S-\int_{\Gamma}\phi_2(u_{2n}^f-u_{2n}^s)\delta p_2\mathrm{d}S\end{aligned} \tag{13.18}$$

两个第一项和两个最后一项之间的符号相反归因于法向矢量 $\boldsymbol{n}$ 的方向，该方向是从主多孔弹性介质向外选择的。用式（11.65）给出了界面 Γ 处的耦合方程：

$$\begin{cases}\sigma_{1ij}^t n_j=\sigma_{2ij}^t n_j\\[1mm]\phi_1(u_{1n}^f-u_{1n}^s)=\phi_2(u_{2n}^f-u_{2n}^s)\\[1mm]u_{1i}^s=u_{2i}^s\\[1mm]p_1=p_2\end{cases} \tag{13.19}$$

第一个条件确保总法向应力的连续性。第二个条件确保跨边界的相对质量通量的连续性。最后两个条件分别确保了跨边界的固相位移和多孔流体压力场的连续性。使用这些边界条件，边界积分减小为 $I^p + I^e = 0$；该方程表明两种多孔弹性介质之间的耦合是自然的。只有运动学关系 $\boldsymbol{u}_1^s = \boldsymbol{u}_2^s$ 和 $p_1 = p_2$ 才必须显式施加在 Γ 上。在有限元法实现中，这可以通过装配自动完成。

13.4.4 多孔弹性–不透气膜耦合条件

当膜的刚度很重要时，膜可以建模为一个薄板。在此，假定不透气膜薄且柔软，面密度为 m。它用表面域 Γ^m 表示，并根据其位移矢量 $\boldsymbol{u}^m$ 进行描述。膜的一侧与多孔弹性域（即 $\Gamma^{m-} = \Gamma$）接触，另一侧支撑给定的载荷（即 Γ^{m+}）。假设薄层 Γ^m 和 Γ 几乎相同。应用膜的虚功原理可得

$$I^m = -\int_{\Gamma^m} \omega^2 m u_i^m \cdot \delta u_i^m \, \mathrm{d}S - \int_{\Gamma^{m-}} t_i^- \delta u_i^m \, \mathrm{d}S - \int_{\Gamma^{mt}} +t_i^+ \delta u_i^m \, \mathrm{d}S = 0 \tag{13.20}$$

第一项对应于惯性力的虚功，后两项对应于外部牵引力的虚功（t^+ 和 t^-）。结合多孔弹性介质和柔性膜的弱积分公式，可以重写边界积分为

$$I^p + I^m = \int_\Gamma \sigma_{ij}^t n_j \delta u_i^s \, \mathrm{d}S - \int_\Gamma \phi(u_n^f - u_n^s) \delta p \, \mathrm{d}S - \int_{\Gamma^m} \omega^2 m (u_i^m \delta u_i^m) \, \mathrm{d}S \\ - \int_{\Gamma^{m-}} t_i^- \delta u_i^m \, \mathrm{d}S - \int_{\Gamma^{m+}} t_i^+ \delta u_i^m \, \mathrm{d}S \tag{13.21}$$

作用在柔性膜上的外力如下：

$$\begin{cases} t^- = \sigma_{ij}^t n_j & \text{在 } \Gamma^{m-} \text{上} \\ t_i^+ = F_i & \text{在 } \Gamma^{m+} \text{上} \end{cases} \tag{13.22}$$

其中，$\boldsymbol{F}$ 是施加在膜上的牵引力矢量。此外，由于膜被认为是薄且不透气的，因此必须在膜-多孔弹性界面 Γ^{m-} 处验证以下条件：

$$\begin{cases} u_n^f - u_n^s = 0 \\ u_i^s = u_i^m \end{cases} \tag{13.23}$$

第一个等式表示通过边界 Γ 没有质量通量，第二个等式表示位移矢量的连续性。考虑薄层的假设，$\Gamma = \Gamma^{m-} = \Gamma^{m+}$，并使用这些边界条件，可以重写耦合项：

$$I^p + I^S = -\int_\Gamma \omega^2 m (u_i^s \delta u_i^s) \, \mathrm{d}S - \int_\Gamma F_i \delta u_i^s \, \mathrm{d}S \tag{13.24}$$

因此，不透气膜对多孔弹性介质的影响在于增加了质量项和激励项。注意，当膜分隔两种多孔弹性介质时，应在数值实现中明确考虑膜界面处压力场的不连续性。

13.4.5 施加强迫压力场的情况

在强迫压力场 p^0 作用于 Γ 上的情况下，例如，用于模拟声平面波（在这种情况下，使用阻塞压力），边界条件为

$$\begin{cases} \sigma_{ij}^t n_j = -p^i n_i \\ p = p^i \end{cases} \tag{13.25}$$

表示总法向应力的连续性和通过界面 Γ 的压力的连续性。由于施加了压力，因此容许的变化量 δp 将降至 0。因此，式（13.8）的面积分简化为

$$I^p = \int_\Gamma p^0 \delta u_n^s \mathrm{d}S \tag{13.26}$$

该式表明，除了运动条件 $p = p^0$ 在 Γ 上，还需要应用式（13.8）给出的固相压力激励。

13.4.6　施加强迫位移场的情况

如果将强迫位移场 $\boldsymbol{u}^0$ 作用于 Γ 上，例如，用于模拟活塞运动，则边界条件为

$$\begin{cases} u_n^i = (1-\phi)u_n^s + \phi u_n^f \\ u_i^0 = u_i^s \end{cases} \Rightarrow \begin{cases} u_n^f - u_n^s = 0 \\ u_i^s = u_i^0 \end{cases} \tag{13.27}$$

第一个条件表示固相和液相之间法向位移的连续性。第二个条件表示施加的位移矢量和固相位移矢量之间的连续性。由于施加了位移，因此允许的变化量 $\delta \boldsymbol{u}^s = 0$。因此，式（13.8）的面积分简化为

$$I^p = 0 \tag{13.28}$$

该式表明，对于施加的位移，边界条件在 Γ 上降低为运动条件 $\boldsymbol{u}^s = \boldsymbol{u}^0$。

13.4.7　与半无限波导耦合

我们在这里考虑多孔弹性介质与无限波导的耦合。该应用的一个例子是预测由多孔介质、固体介质和空气介质的小块制成的非均质材料的吸声和传输损失（Sgard　2002；Atalla 等　2003）。13.9.5 节详细介绍了双重孔隙率材料的示例。

设 p^a、ρ_0 和 c_0 分别表示波导中的声压、声波的密度和速度。对于放置在波导中的多孔材料，如图 13.2 所示，式（13.8）给出了前 Γ_1^p 和后 Γ_2^p 多孔界面的连续性条件：

$$I_i^p = -\int_{\Gamma_i^p} \sigma_{ij}^t n_j \delta u_i^s \mathrm{d}S - \int_{\Gamma_i^p} \phi(u_n^f - u_n^s)\delta p \mathrm{d}S \quad i = 1,2 \tag{13.29}$$

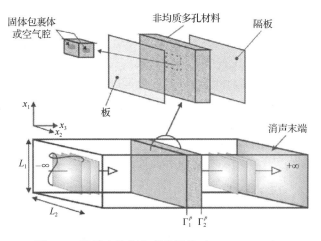

图 13.2　波导中的复杂多孔组件（Sgard　2002）

使用界面条件，式（13.16）可得

$$I_i^p = -\int_{\Gamma_i^p} \delta(pu_n)\mathrm{d}S - \int_{\Gamma_i^p} \frac{1}{\rho_0 \omega^2} \frac{\partial p^a}{\partial n} \delta p \mathrm{d}S \tag{13.30}$$

第一项相当于经典耦合矩阵的计算，第二项用波导中的正交模态进行重写。发声端侧的压力 p^a 表示为满足以下条件

$$\left.\frac{\partial p_b}{\partial n}\right|_{\Gamma_i^p} = 0$$

的受阻压力 p_b 与从多孔弹性介质表面辐射的压力 p_{rad} 的和：

$$p^a = p_b + p_{\mathrm{rad}} \tag{13.31}$$

对于振幅为 p_0 的正常模式激励，p_b 的复振幅减小为 $2p_0$。然后，辐射压力可以用波导中的正交模态 φ_{mn} 来表示：

$$p_{\mathrm{rad}}(\boldsymbol{x}) = \sum_{m,n} B_{mn} \varphi_{mn}(x_1, x_2) \mathrm{e}^{jk_{mn}x_3} \tag{13.32}$$

其中，$\boldsymbol{x} = (x_1, x_2, x_3)$。对于具有矩形截面 $L_1 \times L_2$ 的波导：

$$\varphi_{mn}(x_1, x_2) = \cos\left(\frac{m\pi x_1}{L_1}\right)\cos\left(\frac{n\pi x_2}{L_2}\right) \tag{13.33}$$

$$k_{mn}^2 = k^2 - \left(\frac{m\pi}{L_1}\right)^2 - \left(\frac{n\pi}{L_2}\right)^2 \tag{13.34}$$

B_{mn} 是由模态正交特性得到的模态振幅：

$$\int_{\Gamma_i^p} p_{rad}\varphi_{mn}(x_1, x_2)\mathrm{d}S_x = \int_{\Gamma_i^p} (p^a - p_b)\, \varphi_{mn}(x_1, x_2)\mathrm{d}S_x \tag{13.35}$$

从而得

$$B_{mn} = \frac{1}{N_{mn}} \int_{\Gamma_i^p} (p^a - p_b)\, \varphi_{mn}(x_1, x_2)\mathrm{d}S_x \tag{13.36}$$

其中，

$$N_{mn} = \int_{\Gamma_i^p} \left|\varphi_{mn}(x_1, x_2)\right|^2 \mathrm{d}S_x \tag{13.37}$$

是模态 (m,n) 的范数。

可以用同样的方式计算 I_2^p 的第二项，这时要考虑到式（13.31）简化为 $p^a = p_{\mathrm{rad}}$。最后，

$$
\begin{aligned}
I_i^p = &-\int_{\Gamma_i^p} \delta(pu_n)\mathrm{d}S - \frac{1}{j\omega} \int_{\Gamma_i^p}\int_{\Gamma_i^p} A(\boldsymbol{x}, \boldsymbol{y}) p(\boldsymbol{y}) \delta p(\boldsymbol{x})\mathrm{d}S_x\mathrm{d}S_y \\
&+ \frac{\varepsilon}{j\omega} \int_{\Gamma_i^p}\int_{\Gamma_i^p} A(\boldsymbol{x}, \boldsymbol{y}) p_b(\boldsymbol{y}) \delta p(\boldsymbol{x})\mathrm{d}S_x\mathrm{d}S_y \quad i = 1, 2
\end{aligned}
\tag{13.38}
$$

如果 $i=1$，则 $\varepsilon = 1$；如果 $i=2$，则 $\varepsilon = 0$。在式（13.38）中，$\boldsymbol{x} = (x_1, x_2)$ 和 $\boldsymbol{y} = (y_1, y_2)$ 是界面上的两个点。$A(\boldsymbol{x}, \boldsymbol{y})$ 是由下式给出的导纳算符：

$$A(\boldsymbol{x}, \boldsymbol{y}) = \sum_{mn} \frac{k_{mn}}{\rho_0 \omega N_{mn}} \varphi_{mn}(x_1, x_2)\varphi_{mn}(y_1, y_2) \tag{13.39}$$

式（13.38）的优势在于，可以根据发射介质和接收介质中的辐射导纳，以及阻塞压力载荷来描述与波导的耦合。要查看辐射效果，请注意一些问题，例如，辐射（发射）到波导接

收部分的功率由下式给出：

$$\Pi_2 = \frac{1}{2} \operatorname{Re}\left[-\mathrm{j}\omega \int_{\Gamma_2^p} p^a u_n^{a^*} \mathrm{d}S \right] \tag{13.40}$$

这可以写成

$$\Pi_2 = \frac{1}{2} \operatorname{Re}\left[\int_{\Gamma_2^p} \int_{\Gamma_2^p} p^a(\boldsymbol{x}) A^*(\boldsymbol{x},\boldsymbol{y}) p^{a^*}(\boldsymbol{y}) \mathrm{d}S_x \mathrm{d}S_y \right] \tag{13.41}$$

注意，在低频情况下（低于波导的截止频率），较高的模态会导致惯性类型的纯虚数导纳。这些模态是渐逝的，不会在管中辐射。

完整起见，请注意，如果用弹性介质代替多孔介质（例如，多孔介质夹在两块板之间，由固体和多孔元素组成的介质，等等），则耦合边界项为弹性介质，式（13.10）成为

$$\begin{aligned} I_i^e &= \int_{\Gamma_i^e} p^a \delta u_n^e \mathrm{d}S = \mathrm{j}\omega \int_{\Gamma_i^e} \int_{\Gamma_i^e} u_n^e(\boldsymbol{y}) Z(\boldsymbol{x},\boldsymbol{y}) \delta u_n^e(\boldsymbol{x}) \mathrm{d}S_y \mathrm{d}S_x \\ &+ \varepsilon \int_{\Gamma^p} \int_{\Gamma^p} p_b(\boldsymbol{y}) \delta u_n^e(\boldsymbol{x}) \mathrm{d}S_y \mathrm{d}S_x = 0 \end{aligned} \tag{13.42}$$

$Z(\boldsymbol{x},\boldsymbol{y})$ 是由下式给出的阻抗算符：

$$Z(\boldsymbol{x},\boldsymbol{y}) = \sum_{mn} \frac{\rho_0 \omega}{k_{mn} N_{mn}} \varphi_{mn}(x_1,x_2) \varphi_{mn}(y_1,y_2) \tag{13.43}$$

式（13.38）描述了在发射介质和接收介质中的辐射阻抗，以及阻塞压力负载下与波导的耦合。注意，如果弹性结构被隔膜代替，则该式成立。

13.5　带混合变量项的其他公式

为消除 $(\boldsymbol{u}^s, \boldsymbol{u}^f)$ 公式的弊端，Göransson（1998）提出了一种对称 $(\boldsymbol{u}^s, p, \varphi)$ 公式，其中流体是用流体压力和流体位移标量势来描述的。特别地，该式假定流体位移是无旋的，由于两相之间的强惯性和黏性耦合，所以这个假设是不正确的。以一个简单的板-泡沫-板系统为例，由于这种无旋假设，Hörlin（2004）表明，该公式高估了与流体和骨架之间相对运动有关的耗散，并因此高估了黏性阻尼。为了消除这种限制，Hörlin（2004）提出了基于四个变量的扩展：骨架位移、声波多孔压力、标量势和流体位移的矢量势。还给出了在实施 h 和 p 单元时的相关耦合条件和收敛性研究。数值示例表明，该公式可得出与前述 $(\boldsymbol{u}^s, \boldsymbol{u}^f)$ 和 $(\boldsymbol{u}^s, p)$ 公式相同的解。结果，后者由于其计算效率而被偏爱。注意，$(\boldsymbol{u}^s, p)$ 公式的变体可以在 Hamdi 等（2000）和 Dazel（2005）文章中找到。

13.6　数值实现

使用有限元法对提出的公式进行数值计算是经典的做法，并在一些参考文献中进行了讨论（如 Atalla　1998）。例如，使用经典的有限元符号，式（13.7）的离散形式导出下面的线性系统：

$$\begin{bmatrix} [Z] & -[\tilde{C}] \\ -[\tilde{C}]^T & [A] \end{bmatrix} \begin{Bmatrix} u^s \\ P \end{Bmatrix} = \begin{Bmatrix} F^s \\ F^f \end{Bmatrix} \tag{13.44}$$

其中，$\{u\}$ 和 $\{p\}$ 分别代表固相和液相全局节点变量。$[Z] = -\omega^2[\tilde{M}] + [\hat{K}]$ 是具有 $[\tilde{M}]$ 和 $[\hat{K}]$ 等效质量和刚度矩阵的骨架的机械阻抗矩阵：

$$\int_\Omega \tilde{\rho} u_i^s \delta u_i^s \, d\Omega = \langle \delta u^s \rangle [\tilde{M}] \{u^s\} \tag{13.45}$$

$$\int_\Omega \hat{\sigma}_{ij}^s \delta e_{ij}^s \, d\Omega = \langle \delta u^s \rangle [\hat{K}] \{u^s\} \tag{13.46}$$

$[A] = [\tilde{H}]/\omega^2 - [\tilde{Q}]$ 是流体相具有 $[\tilde{H}]$ 和 $[\tilde{Q}]$ 等效动能和压缩能矩阵的间隙流体的声导纳矩阵：

$$\int_{d\Omega} \frac{\phi^2}{\tilde{\rho}_{22}} \frac{\partial p}{\partial x_i} \frac{\partial(\delta p)}{\partial x_i} \, d\Omega = \langle \delta p \rangle [\tilde{H}] \{p\} \tag{13.47}$$

$$\int_\Omega \frac{\phi^2}{\tilde{R}} p \delta p \, d\Omega = \langle \delta p \rangle [\tilde{Q}] \{p\} \tag{13.48}$$

$[\tilde{C}] = [\tilde{C}_1] + [\tilde{C}_2]$ 是骨架和间隙流体变量之间的体积耦合矩阵：

$$\int_\Omega \frac{\phi}{\tilde{\alpha}} \delta \left(\frac{\partial p}{\partial x_i} u_i^s \right) d\Omega = \langle \delta u^s \rangle [\tilde{C}_1] \{p\} + \langle \delta p \rangle [\tilde{C}_1] \{u^s\} \tag{13.49}$$

$$\int_\Omega \phi \left(1 + \frac{\tilde{Q}}{\tilde{R}} \right) \delta(p u_{i,i}^s) \, d\Omega = \langle \delta u^s \rangle [\tilde{C}_2] \{p\} + \langle \delta p \rangle [\tilde{C}_2] \{u^s\} \tag{13.50}$$

$\{F^s\}$ 是骨架的表面载荷矢量：

$$\int_\Gamma T_i \delta u_i^s \, dS = \langle \delta u^s \rangle \{F^s\} \tag{13.51}$$

其中，$T_i = \sigma_{ij}^t n_j$ 表示总应力矢量 $\boldsymbol{T}$ 的坐标轴 x_i 上的分量。最后，$\{F^f\}$ 是间隙流体的表面运动耦合矢量：

$$\int_\Gamma \phi(u_n^f - u_n^s) \delta p \, dS = \langle \delta p \rangle \{F^f\} \tag{13.52}$$

在上述表达式中，$\{\}$ 表示矢量，$\langle \rangle$ 表示其转置。

首先根据多孔固相节点位移和间隙节点压力求解式（13.44）。接下来，计算感兴趣的振动声学指标。

这些公式的数值实现的主要限制是计算的成本。典型的实现使用线性单元和二次单元。由于整个域的高度耗散特性及不同波长范围的存在，用于弹性域和模态技术的经典网格标准并不是严格适用的。网格划分标准和收敛性的讨论可以在文献（Panneton 1996；Dauchez 等 2001；Rigobert 等 2003；Hörlin 2004）中找到。作为一个例子，我们发现，对于线性单元，在某些应用中，为了收敛，最小的"Biot"波长可能要多达 12 个单元，几位作者研究了降低计算成本的替代方法。使用这种技术的例子包括使用选择性模态分析（Sgard 等 1997），使用复模态（Dazel 等 2002；Dazel 2005）、平面波分解（Sgard 2002）、自适应网格划分（Castel 2005）、轴对称实现（Kang 等 1999；Pilon 2003），以及最终使用层次单元（Hörlin 等 2001；Hörlin 2004；Rigobert 2001；Rigobert 等 2003；Langlois 2003）。后面的作者表明，p 单元方法可实现快速收敛，得到准确的结果。尽管如此，经典的线性单元和二次单元由于实现的简单性和通用性而被广泛使用（如处理具有不连续性的复杂几何图形）；例子包括具有嵌入的块或空腔的泡沫，以及由多种材料拼凑而成的域；见 Sgard 等（2007）。

　　基于混合公式的使用，Hamdi 等（2000）给出了一个有趣的实现。考虑一种实际的结构，其中一个典型的多孔组件沿其边界的 Γ^e 部分附着在主结构上，并在剩余部分 Γ^a 上耦合到声腔上，如图 13.3 所示。使用 13.4 节的符号，多孔组件的弱积分形式可以说明与主结构和腔的耦合，其公式如下：

$$\int_{\Omega^p}[\hat{\sigma}_{ij}^s\delta e_{ij}^s-\omega^2\tilde{\rho}u_i^s\delta u_i^s]\mathrm{d}\Omega+\int_{\Omega^p}\left[\frac{\phi}{\omega^2\tilde{\alpha}\rho_0}\frac{\partial p}{\partial x_i}\frac{\partial(\delta p)}{\partial x_i}-\frac{\phi^2}{\tilde{R}}p\delta p\right]\mathrm{d}\Omega$$

$$-\int_{\Omega^p}\frac{\phi}{\tilde{\alpha}}\delta\left(\frac{\partial p}{\partial x_i}u_i^s\right)\mathrm{d}\Omega-\int_{\Omega^p}\phi\left(1+\frac{\tilde{Q}}{\tilde{R}}\right)\delta(pu_{i,i}^s)\mathrm{d}\Omega \qquad (13.53)$$

$$+\int_{\Gamma^a}\delta(u_np(\mathbf{x}))\mathrm{d}S_x-\int_{\Gamma^a}W_n\delta p\mathrm{d}S-\int_{\Gamma^e}T\delta u_i^s\mathrm{d}S=0 \quad \forall(\delta u_i^s,\delta p)$$

在该式中，$T_i=\sigma_{ij}^t n_j$ 是结构-多孔界面 Γ^e 处总应力矢量的分量，W_n 是腔的界面 Γ^a 处的法向声位移。注意，式（13.53）的最后两项表示在多孔组件及其周围环境之间的能量交换。第一项表示多孔组件吸收的声能，第二项表示多孔组件从主体结构吸收的机械能。式（13.53）的 FEM 离散化可通过消除多孔组件的所有内部自由度（dof），并仅将自由度附加在主结构和声腔上来计算多孔组件的混合阻抗矩阵。另外，为了允许不兼容的网格，使用拉格朗日乘数来增强式（13.53），以分别实现界面 Γ^a 和 Γ^e 处压力的连续性和位移。添加所得的凝聚阻抗矩阵，以丰富和耦合主结构和腔体的模态阻抗矩阵。这种表述的优点是通过以下方式大大简化建模工作：（1）不增加全局主结构-腔模型的大小，（2）允许对多孔组件、主结构和声腔进行直接和独立的建模。使用这种方法，可以对完全处理的车辆进行精确求解（Anciant 等 2006）。13.9.7 节讨论了一个示例。

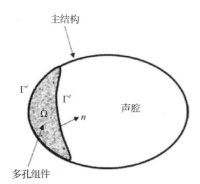

图 13.3　附着在主结构-腔系统的多孔元件

13.7　多孔介质中的耗散功率

　　经典的振动声学指标（动能、二次速度、二次压力、吸声系数、传输损失等）可以很容易地从所提出的公式中计算出来。有限元法实现的一个重要特征是能够根据黏性、热效应和结构效应的相对贡献，分解多孔弹性材料中的耗散功率。这些贡献的表达对于 $(\boldsymbol{u}^s,\boldsymbol{u}^f)$ 公式是众所周知的（Dauchez 等 2002）。对于 $(\boldsymbol{u}^s,p)$ 公式，Sgard 等（2000）给出了这些功的表达的初始推导。最近，Dazel 等（2008）给出了形式推导。Dazel 从基于 $(\boldsymbol{u}^s,\boldsymbol{u}^f)$ 的表达式开始，

导出 $(\boldsymbol{u}^s, p)$ 形式的耗散功率和存储的能量表达式。他特别强调了 Sgard 等（2000）的初始表达式的正确解释。在本节中，简单起见，采用了 Sgard 等（2000）的简单推导。

对于可接受的函数有以下特殊选择：对于固相位移矢量 $\delta \boldsymbol{u}^s = -\mathrm{j}\omega u^s$，用于液相间隙压力 $\delta p = -\mathrm{j}\omega p^*$，其中 f^* 表示 f 的复共轭，弱积分形式重写为

$$
\underbrace{-\mathrm{j}\omega \int_{\Omega} \hat{\sigma}_{ij}^s(\boldsymbol{u}^s) : \underline{\underline{\epsilon}}^s(\boldsymbol{u}^{s^*}) \mathrm{d}\Omega}_{\Pi_{\mathrm{elas}}^s} + \underbrace{\mathrm{j}\omega^3 \int_{\Omega} \tilde{\rho} u_i^s u_i^{s^*} \mathrm{d}\Omega}_{\Pi_{\mathrm{iner}}^s}
$$

$$
\underbrace{-\mathrm{j}\omega \int_{\Omega} \frac{\phi^2}{\tilde{R}} p p^* \mathrm{d}\Omega}_{\Pi_{\mathrm{elas}}^f} - \underbrace{\mathrm{j}\omega \int_{\Omega} \frac{\phi^2}{\tilde{\alpha}\rho_0 \omega^2} \frac{\partial p}{\partial x_i} \frac{\partial p^*}{\partial x_i} \mathrm{d}\Omega}_{\Pi_{\mathrm{iner}}^f}
$$

$$
\underbrace{+\mathrm{j}\omega \int_{\Omega} \frac{\phi}{\tilde{\alpha}} \left(\frac{\partial p}{\partial x_i} u_i^{s^*} + \frac{\partial p^*}{\partial x_i} u_i^s \right) \mathrm{d}\Omega + \mathrm{j}\omega \int_{\Omega} \phi \left(1 + \frac{\tilde{Q}}{\tilde{R}} \right) (p u_{i,i}^{s^*} + p^* u_{i,i}^s) \mathrm{d}\Omega}_{\Pi_{\mathrm{coup}}^{sf}}
$$

$$
\underbrace{+\mathrm{j}\omega \int_{\Gamma} \sigma_{ij}^t n_j u_i^{s^*} \mathrm{d}S + \mathrm{j}\omega \int_{\Gamma} \phi (u_n^f - u_n^s) p^* \mathrm{d}S = 0}_{\Pi_{\mathrm{exc}}^s}
$$

（13.54）

这给出以下功率平衡方程：

$$
\Pi_{\mathrm{elas}}^s + \Pi_{\mathrm{iner}}^s + \Pi_{\mathrm{elas}}^f + \Pi_{\mathrm{iner}}^f + \Pi_{\mathrm{coup}}^{fs} + \Pi_{\mathrm{exc}}^f = 0 \tag{13.55}
$$

其中，Π_{elas}^s、Π_{iner}^s 分别表示真空中固相的内力和惯性力产生的功率；Π_{elas}^f、Π_{iner}^f 分别表示液相的内力和惯性力产生的功率；Π_{coup}^{fs} 表示固相和液相的交换功率；Π_{exc}^f 表示外部载荷产生的功率。

多孔介质中耗散的时间平均功率，可以细分为通过骨架的结构阻尼耗散的功率的贡献，黏性效应和热效应的贡献：$\Pi_{\mathrm{diss}} = \Pi_{\mathrm{diss}}^s + \Pi_{\mathrm{diss}}^v + \Pi_{\mathrm{diss}}^t$。通过结构阻尼耗散的时间平均功率是由 Π_{elas}^s 的虚部得到的：

$$
\Pi_{\mathrm{diss}}^s = \frac{1}{2} \mathrm{Im} \left[\omega \int_{\Omega} \hat{\sigma}_{ij}^s(\boldsymbol{u}^s) : \underline{\underline{\epsilon}}^s(\boldsymbol{u}^{s^*}) \mathrm{d}\Omega \right] \tag{13.56}
$$

黏性效应耗散的功率可从 $\Pi_{\mathrm{iner}}^s + \Pi_{\mathrm{iner}}^f + \Pi_{\mathrm{coup}}^{fs}$ 得到：

$$
\begin{aligned}
\Pi_{\mathrm{diss}}^v = -\frac{1}{2} \Bigg[& \omega^3 \int_{\Omega} \mathrm{Im}\,(\tilde{\rho}) u_i^s u_i^{s^*} \mathrm{d}\Omega - \int_{\Omega} \mathrm{Im} \left(\frac{\phi^2}{\tilde{\alpha}\rho_0 \omega^2} \right) \frac{\partial p}{\partial x_i} \frac{\partial p^*}{\partial x_i} \mathrm{d}\Omega \\
& + 2 \int_{\Omega} \mathrm{Im} \left(\frac{\phi}{\tilde{\alpha}} \right) \mathrm{Re} \left(\frac{\partial p}{\partial x_i} u_i^{s^*} \right) \mathrm{d}\Omega
\end{aligned} \tag{13.57}
$$

注意，在推导上述方程时，对于所有材料，有如下条件：

$$
\mathrm{Im} \left(\frac{\tilde{Q}}{\tilde{R}} \right) = 0
$$

最后，热效应耗散的功率通过 Π_{elas}^f 获得：

$$\Pi_{\text{diss}}^{t} = -\frac{1}{2}\omega\int_{\Omega}\ \text{Im}\left(\frac{\phi^2}{\tilde{R}}\right)pp^*\mathrm{d}\Omega \tag{13.58}$$

13.9.3 节用一个示例以说明这些表达式的用法。

13.8　辐射条件

　　所述公式的数值方法，为解决多孔材料与弹性结构和有限范围声腔耦合的问题提供了有效的工具。当多孔区域与自由空气接触时，应准确计算面阻抗，以解决多孔介质与空气介质之间的耦合问题。当空气介质有界时，这很容易通过耦合条件完成；当多孔域与无限域接触时则会出现困难。通常忽略多孔介质到无边界流体介质中的声辐射。模拟多孔材料自由场辐射的经典近似方法假设总应力张量和辐射表面的间隙压力为 0（Debergue 等　1999）。在这种情况下，假定固相的面阻抗比周围声介质的阻抗高得多，因此，假设多孔系统在真空中振动。其他方法使用平面波近似的方式与经典的传递矩阵法（第 11 章）相同。这在高频情况下是可以接受的，但在低频情况下显然是错误的。对于特定的问题，这些近似可以缓解这个问题。对于多孔介质在波导中的辐射，可以用波导的模态行为表示辐射压力来精确地计算辐射阻抗（13.4.7 节）。对于多孔薄板在弯曲振动下的情况，Horoshenkov 和 Sakagami（2000）考虑了吸声和传输问题，并对多孔板参数对吸收的影响进行了参数研究。Takahashi 和 Tanaka（2002）考虑了相同的问题，并提出一个解析模型来计算挠性多孔板的辐射阻抗。特别是，他们基于数值示例讨论了板渗透率对其辐射衰减的影响。Atalla 等（2006）提出一种基于混合位移-压力公式的公式，用于在材料表面带折流板的特殊情况下，评估带折流板的多孔弹性介质的声辐射。它使用瑞利积分表示自由场条件，包括增加的导纳矩阵和固相-间隙压力耦合项。该方法是通用的，易于实现，可以处理各种激励条件下的平面多层系统等情况。数值结果证明该方法的准确性。这里介绍此公式。

　　考虑平面折流多孔域与半无限流体的耦合（见图 13.4）。在 $(\boldsymbol{u}^s, p)$ 公式中，多孔介质通过式（13.8）给出的边界项耦合到半无限流体介质。由于在自由表面上有 $\sigma_{ij}^t n_j = -pn_i$，式（13.8）变为

$$I^p = \int_{\Gamma}\delta(pu_n^s)\mathrm{d}S - \int_{\Gamma}[\phi(u_n^f - u_n^s) + u_n^s]\delta(p)\mathrm{d}S \tag{13.59}$$

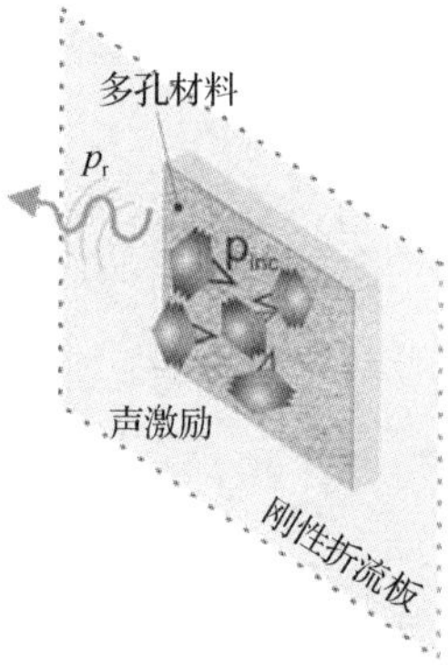

图 13.4　平板折流板多孔弹性材料的辐射

辐射表面法向位移的连续性，

$$\phi(u_n^f - u_n^s) + u_n^s = \frac{1}{\rho_0 \omega^2}\frac{\partial p^a}{\partial n}$$

可导出

$$I^p = \int_\Gamma \delta(pu_n^s)\mathrm{d}S - \frac{1}{\rho_0 \omega^2}\int_\Gamma \frac{\partial p^a}{\partial n}\delta(p)\mathrm{d}S \tag{13.60}$$

在半无限域中，声压 p^a 是阻塞压力 p_b 与辐射压力 p_r 之和。因此，在表面 $\partial p^a/\partial n = \partial p_r/\partial n$ 处，以及在数值实现的环境中，与式（13.60）第二项相关的离散形式为

$$\frac{-1}{\rho_0 \omega^2}\int_\Gamma \frac{\partial p^a}{\partial n}\delta p\mathrm{d}S = \frac{-1}{\rho_0 \omega^2}\langle\delta p\rangle[C]\left\{\frac{\partial p_r}{\partial n}\right\} \tag{13.61}$$

其中，$[C]$ 是由单位阵的组合给出的经典耦合矩阵 $(\Gamma = \cup\Gamma^e)$：

$$[C] = \sum_e \int_{\Gamma^e}\langle N^e\rangle\{N^e\}\mathrm{d}S^e \tag{13.62}$$

其中，$\{N^e\}$ 表示使用的表面元素形状函数的矢量，$\langle N^e\rangle$ 是其转置，$\sum_e$ 为装配过程。

将平面多孔材料插入刚性折流板中，辐射声压通过瑞利积分与法向速度相关：

$$p_r(x,y,z) = -\int_\Gamma \frac{\partial p_r(x',y',0)}{\partial n}G(x,y,z,x',y',0)\mathrm{d}S' \tag{13.63}$$

其中，$G(x,y,z,x',y',0) = \mathrm{e}^{-\mathrm{j}kR}/2\pi R$ 是折流板的格林函数，$k = \omega/c_0$ 是流体中的声波数，c_0 是相关的声速，R 是点 (x,y,z) 和 $(x',y',0)$ 之间的距离，且 $R = \sqrt{(x-x')^2 + (y-y')^2 + z^2}$。

与式（13.63）相关的积分形式为

$$\int_\Gamma p_r(x,y,0)\delta p\mathrm{d}S = -\int_\Gamma\int_\Gamma \frac{\partial p_r(x',y',0)}{\partial n}G(x,y,z,x',y',0)\delta p\mathrm{d}S\mathrm{d}S' \tag{13.64}$$

使用式（13.62），相关的离散形式为

$$\langle\delta p\rangle[C]\{p_r\} = -\langle\delta p\rangle[Z]\left\{\frac{\partial p_r}{\partial n}\right\} \tag{13.65}$$

其中，

$$Z = \sum_e\sum_{e'}\int_\Gamma\int_\Gamma^{e'}\langle N^e\rangle G(x^e,y^e,0,x^{e'},y^{e'},0)\{N^{e'}\}\mathrm{d}S^e\mathrm{d}S^{e'} \tag{13.66}$$

由于 $\langle\delta p\rangle$ 是任意的，所以得到

$$\left\{\frac{\partial p_r}{\partial n}\right\} = -[Z]^{-1}[C]\{p_r\} \tag{13.67}$$

将式（13.67）代入式（13.61），并根据界面上 $p = p^a = p_b + p_r$，式（13.60）的离散形式最终为

$$I^p = \langle\delta u_n^s\rangle[C]\{p\} + \langle\delta p\rangle[C]^T\{u_n^s\} - \frac{1}{\mathrm{j}\omega}\langle\delta p\rangle[A]\{p - p_b\} \tag{13.68}$$

其中，

$$[A] = \frac{1}{j\omega\rho_0}[C][Z]^{-1}[C] \qquad (13.69)$$

是导纳矩阵。结果，多孔介质向半无限流体中的辐射相当于一个导纳项，它被添加到界面间隙压力的自由度上，并增加了固相和间隙压力之间的附加界面耦合项［式（13.68）中的前两项］。注意，涉及 p_b 的最后一项是激励项，在自由辐射的情况下消失。在数值实现中，$\{F^s\} = 0$ 的离散形式的式（13.44）与式（13.68）相结合，得出以下线性系统：

$$\begin{bmatrix} -\omega^2[\tilde{M}] + [\hat{K}] & -[\tilde{C}] + [C] \\ -[\tilde{C}]^T + [C]^T & \dfrac{[\tilde{H}]}{\omega^2} - \dfrac{[A]}{j\omega} - [\tilde{Q}] \end{bmatrix} \begin{Bmatrix} u^s \\ p \end{Bmatrix} = \begin{Bmatrix} 0 \\ F^f \end{Bmatrix} \qquad (13.70)$$

其中，

$$\{F^f\} = \frac{1}{j\omega}[A]\{p_b\} \qquad (13.71)$$

根据多孔固相节点位移和间隙节点压力首先求解式（13.70），接下来计算感兴趣的振动声学指标。

13.9 实例

13.9.1 泡沫的法向入射吸收和传输损失：有限尺寸效应

第一个例子考虑了一个吸收问题，它由一个 0.5 m×0.5 m×5.08 cm 的矩形泡沫样品组成，泡沫由刚性壁支撑，并由平面波激励。考虑两种载荷情况：法向入射平面波（0°，0°）和斜入射平面波（45°，0°）。泡沫的参数在表 13.1 中给出。对于法向入射平面波，泡沫使用 22×22×15 的线性块状多孔弹性单元网格，而斜入射平面波使用 32×32×15 单元的较大网格。选择这些网格是为了确保计算的收敛性。网格的划分标准是平板的基本标准，且是泡沫的 Biot 波长的函数（第 6 章）。

表 13.1　泡沫的参数

φ	σ (Ns/m⁴)	α_∞	Λ	Λ' (m)	ρ_1(kg/m³)	E(Pa)	ν	η
0.99	12569	1.02	0.000078	0.000192	8.85	93348	0.44	0.064

图 13.5 和图 13.6 显示了相应的吸声系数。后者是使用功率平衡方法计算的：

$$\alpha(\theta, \varphi, \omega) = \frac{\Pi_{\text{diss}}}{\Pi_{\text{inc}}} \qquad (13.72)$$

式中，Π_{diss} 表示泡沫中的耗散功率，Π_{inc} 表示入射功率。还显示了使用传递矩阵法（TMM）获得的结果以进行比较。如预期的那样，可以清楚地看到，在更高的频率下，由于归一化辐射阻抗减小到 1，因此有限元法（FEM）计算渐近为无限程度的结构。第 12 章的有限尺寸修正在这里也用于计算在图 13.5 和图 13.6 中称为 FTMM 的曲线。如预期的那样，它捕获了吸收曲线的初始斜率，该斜率由测试样品的大小决定。注意，随着样本变大，FEM 和 FTMM 曲线向 TMM 结果渐近。对于斜入射平面波，可以得到相同的结果，见图 13.6。

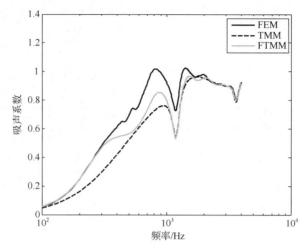

图 13.5　尺寸为 0.5 m×0.5 m 的 2 英寸厚泡沫板受法向入射平面波激励下的吸声系数（Atalla 等　2006）

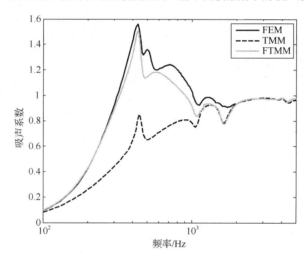

图 13.6　尺寸为 0.5 m×0.5 m 的 2 英寸厚泡沫板受斜入射平面波激励下的吸声系数（Atalla 等　2006）

接下来我们考虑同一泡沫样品的传输损失，该损失现在位于两种半无限介质之间。在图 13.7 显示了斜入射平面波激励（45°,0°）的结果，并与 TMM 结果进行比较。再次，正如预期的那样，这两种方法在高频情况下产生相似的结果。在低频情况下，尺寸效应导致传输损失增加。同样，第 12 章的有限尺寸修正显示出在低频情况下可接受的修正（1 dB 以内）。同样，对于大样本，结果将向 TMM 结果渐近。

13.9.2　板-泡沫系统的辐射效应

通常，当泡沫在自由场中辐射时，可以忽略泡沫的辐射阻尼效应。为了验证这一假设，以下示例考虑了由点力激励的板-泡沫系统。板和泡沫的材料性能和尺寸如表 13.1 所示。感兴趣的频率范围是 800 Hz 以下。板使用 24×15 薄壳单元进行网格划分，而多孔材料使用 24×15×9 的线性块状多孔弹性单元进行网格划分。假定该板受简支约束。泡沫黏结到板上，沿其边缘夹紧（黏结到硬的折流板上），并具有可辐射到半无限空间中的自由面。对于自由面边界条件的三种结构，板的空间平均二次速度如图 13.8 所示：（1）使用 13.8 节的辐射阻抗条件（精确法），（2）使用压力释放条件（即自由面上的 $p=0$），（3）假定为平面波辐射条件（$Z_R = \rho_0 c$）。可以清楚地看到，这三个结果是相似的，只是在共振处辐射衰减的影响很明显，特别是对于低频模式。此外，可以看出，在较高频率情况下，精确法和平面波近似得到相似的结果。但是，平面波近似显然高估了低频的辐射阻尼。该结果突出了泡沫的辐射效率的微小影响。使用具有不同特性（特别是流阻率的多个范围）的其他泡沫材料，得出的结论相似。

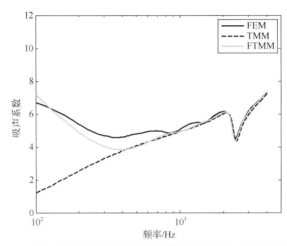

图 13.7　尺寸为 0.5 m×0.5 m 的 2 英寸厚泡沫板受斜入射平面波激励下的传输损失（Atalla 等　2006）

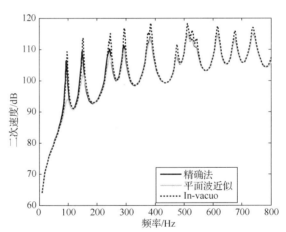

图 13.8　板-泡沫系统在空气中辐射的二次方速度

13.9.3　板-泡沫系统的阻尼效应

用数值分析和实验研究了板-泡沫系统的振动。图 13.9 给出了实验设置，包括一个 0.480 m×0.420 m×3.175 mm 的铝板，黏结到一个模拟简支约束的薄骨架上。板的力学性能如下：杨氏模量为 7.0×10^{10} N/m²，密度为 2742 kg/m³，泊松比为 0.33，损失因子为 0.01。使用激振器激励面板。使用放置在由 56 个点均匀分布在面板表面上的网格上的加速度计测量面板的法向速度。将 7.62 cm（3 英寸）的泡沫添加到面板的一侧。使用双面胶带将泡沫沿其边缘黏结到面板上（见图 13.9）。由于双面胶带在面板和泡沫之间形成了稀薄的空气空间，因此泡沫不能完美地黏结到面板上。图 13.10 显示了裸板和带泡沫板的空间平均二次速度的影响。可以观察到振动水平的显著降低，尤其是在高频情况下。这种现象是带有噪声控制处理的面板的典型表现。

（a）激励系统　　　　　（b）用双面胶带黏结泡沫板（组装前显示）

图 13.9　用于说明由泡沫增加的阻尼的实验装置

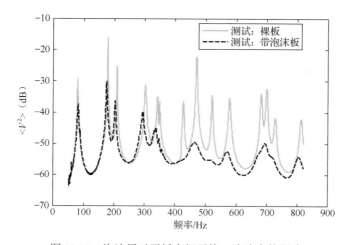

图 13.10　泡沫层对平板空间平均二次速度的影响

为了研究这种阻尼的性质，使用了数值模拟。为使代码更加可信，在图 13.11 中将预测与测量进行了比较。表 13.1 给出了模型中使用的三聚氰胺泡沫的声学参数和力学参数。观察到良好的一致性，请牢记：（1）在预测中未尝试选择第一板模态的模态阻尼；（2）在测量中，假定泡沫完全黏结到面板上；（3）泡沫塑料的机械性能已使用准静态方法在低频情况下进行了测量（Langlois 等　2001），并在整个频率范围内假定为常数。

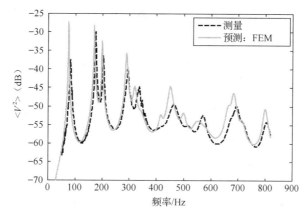

图 13.11　测量和预测的空间平均二次速度的平板与带泡沫层的比较

图 13.12 显示了不同消散机制对泡沫板系统内消散功率的贡献：

$$\begin{cases} \Pi_{tot} = \Pi_{diss\_plate} + \Pi_{diss\_foam} \\ \Pi_{diss\_foam} = \Pi_{struct} + \Pi_{viscous} + \Pi_{thermal} \end{cases} \tag{13.73}$$

使用 13.7 节中的表达式对不同的耗散功率进行数值计算。如前面的示例中所述，忽略辐射阻尼。

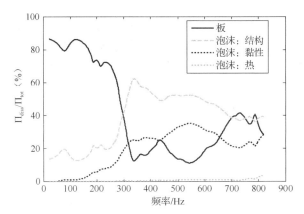

图 13.12　板-泡沫系统中各种耗散机制的相对贡献

　　可以看出，在低频情况下，阻尼主要由面板内的损耗决定。在较高的频率下，泡沫骨架的结构阻尼在损失中占主导地位，其次是泡沫中的黏性损失。注意，由热效应引起的损耗可以忽略不计。这是假设泡沫在其边缘和其中一个面处于自由状态的结果。图 13.12 的结果证实了在高频情况下的大量耗散，因此证实了附着在面板上的泡沫增加的阻尼。如果将泡沫建模为实体层，则在低频情况下，完整的多孔弹性计算和实体模型都将得出相同的结果。但是，在较高频率情况下，实体模型将高估响应的空间平均二次速度。这就强调了在更高频率情况下黏性阻尼的重要性。这种重要性在很大程度上取决于泡沫或纤维系统的性质及其与面板的连接。关于这一问题的进一步讨论，可以在 Dauchez 等（2002）和 Jaouen 等（2005）的工作中找到。

13.9.4　板-泡沫系统的扩散传输损失

　　在附加泡沫的铝板上进行了传输损失测试。面板尺寸为 1.64 m×1.19 m×1.016 mm，泡沫尺寸为 1.64 m×1.19 m×7.62 cm。使用双面胶带将泡沫沿其边缘黏结到面板上。这些测试是在加拿大舍布鲁克大学声学组（GAUS）传输损失实验室进行的。该实验采用了一个"半消声-混响室传输损失套件"。混响室的尺寸为 7.5 m×6.2 m×3 m，施罗德频率为 200 Hz，混响时间在 1000 Hz 处为 5.3 s。半消声室的自由场尺寸为 6 m×7 m×3 m，工作频率范围为 200 Hz～80 kHz。该板被固定在两个腔室之间的安装窗口中。声强技术用于确定传输损失。该技术严格遵循 ISO 15186-1:2000 标准。混响室使用 6 个扬声器进行激励，并使用旋转吊杆上的传声器捕获声功率。在消声侧，使用自动臂和声强探头在接收侧测量声强，在两个 1/2 英寸传声器之间使用 12 mm 垫片。这使得测量可以在范围 100～5000 Hz 内进行。图 13.13 和图 13.14 给出了使用 FTMM 和提出的方法（FEM/BEM）测得的传输损失和预测值。在后一种方法中，一种 45×34×9 线性六面体体(brick)多孔弹性单元用在泡沫中。该网格与板的网格（45×34Quad4

壳单元）兼容。由于泡沫仅沿其边缘附着在板上，因此将耦合边界条件建模为在 FTMM 法和 FEM/BEM 法的两个组件之间插入气隙。气隙用线性声学 8 节点六面体单元建模。使用 6×6 点的高斯积分方案（6 个平面波沿着 θ 方向，6 个平面波沿着 ϕ 方向）将扩散场建模为平面波的叠加。在此阶段应注意，未测量已安装的面板阻尼，并且在分析中假定名义模态阻尼比为 3%（此值通过边缘阻尼证明调整）。由于测量是在 1/3 倍频程中进行的，因此 FTMM 的结果是在频带中心频率处计算的，而 FEM/BEM 法的结果是使用对数频率步长在 1000 个频率点处计算得出的（见图 13.13），并转换为 1/3 倍频程带（见图 13.14）。可以看出，FTMM 在整个测试频率范围（高达 5000 Hz）中都有很好的一致性，除了在低频（低于 500 Hz）处略有高估。这证实这种方法在整个频率范围内预测多层系统传输损失的有效性（见第 12 章）。同样，FEM 法显示出极好的可比性，除了在较高频率情况下。由于采用网格的缘故，它会发散。但是，在如此高的频率下，不需要这种确定性的、昂贵的方法：FTMM 法甚至 TMM 法都做得很好。最后，值得一提的是，对于这个特殊的问题（未黏结的泡沫），使用泡沫的柔性模型可以得到相似的结果，从而大大减少计算工作量（见图 13.13）。

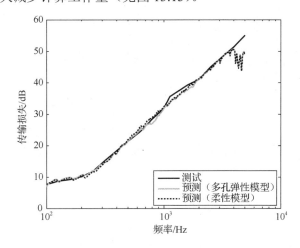

图 13.13　板-泡沫系统的传输损失。测试与 FEM 预测的对比：窄带比较

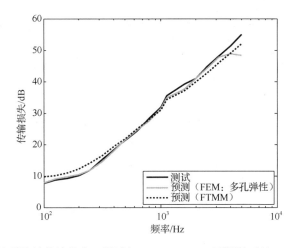

图 13.14　板-泡沫系统的传输损失。测试与 FTMM、FEM 预测的对比；1/3 倍频程频段比较

13.9.5   双重孔隙率材料的建模应用

如第 5 章所述，在适当选择的多孔介质中，介孔（meso-perforation）的概念可帮助提高其吸声性能。介孔材料也称为"双重孔隙率材料"（double porosity material），因为它们由两个相互连接的、具有不同特征尺寸的孔网络组成。关于这个主题已经进行了一些理论、数值和实验上的研究。Sgard 等（2005）对这些研究进行了很好的回顾，并建立了实用的设计规则以基于该概念开发优化的噪声控制解决方案。本节仅限于解释使用有限元法模拟这些材料的示例。

问题的一般配置如图 13.15 所示。它由放置在具有刚性壁的波导中的介孔多孔材料组成，刚性材料由平面波声激励，材料的后部由刚性壁终止。假设多孔材料的孔隙率为 ϕ_m，流阻率为 σ_m，曲折度为 $\alpha_{\infty m}$，黏性和热特征长度分别为 Λ_m 和 Λ'_m，热渗透率为 $\Theta_m(0)$。穿孔假定为矩形或圆柱形，其特征是穿孔率（也称为介孔率）为 ϕ_p，在圆形截面情况下半径为 R，在矩形截面情况下为边长 a 和 b。

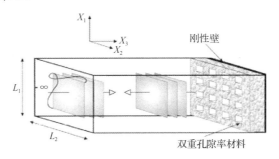

图 13.15   刚性壁支撑的波导中的双重孔隙率材料（Sgard 等　2005）

该数值模型基于介观尺度下双重孔隙率材料的有限元模型和波导的模态描述。微孔材料内部的波传播由第一个 Biot-Allard 理论描述，而介孔内部由亥姆霍兹方程描述。注意，考虑到孔的大小，相关的黏性特征频率很低，因此耗散被认为是可忽略不计的，这就证明了在介孔中使用亥姆霍兹方程是合理的（基于理想气体建立的）。然后利用有限元对与每个域关联的弱积分形式进行离散化。利用波导的模态特性，显式地考虑了双重孔隙率材料与波导之间的耦合。Atalla 等（2001b）在简化情况下提供了细节，并假设多孔介质的骨架是静止的。以下介绍说明材料的弹性。

结合式（13.8）、式（13.17）和式（13.38），可以写出控制多孔层的声学特性和横截面的波导的模态特性的弱积分形式：

$$
\begin{aligned}
&\int_{\Omega^p}[\tilde{\sigma}^s_{ij}\delta e^s_{ij}-\omega^2\tilde{\rho}u^s_i\delta u^s_i]\mathrm{d}\Omega+\int_{\Omega^p}\left[\frac{\phi}{\omega^2\tilde{\alpha}\rho_0}\frac{\partial p}{\partial x_i}\frac{\partial(\delta p)}{\partial x_i}-\frac{\phi^2}{\tilde{R}}p\delta p\right]\mathrm{d}\Omega\\
&-\int_{\Omega^p}\frac{\phi}{\tilde{\alpha}}\delta\left(\frac{\partial p}{\partial x_i}u^s_i\right)\mathrm{d}\Omega-\int_{\Omega^p}\phi\left(1+\frac{\tilde{Q}}{\tilde{R}}\right)\delta(pu^s_{i,i})\mathrm{d}\Omega\\
&+\int_{\Gamma^p}\delta(u_np(\mathbf{x}))\mathrm{d}S_x-\frac{1}{\mathrm{j}\omega}\int_{\Gamma^p}\int_{\Gamma^p}A(x,y)p(y)\delta p(\mathbf{x})\mathrm{d}S_y\mathrm{d}S_x\\
&+\frac{\varepsilon}{\mathrm{j}\omega}\int_{\Gamma^p}\int_{\Gamma^p}A(x,y)p_b(y)\delta p(\mathbf{x})\mathrm{d}S_y\mathrm{d}S_x=0\quad\forall(\delta u^s_i,\delta p)
\end{aligned}
\tag{13.74}
$$

对于双重孔隙率介质，波导既与多孔弹性材料接触也与穿孔接触。与波导接触的流体腔（孔）的建模方式与多孔弹性贴片相同。相关的弱积分形式［见式（13.13）］可以重写为

$$
\int_{\Omega^a} \left(\frac{1}{\rho_0 \omega^2} \frac{\partial p^a}{\partial x_i} \cdot \frac{\partial (\delta p^a)}{\partial x_i} - \frac{1}{\rho_0 c_0^2} p^a \delta p^a \right) \mathrm{d}\Omega
$$
$$
- \frac{1}{\mathrm{j}\omega} \int_{\Gamma^a} \int_{\Gamma^a} A(\mathbf{x},\mathbf{y}) p(\mathbf{y}) \delta p^a(\mathbf{x}) \mathrm{d}S_y \mathrm{d}S_x \qquad (13.75)
$$
$$
+ \frac{1}{\mathrm{j}\omega} \int_{\Gamma^a} \int_{\Gamma^a} A(\mathbf{x},\mathbf{y}) p_b(\mathbf{y}) \delta p^a(\mathbf{x}) \mathrm{d}S_y \mathrm{d}S_x = 0 \quad \forall \delta p^a
$$

其中，Γ^a 表示流体腔部分与波导之间的前界面。

对于波导中给定数量的保持正常模式 φ_{mn}，用有限元法离散方程式（13.74）和式（13.75）求解固相位移、多孔介质中的间隙压力变量和孔中的声压。从节点解中，法向入射吸声系数可以使用功率平衡［见式（13.72）］或非均质多孔介质内部耗散的功率之和来计算。13.7 节解释了通过结构阻尼、黏性和热效应在多孔材料中耗散的功率表达式。

为了说明所描述模型的有效性，从 Atalla 等（2001b）那里得到了一个案例。对于法向入射吸声预测（见图 13.15），只要穿孔网络是周期性的，考虑一个有代表性的单元而不是整个穿孔材料就足够了。岩棉样品由 $L_c = 0.085$ m 的通用方格和中心穿孔组成。表 13.2 给出了材料的声学参数和力学参数。使用 1.2 m 长的 0.085 m×0.085 m 方形截面的驻波管进行吸声测量（Olny 和 Boutin　2003）。为了避免泄漏，对样品在其边缘略微约束，但未使用密封剂。在实验中，已从材料上切出一个半径为 0.016 m 的孔。另一方面，数值模型假定边为 $a = 0.0283$ m 的等效面积方孔。线性 Hexa 8（六面体）单元用于多孔和介孔（孔）域。

表 13.2　图 13.16 中用于预测吸声系数的参数

材料	ϕ	$\sigma(\mathrm{Ns/m}^4)$	α_∞	$\Lambda(\mu\mathrm{m})$	$\Lambda'(\mu\mathrm{m})$	$\Theta_m(0)$（m²）	ρ_1（kg/m³）	E(Pa)	v	η_s
岩棉	0.94	135000	2.1	49	166	3.3×10^{-9}	130	4400	0	0.1

图 13.16 显示了仿真（解析模型和数值模型）与 5.75 cm 厚度的测量结果之间的比较。还介绍了使用 Olny 和 Boutin（2003）的模型进行的解析模拟。根据所选择的穿孔尺寸和样品边长，在解析模型中采用 $\phi_p = 0.11$ 的双重孔隙率。回顾第 5 章，在解析模型中，多孔材料被假定为刚性的。此外，还选择了扩散函数来拟合实验。与解析模型相反，数值模型中的计算基于 Biot 理论，没有假设或参数调整。即，不对骨架的运动做任何假设，因此评估了固相对吸声的影响。数值模型具有极好的一致性。

此外，该图表明，与相应单孔隙率的结果相比，穿孔材料的吸声系数有了重要提高。数值模型的另一个优势是从均质化理论得出的物理学解释，即压力扩散效应。图 13.17 显示了所研究示例的中尺度压力变化示例。可以看出，微孔结构域中的波长与介观尺寸相同。

有限元法避免了解析模型的大部分假设，可以用来处理更复杂的配置。特别地，介观尺度的建模不要求孔的尺寸相对于微孔材料的尺寸较小。然而，该假设对于解析模型对异质多孔材料进行均匀化是必需的。因此，数值模型可以解释孔的衍射。而且，与限于简单形状的解析模型相反，数值模型可以使用适当的网格划分工具直接实现复杂形状孔的处理。最后，数值模型允许由任意位置的微孔材料和空气碎片的混合结构，并与其他子域（振动结构、气隙等）的耦合。

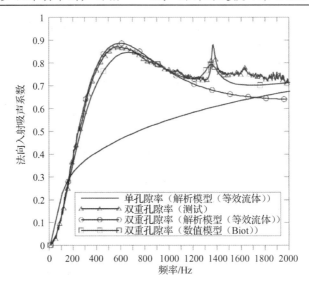

图 13.16   法向入射吸声系数。5.75 cm 厚的岩棉的等效流体解析模型、Biot 数值模型和测量值之间的比较（Sgard 等   2005）

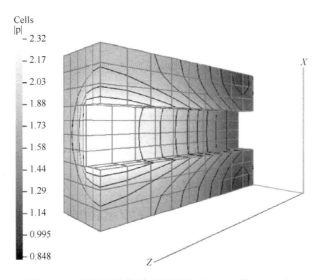

图 13.17   基材中扩散效应的说明（Sgard 等   2005）

注意，数值模型不限于计算将单个非均匀多孔材料放入矩形驻波管中的吸收。它也可以处理复杂的多层系统的传输性能计算，包括板、隔板、气隙、常规多孔材料和非均质多孔材料，如图 13.2 所示。可以在 Sgard 等（2005，2007）中找到几个例子。

13.9.6   智能泡沫的建模

该例取自 Leroy（2008），介绍了使用 (u^s, p) 公式对智能泡沫进行建模。智能泡沫结合了泡沫在高频范围内的被动消散能力，以及执行器（通常为压电 PVDF）在低频范围内的主动吸收能力。这导致产生一种被动/主动吸收控制装置，该装置可以在很宽的频率范围内有效工作。这里给出智能泡沫原型的三维有限元模型及其实验验证。

该配置由覆盖有 PVDF 薄膜的三聚氰胺泡沫半圆柱体组成 [见图 13.18 (a)]。PVDF 的弯曲形状确保了薄膜的平面内位移与有效辐射径向位移的耦合。将 PVDF 黏结到泡沫上，并安装在一个小空腔（内部尺寸：高 55 mm，宽 85 mm，深 110 mm）中，该空腔配有电连接器，以馈入 PVDF。有机玻璃法兰放置在未用 PVDF 覆盖的后腔泡沫上，以确保与后腔的紧密结合。智能泡沫和空腔形成了一个所谓的活动室 [active cell，见图 13.18 (a)]。样品室放置在截止频率为 2200 Hz 的矩形测量管中 [见图 13.18 (b)]。感兴趣的频率范围是 100~1500 Hz。在辐射配置中，该管由刚性有机玻璃板封闭，并向 PVDF 膜施加电压。有机玻璃用于使用多普勒激光振动计测量泡沫和 PVDF 表面的位移。另一方面，测量了管两端的声压。为了进行吸收测量，在有机玻璃板的位置安装了扬声器。吸收率的测量使用 Chung 和 Blaser（1980）的方法，在管中有几对传声器。此测量提供有关室的被动行为的信息。

 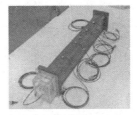

（a）活动室　　　　　　（b）将样本室安装在测量管中（Leroy 2008）

图 13.18　带有智能泡沫的活动室的照片

有限元模型

该模型使用具有 (u^s, p) 公式的二次多孔弹性单元以及弹性单元、流体单元和压电单元。多孔介质的弱积分公式在式（13.7）中给出。然而，由于泡沫性质的测量显示出各向异性，因此假设泡沫的力学性质为简化的正交各向异性模型。由于难以测量声学参数（流阻率、孔隙率、曲折度、黏性和热特性长度）的各向异性，因此假设在所有三个方向上它们都是相同的。通过测量沿正交各向异性方向定向的立方泡沫样品的吸声系数，可以得到三个方向的杨氏模量。然后调整三个杨氏模量，以使吸声系数的共振峰与测得的吸收共振峰相吻合。由于已知会影响吸收共振（在泡沫侧面周围留有可控的气隙），因此应特别注意将泡沫安装在管中。

所用 PVDF 膜（由 Measurement Specialties 公司生产）的厚度为 28 µm，并带有 Cu-Ni 电极。由于三聚氰胺是高度多孔的，因此在用双面胶带将 PVDF 黏结到其表面之前，用可热活化膜对它的表面进行处理。该方法允许持久且受控的结合。该黏结层增加了 PVDF 膜的质量和刚度，因此在有限元模型中被解释为各向同性的薄弹性层。利用参数化研究，比较辐射的数值结果和实验测量结果，确定该层的性质（杨氏模量、泊松比、结构损失因子）。已经发现这些参数对智能泡沫的被动吸收具有可忽略的影响。

PVDF 膜的模型是板状的。离散形式的相关弱公式由下式给出（Leroy　2008）：

$$
\int_{\Gamma^{pi}} \left[\underbrace{\{\delta\varepsilon_m\}^T [H_m]\{\varepsilon_m\}}_{\text{面内弹性力作的功}} + \underbrace{\{\delta\chi\}^T [H_f]\{\chi\}}_{\text{弯曲弹性力作的功}} \right.
$$

$$
\left. + \underbrace{\{\delta\gamma\}^T [H_c]\{\gamma\}}_{\text{音切弹性力作的功}} \right] \mathrm{d}S - \underbrace{\int_{\Gamma^{pi}} \omega^2 \{\delta u\}^T [\rho I]\{u\}\mathrm{d}S}_{\text{惯性力作的功}}
$$

$$
- \underbrace{\int_{\Gamma^{pi}} [\{\delta\varepsilon_m\}^T \{e_c\} E_z + \delta E_z \{e_c\}^T \{\varepsilon_m\} + \delta E_z \varepsilon_{33} E_z] h \mathrm{d}S}_{\text{压电和介电力作的功}} \qquad (13.76)
$$

$$
- \underbrace{\int_{\Gamma^{pi}} \{\delta u\}^T \{\sigma_n\}\mathrm{d}S}_{\text{弹性外力作的功}} + \underbrace{\int_{\Gamma^{\Phi}} \delta\Phi D_z \mathrm{d}S}_{\text{电外力作的功}} = 0 \quad \forall(\delta u, \delta\Phi)
$$

其中，Γ^{pi} 表示压电域的表面，Γ^{Φ} 表示（其上施加电荷的表面）。该式的第一行描述了薄膜的弹性板状行为。$\langle\varepsilon_m\rangle$ 是平面类型的平面应变场，$\langle\chi\rangle$ 是曲率矢量，$\langle\gamma\rangle$ 是剪切应变矢量。为在三维情形中使用该板元件，增加了钻孔的旋转自由度，从而为弹性变量提供 6 个自由度。矩阵 $[H_m]$、$[H_f]$ 和 $[H_c]$ 分别表示面内刚度矩阵、弯曲刚度矩阵和剪切刚度矩阵。h、ρ_{pi}、E 和 V 分别代表 PVDF 膜的厚度、密度、杨氏模量和泊松比。式（13.76）的第三行描述了膜的压电行为。假设在整个薄膜厚度上施加了电场，$E_z = \Phi/h$，其中，Φ 为电势。这个电势是这个二维公式中选择的电变量。介电常数矩阵 $[\varepsilon_d]$ 沿着 z 轴 ε_{33} 减小为介电常数的成分。压电耦合系数的矩阵 $[e]$ 成为列矢量：

$$
\{e_c\} = \begin{Bmatrix} e_{31} \\ e_{32} \\ 0 \end{Bmatrix} \qquad (13.77)
$$

最后，式（13.76）的最后一行描述了外部载荷。同样，由于是二维建模，电位移矢量减为标量，记为 D_z。据观察，压电体与多孔或弹性域的耦合是自然的（见 13.4 节）。

数值结果与实验结果

研究了两种结构：（1）主动辐射，（2）被动吸收。在辐射结构中，管用一块刚性板封闭，并向 PVDF 膜施加 100 V 电压。图 13.19 给出智能泡沫辐射的实测压力与模拟压力的比较。比较效果非常好。后腔中的压力在高至 1250 Hz 时保持恒定 [见图 13.19（a）]，此时泡沫-PVDF 系统的第二共振模态开始影响位移场。在管的另一端 [见图 13.19（b）]，辐射压力由管的模态行为控制。所有的峰对应于管共振。请注意，压力水平约为 100 dB，这非常重要；在后腔中约为 103 dB。

图 13.20 给出了泡沫自由表面中心和 PVDF 薄膜中心位移的比较。可以观察到，该模型紧随所测位移数据的趋势 [图 13.20（a）]，但略有差异。对于泡沫位移，该模型似乎稍微高估了振幅 [图 13.20（a）]。数值模型很好地代表了实验数据的峰值，但它位于较高的频率处。对于 PVDF 位移，FE 模型可以很好地预测振幅，但不能清楚地捕捉到峰的形状 [见图 13.20（b）]。这可能是由测量位置或薄膜性能的不确定性所致。

在被动吸声结构中，在图 13.21 中将测得的智能泡沫的吸声系数与预测进行比较。总体而言，比较结果是非常好的。在低于 200 Hz 和高于 1000 Hz 的频率范围观察到主要差异。在低频时，管道中可能的泄漏可能干扰了测量。此外，在这些低频范围，电子管中其他耗散机制（扬声器悬架、接头、壁等）的相对影响也很重要。在高于 1000 Hz 的频率范围，传声器位置的不确定性变得很重要。此外，泡沫-PVDF 系统的模态行为很重要，并影响吸收。由于该模型不能完全预测 1000 Hz 以上频率的结构行为，因此预测的吸声系数与测量值略有不同。

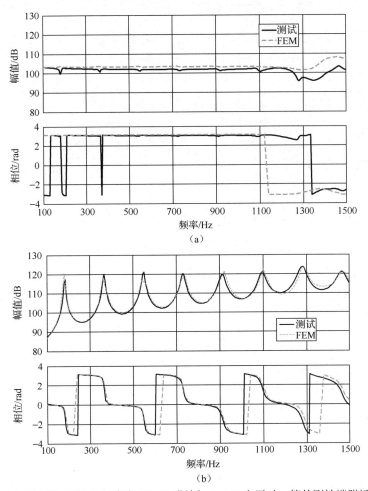

图 13.19　声压：（a）在后腔中和（b）在向 PVDF 膜施加 100 V 电压时，管的刚性端附近（Leroy　2008）

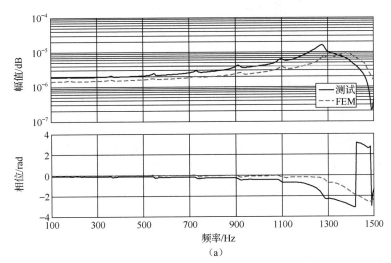

图 13.20　在（a）泡沫自由表面和（b）施加 100 V 电压的 PVDF 膜的表面，中心的法向位移（Leroy　2008）

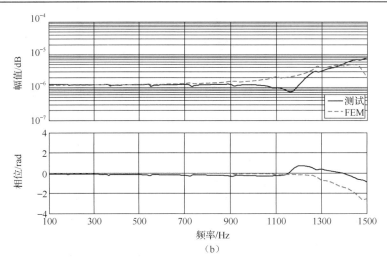

图 13.20　在（a）泡沫自由表面和（b）施加 100 V 电压的 PVDF 膜的表面，中心的法向位移（Leroy　2008）（续）

不考虑以下各种不确定性：（1）泡沫、PVDF 膜和两者之间的黏结层（胶）的性能；（2）智能泡沫原型的制造、模型与测量值之间的比较非常好。结果清楚地证明该模型的有效性。它构成了一个有用的平台，可以模拟和优化智能泡沫的各种结构。Leroy（2008）对此进行了详尽的讨论。

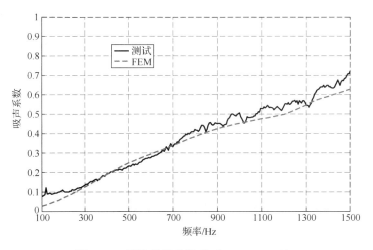

图 13.21　泡沫的被动吸声（Leroy　2008）

13.9.7　一个工业应用

最后，展示一个弗吉亚实验室（Faurecia）（Duval 等　2008）许可引用的工业应用示例。在弗吉亚实验室测量了由激振器激发的汽车地板组件的振动响应。该模块固定在混响室的分隔的墙壁上，耦合到一个可移动的吸收混凝土壁接收室腔。地板被一个激振器激发，该激振器位于前端的加强筋梁位置，其辐射使用在接收器可移动的混凝土腔内麦克风测量。为获得夹紧的边界条件，使用 3 mm 厚的板通过连续焊接进行连接，将地板的周边连接到一个 100 mm× 100 mm 的金属框架上，金属框架填充有混凝土并固定在耦合的混响室的水平分隔墙上。这些附加板已经过 3D 建模，并集成到了 FEM 模型中。

在弗吉亚实验室进行的仿真使用的是 (u^s, p) 公式的基于子结构的实现方案。该方法在 Hamdi 等（2000）和 Omrani 等（2006）的工作中有描述，在 12.6 节中关于辐射问题（图 13.3 的主结构-腔结构）进行了阐述。对于传输损失问题，它首先使用有限元法来计算要与面板结构模态机械阻抗叠加的处理组件的机械阻抗。接下来，使用边界元法（BEM）计算面板结构的辐射阻抗和该结构在接收介质中辐射的声功率。这种方法允许使用不兼容网格，以及授权给大型系统的解决方案（Anciant 等　2006）。

此处显示了两种类型的地板隔声的示例：（1）吸收型，称为双渗透概念，流阻性地毯叠放在由泡沫隔离垫顶部的软弹簧毡制成的两层系统上；（2）隔声型，在流阻性地毯和软毡组成的毡-泡沫垫片系统之间插入 2 kg/m^2 的重层。图 13.22（a）给出了网格化组件的图形描述。图 13.22（a）描述了辐射型结构，而图 13.22（b）描述了传输损失情况。图 13.23 和图 13.24 给出了力 FRF（辐射情况）点到点压力的测试和仿真的比较。对于吸收和绝缘配置，仿真都非常好，频率高达 700 Hz。如果对地毯和厚层之间非常细的去耦空气间隙进行显式建模，则可以改善相关性（这通过对扁平样品的系统研究得到证实）。图 13.25 显示了经过吸声处理后的传输损失的测试与仿真的比较。同样，观察到可接受的相关性。

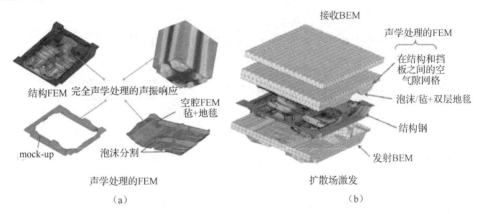

图 13.22　汽车地板的建模实例：（a）辐射问题，地板受机械激发，
在空腔中产生辐射；（b）传输损失问题（Duval 等　2008）

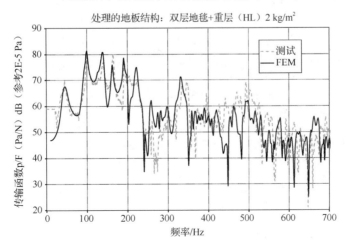

图 13.23　吸声处理地板的测试与仿真实例-1（Duval 等　2008）

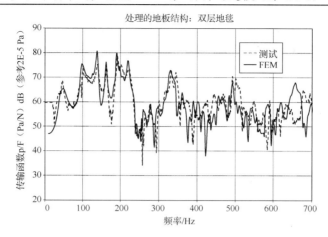

图 13.24 吸声处理地板的测试与仿真实例-2（Duval 等 2008）

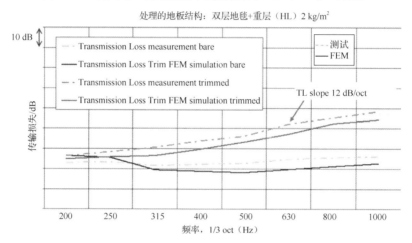

图 13.25 吸声处理地板的传输损失的测试与仿真实例-3（Duval 等 2008）

这些实例证明，通过 FEM 仿真计算得出的穿过装饰条的声辐射和传播的良好预测，以及装饰条对结构引起的阻尼的良好预测。它们还证明了良好的覆盖以及装饰条与结构之间接触的重要性。

参考文献

Anciant, M., Mebarek, L., Zhang, C. and Monet-Descombey, J. (2006) Full trimmed vehicle simulation by using Rayon-VTM. JSAE.

Atalla N., Panneton, R. and Debergue, P. (1998) A mixed displacement pressure formulation for poroelastic materials. *J. Acoust. Soc. Amer.* **104**, 1444–1452.

Atalla N., Hamdi, M.A. and Panneton, R. (2001a) Enhanced weak integral formulation for the mixed (u,p) poroelastic equations. *J. Acoust. Soc. Am.* **109**(6), 3065–3068.

Atalla N., Sgard, F., Olny, X. and Panneton, R. (2001b) Acoustic absorption of macro-perforated porous materials. *J. Sound Vib.* **243**(4), 659–678.

Atalla, N., Amedin, C.K., Atalla, Y., Sgard, F. and Osman, H. (2003) Numerical modeling and experimental investigation of the absorption and transmission loss of heterogeneous porous materials. *Proceedings of 10th International congress on Sound and Vibration*, ICSV12, pp 4673–4680.

Atalla, N., Sgard, F. and Amedin, C.K. (2006) On the modeling of sound radiation from poroelastic materials. *J. Acoust. Soc. Amer*. **120**(4), 1990–1995.

Beranek, I.I. and Vér, I.L. (1992) *Noise and Vibration Control Engineering. Principles and Application*. John Wiley & Sons, New York.

Castel, F. (2005) *Modélisation numérique de matériaux poreux hétérogènes. Application à l'absorption' basse fréquence*. Phd thesis, Université de Sherbrooke, Canada.

Chung, J.Y and Blaser, D.A. (1980) Transfer function method of measuring in-duct acoustic properties. *J. Acoust. Soc. Amer*. **68**(3), 907–913.

Coyette, J. and Pelerin, Y. (1994) A generalized procedure for modeling multi-layer insulation Systems. *Proceedings of 19th International Seminar on Modal Analysis*, 1189–1199.

Coyette, J.P. and Wynendaele, H. (1995) A finite element model for predicting the acoustic transmission characteristics of layered structures. *Proceedings of INTER-NOISE 95*, 1279–1282.

Craggs, A. (1978) A finite element model for rigid porous absorbing materials. *J. Sound Vib*. **61**, 101–111.

Dauchez, N., Sahraoui, S. and Atalla, N. (2001) Convergence of poroelastic finite elements based on Biot displacement formulation. *J. Acoust. Soc. Amer*. **109**(1), 33–40.

Dauchez, N., Sahraoui, S. and Atalla, N. (2002) Dissipation mechanisms in a porous layer bonded onto a plate. *J. Sound Vib*. **265**, 437–449.

Dazel, O., Sgard, F., Lamarque, C.-H. and Atalla, N. (2002) An extension of complex modes for the resolution of finite-element poroelastic problems. *J. Sound and Vib*. **253**(2), 421–445.

Dazel O. (2005) *Synthèse modale pour les matériaux poreux*. PhD Thesis, INSA de Lyon.

Dazel, O., Sgard, F., Beckot, F-X. and Atalla, N. (2008) Expressions of dissipated powers and stored energies in poroelastic media modeled by {u,U} and {u,P} formulations, *J. Acoust. Soc. Amer*. **123**(4), 2054–2063.

Debergue P, Panneton, R. and Atalla, N. (1999) Boundary conditions for the weak formulation of of the mixed (u,p) poroelasticity problem. *J. Acoust. Soc. Amer*. **106**(5), 2383–2390.

Duval, A., Baratier, J., Morgenstern, C., Dejaeger, L., Kobayashi, N. and Yamaoka, H. (2008) Trim FEM simulation of a dash and floor insulator cut out modules with structureborne and airborne excitations. Acoustics 08, Joint ASA, SFA and Euronoise Meeting, Paris.

Göransson, P. (1998) A 3-D symmetric finite element formulation of the Biot equations with application to acoustic wave propagation through an elastic porous medium. *Int. J. Num. Meth*. **41**, 67–192.

Hamdi, M.A, Atalla, N., Mebarek, L. and Omrani, A. (2000) Novel mixed finite element formulation for the analysis of sound absorption by porous materials. *Proceedings of 29th International Congress and Exhibition on Noise Control Engineering*, InterNoise, Nice, France.

Hörlin, N.E, Nordström, M and Göransson, P. (2001) A 3-D hierarchical FE formulation of Biot's equations for elastoacoutsic modeling of porous media. *J. Sound Vib*. **254**(4), 633–652.

Hörlin, N.E. (2004) *Hierarchical finite element modeling of Biot's equations for vibro-acoustic modeling of layered poroelastic media*. PhD Thesis, KTH Royal Institute of Technology, Stockholm, Sweden.

Horoshenkov, K.V. and Sakagami, K. (2000) A method to calculate the acoustic response of a thin, baffled, simply supported poroelastic plate. *J Acoust. Soc. Amer*. **110**(2), 904–917.

Jaouen, L., Brouard, B., Atalla, N. and Langlois, C. (2005) A simplified numerical model for a plate backed by a thin foam layer in the low frequency range. *J. Sound Vib*. **280**(3–5), 681–698.

Johansen, T.F., Allard, J.F. and Brouard, B. (1995) Finite element method for predicting the acoustical properties of porous samples. *Acta Acustica* **3**, 487–491.

Kang, Y.J. and Bolton, J.S. (1995) Finite element modeling of isotropic elastic porous materials coupled with acoustical finite elements. *J. Acoust. Soc. Amer*. **98**, 635–643.

Kang, Y., Gardner, B. and Bolton, J. (1999) An axisymmetric poroelastic finite element formulation. *J. Acoust. Soc. Amer.*, **106**(2), 565–574.

Langlois C., Panneton R. and Atalla N. Polynomial relations for quasi-static mechanical characterization of isotropic poroelastic materials. *J. Acoust. Soc. Amer.* **110**(6), 3032–3040.

Langlois, C. (2003) Modélisation des problèmes vibroacoustiques de basses fréquences par elements finis, MSc Thesis, Université de Sherbrooke, Canada.

Leroy, P. (2008) *Les mousses adaptatives pour l'amélioration de l'absorption acoustique: modélisation, mise en œuvre, mécanismes de contrôle*. PhD Thesis, Universite de Sherbrooke.

Omrani, A., Mebarek, L. and Hamdi, M.A. (2006) Transmission loss modeling of trimmed vehicle components, *Proceedings of ISMA 2006*, Leuven, Belgium.

Olny, X. and Boutin, C. (2003) Acoustic wave propagation in double porosity media, *J. Acoust. Soc. Amer*. **114**, 73–89.

Panneton, R., Atalla, N. and Charron, F. (1995) A finite element formulation for the vibro-acoustic behaviour of double plate structures with cavity absorption. *Can. Aero. Space J*. **41**, 5–12.

Panneton, R. (1996) *Modélisation numérique par éléments finis des structures complexes absorbantes*. PhD Thesis, Université de Sherbrooke, Québec, Canada.

Panneton, R. and Atalla, N. (1996) Numerical prediction of sound transmission through multilayer systems with isotropic poroelastic materials. *J. Acoust. Soc.Amer*. **100**(1), 346–354.

Panneton, R. and Atalla, N. (1997) An efficient finite element scheme for solving the three-dimensional poroelasticity problem in acoustics. *J. Acoust. Soc. Amer*. **101**(6), 3287–3298.

Pilon, D., (2003) *Modélisation axisymétrique de la formulation {u, P} pour l'étude de l'influence des conditions aux limites d'échantillons poreux sur leur caractérisation: application au tube de Kundt et au rigidimètre*. MSc Thesis, Université de Sherbrooke, Canada.

Rigobert, S. (2001) *Modélisation par éléments finis des systèmes élasto-poro-acoustiques couplées: éléments hiérarchiques, maillages incompatibles, modèles simplifiés*. PhD Thesis, Université de Sherbrooke, Canada.

Rigobert, S., Atalla, N. and Sgard, F. (2003) Investigation of the convergence of the mixed displacement pressure formulation for three-dimensional poroelastic materials using hierarchical elements. *J. Acoust. Soc. Amer*. **114**(5), 2607–2617.

Sgard F., Atalla, N. and Panneton, R. (1997) A modal reduction technique for the finite-element formulation of Biot's poroelasticity equations in acoustics. *134th ASA Meeting, San Diego*.

Sgard F., Atalla, N. and Nicolas, J. (2000) A numerical model for the low-frequency diffuse field sound transmission loss of double-wall sound barriers with elastic porous lining. *J. Acoust. Soc. Amer*. **108**(6), 2865–2872.

Sgard, F. (2002) *Modélisation par éléments finis des structures multi-couches complexes dans le domaine des basses Fréquences*. HDR Thesis, Université Claude Bernard Lyon I – INSA de Lyon, France.

Sgard, F., Olny, X., Atalla, N. and Castel, F. (2005) On the use of perforations to improve the sound absorption of porous materials. *Applied acoustics* **66**, 625–651.

Sgard, F., Atalla, N. and Amedin, C.K., (2007) Vibro-acoustic behavior of a cavity backed by a plate coated with a meso-heterogeneous porous material. *Acta Acustica* **93**(1), 106–114.

Takahashi, D. & and M. Tanaka, M. (2002) Flexural vibration of perforated plates and porous elastic materials under acoustic loading. *J. Acoust. Soc. Amer*. **112**, 1456–1464.

反侵权盗版声明

　　电子工业出版社依法对本作品享有专有出版权。任何未经权利人书面许可，复制、销售或通过信息网络传播本作品的行为，歪曲、篡改、剽窃本作品的行为，均违反《中华人民共和国著作权法》，其行为人应承担相应的民事责任和行政责任，构成犯罪的，将被依法追究刑事责任。

　　为了维护市场秩序，保护权利人的合法权益，我社将依法查处和打击侵权盗版的单位和个人。欢迎社会各界人士积极举报侵权盗版行为，本社将奖励举报有功人员，并保证举报人的信息不被泄露。

举报电话：（010）88254396；（010）88258888
传　　真：（010）88254397
E-mail：　dbqq@phei.com.cn
通信地址：北京市海淀区万寿路 173 信箱
　　　　　电子工业出版社总编办公室
邮　　编：100036